VDE-Schriftenreihe **173**

VDE-Schriftenreihe Normen verständlich **173**

Brandschutztechnische Bewertung und Prüfung elektrischer Anlagen

Planen, Prüfen, Errichten aus Sicht der Brandschadenverhütung unter Berücksichtigung der VdS-Richtlinien

Dipl.-Ing. Herbert Schmolke

VDE VERLAG GMBH

ICS 29.120.50; 29.240.01 ; 91.140.50

Bibliografische Information der Deutschen Nationalbibliothek
Die Deutsche Nationalbibliothek verzeichnet diese Publikation in der Deutschen Nationalbibliografie; detaillierte bibliografische Daten sind im Internet über http://dnb.dnb.de abrufbar.

ISBN 978-3-8007-4736-8 (Buch)
ISBN 978-3-8007-4738-2 (E-Book)
ISSN 0506-6719

Druck: medienHaus Plump GmbH, Rheinbreitbach
Printed in Germany 2018-09

Vorwort

Dieses Buch richtet sich zunächst allgemein an Elektrofachkräfte und im Besondern an solche, die elektrische Anlagen prüfen, bewerten oder abnehmen müssen. Vor allem bietet es angehenden Sachverständigen die Möglichkeit, sich auf das Prüfgeschäft in elektrischen Anlagen aus Sicht der Sach- und Brandschadenverhütung vorzubereiten. In diesem Zusammenhang werden selbstverständlich auch die wesentlichen Anforderungen beschrieben, die bei der Planung und Errichtung elektrischer Anlagen aus sach- und brandschutztechnischer Sicht zu berücksichtigen sind. Dabei werden u. a. Anforderungen zur Sprache kommen müssen aus:

- Normen, vor allem aus der Normenreihe DIN VDE 0100,
- technischen Regelwerken von privaten Verbänden und Institutionen,
- behördlichen Verordnungen bzw. gesetzlichen Bestimmungen.

Hervorzuheben ist in diesem Zusammenhang das bekannte VdS-Richtlinienwerk, in dem die jahrzehntelange Erfahrung der Sachversicherer in Bezug auf Brandschadenverhütung niedergelegt wurde. Selbstverständlich müssen auch Themen und Anforderungen erwähnt werden, die über bestehende Normen hinausgehen, da diese lediglich einen Mindestschutz festlegen, der bei einer vorausschauenden Planung der elektrischen Anlage aus Sicht der Sach- und Brandschadenverhütung nicht immer ausreicht.

Das bedeutet, dass die Kenntnis der einschlägigen Normen bei einer sachgerechten und sachschutzbezogenen Planung, Errichtung oder Prüfung zwar vorausgesetzt wird, aber eine brandschutztechnische Betrachtung nicht auf die Abarbeitung von Normanforderungen beschränkt bleiben darf. In Bezug auf die Prüfung elektrischer Anlagen wurde dieser Sachverhalt beispielsweise im normativen Anhang von DIN VDE 0100-600 sowie von DIN VDE 0105-100 in der Beschreibung des Prüfberichts wie folgt hervorgehoben:

„*Alle beim Besichtigen, Erproben und Messen ermittelten Informationen sowie die Ergebnisse von Berechnungen müssen vom Prüfer bewertet werden. Diese Bewertung ist das Ergebnis der Prüfung ... Bei der Bewertung sollten auch Messwerte berücksichtigt werden, die die Normanforderungen erfüllen, aber auffällig von den zu erwartenden Werten abweichen.*“

Keineswegs nebensächlich ist die Tatsache, dass derjenige, der eine elektrische Anlage planen oder eine bestehende Anlage prüfen möchte, stets sowohl ökonomische als auch sachschutzbezogene Argumente berücksichtigen und unter Umständen auch gegeneinander abwägen muss. Geht es ausschließlich um den Personenschutz, so sind die Prioritäten in der Regel einigermaßen klar festgelegt: Der Personenschutz hat stets Vorrang. Wer jedoch über den Schutz von Sachwerten nachdenkt, stellt häufig fest, dass das zumutbare Risiko nicht immer eindeutig feststeht. Oft möchte der Betreiber ein erhöhtes Risiko in Kauf nehmen, um Geld zu sparen. Dies gilt umso mehr, wenn es lediglich um die Gefährdung seines Eigentums geht, solange keine Person dabei zu Schaden kommen kann. Beim Brandschutz ist das schon etwas eindeutiger geregelt, weil bei einem Brand im Grund immer Personen gefährdet werden können und die Umwelt unzulässig belastet wird. Aber auch da verweisen Gesetze und Verordnungen oft auf die Betreiber- oder Unternehmerverantwortung, die leider sehr unterschiedlich ausgelegt wird.

Nicht immer sind ökonomische und sachschutzbezogene Interessen problemlos miteinander in Einklang zu bringen. Auf alle Fälle kann pauschal gesagt werden, dass das bloße Beharren auf Maximalforderungen in diesem Zusammenhang genauso wenig zielführend ist wie die Reduzierung der Betrachtung auf mögliche Kosten.

Dazu kommt, dass unter Umständen von einem Planer, Errichter oder Prüfer gefordert wird, neben seiner hoffentlich fachtechnisch korrekten Arbeit auch verantwortungsbewusst zu beraten, ohne dabei ökonomisch berechtigte Interessen ganz aus dem Blickfeld zu verlieren. Verantwortungsvoll bedeutet, dass zwei Dinge zusammengehören:

- das Bewusstsein, dass eine sachschutzbezogene Planung oder das Ergebnis einer Prüfung aus Sicht des Sach- und Brandschutzes stets Kosten verursacht, ohne dabei gleichzeitig den Gewinn eines Unternehmens zu vergrößern,
- die Bereitschaft, eine glaubwürdige Überzeugungsarbeit zu leisten, damit das „Mehr“ an Sicherheit positiv aufgenommen und fernab von gesetzlichen, behördlichen oder privatrechtlichen (z. B. aus Versicherungsverträgen herrührenden) Forderungen gerne nachgefragt bzw. berücksichtigt wird.

An dieser Stelle möchte der Verfasser einen besonderen Dank gegenüber dem Verlag für die umfassende und konstruktive Zusammenarbeit aussprechen. Vor allem soll die so freundschaftliche wie reibungslose Zusammenarbeit mit Herrn Dipl.-Ing. Roland Werner erwähnt werden, der das Buch als Lektor von Anfang an begleitet hat.

Inhalt

1 Einführung

Der elektrische Strom arbeitet für uns unsichtbar, geruchlos und (fast) geräuschlos. Vielleicht ist das einer der Hauptgründe, warum die Gefahren, die von ihm ausgehen, auch heute noch immer wieder unterschätzt werden. Die elektrische Anlage eines Gebäudes kommt bei einem Brand viel zu häufig als Ursache in Frage. Dabei gibt es immer wieder unterschiedliche Angaben darüber, wie häufig die elektrische Anlage als Brandursache identifiziert wurde. Eine gewisse Unsicherheit resultiert aus der Tatsache, dass man nach einem Brand nicht immer genau sagen kann, ob die elektrische Anlage die primäre Ursache oder lediglich indirekt beteiligt war (z. B. indem sie durch widerstandsbehaftete Kurzschlüsse neue Brandherde entzündet oder zur Ausbreitung des Brandherds beigetragen hat). Oft heißt es lediglich, dass der Brand durch „einen technischen Defekt" ausgelöst wurde. Offen bleibt dabei, welche technischen Anlagen und Einrichtungen hierbei eine Rolle gespielt haben.

Bild 1.1 gibt einen Überblick über die Beteiligung der elektrischen Anlage bei der Brandentstehung, der Brandentwicklung und der Brandfortleitung. Der bauliche Brandschutz wird in dieser Darstellung nur dort berücksichtigt, wo er in direkter Beziehung zur elektrischen Anlage steht (beispielsweise bei einem Kabelschott). Aus Bild 1.1 wird deutlich, dass die elektrische Anlage beinahe immer in irgendeiner Form beteiligt ist – ganz gleich, ob dies bei der Brandentstehung oder bei der Brandbegünstigung der Fall ist.

Beim Thema „Brandschadenverhütung" ist eine umfangreiche und eingehende Betrachtung bzw. Berücksichtigung der einschlägigen Normen und Vorschriften ebenso notwendig wie eine Auseinandersetzung mit einigen theoretischen Grundlagen aus der Elektrotechnik. Mit anderen Worten: Ein Basiswissen ist bei jeder sachgerechten Planung, Errichtung und Prüfung elektrischer Anlagen unverzichtbar. Wenn beispielsweise ein Prüfer nach einer Anlagenrevision ein Gutachten (Prüfbescheinigung, Dokumentation) erstellt, sichert er mit seiner Unterschrift unter diesem Gutachten zu, dass er die elektrische Anlage überprüft hat:

- **nach den anzuwendenden behördlichen und gesetzlichen Bestimmungen** (das sind beispielsweise Verordnungen nach Landesbaurecht, DGUV Vorschrift 3 oder der BetrSichV),
- **nach den einschlägigen Normen (DIN-VDE-Normen),**
- **nach anderen technischen Regelwerken,**

  sofern sie sinnvoll bei der Bewertung genutzt werden können oder z. B. durch Vorschriften oder Verträge verbindlich vorgegeben wurden (z. B. VdS-Richtlinien im Gebäudeversicherungsvertrag).

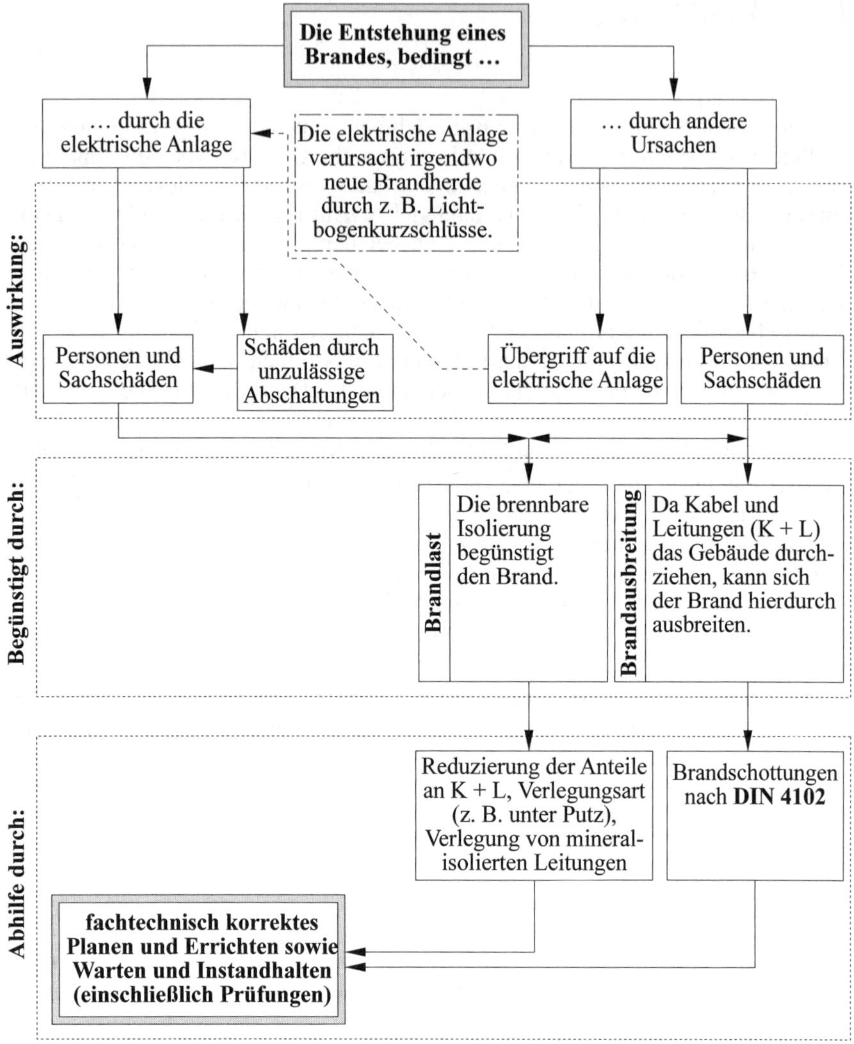

Bild 1.1 Beteiligung der elektrischen Anlage bei der Entstehung eines Brandes, bei der Brandentwicklung und bei der Brandfortleitung

Die grundsätzlichen Aspekte, die Prüfer, Planer und Errichter bei ihrer Arbeit berücksichtigen müssen, sind stets die gleichen. Bei einer Prüfung muss beispielsweise verifiziert werden, ob bei der Planung oder Errichtung alle Anforderungen, die an die elektrische Anlage gestellt werden müssen, erfüllt wurden. Aus diesem Grund wird im folgenden Kapitel 2 zunächst die brandschutztechnische Prüfung beschrieben. Die dargestellten Prüfanforderungen bilden zugleich die Basis für die Betrachtung von notwendigen Maßnahmen für einen geeigneten Sach- und Brandschutz, unabhängig davon, ob diese Maßnahmen bei der Planung oder Errichtung berücksichtigt oder bei einer Prüfung beurteilt werden müssen. In den nachfolgenden Kapiteln 3 bis 7 werden dann die technisch-physikalischen Grundlagen sowie die entsprechenden Aussagen aus Richtlinien, Normen, Verordnungen und Gesetze dargestellt.

2 Planung, Errichtung und Prüfung elektrischer Anlagen aus Sicht einer Sachschaden- und Brandschadenverhütung

Der etwas schwerfällige Begriff „*Planung (bzw. Errichtung oder Prüfung) aus der Sicht der Sachschaden- und Brandschadenverhütung*“ wird im Folgenden meist durch „*brandschutztechnische Planung (bzw. Errichtung oder Prüfung)*“ wiedergegeben werden. Außerdem soll, wie zuvor schon erwähnt, in diesem Kapitel 2 besonders die brandschutztechnische Prüfung beschrieben werden, weil deren Bewertungskriterien mit denen einer brandschutztechnischen Planung und Errichtung übereinstimmen müssen. Ab Kapitel 3 dieses Buchs werden dann die technischen Zusammenhänge und vor allem die notwendigen Anforderungen aus Richtlinien, Normen, Verordnungen und Gesetzen näher erläutert, die sowohl bei der Planung und Errichtung als auch bei der Prüfung beachtet werden müssen, wenn die Sachschaden- und Brandschadenverhütung im Vordergrund stehen soll.

2.1 Was ist eine brandschutztechnische Prüfung

2.1.1 Grundsätzliche Anforderungen

Wenn im Folgenden von einer Prüfung die Rede ist, die den Aspekt des Sach- und Brandschutzes in den Fokus nimmt, muss zunächst klar sein, wie sich eine solche Prüfung von üblichen Prüfungen in elektrischen Anlagen unterscheidet. Als Beispiel sollen zwei allgemein bekannte Prüfungen miteinander verglichen werden: Die Prüfung elektrischer Anlagen nach DGUV Vorschrift 3 (frühere Bezeichnung BGV A3) und die Prüfung nach Feuerversicherungsbedingungen entsprechend einer Klausel im Gebäudeversicherungsvertrag (sogenannte Sachschutzklausel SK 3602).

Zunächst muss deutlich hervorgehoben werden, dass die Prüfung nach DGUV Vorschrift 3 eine für jeden Unternehmer (Arbeitgeber) verpflichtende Maßnahme im Rahmen des betrieblichen Arbeitsschutzes entsprechend dem Sozialgesetzbuch SGB VII ist. Im § 5 DGUV Vorschrift 3 heißt es wörtlich:

(1) Der Unternehmer hat dafür zu sorgen, dass die elektrischen Anlagen und Betriebsmittel auf ihren ordnungsgemäßen Zustand geprüft werden:

1. *vor der ersten Inbetriebnahme und nach einer Änderung oder Instandsetzung vor der Wiederinbetriebnahme durch eine Elektrofachkraft oder unter Leitung und Aufsicht einer Elektrofachkraft und*

2. *in bestimmten Zeitabständen.*

Die Fristen sind so zu bemessen, dass entstehende Mängel, mit denen gerechnet werden muss, rechtzeitig festgestellt werden.

(2) Bei der Prüfung sind die sich hierauf beziehenden elektrotechnischen Regeln zu beachten.

(3) Auf Verlangen der Berufsgenossenschaft ist ein Prüfbuch mit bestimmten Eintragungen zu führen.

(4) Die Prüfung vor der ersten Inbetriebnahme nach Absatz 1 ist nicht erforderlich, wenn dem Unternehmer vom Hersteller oder Errichter bestätigt wird, dass die elektrischen Anlagen und Betriebsmittel den Bestimmungen dieser Unfallverhütungsvorschrift entsprechend beschaffen sind.

Die Prüfung der elektrischen Anlage nach DGUV Vorschrift 3 ist also in jedem Fall verbindlich, ganz unabhängig von der Frage, welche Versicherung der Unternehmer bei welchem Versicherer abgeschlossen hat. Durch einen Versicherungsvertrag wird diese Verpflichtung weder aufgehoben noch verändert.

Wichtig ist in diesem Zusammenhang noch, dass sich die Prüfanforderungen nach DGUV Vorschrift 3 sowohl auf die ortsfeste elektrische Anlage als auch auf die ortsveränderlichen elektrischen Betriebsmittel (typische Geräte) beziehen. Im Folgenden soll jedoch ausschließlich auf die Prüfung der ortsfesten elektrischen Anlage Bezug genommen werden. Technisch gesehen handelt es sich bei der Prüfung der ortsfesten Anlage nach DGUV Vorschrift 3 um eine Prüfung, wie sie in DIN VDE 0100-600 bzw. in DIN VDE 0105-100 im Abschnitt 5.3 beschrieben wird. Da die DGUV Vorschrift 3 vom Ursprung her eine Unfallverhütungsvorschrift nach § 15 SGB VII ist, geht es dabei um eine typische Personenschutzprüfung, die der Unfallverhütung bzw. Gefahrenabwehr dient, insbesondere im Zusammenhang mit der Beschäftigung von Arbeitnehmern im Verantwortungsbereich der Berufsgenossenschaft. Es geht somit um typische Belange des Arbeitsschutzes.

Bei der Prüfung nach Versicherungsklausel SK 3602 sind die Verhältnisse etwas anders: Der Sachversicherer steht nach Vertragsabschluss mit seinem Versicherungsnehmer für die Übernahme der Kosten gerade, die z. B. durch einem Brand verursacht wurden. Es ist von daher kaum verwunderlich, dass er ein besonderes Interesse hat, beim Versicherungsnehmer die Belange des Sach- und Brandschutzes zu betonen. Selbstverständlich liegt dies auch dem Unternehmer (also dem Versicherungsnehmer) am Herzen, sofern dieser einen sicheren Betrieb fahren und damit Gewinne erwirtschaften will.

Unter Umständen reicht dem Versicherer aus seinem besonderen Interesse heraus die Personenschutzprüfung als alleinige Maßnahme nicht aus, da er in ihr die speziellen Belange des Sach- und Brandschutzes zu wenig berücksichtigt findet. Auch die typischen Prüfzyklen bei den üblichen Prüfungen nach DGUV Vorschrift 3 sind häufig im Sinne des Sach- und Brandschutzes zu lang. Aus diesem Grund kann der Versicherer in den Versicherungsvertrag eine Klausel integrieren, die eine zusätzliche bzw. ergänzende Sachschutzprüfung einfordert. Dies ist die sogenannte Klausel SK 3602 (SK steht dabei für Sachschadenklausel). Sie bezieht sich auf die gesamte ortsfeste elektrische Anlage, also von der möglicherweise vorhandenen Mittelspannungseinspeisung bis zur Steckdose oder dem Anschlusspunkt der Geräte bzw. Verbrauchsmittel im Niederspannungsbereich.

Der Unterschied zwischen dieser „Brandschutzprüfung“ und der zuvor erwähnten Prüfung nach DGUV Vorschrift 3 liegt u. a. in der Tatsache begründet, dass die Brandschutzprüfung als eine Ergänzungsprüfung verstanden werden muss. Sofern der Prüfer nicht beide Prüfungen in einem Arbeitsgang selbst ausführt, darf er deshalb bei der Prüfung nach Klausel SK 3602 (Klauselprüfung) davon ausgehen, dass zuvor bereits eine Prüfung nach DGUV Vorschrift 3 stattgefunden hat. Von daher kann er Umfang und Inhalt dieser Ergänzungsprüfung auf die besonderen Belange des Sach- und Brandschutzes reduzieren.

Bei der Brandschutzprüfung nach Versicherungsbedingungen sind diese besonderen Belange in den Prüfrichtlinien VdS 2871 festgelegt, die einer Prüfung nach Klausel SK 3602 zugrunde liegen. Danach wird deutlich, dass es bei der Prüfung nach Klausel SK 3602 z. B weniger um die bei der DGUV-Vorschrift-3-Prüfung üblichen Nachweise geht, ob ein gemessener Wert (z. B ein Schleifenwiderstandswert) noch innerhalb der von der Norm vorgegebenen Grenze liegt. Diese Frage ist tatsächlich für den Sach- und Brandschutz weniger von Interesse. Hier zählen eher „zu erwartende Üblichkeitswerte“ oder ein Vergleich mit Werten aus anderen, ähnlichen Bereichen usw. Ein Schleifenwiderstand ist beispielsweise nicht automatisch in Ordnung, nur weil sein Wert 1,5 Ω beträgt und deshalb der vorgeschaltete LS-Schalter 16 A, Typ B bei einem widerstandslosen Körperschluss rechtzeitig abschalten würde. Letztere Anforderung entspricht nämlich genau den Vorgaben aus DIN VDE 0100-410. Wurden jedoch in den übrigen Stromkreisen mit ähnlichen Längen und den gleichen Leiterquerschnitten bedeutend geringere Werte gemessen, so ist dieser Umstand brandschutztechnisch äußerst relevant und muss näher untersucht werden.

Es gibt eine ganze Reihe von markanten Punkten, bei denen deutlich wird, dass die übliche Betrachtungsweise, die nur den gemessenen Wert mit entsprechenden Werten der Norm vergleicht, nicht wirklich weiterhilft oder sogar (in Bezug auf den Sach- und Brandschutz) irreführend sein kann.

Die Prüfung des Sach- und Brandschutzes macht von daher eine Durchsicht und Bewertung der Protokolle notwendig, die bei der DGUV-Vorschrift-3-Prüfung entstanden sind. Bei der brandschutztechnischen Prüfung der elektrischen Anlage muss allenfalls nachgemessen werden, wenn der Prüfer bei der vorgenannten Bewertung etwas Auffälliges bemerkt.

Um dies noch einmal deutlich hervorzuheben: Betrachtet man die brandschutztechnische Prüfung als separate Prüfung, wie dies bei der vorgenannten Prüfung nach Klausel SK 3602 der Fall ist, bleiben die bekannten bzw. aus den Normen vorgegebenen Prüfverfahren zwar nicht unbeachtet, z. B. die Messung:

- der niederohmigen Verbindung von Schutzleitern,
- der korrekten Auslösung einer Fehlerstrom-Schutzeinrichtung (RCD),
- des Schleifenwiderstands,
- des Isolationswiderstands.

Aber diese Messungen müssen anlässlich einer separaten sach- und brandschutzbezogenen Prüfung (wie die Prüfung nach Klausel SK 3602) nicht notwendigerweise noch einmal nachvollzogen werden. Die Mess-Ergebnisse der Prüfung nach DGUV Vorschrift 3 werden jedoch, wie zuvor beschrieben, bewertet.

Fehlen Prüfprotokolle von vorausgegangenen Personenschutzprüfungen oder können sie dem Prüfer aus irgendwelchen Gründen nicht vorgelegt werden, so müssen diese im Rahmen der sach- und brandschutztechnischen Prüfung durch entsprechende Messungen nachgeholt werden. Allein die Tatsache, dass eine Prüfung des Personenschutzes nach DGUV Vorschrift 3 offensichtlich nicht stattgefunden hat, ist für die sach- und brandschutztechnische Prüfung ein wesentlicher und bedeutender Mangel.

Weiterhin können bei der Prüfung, die den Sach- und Brandschutz in den Fokus nimmt, Messungen gefordert sein, die in VDE-Normen nicht erwähnt werden, wie z. B die Messung von Neutralleiterströmen. Auch die besondere Berücksichtigung des baulichen Brandschutzes sowie thermografische Untersuchungen (vor allem in Verteilungen) sind typische Merkmale der Prüfung, die sach- und brandschutztechnische Belange berücksichtigen muss.

Die Bewertung der baulichen Brandschutzmaßnahmen ist mindestens dann notwendig, wenn diese direkt im Zusammenhang mit der Verteilung der elektrischen Energie im Gebäude vorgesehen wurden. Beispielsweise kann es erforderlich sein, Brandschottungen und Feuerschutzvorkehrungen (beispielsweise die Verlegung in E- oder I-Schächten und Kanälen usw.) zu besichtigen und zu beurteilen.

Ein wichtiger Aspekt dieser brandschutztechnischen Bewertung elektrischer Anlagen ist die Überlegung, dass die elektrischen Betriebsmittel nicht nur den zufällig bei der Prüfung vorgefundenen Betriebsbedingungen standzuhalten haben. Vielmehr müssen sie auch dann noch sicher betrieben werden können, wenn zu einem anderen Zeitpunkt eine maximale Belastung auftritt (maximaler Betriebsstrom, maximale Betriebsspannung, maximale Umgebungstemperatur, fortlaufende Dauerbelastung über mehrere Stunden usw.).

2.1.2 Dokumentation einer sach- und brandschutztechnischen Prüfung

Ist eine gesonderte Dokumentation der brandschutztechnischen Prüfung gefordert, wie dies z. B. bei der Prüfung nach der erwähnten Klausel SK 3602 stets der Fall ist, so ist Folgendes zu beachten:

Wie zuvor bereits erwähnt, steht bei typischen Personenschutzprüfungen im Prüfprotokoll meist die Frage im Vordergrund, ob bestimmte von der Norm vorgegebene Grenzwerte eingehalten wurden. Im Gegensatz dazu reicht es bei der Dokumentation einer brandschutztechnischen Prüfung in der Regel aus, mitzuteilen, wo eine brandschutztechnische Gefährdung vorgefunden wurde und wie diese bewertet werden muss. An welcher Stelle schlummert eine Gefahr, die ein Brandrisiko unzumutbar vergrößert?

Dieser Unterschied ist der Tatsache geschuldet, dass die von der Norm vorgegebenen Grenzwerte für eine brandschutztechnische Wiederholungsprüfung (wie die nach Klausel SK 3602) nur eine begrenzte Bedeutung besitzen und deshalb die Protokollierung der Ergebnisse einer solchen Prüfung anders ausfallen muss.

Als Beispiel soll die Isolationswiderstandsprüfung betrachtet werden. Auch hier muss festgestellt werden, dass die Messwerte dieser Prüfung ohne eine konkrete Bewertung häufig kein ausreichend verwertbares Ergebnis für den Sach- und Brandschutz ergeben. Der Grund ist, dass die Isolationswiderstandsmessung nicht immer einen eindeutigen, klar bewertbaren Messwert liefert bzw. dass es bei dieser Messung keinen praxistauglichen Soll-/Istwertvergleich gibt. Wenn z. B. bei der Isolationswiderstandsmessung von zwei fast gleichen Stromkreisen ohne angeschlossene Verbraucher beim Stromkreis 1 ein Wert von 500 MΩ und beim Stromkreis 2 lediglich ein Wert von 2,5 MΩ gemessen wurde, so wäre der Normwert bei beiden mehr als erfüllt. Der Prüfer kann sagen, dass die von der Norm vorgegebenen Mindestwerte nicht unterschritten werden und deshalb alles in Ordnung ist. Die Frage, warum dennoch bei zwei fast gleichen Stromkreisen der eine gegenüber dem anderen einen 200-fachen Wert aufweist, wird häufig nicht gestellt und kann auch ohne genaue Untersuchung nicht beantwortet werden. Dazu kommt die Tatsache, dass bei wiederkehrenden Prüfungen die Isolationswiderstandsmessung in gewerblichen und industriellen Anlagen nur noch in begrenztem Umfang oder gar nicht durchgeführt werden kann, weil die zu bewertenden Stromkreise aus betrieblichen Gründen nicht abgeschaltet werden können.

Auch die übrigen Messungen sind für die Sach- und Brandschadenverhütung nicht immer eindeutig. Die Messung des Schleifenwiderstands wurde zuvor schon einmal angesprochen. Hier muss bei der Bewertung die Frage gestellt werden, ob der gemessene Wert wirklich Sinn ergibt oder ob in der Verteilung eine Klemme bereits bei schwacher Belastung enorme Wärme produziert und deshalb eine Gefahr darstellt, weil sie bei einer höheren Belastung zwangsläufig ausfallen würde.

Eine gesonderte Dokumentation der brandschutztechnischen Prüfung (sofern diese als gesonderte Prüfung verstanden wird) muss deshalb anders aufgebaut sein als die von üblichen Prüfungen nach DGUV Vorschrift 3. Bei der Prüfung nach Versicherungsklausel SK 3602 wird beispielsweise vom prüfenden Sachverständigen ein sogenannter Befundschein (VdS 2229) erstellt. Dieser Befundschein ist sowohl in seiner äußeren Form als auch inhaltlich zwischen VdS Schadenverhütung (dies ist das Unternehmen, das die prüfenden Sachverständigen anerkennt und betreut) und den mitarbeitenden Versicherungsunternehmen abgesprochen. Dadurch wird ein hohes

Maß an Einheitlichkeit erreicht, sodass die Sachbearbeiter bei den verschiedenen Versicherungen stets ein ihnen bekanntes Formular vor sich haben.

Als Merkmale der Dokumentation einer brandschutztechnischen Prüfung (sofern diese als separate Prüfung verstanden wird) müssen folgende Stichpunkte erwähnt werden:

a) Anzugebende Mängel können sein:
   - Hinweise auf vorgefundene Defekte (z. B. herausgerissene Verschraubungen bei der Kabeleinführung in Verteilern),
   - Hinweise auf eine fehlerhafte Planung oder Errichtung (z. B. Übersicherung von Leiterquerschnitten),
   - das Ergebnis einer Bewertung von festgestellten Sachverhalten (z. B. zu hohe Temperatur an Betriebsmitteln und Anschlussstellen im Verteiler aufgrund einer zu hohen Raumtemperatur oder eine fehlende vorausgegangene Personenschutzprüfung).

b) Im Gutachten (Protokoll, Prüfbericht) werden nur tatsächlich vorgefundene Mängel aufgeführt. Korrekte Messwerte und Besichtigungen, die keinen Anlass zur Beanstandung geben, werden dagegen nicht erwähnt.

c) Bei jedem Mangel muss der genaue Ort beschrieben werden, um eine nachträgliche Beseitigung des Mangels zu erleichtern.

d) Sofern notwendig kann eine zusätzliche Klassifizierung der Mängel vorgenommen werden. Dabei können Mängel, die in einer bestimmten Zeit (die der Prüfer mit angeben kann) beseitigt werden müssen, von solchen unterschieden werden, die möglichst umgehend zu beheben sind. Eine Beispielliste für solche besonderen Mängel ist wenig hilfreich, weil diese immer extrem unvollständig bleiben würde und ein Mangel zudem immer nur vor Ort korrekt bewertet werden kann. Als Merksatz für eine mögliche Unterscheidung von allgemeinen zu besonderen Mängeln kann folgender Gedanke dienen:

   Wenn ein vorgefundener Mangel im Extremfall (z. B. wenn der maximal mögliche Betriebsstrom fließt) **bei sonst normalen Betriebsbedingungen zu einem Brand führen könnte, sollte er als ein besonderer Mangel gekennzeichnet sein, der möglichst umgehend zu beheben ist.** Die Übersicherung eines Stromkreises mit Steckvorrichtungen wäre z. B. typischerweise ein solcher Mangel. Die Entscheidung, wann der im Merksatz beschriebene Fall zutrifft, muss dem Prüfer vor Ort überlassen werden, der allein diese Entscheidung treffen kann.

e) Die Beschreibung des Mangels sollte knapp und selbsterklärend sein. Dabei sollte möglichst die Norm oder Vorschrift erwähnt werden, gegen die der Mangel verstößt, oder es muss eine nachvollziehbare kurze Erläuterung der Gefährdung genannt werden.

f) Sehr hilfreich ist ein Vorschlag (oder mehrere alternative Vorschläge) für die Behebung.

2.1.3 Abgrenzung zur anderen Prüfungen (Zusammenfassung)

Die in den vorherigen Kapiteln 2.1.1 und 2.1.2 erwähnten Sachverhalte sind nur einige Facetten, die deutlich machen, dass die brandschutztechnische Prüfung (z. B. die Prüfung nach Klausel SK 3602) die Personenschutzprüfung nach DGUV Vorschrift 3 voraussetzt und auf deren Ergebnisse aufbaut bzw. diese sinnvoll im Sinne des Sach- und Brandschutzes ergänzt. Gemeinsam bilden diese beiden Prüfungen ein überaus probates Mittel, um einen umfassenden und vor allem effektiven Personen-, Sach- und Brandschutz umzusetzen.

Aus der Sicht der Sach- und Brandschadenverhütung ist es dabei gleichgültig, ob die brandschutztechnische Prüfung als separate Prüfung (wie bei der vorgenannten Prüfung nach Klausel SK 3602) oder gleichzeitig bzw. parallel mit typischen Personenschutzprüfungen nach DGUV Vorschrift 3 ausgeführt wird. In jedem Fall muss die brandschutztechnische Prüfung als **eine eigenständige Prüfung im Sinne einer Ergänzungsprüfung verstanden werden, die nicht durch andere Prüfungen automatisch ersetzt werden kann**. Umgekehrt ersetzt die brandschutztechnische Prüfung, z. B. nach Versicherungsklausel SK 3602, nicht die Personenschutzprüfung nach DGUV Vorschrift 3, zumal die DGUV Vorschrift 3 zusätzlich zu der Prüfung der ortsfesten elektrischen Anlage auch die Prüfung der ortsveränderlichen Betriebsmittel (Geräte) fordert.

Zusammenfassend kann man festhalten: Übliche Prüfungen, die nach DGUV Vorschrift 3 durchgeführt werden, sollen in erster Linie Unfälle vermeiden. Der Personenschutz steht klar im Vordergrund. Da die brandschutztechnische Prüfung (z. B. die Prüfung nach Klausel SK 3602) auf mögliche Sach- bzw. Brandschäden fokussiert ist, ergeben sich dazu schwerpunktmäßig einige Unterschiede, obwohl es zwischen Personenschutz und Brandschadenverhütung durchaus zahlreiche Überschneidungen gibt.

Beispiele für Besonderheiten bei Prüfungen, die den Sach- und Brandschutz betonen, können sein:

- **Bewertung** der Mess-Ergebnisse von Personenschutzprüfungen aus Sicht der Sach- und Brandschadenverhütung.
- Einbeziehung des **baulichen Brandschutzes** (vor allem, wenn dieser in Zusammenhang mit der elektrischen Anlage steht).
- Messungen, die in Normen nicht gefordert sind, wie Neutralleiterstrommessungen und Messung von Strömen auf Schutz- und Potentialausgleichsleitern.
- Durchführung von **thermografischen Messungen**. Hier wurden in den letzten Jahren bereits sehr gute Ergebnisse erzielt. Beispielsweise müssen „*VdS-anerkannte Sachverständige zum Prüfen elektrischer Anlagen nach der Versicherungsklausel SK 3602*“ eine Wärmebildkamera besitzen und bei der Prüfung einsetzen.

Bezüglich der Abgrenzung bzw. Festlegung der Prüfinhalte der separaten brandschutztechnischen Prüfungen der elektrischen Anlage (wie die vorgenannte versicherungstechnische Prüfung nach Klausel SK 3602) muss Folgendes betont werden:

Die separate Prüfung des Sach- und Brandschutzes in elektrischen Anlagen ist eine eigenständige Prüfung, die nicht durch andere Prüfungen ersetzt werden kann; ebenso ersetzt diese Prüfung nicht automatisch

- die Prüfung von Maschinenanlagen nach DIN VDE 0113,
- die Prüfung nach DGUV Vorschrift 3 (ortsveränderliche Geräte sowie ortsfeste elektrische Anlage),
- die Prüfung überwachungsbedürftiger Anlagen nach BetrSichV,
- die Prüfung sicherheitstechnischer Einrichtungen, wie Sicherheitsbeleuchtungsanlagen und typischen Gefahrenmeldeanlagen (GMA), z. B. Brandmeldeanlagen, Einbruchmeldeanlagen, RWA-Anlagen, Feuerlöschanlagen.
- die Prüfung der Blitzschutzes nach Normen der Reihe DIN VDE 0185-305

2.2 Umfang der brandschutztechnischen Prüfung

2.2.1 Grundsätzliche Betrachtung

Der Prüfer, der die brandschutztechnischen Belange im Blick behalten will, muss feststellen, ob die elektrische Anlage allen Anforderungen einer fachgerechten Brandschadenverhütung entspricht. In der Regel bezieht sich diese Aussage auf die gesamte ortsfeste Anlage, angefangen von der eventuell vorhandenen Mittelspannungseinspeisung bis zur letzten Steckdose und im Grunde bis zu den angeschlossenen Verbrauchern.

Allerdings wird bei der wiederkehrenden Prüfung immer wieder die Frage nach dem Umfang der Prüfung gestellt; ganz gleich, ob es sich z. B. um eine typische Personenschutzprüfung nach DGUV Vorschrift 3 handelt oder um eine versicherungstechnische Prüfung (z. B. nach Versicherungsklausel SK 3602). Das beherrschende Stichwort ist hier die „*Stichprobenprüfung*“. In der Auslegung dieses Begriffs gibt es zum Teil große Unterschiede.

Betrachten wir zunächst die grundlegende Aussage hierzu in VDE-Normen. In DIN VDE 0105-100/A1 heißt es im Abschnitt 5.3.101.0.1:

„*Der Umfang wiederkehrender Prüfungen nach 5.3.3.1 darf je nach Bedarf und nach den Betriebsverhältnissen auf Stichproben sowohl in Bezug auf die örtlichen Bereiche (Anlagenteile) als auch auf die durchzuführenden Maßnahmen beschränkt werden, soweit dadurch eine Beurteilung des ordnungsgemäßen Zustands möglich ist.*“

Mindestens zwei Fragen werden an dieser Stelle gerne gestellt:

- Was versteht man unter einer Stichprobe, und zwar in Bezug auf den Umfang sowie auf den Inhalt oder auf die Ausführung?
- Welche Bereiche des zu prüfenden Objekts oder welche Maßnahmen bzw. Prüfschritte können im Sinne der Stichprobenprüfung eventuell unberücksichtigt bleiben?

Der zuvor zitierte Bestimmungstext der Norm selbst sagt dazu: „... *soweit dadurch eine Beurteilung des ordnungsgemäßen Zustands möglich ist*“

Die Erlaubnis, die Prüfung auf Stichproben zu beschränken, ist also eine **erlaubte Ausnahme** – das sollte man sich stets vor Augen halten. Dabei weiß jeder Prüfer, der ständig mit wiederkehrenden Prüfungen zu tun hat, dass in komplexeren Anlagen, beispielsweise in der Industrie, diese Ausnahme normalerweise zur Regel wird. Solange es keine begrenzenden Festlegungen hierzu gibt, besteht nach Meinung zahlreicher Experten die Gefahr, dass der Umfang der Prüfung zu einer subjektiven Einschätzung des jeweiligen Prüfers degradiert wird.

Um jedoch den geforderten „*ordnungsgemäßen Zustand*“ einer elektrischen Anlage wirklich beurteilen zu können, sollte man Folgendes berücksichtigen:

- **Besichtigt** (im Sinne einer „Sichtprüfung“) **wird alles**. Dabei schließt Besichtigen das Hinschauen, das Hinhören und gegebenenfalls auch das Riechen ein. Werden Anlagenteile oder Anlagenbereiche nicht besichtigt, kann in der Regel keine Aussage darüber getroffen werden, ob durch die Stichprobenprüfung wirklich der ordnungsgemäße Zustand der gesamten Anlage ermittelt werden kann. Nicht besichtigte Anlagenteile bzw. Räume darf es also eigentlich nicht geben, oder dieser Mangel muss in der Prüfdokumentation ausdrücklich erwähnt werden, damit klar wird, dass bestimmte Teilprüfungen noch ausstehen.
- **Detailbesichtigungen, Messungen und Erprobungen werden dort durchgeführt, wo es der Prüfer aufgrund der vorausgegangenen Sichtprüfung für notwendig hält**. Das heißt, es muss dort ein zusätzlicher Prüfaufwand aufgewendet werden, wo der Prüfer bei der zuvor erwähnten Sichtprüfung feststellt, dass zu einer abschließenden Bewertung der Gesamtanlage weitere Information benötigt werden.

Im Folgenden soll der Prüfumfang einer brandschutztechnischen Prüfung kurz umrissen werden. Einzelheiten und technische Hintergründe zu den erforderlichen Prüfschritten oder eventuell notwendige Besonderheiten bezüglich einer Bewertung von vorhandenen Einrichtungen werden in den nachfolgenden Kapiteln 3 bis 7 besprochen.

2.2.2 Besichtigen

Die Schwerpunkte einer Besichtigung sollen beispielhaft bei nachfolgenden Einrichtungen bzw. Betriebsmittel (soweit sie bei der Prüfung vorgefunden werden) erläutert werden. Dabei handelt es natürlich nur um eine unvollständige Beispielliste. Wichtig ist noch die Betonung, dass mit Besichtigen stets der Einsatz aller Sinne gemeint ist, also auch Ohren und Nase eingesetzt werden müssen.

2.2.2.1 Transformatorstation einschließlich Mittelspannungs-Schaltanlage

Vor allem sollte hier auf Sauberkeit geachtet werden. Ablagerungen von Schmutz, Öl und Staub, die gefährliche Näherungen bilden oder den Isolationszustand verschlechtern können, müssen bemängelt werden. Bei Öltransformatoren ist auf einen erhöhten Ölaustritt zu achten. Bewertet werden können (bei Öltransformatoren) darüber hinaus z. B. der Buchholzschutz und vorhandene Schaugläser für die Qualität des Öls im Transformator.

Zusätzlich ist nach Möglichkeit eine thermografische Untersuchung mit einer geeigneten Infrarot-Wärmebildkamera vorzunehmen, um die thermische Belastung des Transformators zu bewerten. Allerdings muss dabei der Belastungsgrad zum Zeitpunkt der Messung mit berücksichtigt werden. Besonders der Anschlussbereich muss hierbei näher betrachtet werden. Auch grobe Defekte im Wicklungsbereich bei Trockentransformatoren können in vielen Fällen thermografisch erfasst werden. Näheres zur thermografischen Untersuchung wird im nachfolgenden Kapitel 2.2.3 sowie im Kapitel 3.2 dieses Buchs erläutert.

2.2.2.2 Niederspannungs-Schaltanlagen

Es geht hier um Einrichtungen wie Niederspannungshauptverteilungen (NSHV), Unterverteilungen (UV), Steuerschränke sowie Installations- und Maschinenverteiler sowie eventuell vorhandene Klemmverteiler. Zunächst sollen einige grundsätzliche Prüfschritte in Zusammenhang mit der Besichtigung der Verteilung genannt werden, die sowohl bei Personenschutzprüfungen als auch bei brandschutztechnischen Prüfungen wichtig sind (unvollständige Beispielliste):

- Bewertung der Schutzklasse
  Beispielsweise muss bei Verteilern der Schutzklasse I darauf geachtet werden, dass sämtliche leitfähigen Gehäuseteile mit dem Schutzleiter verbunden sind (die Tür zwingend nur, wenn spannungsführende Teile, z. B. Messgeräte, eingebaut wurden oder wenn es ein EMV-Konzept so vorsieht), während bei Verteilern der Schutzklasse II die Isolation (auch der PE-Schiene) gegenüber einem leitfähigen Gehäuse beachtet werden muss.

- Beurteilung, ob das vorgesehene Netzsystem (z. B. TN-System oder TT-System) in der Verteilung korrekt umgesetzt wurde.
  Bewertet werden muss beispielsweise, ob im TT-System der vom Netzsystem kommende Neutralleiter isoliert aufgelegt und weitergeführt wird.
  Im TN-System muss festgestellt werden, ob der PEN-Leiter des Netzsystems nach DIN VDE 0100-444 in der Nähe der Einspeisung vorgenommen wurde und ob in den nachfolgenden Verteilungen keine erneute Brücke zwischen Neutralleiter und Schutzleiter vorhanden ist.
  Bei Mehrfacheinspeisung ist die normgerechte Ausführung des zentralen Erdungspunkts (ZEP) zu überprüfen.
- Übereinstimmung des Verteileraufbaus mit der Dokumentation;

  besonders bei Nachinstallationen ist eine derartige Übereinstimmung häufig nicht mehr gegeben,
- Kennzeichnungen von Betriebsmitteln einschließlich Neutral- und Schutzleiter,
- Kennzeichnung von Abgängen,
- Zuordnung von Neutral- und Schutzleitern zu den Stromkreisen,
- Berücksichtigung der allgemeinen Betriebssicherheit (z. B. Handrücken- oder Fingersicherheit zu aktiven Teilen).

Nimmt man die Sach- und Brandschadenverhütung in den Fokus, so müssen natürlich weitere Beispiele für die Besichtigung in Verteilungen genannt werden. Darunter kann es durchaus Punkte geben, die zwar typische Sach- bzw. Brandschutzthemen betreffen, aber darüber hinaus auch beim Personenschutz eine wichtige Rolle spielen können.

Auch bei Prüfungen in Niederspannungs-Schaltanlagen (wie zuvor bei der Transformatatorstation) muss besonders auf eine Untersuchung der thermischen Belastung hingewiesen werden. Vorteilhaft geschieht eine solche Untersuchung mit einer Infrarot-Wärmebildkamera. Sich entwickelnde thermische Überlastungen, der Ausfall von Betriebsmitteln sowie punktuelle brandgefährliche Wärmeentwicklungen können mit dieser Untersuchung vielfach frühzeitig entdeckt werden. Näheres hierzu ist in den Kapiteln 2.2.3 und 3.2 dieses Buchs zu finden.

Es folgt eine unvollständige Beispielliste für eine brandschutztechnische Besichtigung:

a) Schutzart

   Besonders die Einführungen der Kabel und Leitungen in eine Verteilung bieten nicht selten Anlass für Kritik. Eine Schutzart IP54 sorgt beispielsweise bei feuchter oder staubhaltiger Umgebung dafür, dass Feuchtigkeit, Schmutz und Staub nicht durch Öffnungen eindringen und dadurch den Isolationszustand in der Verteilung unzulässig beeinträchtigen können.

b) Zuordnung der Leiterquerschnitte zu den Schutzeinrichtungen

Hierbei ist es wichtig, dass zunächst Erfahrungswerte zu berücksichtigen sind. Der Prüfer sollte natürlich erkennen, dass ein Stromkreis, der über eine Leitung mit einem Querschnitt von 1,5 mm^2 (Cu) versorgt wird, nicht mit einer Überstrom-Schutzeinrichtung abgesichert werden darf, deren Nennstrom über 20 A liegt. Schon bei I_N = 20 A müsste man Bedenken anmelden, da nur unter besonderen Bedingungen ein Leiterquerschnitt von 1,5 mm^2 (Cu) mit 20 A abgesichert werden darf. Selbst bei einer Absicherung mit einem LS-Schalter I_N = 16 A kann unter Umständen bereits eine Übersicherung vorliegen. Allerdings kann Letzteres nur durch eine genauere Untersuchung der Verlegebedingungen festgestellt werden. Der Überlastschutz wird nachfolgend im Kapitel 3.1.2 dieses Buchs beschrieben.

c) Farbliche Veränderungen an Betriebsmitteln

Dies kommt häufig an Klemmen und Anschlussbereichen vor; sie lassen eine zeitweise oder andauernde erhöhte thermische Belastung vermuten.

d) Fehlende Federringe an Messerkontakten bei NH-Sicherungen

Natürlich „funktioniert" eine NH-Sicherung auch ohne Federringe, aber die Kontaktkraft ist ohne sie möglicherweise zu gering. Die Absenkung der Kontaktkraft wird zusätzlich verstärkt, wenn die Federkraft der beiden Kontaktstücke, in die das Kontaktmesser der NH-Sicherung eingeschoben wird, „ermüdet". Zusätzlich könnten ständig wechselnde Temperaturen, häufige Lastschwankungen, unsaubere Luft und eventuell auch Vibrationen zu Problemen führen, indem korrosive Veränderungen in den Kontaktbereich eindringen. Unzulässige thermische Überlastungen können die Folge sein. Die zuvor erwähnten Federringe tragen trotz allem nicht unwesentlich dazu bei, dass markante thermische Überlastungen an den Kontakten vermieden werden.

e) Lose Klemmen im Verteiler

In DIN VDE 0100-520 (**VDE 0100-520**), Abschnitt 526.5 heißt es wörtlich:

„Elektrische Verbindungen (Betriebsmittelanschlüsse und Leiterverbindungen) müssen in geeigneten Umhüllungen erfolgen, z. B. in Ausgangsdosen oder in Betriebsmitteln, falls vom Hersteller zu diesem Zweck Raum vorgesehen wurde. In diesem Fall müssen Betriebsmittel mit fest montiertem Verbindungsmaterial oder Möglichkeiten zur Befestigung von Verbindungsmaterial verwendet werden. Die Leiter von Endstromkreisen müssen in einer Umhüllung enden."

Und in DIN EN 61439-1 (**VDE 0660-600-1**), Abschnitt 8.6.3 heißt es: *„Leiter dürfen zwischen zwei Klemmstellen keine Verbindungsstelle haben, z. B. Flickstelle oder Lötstelle."*

Lose Klemmen haben im Verteiler nichts zu suchen. Weitere Hinweise zu Klemmen sind im Kapitel 3.4 dieses Buchs zu finden.

f) Unzulässige Belegung von Klemmstellen

In der Regel ist eine Klemmstelle von Schraubklemmen dafür vorgesehen, einen einzigen Leiter aufzunehmen. Sollte das Klemmen von mehreren Leitern möglich sein, muss dies der Hersteller nach DIN EN 60998-2-1, Abschnitt 8.101 angeben. **Tabelle 2.1** zeigt ein Beispiel für eine solche Herstellerangabe.

Verbindungsklemmen für Kupferleiter (Cu)					
eingebaut in Kabelabzweigkasten	**Klemmen-Bezeichnung**	**Klemmstellen je Pol**	**zugeordnete Leiterquerschnitte mm^2**	**anschließbare Leiter je Pol Anzahl**	**Leiterarten r = starr (ein-/mehrdähtig) sol = eindrähtig s = mehrdrähtig**
D 9025	DKL 04	1	6	1-2	sol
D 9125			4	1-3	sol
D 9225			2,5	1-4	sol
D 9045			1,5	1-6	sol

Tabelle 2.1 Beispiel einer Herstellerangabe für Verbindungsklemmen (für Kupferleiter) bezüglich zugeordnetermLeiterquerschnitt und Anzahl der anzuschließenden Leiter
(Quelle: Hensel)

Bei großen Leiterquerschnitten muss darauf geachtet werden, dass die Klemmstelle für diesen Querschnitt geeignet ist. Weitere Hinweise zu Klemmen sind im Kapitel 3.4 dieses Buchs zu finden.

g) Quetschverbindungen bei großen Leiterquerschnitten

Es muss bei Quetschverbindungen überprüft werden, ob sie korrekt ausgeführt wurden. Quetschverbindungen werden leider oft unfachmännisch hergestellt. Falsches Klemmmaterial (z. B. nicht geeigneter Kabelschuh) oder falsches Quetschwerkzeug sind in der Regel die Ursache. Das Werkzeug für die Quetschung ist für große Querschnitte genormt und jeweils für bestimmte Kabelschuhquetschungen vorgesehen. Die Öffnungen der Kabelschuhe müssen den Querschnitten der anzuschließenden Leiter in Größe und Form entsprechen. Unsaubere Quetschverbindungen sind brandgefährlich. Sie können häufig bei Besichtigungen relativ leicht entdeckt werden, oder sie fallen bei thermografischen Untersuchungen durch eine unzulässige Erwärmung auf (siehe Kapitel 2.3.3 und 3.2 dieses Buchs).

h) Prüfung von Schutzeinrichtungen

Schutzeinrichtungen, wie LS Schalter, RCDs, RCMs, AFDDs und SPDs, können in der Regel nicht vom Prüfer elektrischer Anlagen überprüft werden. In diesen Fällen gilt die Herstellerverantwortung. Der Hersteller muss angeben, was sein Produkt leistet und wo seine Grenzen liegen. Hier darf sich der Prüfer also auf die Angaben des Herstellers verlassen. Er akzeptiert die Aufschriften des Herstellers und stellt lediglich fest, ob die richtige Schutzeinrichtung für den vorzusehenden

Schutz ausgewählt wurde. Bewertungskriterien zur Auswahl von Schutzeinrichtungen werden im Kapitel 3.3 dieses Buchs beschrieben.

Dies gilt vor allem bei **LS-Schaltern**. Ob ein solcher Schalter, der auf der Frontseite als Typ B mit I_N = 16 A bezeichnet wird, tatsächlich diesen Parametern entspricht, kann der Prüfer nicht infrage stellen. Allerdings sollte er nicht nur prüfen, ob der Nennstrom des LS-Schalters zum angeschlossenen Leiterquerschnitt passt, sondern ob auch die Häufung von LS-Schaltern auf der Hutschiene bei der Planung bzw. Errichtung berücksichtigt wurde. Möglicherweise führt eine Häufung, die durch spätere Ergänzungen entstanden ist, zu thermisch ungünstigen oder gefährlichen Zuständen. Bei dieser Frage kann z. B. eine Thermografie hilfreich sein (siehe Kapitel 2.2.3 dieses Buchs).

Auch bei **Fehlerstrom-Schutzeinrichtungen (RCDs)** darf der Prüfer im Prinzip auf Herstellerangaben zurückgreifen. Allerdings spielt bei dieser Schutzeinrichtung der korrekte Anschluss eine wesentliche Rolle. Deshalb wird neben der Besichtigung auch eine Messung gefordert, die im folgenden Kapitel 2.2.4 dieses Buchs beschrieben wird. Besichtigt wird, ob:

- eine RCD vorhanden ist (sofern gefordert) und korrekt angeschlossen wurde,
- der korrekte RCD-Typ ausgewählt wurde,
- die RCD für die konkrete Anwendung den richtigen Bemessungsdifferenzstrom $I_{\Delta N}$ und einen ausreichenden Bemessungsstrom I_N besitzt.

Differenzstrom-Überwachungseinrichtungen (RCMs) sind in der Regel nicht pauschal gefordert. Sie können aber im Einzelfall, z. B. aus Gründen des Brandschutzes, durchaus erforderlich sein. Eine RCM überwacht bekanntlich nur den Strom und stellt fest, ob Teilströme über nicht gewünschte Wege fließen, z. B. aufgrund eines Isolationsfehlers über Schutzleiter oder fremde leitfähige Teile. Hier sollte der Prüfer feststellen, ob die Meldung der RCM möglichst zeitnah von einer Person erfasst werden kann, die ggf. entsprechende Maßnahmen einleiten kann.

Auch die Funktionalität einer **Fehlerlichtbogen-Schutzeinrichtung (AFDD)** kann vom Prüfer nicht überprüft werde. In den Herstellernormen für diese Einrichtung wird eine Eigenprüfung des Geräts beschrieben, deren Wirksamkeit bei der Herstellerprüfung im Werk nachgewiesen werden muss. Der Prüfer darf sich also auf den korrekten Anschluss beschränken (z. B. geeigneter Leiterquerschnitt).

Bei **Überspannungs-Schutzeinrichtungen (SPDs)** verhält es sich im Grunde ähnlich. Allerdings haben Hersteller von SPDs Geräte entwickelt, mit denen man die Funktionalität dieser Einrichtungen prüfen kann (z. B. PM 20 der Firma Dehn, LFC der Firma OBO Bettermann oder CHECKMASTER der Firma Phoenix Contact). Besichtigt wird darüber hinaus, ob die wesentlichen Anforderungen nach DIN VDE 0100-534 eingehalten wurden (siehe nachfolgend die Ausführungen unter der

Überschrift „*Blitz- und Überspannungsschutz*"). Natürlich sind auch Kontrollanzeigen an der SPD (sofern vorhanden) zu überprüfen, die möglicherweise anzeigen, ob eine Auslösung stattgefunden hat oder ob das Gerät eine Störung markiert.

2.2.2.3 Elektrische Installation von Maschinen

Hier geht es vor allem um Anschlüsse an Motoren, um Leitungseinführungen sowie allgemein um die Kabel- und Leitungsführungen der Maschinenanlage. Motoren, die irgendwo in der Anlage, vor allem in der Nähe brennbarer Materialien, montiert sind und von denen bei einer thermischen Überlastung eine Brandgefahr ausgehen könnte, müssen entsprechend geschützt werden (z. B. durch Kaltleiter-Temperaturfühler mit Auslösegerät, Motorstarter oder Überlastrelais). Solche Temperaturbegrenzer dürfen nur eine manuelle Rückstellung vor Ort besitzen.

Bei komplexen Maschinenanlagen im Produktionsbereich fällt nicht selten Staub und Schmutz (z. B. Fasern oder Späne) an, wodurch der Isolationszustand gefährlich verringert oder die notwendige Lüftung behindert werden kann. Deshalb muss bei einer brandschutztechnischen Prüfung auch darauf geachtet werden.

2.2.2.4 Kabel- und Leitungsanlage

Gemeint ist die komplette Kabel- und Leitungsanlage (soweit sichtbar) von der Einspeisung bis zum jeweiligen Verbraucher. Dazu gehört selbstverständlich auch die Kabel- und Leitungsanlage von besonderen Einrichtungen, wie Photovoltaikanlagen. Folgendes ist hervorzuheben. Hier eine unvollständige Beispielliste:

- Vor allem ist auf mechanische Beschädigungen zu achten. Auch äußere Einflüsse, die früher oder später zu Schäden führen können, sind zu berücksichtigen (z. B. Schuttablagerungen auf Kabeltrassen).
- Bei Kabel- und Leitungsmassierungen muss festgestellt werden, ob sich darin zahlreiche hoch belastete Stromkreise befinden. Trifft dies zu, ist bei der Bewertung der Absicherung und des gewählten Leitungsquerschnitts eine Reduktion für Häufung zu berücksichtigen (siehe hierzu auch Kapitel 3.1.2 dieses Buchs).
- Gleiches gilt für eine Verlegung in Bereichen, in denen dauerhaft deutlich höhere Temperaturen auftreten können als die üblichen 25 °C (oder 30 °C), die in üblichen Strombelastbarkeitstabellen vorausgesetzt werden. Alle wichtigen Anforderungen zum Thema Überlastschutz werden nachfolgend im Kapitel 3.1.2 beschrieben.
- In Betriebsbereichen mit Zwischendecke muss soweit möglich mindestens an einer Stelle pro Betriebsbereich eine Besichtigung des Bereichs oberhalb der Zwischendecke durchgeführt werden (z. B. über Revisionsklappen in der Decke).
- Gleiches gilt für Kabelkanäle und Kabelschächte; eine Besichtigung an mindestens einer Stelle pro Kanalabschnitt (Schacht) sollte möglich sein.

- Bei einer Verkabelung oberhalb der Zwischendecke ist auf die Befestigung der Kabel und Leitungen zu achten. Liegen sie z. B. direkt auf der Zwischendecke, so sind mindestens zwei Dinge zu berücksichtigen:

  a) Die Isolation von Kabeln und Leitungen darf nicht durch Berührung mit der Gebäude- oder Zwischendecke sowie mit deren Befestigungselementen usw. beschädigt und auch nicht dauerhaft punktuell belastet werden. Das kann auch geschehen, wenn z. B. Leitungen über Kanten oder metallene Stege geführt werden, die einen dauerhaften, punktuellen Druck auf die Isolation ausüben.

  b) Eine Häufung von Kabeln und Leitungen, die direkt auf der Zwischendecke liegen, üben für die Zwischendecke eine vom Hersteller der Decke nicht berücksichtigte Belastung aus. Wenn an der Zwischendecke Schäden entstehen, wird der Hersteller der Decke jede Verantwortung ablehnen. Dazu kommt, dass Schäden an der Decke möglicherweise auch brandgefährliche Schäden an der Kabel- und Leitungsanlage verursachen können.

     Bei Zwischendecken mit einer nachgewiesenen Feuerwiderstandfähigkeit für eine Beaufschlagung durch Feuer von oben nach unten (z. B. eine Decke mit einer sogenannten „I-Klassifizierung“ in Rettungswegbereichen) ist darauf zu achten, dass eine direkte Belastung der Decke durch Kabel und Leitungen ausgeschlossen werden kann. Vielmehr muss gewährleistet werden, dass die Kabel und Leitungen oberhalb der Zwischendecke mit nicht brennbaren Materialien befestigt werden; entweder durch entsprechende Schellen auf der Gebäudedecke (Rohdecke) oder an der Wand oder durch eine Verlegung auf metallene Kabeltrassen. Eine Befestigung mit Kabelbindern ist dagegen nicht möglich, weil diese bei einem Brand zerstört würden. Dadurch würden die Kabel und Leitungen auf die Decke fallen und könnten diese beschädigen. Näheres zur Installation im Zwischendeckenbereich ist im Kapitel 3.1.2.2 und Kapitel 4.3.2.6 dieses Buchs zu finden.

- Die Ladeleitungen bei Ladestationen von Flurförderfahrzeugen sind häufig in einem schlechten Zustand. Dies kommt nicht zuletzt dadurch, dass die Ladung der Batterien in der Regel mit Spannungen im Bereich unter 120 V DC stattfindet. Die Gefahr geht jedoch von den meist hohen Ladeströmen aus. Die geringe Ladespannung verursacht dabei die zusätzliche Gefahr, dass relativ sorglos mit den Ladeleitungen sowie mit dem Ladegerät umgegangen wird. Deshalb muss bei Wiederholungsprüfungen darauf geachtet werden, ob die Ladeleitungen und Anschlüsse bzw. Anschlussvorrichtungen beschädigt sind. Weitere Anforderungen zu diesen Anlagen, die bei Planung und Prüfung berücksichtigt werden sollten, sind im Kapitel 3.7 dieses Buch nachzulesen.

- Bei einer Befestigung der Kabel und Leitungen mit Kabelbindern ist darauf zu achten, dass die punktuelle Belastung, die durch die Kabelbinder entsteht, möglichst gering bleibt. Das bedeutet z. B., dass größere Kabel- und Leitungsbündel nicht an Kabelbindern hängen dürfen, weil die scharfen Kanten der Kabelbinder nach und nach in die Leitungsisolation eindringen können. Besonders bei einer senkrechten Verkabelung (z. B. in Steigeschächten) ist eine ausschließliche Befestigung mit Kabelbindern ein abzustellender Mangel.

- Die Verkabelung in feuergefährdeten Bereichen wird nachfolgend im Kapitel 5.4.3 dieses Buchs beschrieben.
- Parallel geschaltete Kabel- und Leitungssysteme müssen bewertet werden. Vor allem muss der Schutz bei Überstrom gewährleistet sein. Näheres wird im Kapitel 3.1.4 dieses Buchs erläutert.
  Beispielsweise kann eine unbemerkte Überlastung entstehen, die bei einer separaten Absicherung der parallelen Leitungsstränge möglich ist. Die Gefahr hierbei ist, dass ein einzelner Leiter nach dem Auftreten eines Fehlers unbemerkt abgeschaltet und damit ein unbemerkter Weiterbetrieb der nicht betroffenen parallelen Leiter verursacht wird. Die nicht abgeschalteten parallelen Leiter müssten in diesem Fall einen erhöhten Anteil am Gesamtbetriebsstrom übernehmen.

2.2.2.5 Schottungen und Maßnahmen zum Funktionserhalt

Gemeint sind natürlich solche brandschutztechnische Maßnahmen, die in direktem Zusammenhang mit der elektrischen Anlage stehen. Dies sollte der Prüfer auch in seinem Prüfbericht (Gutachten) betonen, damit nicht der Eindruck entsteht, als hätte der Prüfer die gesamten Schottungsmaßnahmen im Gebäude abgenommen. Auf diese Weise würde er unter Umständen unbeabsichtigt die Verantwortung für alle übrigen Brandschottungen und sonstigen Maßnahmen des baulichen Brandschutzes übernehmen. Näheres zum Thema Brandschottung und Funktionserhalt wird im Kapitel 4.3 dieses Buchs beschrieben.

2.2.2.6 Beleuchtungsanlage

Hier geht es um die Montage, den Zustand, die Umgebungsbedingungen sowie die Kennzeichnung von Leuchten und Beleuchtungssystemen. Besonders durch das geänderte Kennzeichnungssystem, das VDE-Normen seit 2009 fordern, sind an dieser Stelle einige Unsicherheiten bei Prüfern entstanden. Hierzu wird im Kapitel 3.6.3 dieses Buchs einiges nachzulesen sein.

Wurden nachträglich aus Gründen der Energieeffizienz Leuchten umgerüstet oder Leuchtmittel getauscht, muss dies der Prüfer bewerten. Er ist häufig der erste, der die veränderte Beleuchtungsanlage zu Gesicht bekommt und muss von daher einiges beachten. Dies wird im Kapitel 3.6.11 dieses Buchs näher beschrieben.

2.2.2.7 Erdung und Potentialausgleich

Diese Maßnahmen haben nicht unbedingt typische brandschutztechnische Relevanz. Im TT-System ist der Anlagenerder allerdings ein Schutzerder und wird für die Schutzmaßnahmen benötigt, die natürlich auch beim Brandschutz eine Rolle spielen. Auch wenn Belange der EMV betroffen sind (vor allem bei Potentialausgleichsmaßnahmen), kann dies aus der Sicht der Sach- und Brandschadenverhütung eine Rolle spielen, wenn z. B. sichergestellt werden muss, dass sicherheitstechnische Anlagen funktionssicher sein müssen (z. B. Brandmeldeanlagen).

2.2.2.8 Blitz- und Überspannungsschutz

Maßnahmen zum Blitzschutz sind im Grunde Teil der elektrischen Anlage. Allerdings erfordert dieser Schutz eine besondere Prüfung, z. B. nach VDE 0185-305-3 Beiblatt 3. Wurde diese besondere Prüfung nicht mit beauftragt, reicht es möglicherweise für die brandschutztechnische Prüfung, die Nachweise solcher Blitzschutzprüfungen einzusehen und zu bewerten. Können solche Nachweise vom Betreiber der Anlage nicht vorgelegt werden, sollte dies bei der brandschutztechnischen Prüfung mindestens dann als ein Mangel bewertet werden, wenn solche Maßnahmen dringend erforderlich sind (z. B. aufgrund von behördlichen Vorgaben).

Auf alle Fälle ist bei der Besichtigung darauf zu achten, dass bei einer vorhandenen äußeren Blitzschutzanlage in der Hauptverteilung ein Überspannungsableiter (SPD) Typ 1 (Blitzstromableiter) fachtechnisch korrekt ausgesucht und errichtet wurde.

Selbstverständlich ist auch, dass Auffälligkeiten oder offensichtliche Mängel an der äußeren Blitzschutzanlage als Mangel aufgenommen werden. Durch die Angabe solcher Mängel sollte jedoch beim Betreiber der Eindruck vermieden werden, dass eine Abnahme der kompletten Blitzschutzanlage stattgefunden hat; vielmehr kann der Mangel zum Anlass genommen werden, dem Betreiber eine separate Prüfung des Blitz- und Überspannungsschutzes nach Normen der Reihe VDE 0185-305 zu empfehlen.

Auch die Gesamtbewertung von Überspannungsmaßnahmen, insbesondere des eventuell zugrunde liegenden Überspannungs-Schutzkonzepts in der Anlage (z. B. korrekte Kaskadierung der Überspannungs-Schutzgeräte untereinander oder Vollständigkeit des Überspannungsschutzes in der Gesamtanlage) ist nicht automatisch Teil einer üblichen brandschutztechnischen Prüfung, sofern die Überprüfung dieser Maßnahmen nicht besonders beauftragt wurde. Natürlich werden die Überspannungs-Schutzeinrichtungen (SPDs), wo sie in Anlagen (vor allem in Verteilungen) verbaut wurden, als Teil der Anlage betrachtet und dabei festgestellt:

- ob sie für den Anwendungsfall korrekt ausgewählt wurden,
- ob die angeschlossenen Leitungen nicht zu lang sind,

- ob durch Kennmelder angezeigt wurde, dass sie ausgelöst haben,
- ob ein vom Hersteller geforderter Überstromschutz vorhanden ist usw.

Im Grunde geht es bei den SPDs um die Übereinstimmung mit den Anforderungen (Auswahl, Anschlussart und Leitungslänge usw.) nach DIN VDE 0100-534.

2.2.2.9 Ortsveränderliche Betriebsmittel

Wenn es ausschließlich um die ortsfeste elektrische Anlage geht (z. B. bei einer Prüfung nach Versicherungsklausel SK 3602), müssen Mängel an ortsveränderlichen Betriebsmitteln nur dann bei der Prüfung berücksichtigt werden, wenn der Prüfer sie bei seiner Prüfung (zufällig) entdeckt. Allerdings kann sich der Prüfer, der ausschließlich für eine brandschutztechnische Überprüfung beauftragt wurde, verlangen, dass ihm Protokolle von Geräteprüfungen (z. B. nach DGUV Vorschrift 3) zur Bewertung vorgelegt werden. Fehlen Hinweise, dass die ortsveränderlichen Betriebsmittel regelmäßig überprüft werden, ist dies als Mangel anzugeben. Der Betreiber muss diesbezüglich auf die gesetzliche Forderung hingewiesen werden.

In diesem Zusammenhang muss besonders auf die Verwendung von Mehrfachsteckdosen hingewiesen werden. In privaten Wohnbereichen ist die Nutzung solcher Betriebsmittel durchaus üblich und wird kaum kontrolliert. Im gewerblichen oder industriellen Bereich muss allerdings auf die Nutzung von Mehrfachsteckdosen besonders geachtet werden, weil sie genau genommen Arbeitsmittel im Sinne der Betriebssicherheitsverordnung (BetrSichV) darstellen. Der Arbeitgeber tut gut daran, sich im Rahmen seiner Gefährdungsbeurteilung, die er entsprechend dem Arbeitsschutzgesetz (ArbSchutzG) sowie der BetrSichV erstellen muss, über die Nutzung von Mehrfachsteckdosen Gedanken zu machen.

Im Rahmen einer solchen Gefährdungsbeurteilung muss der Betreiber (in diesem Fall der Unternehmer/Arbeitgeber) auch die Sicherheits- und Warnhinweise des Herstellers der Betriebsmittel beachten. Nach DIN VDE 0620-2-1, Abschnitt 8.9 ist der Hersteller von Mehrfachsteckdosen verpflichtet, Warnhinweise auf seinem Produkt oder im Beipackzettel anzugeben. Solche Warnhinweise müssen enthalten:

- dass ortsveränderliche Mehrfachsteckdosen nicht hintereinandergeschaltet und ebenso nicht abgedeckt betrieben werden dürfen,
- dass bei Mehrfachsteckdosen mit Funktionsschalter darauf hingewiesen werden muss, dass auch bei der Aus-Stellung des Schalters Spannung anstehen kann; Spannungsfreiheit wird erst durch das Ziehen des Steckers erreicht.

Der Prüfer muss darüber hinaus ganz allgemein bei der Nutzung von Mehrfachsteckdosen entscheiden, ob er dies als Mangel ansieht und die fachgerechte Nachrüstung von festinstallierten Steckdosen fordert. Dies kann oft nur an der Art der Nutzung festgemacht werden. Sind leistungsstarke Verbraucher angeschlossen, so hilft es häufig bereits, wenn der Prüfer dringend empfiehlt, besonders robuste und für den gewerblichen Bereich besonders geeignete Mehrfachsteckdosen anzuschaffen und zu verwenden.

Wenn in der Anlage die elektrische Energie auffällig häufig über Mehrfachsteckdosen und Verlängerungen verteilt wird, liegt unter Umständen das Problem vor, dass zu wenig Steckdosenstromkreise und eine zu geringe Anzahl an Steckdosen vorhanden sind. Im Zweifelsfall muss der Prüfer darauf hinweisen, dass diese Art der Verteilung ihre Grenzen hat, weil die elektrische Energie letztlich von der Verteilung aus über einen einspeisenden Stromkreis zugeführt und dann erst über die Mehrfachsteckdosen verteilt wird. Dieser einspeisende Stromkreis darf nicht auf Dauer überlastet werden. Dabei sind kleinere Überlastungen (z. B. lediglich 30 % bis 40 % Überlastung) in der Regel aus der Sicht des Brandschutzes wesentlich gefährlicher als größere. Große Überlastungen werden meist durch die vorgeschaltete Überstrom-Schutzeinrichtung frühzeitig abgeschaltet. Bei kleineren Überlastungen treten dagegen kaum einzuschätzende Zustände auf, die durchaus zu einem Brand oder zu einer gefährlichen Vorschädigungen der Leitungsisolation führen können. Weitere wichtige Bewertungskriterien zum Thema „*Mehrfachsteckdosen*" und „*Anzahl von Stromkreisen*" sind im Kapitel 3.1.2.5.1 sowie im Kapitel 6 dieses Buchs zu finden.

2.2.2.10 Besonderheiten in feuergefährdeten Betriebsstätten

Die besonderen Anforderungen in feuergefährdeten Betriebsstätten werden im Kapitel 5 dieses Buchs beschrieben. An dieser Stelle soll jedoch darauf hingewiesen werden, dass diese Anforderungen stets mit einer zuvor vorgenommenen Einstufung der Räumlichkeit als feuergefährdete Betriebsstätte einhergeht. Fehlt diese oder wurde sie nicht korrekt vorgenommen, muss der Prüfer Zweifel anmelden. Näheres hierzu ist in den Kapiteln 5.2.2.2 und 5.2.2.3 dieses Buchs zu finden.

2.2.3 Temperaturmessungen bzw. Thermografie

Die **Temperaturmessung** mittels Infrarot-Kamera (Wärmebildkamera) wird in VDE-Normen (DIN VDE 0100-600 bzw. DIN VDE 0105-100) nicht gefordert, ist aber bei einer brandschutztechnischen Prüfung unerlässlich. Da es hier sehr häufig nicht um Messungen im Sinne eines Soll-/Istwert-Vergleichs geht, wird diese Untersuchung nicht bei der Beschreibung der üblichen Messungen (siehe nachfolgendes Kapitel 2.2.4) aufgeführt.

Bei der thermografischen Untersuchung werden vor allem folgende Anlagenteile bzw. Betriebsmittel betrachtet (unvollständige Beispielliste):

- Anschlussbereiche und Kontakte der NH-Sicherungslasttrennschalter bzw. NH-Sicherungselemente,

- Klemmvorrichtungen bzw. Klemmleisten in Verteilungen sowie Schalt- und Steuerverteilern,
- Anschlussbereiche und wenn möglich Kontakte von Sammelschienen, Schützen, Kondensatoren usw.,
- Anschlussbereiche und Oberflächen von Transformatoren, Konverter und Motoren,
- Energiekabel bzw. Kabelbündel,
- Oberflächen von Betriebsmitteln, bei denen eine gefahrdrohende Erwärmung vermutet werden kann.

Im Kapitel 3.2 dieses Buchs werden weitere Einzelheiten zu dieser Prüfung und deren Bewertungskriterien beschrieben.

2.2.4 Brandschutztechnisch relevante Messungen

2.2.4.1 Allgemeine Anforderungen für eine separate brandschutztechnische Prüfung

Auch bei einer separaten brandschutztechnischen Prüfung wie der nach Versicherungsklausel SK 3602 sind übliche Messungen nach DIN VDE 0105-100/A1, Abschnitt 5.3.101.3 durchzuführen, sofern diese nicht bereits durch andere Prüfungen in gewünschter Sorgfalt vorgenommen wurden. Mit „sorgfältig" ist hier zum einen die Art und Ausführung der Dokumentation gemeint als auch die Regelmäßigkeit, wie sie in DIN VDE 0105-100/A1 sowie in den Durchführungsanweisungen zur DGUV Vorschrift 3 vorgeschlagen bzw. gefordert wird.

Finden in der zu prüfenden Anlage regelmäßig Personenschutzprüfungen nach DGUV Vorschrift 3 statt, werden die dabei erstellten Prüfprotokolle (Messprotokolle) anlässlich der separaten brandschutztechnischen Prüfung eingesehen und bewertet. Bei der Prüfung nach Versicherungsklausel SK 3602 wird diese Bewertung der Prüfprotokolle z. B. nach den zugrundeliegenden Prüfrichtlinien (VdS 2871) als „Ordnungsprüfung" bezeichnet. Bei kritischen oder nicht eindeutigen Mess-Ergebnissen können Kontrollmessungen notwendig werden. Fehlen solche Protokolle, sind die notwendigen Messungen vom Prüfer, der die separate brandschutztechnische Prüfung durchführt, selbst vorzunehmen. In Bezug auf Anforderungen einer Sach- und Brandschadenverhütung ist beim Thema Messungen noch Folgendes zu beachten:

- Isolationswiderstandsmessung

  Da die wiederkehrende Prüfung auf Stichprobenprüfung reduziert werden kann, stellt sich natürlich die Frage, in wie vielen Stromkreisen eine Isolationswiderstandsmessung notwendig ist, damit eine Beurteilung des ordnungsgemäßen Zustands der Anlage möglich ist (siehe hierzu auch Kapitel 2.2.1 dieses Buchs).

Das Problem bei dieser Messung sind zunächst die nicht immer leicht zu bewertenden Mess-Ergebnisse; dies wurde bereits im Kapitel 2.1.2 kurz erläutert. Dazu kommt die Tatsache, dass in modernen gewerblichen oder industriellen Anlagen eine Abschaltung häufig nicht möglich ist, ohne die eine Isolationswiderstandsmessung nicht durchgeführt werden kann.

Um der Gefahr vorzubeugen, dass bei Prüfungen nur noch unkritische Stromkreise freigeschaltet und gemessen werden (z. B. in Fluren und wenig genutzten Kellerräumen), sodass eine ausreichende Anzahl an Messungen lediglich vorgetäuscht wird, fordern z. B. die Prüfrichtlinien zur Prüfung nach Versicherungsklausel SK 3602 (VdS 2871), dass mindestens 50 % der Endstromkreise überprüft werden müssen. Die geforderte hohe Anzahl von Messungen soll gewährleisten, dass auch die relevanteren Bereiche überprüft werden. Wird die geforderte Anzahl jedoch wegen fehlender Abschaltmöglichkeiten nicht erreicht, weist dies auf eine mögliche Lücke in der sicherheitstechnischen Überprüfung der elektrischen Anlage hin. Der Versicherer kann in diesem Fall z. B. aufgrund seiner Risikobewertung in Absprache mit seinem Kunden alternative Maßnahmen festlegen.

Ist die Isolationswiderstandsmessung also nicht in ausreichenden Umfang durchführbar, muss dies bei einer brandschutztechnischen Prüfung als Mangel erwähnt und der Betreiber darauf hingewiesen werden.

Bei einer separaten brandschutztechnischen Prüfung der elektrischen Anlage können, wie zuvor erwähnt, alternative Maßnahmen zur Isolationswiderstandsmessung festgelegt werden (beispielsweise in Absprache zwischen Betreiber und seinem Versicherer). Allerdings gelten solche Absprachen nur für die separate brandschutztechnische Prüfung. Nur in Bezug auf diese separate Prüfung kann durch eine alternative Maßnahme die Anforderung zur Isolationswiderstandsmessung als erfüllt angesehen werden können. Ob diese Alternativen auch auf die Personenschutzprüfung nach DGUV Vorschrift 3 übertragen werden können, bei der die Isolationswiderstandsmessung bekanntlich auch gefordert wird, muss im konkreten Fall mit der Berufsgenossenschaft besprochen werden. Es sollte mindestens in einer schriftlich fixierten Gefährdungsbeurteilung des Betreibers festgelegt werden, wie die gleichwertige Sicherheit in diesem Fall erreicht werden soll.

Eine Alternative zur Isolationswiderstandsmessung erwähnt DIN VDE 0105-100/A1 im Abschnitt 5.3.3.101.0.2. Dort heißt es wörtlich:

*„Wenn ein Stromkreis durch ein Differenzstrom-Überwachungsgerät nach DIN EN 62020 (**VDE 0663**) oder eine Isolationsüberwachungseinrichtung nach DIN EN 61557-8 (**VDE 0413-8**) ständig überwacht wird und diese Überwachungseinrichtung einwandfrei funktioniert, kann auf die Messung des Isolationswiderstands verzichtet werden.*

Die einwandfreie Funktion der Differenzstrom-Überwachungsgeräte oder Isolationsüberwachungseinrichtungen muss geprüft werden. Dies kann z. B. durch Betätigen der Prüftaste erfolgen.“

Durch die Erwähnung in einer aktuellen Norm darf vermutet werden, dass diese Alternative zur Isolationswiderstandsmessung auch von der Berufsgenossenschaft akzeptiert wird. Die Versicherer kennen diese Möglichkeit übrigens schon seit vielen Jahren, sie wird mit einer ähnlichen Formulierung z. B. in VdS 2046, Abschnitt 3.2.3 erwähnt.

Darüber hinaus wird immer wieder die Frage gestellt, ob nicht eine Differenzstrom- oder Leckstrommessung eine Alternative zur Isolationswiderstandsmessung darstellen könnte. Gemeint ist eine Messung der Ströme in allen aktiven Leitern mit einem Summenstromwandler, z. B. mit einer entsprechenden Stromzange oder einer Rogowskispule, die über alle aktiven Leiter gelegt wird. Hierdurch würden Ströme gemessen, die über andere Wege fließen (z. B. über Schutzleiter, Potentialausgleichsleiter oder über leitfähige Teile in der Anlage). Damit könnte man einen Strom, der über einen Isolationsfehler fließt, indirekt erfassen. Man spricht hier häufig von Leckströmen, die anzeigen sollen, dass ein Isolationsfehler vorhanden ist.

Allerdings fließen nicht nur Isolationsfehlerströme über nicht vorgesehene Wege. Es werden mit dieser Messung immer auch andere Ströme mit erfasst, die häufig betriebsbedingt entstehen. Der besagte Leckstrom beinhaltet stets die geometrische Summe der Ströme, die durch ohmsche und kapazitive Ableitwiderstände entstehen. Der Isolationswiderstand ist jedoch stets ein ohmscher Widerstand. Deshalb interessiert bei der Isolationswiderstandsmessung lediglich der ohmsche Anteil dieses Leckstroms (siehe **Bild 2.1** dieses Buchs).

Besonders der kapazitive Anteil kann sich dabei je nach Betriebszustand der verschiedenen Betriebsmittel, die z. B. mit Filtern (z. B. sogenannte Y-Filter) beschaltet wurden, stark ändern. Der prozentuale Anteil dieses kapazitiven Ableitstroms hängt dabei nicht einmal von der Höhe des Betriebsstroms ab, sondern eher vom Anteil der Verbraucher, die diese kapazitiven Ströme verursachen. Bei der Differenzstrom- bzw. Leckstrommessung müsste der Prüfer stets aus dem angezeigten Wert des Gesamtableitstroms den ohmschen Anteil herausrechnen, der allein für die Betrachtung des Isolationswiderstands von Interesse ist. Da dieser Gesamtableitstrom jedoch immer nur eine zufällige Größe eines Augenblicks darstellt, und weil die Kenntnis der kapazitiven Anteile dieses Stroms kaum ermittelt werden kann, ist dies nur schwer möglich.

Ein Grund hierfür ist, dass die eingesetzten elektronischen Verbraucher in der Anlage den Betriebsstrom derart verzerren, dass reine sinusförmige Ströme mit der Frequenz von 50 Hz in gewerblichen oder industriellen Anlagen kaum mehr festgestellt werden können (siehe hierzu Kapitel 7 dieses Buchs). Hier sollte bedacht werden, dass die Frequenzanteile von Oberschwingungsströmen, die dabei entstehen, bei vorhandenen (parasitären) Ableitkapazitäten den Leckstrom zusätzlich vergrößern, weil die Frequenzen dieser Ströme ein Mehrfaches der Netzfrequenz betragen. Je nachdem, wie hoch der zufällige Anteil dieser Stromanteile (je nach Betriebszustand der elektronischen Verbraucher) ist, kann sich der kapazitive Anteil des Leckstroms somit stark verändern. Dazu kommt, dass der Prüfer stets darauf achten muss, ob seine „Leckstromzange" überhaupt für diese Frequenzen geeignet ist.

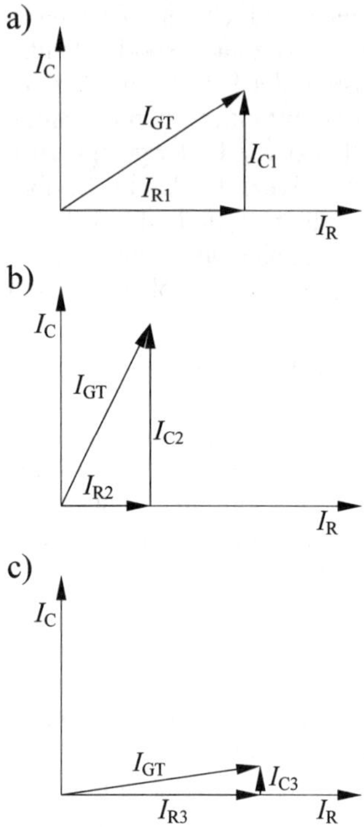

Bild 2.1 Darstellung eines Leckstroms mit unterschiedlichen kapazitiven und ohmschen Stromanteilen; für die Bewertung des Isolationszustands ist lediglich der ohmsche Anteil von Interesse:

I_C kapazitive Stromkomponente
I_R ohmsche Stromkomponente
I_G Gesamtstrom/gemessener Strom
a) gemessen wird ein Gesamtstrom $I_{GT} = 50$ mA
b) auch hier ist $I_{GT} = 50$ mA
c) auch hier ist $I_{GT} = 50$ mA
Allerdings hat sich der ohmsche Anteil ständig verändert. Beispielsweise
$I_{R1} = 30$ mA
$I_{R2} = 15$ mA
$I_{R3} = 49$ mA

Auch die bloße Messung bzw. Berücksichtigung des Schutzleiterstroms ist wenig hilfreich, denn in heutigen Anlagen ist nicht davon auszugehen, dass der Schutzleiter stromlos betrieben wird. Es sind Probleme in Stromkreisen bekannt, in denen frequenzumrichtergesteuerte Maschinen betrieben werden (unter Umständen sogar in feuergefährdeten Bereichen), bei denen Schutzleiterströme von weit über 10 A möglich sind. Was sollte durch eine Leckstrommessung in diesen Fällen festgestellt werden? Nicht immer sind die Probleme so gravierend, aber von der Sache her wird dieses Thema immer gravierender.

Wenn sich Art und Anzahl der angeschlossenen Verbrauchsmittel sowie der Betriebszustand der elektronisch betriebenen Verbrauchsmittel nicht ständig ändern, kann mit der Differenzstrom- bzw. Leckstrommessung zumindest eine Aussage über Tendenzen gemacht werden, nach denen sich die Isolationswiderstände im betrachteten Stromkreis z. B verschlechtern. Auf alle Fälle müssen genaue Informationen zum gemessenen Stromkreis vorhanden sein. Wichtig ist dabei die möglichst genaue Kenntnis über die Höhe der betriebsbedingten, kapazitiven Ableitströme im gemessenen Stromkreis. Verbrauchsmittel, die mit ständig wechselnden Betriebszuständen verschieden große kapazitive Ableitströme hervorrufen, sollten in den gemessenen Stromkreisen nicht enthalten sein.

- Durchgängigkeit des Schutzleiters

  Schutzleiter- und Potentialausgleichsverbindungen müssen üblicherweise durch Messungen überprüft werden. Bei der wiederkehrenden Prüfung reichen hierbei natürlich Stichproben. Der Prüfer sollte vor allem Schutzleiter berücksichtigen, an denen Veränderungen ausgeführt wurden oder die im Verlauf nicht sichtbar sind und bei denen, aus welchen Gründen auch immer, die niederohmige Verbindung bezweifelt werden kann. Ist die Durchgängigkeit von Schutzleitern bereits durch eine Schleifenwiderstandsmessung oder Messung der Auslösung von Fehlerstrom-Schutzeinrichtungen (RCDs) festgestellt worden, kann diese Messung entfallen.

  Bei der brandschutztechnischen Prüfung, sofern sie als separate Prüfung verstanden werden soll, reicht es in der Regel aus, wenn eine Schleifenwiderstandsmessung oder die Messung der Auslösung bei RCDs durchgeführt wird, sofern die Messung nicht ohnehin schon bei vorausgegangenen Personenschutzprüfungen (z. B. nach DGUV Vorschrift 3) durchgeführt und dokumentiert wurde.

- Schleifenwiderstandsmessung

  Auch die Schleifenwiderstandsmessung (in Endstromkreisen kann dieser Begriff mit dem Begriff „*Schleifenimpedanzmessung*" oder „*Fehlerschleifenimpedanzmessung*" gleichgesetzt werden) wird bei wiederkehrenden Prüfungen in der Regel in Stichproben durchgeführt. Gleichgültig, ob bei einer separaten brandschutztechnischen Prüfung lediglich die Ergebnisse vorausgegangener Personenschutzprüfungen bewertet werden oder ob der Prüfer die Messungen selbst durchführt, wichtig ist allein die Bewertung der Mess-Ergebnisse. Es genügt also nicht, dass ein von der Norm vorgegebener Wert unterschritten wird. Vielmehr geht es um die Nachvollziehbarkeit der gemessenen Werte. Folgende Fragestellung steht dabei im Vordergrund:

Entspricht der gemessene Wert den besonderen Bedingungen im gemessenen Stromkreis, und ist der Messwert bei Berücksichtigung von Stromkreislänge, Leiterquerschnitt und im Vergleich zu ähnlichen Stromkreisen mit ähnlichen Parametern nachvollziehbar?

Es muss an dieser Stelle auch erwähnt werden, dass üblicherweise Schleifenwiderstandsmessgeräte in erster Linie den ohmschen Anteil der Schleifenimpedanz registrieren. Der steht allerdings nur bei kleineren Leiterquerschnitten im Vordergrund. Messungen im Bereich hoher Querschnitte (> 25 mm^2) oder in Transformatornähe sollten deshalb nicht mit handelsüblichen Schleifenwiderstandsmessgeräten geprüft werden, da die Ergebnisse zu ungenau werden (siehe auch Kapitel 3.1.3.1 dieses Buchs).

- Fehlerstrom-Schutzeinrichtung (RCD)

  Nach Norm muss die Auslösung von RCDs mit einem besonders dafür vorgesehenen Messgerät geprüft werden. Auch hier sind bei wiederkehrenden Prüfungen Stichproben erlaubt. Bei der brandschutztechnischen Prüfung (sofern diese als separate Prüfung durchgeführt wird) gilt das, was schon bei der Schleifenwiderstandsprüfung gesagt wurde: Nach Möglichkeit greift der Prüfer auf die Protokolle von vorausgegangenen Personenschutzprüfung zurück. Sind keine vorhanden, muss er in Stichproben selbst Messungen der Auslösung von RCDs vornehmen. Ist dies nicht möglich (z. B. weil nicht abgeschaltet werden darf), muss dies als Mangel vermerkt werden.

  Sofern die Prüfung als separate brandschutztechnische Prüfung verstanden wird, kann es ausreichen, dass zur Überprüfung der Auslösung lediglich der Prüftaster gedrückt wird, weil die Einhaltung der übrigen Parameter (Auslösezeit und Höhe des Auslösestroms bzw. Bemessungsdifferenzstroms) von Hersteller der RCD garantiert werden muss. Dies gilt allerdings nicht automatisch für die Prüfung nach DGUV Vorschrift 3.

- Neutralleiterstrommessung in Verteilerstromkreisen

  Bei einer brandschutztechnischen Prüfung ist eine Messung des Neutralleiterstroms in Verteilerstromkreisen sinnvoll. Versorgt die Verteilung besonders zahlreiche Stromkreise mit elektronischen Verbrauchsmitteln, so ist dies nach VdS 2349-1 sogar unerlässlich. In VDE-Normen (DIN VDE 0100-600 oder DIN VDE 0105-100) wird diese Messung allerdings nicht gefordert. Für die Neutralleiterstrommessungen ist ein Messgerät mit einer Echt-Effektivanzeige zu verwenden (z. B. Stromzange mit TRMS). Eine detaillierte Begründung hierfür ist im Kapitel 7.2.1 dieses Buchs nachzulesen.

Wird ein relativ hoher Neutralleiterstrom festgestellt, der den Neutralleiter jedoch noch nicht überlastet, sollte untersucht werden, ob der Neutralleiterstrom im Wesentlichen durch eine asymmetrische Belastung der Außenleiter hervorgerufen wird oder ob sich möglicherweise Oberschwingungsströme im Neutralleiter sammeln. Näheres zu diesem Thema wird im Kapitel 7 dieses Buchs erläutert.

Ein schnelles und vorläufiges Ergebnis hierzu ergibt sich aus folgender Vorgehensweise: Zunächst werden die Außenleiterströme und der Neutralleiterstrom gemessen. Anschließend wird die größte Differenz der Außenleiterströme gebildet, die kleiner sein muss bzw. höchstens so groß sein darf wie der Neutralleiterstrom. Ist der Neutralleiterstrom größer, kann mit hoher Wahrscheinlichkeit vermutet werden, dass sich Oberschwingungsströme im Neutralleiter sammeln.

> **Beispiel:**
>
> I_{L1} = 85 A (Strom im Leiter L1)
>
> I_{L2} = 90 A (Strom im Leiter L2)
>
> I_{L3} = 60 A (Strom im Leiter L3)
>
> I_N = 45 A (Strom im Neutralleiter)
>
> Die größte Differenz bildet $I_{L1} - I_{L3}$ = 25 A. Der Neutralleiterstrom liegt mit 45 A darüber. Es kann also vermutet werden, dass wesentliche Anteile an Oberschwingungsströme im Neutralleiter fließen.
>
> In diesem Fall sollte der Prüfer dem Betreiber empfehlen, eine genauere Untersuchung vornehmen zu lassen. Liegt zudem eine Neutralleiter-Querschnittsreduzierung vor, sind genauere Untersuchungen und mögliche Maßnahmen zur Reduzierung von Oberschwingungen (z. B. Einsatz von Oberschwingungsfiltern) dringend zu empfehlen.

Solche Messungen können in jedem Verteilerstromkreis durchgeführt werden, mindestens jedoch in den Hauptverteilungsstromkreisen. Für eine nähere Untersuchung kann auch eine Frequenzanalyse des Neutralleiterstroms angestellt werden. Ist eine zielgerichtete Maßnahme vorgesehen, sollte durch eine Netzanalyse geklärt werden, wo das Problem liegt und wie es behoben werden kann.

Auf alle Fälle gilt: Wenn die Messung des Neutralleiterstroms ergibt, dass eine Überlastung des Neutralleiters vorliegt oder zumindest nicht ausgeschlossen werden kann, muss dies als abzustellender Mangel in der Prüfdokumentation erwähnt werden.

- Schutzleiterstrommessung

  Diese Messung wird, wie die Neutralleiterstrommessung, in Normen nicht gefordert (z. B. DIN VDE 0100-600 oder DIN VDE 0105-100). Sie ist also eine typische Messung in Zusammenhang mit einer separaten Prüfung der Sach- und Brandschadenverhütung. Dabei sind in Stichproben Ströme auf Schutz- und Potentialausgleichsleiter zu messen. Üblicherweise werden dafür Stromzangen mit einer

Echt-Effektivanzeige (Stromzange mit TRMS) verwendet, da Verzerrungen des an sich sinusförmigen Stroms in modernen Anlagen vorausgesetzt werden muss. Näheres zur Echt-Effektivanzeige ist im Kapitel 7.2.1 dieses Buchs nachzulesen.

Treten in der Anlage keine Fehler auf (z. B. Störungen bei informationstechnischen Einrichtungen), die möglicherweise auf Schutzleiterströme zurückzuführen sind, ist ein solcher Strom (> 300 mA) im Prüfbericht zu vermerken, verbunden mit der Empfehlung, dies separat untersuchen zu lassen (z. B. durch eine Netzanalyse). Sind Fehler und Störungen bekannt (wie Fehlfunktionen bei einer Brandmeldeanlage), die möglicherweise durch solche Ströme verursacht wurden, ist ein Schutzleiterstrom über 300 mA als Mangel im Protokoll aufzuführen. In diesem Fall ist die genaue Ortsangabe der Messung von besonderer Bedeutung.

2.2.4.2 Hinweise und Besonderheiten zu Messungen aus Sicht des Brandschutzes

2.2.4.2.1 Strommessungen bei parallel geschalteten Leitern

Hier geht es um Stromkreise, die aus Einleiterkabel oder einadrigen Mantelleitungen bestehen und bei denen alle aktiven Leiter mehrfach vorkommen. Eine symmetrische Stromaufteilung auf alle Leiter eines Außenleiters ist nicht unproblematisch (siehe hierzu Kapitel 3.1.4.2 dieses Buchs). Der Prüfer muss u. a. feststellen, ob eine ungleichmäßige Stromaufteilung mit Differenzen von über 10 % vorliegt. Ist dies auf Dauer bzw. immer wieder der Fall, muss nach DIN VDE 0100-430 der Überlastschutz für jeden parallelen Leiter gesondert betrachtet werden. Möglicherweise müssen höhere Leiterquerschnitte oder eine separate Absicherung eines jeden Leiters gefordert werden. Messtechnisch wären in diesem Zusammenhang mehrere Messungen in einem geeigneten Intervall notwendig (z. B. drei Messungen in Abständen von 15 min). Natürlich müssen solche Untersuchungen zu einem Zeitpunkt stattfinden, wenn betriebstypische Belastungszustände vorausgesetzt werden können.

2.2.4.2.2 2/3-Faktor nach DIN VDE 0100-600

In DIN VDE 0100-600, Abschnitt D.6.4.3.7.2 heißt es in Bezug auf die Forderung nach einem Mindestwert der Fehlerschleifenimpedanz gemäß DIN VDE 0100-410 wörtlich:

Die Anforderungen werden als erfüllt angesehen, wenn der gemessene Wert der Fehlerschleifenimpedanz die folgende Bedingung erfüllt:

$$Z_{\mathrm{S(m)}} \leq \frac{2}{3} \cdot \frac{U_0}{I_\mathrm{a}}$$

Das „m“ im Ausdruck $Z_{\mathrm{S(m)}}$ betont, dass es um den am Messgerät abgelesenen Wert geht. $Z_{\mathrm{S(m)}}$ steht dabei für einen geforderten, maximalen Messwert, der nicht überschritten werden darf.

Eine Frage entsteht hier zwangsläufig: Welche Bedeutung hat der Faktor 2/3 in obiger Formel, und wie kommt dieser Wert zustande?

Der Bruch 2/3 kann mathematisch auch mit 0,67 angegeben werden. Der Faktor 0,67 ergibt sich, wenn zwei Korrekturfaktoren nacheinander berücksichtigt werden:

(1) Korrekturfaktor für die Temperaturerhöhung

Natürlich muss bei einem Fehlerstrom (besonders in TN-Systemen) eine Temperaturerhöhung berücksichtigt werden. Die Frage ist jedoch, wie groß diese Erhöhung anzusetzen ist.

Die Beantwortung dieser Frage ist nicht einfach. In der Praxis bewährt hat sich die Berücksichtigung der Temperaturerhöhung auf 80 °C für länger andauernde Kurzschluss-Ereignisse bis maximal 5 s. Handelt es sich um einen Körperschluss im TN-System, der nach DIN VDE 0100-410, Abschnitt 411.3.2 in 0,4 s (bei üblichen Netzen mit 400/230 V AC) abgeschaltet werden muss, sollte man eine niedrigere Temperatur ansetzen. Möglich wären hier z. B. 55 °C.

Es gibt noch einen weiteren Grund, die zu berücksichtigende Temperatur nicht allzu hoch anzusetzen. Wenn man sich den gesamten Fehlerstromkreis ansieht, so wird jedem sofort klar, dass nur das Leitungsstück des Endstromkreises (also von der Verteilung bis zum Ort des Kurz- bzw. Körperschlusses) durch den Fehlerstrom maßgeblich erwärmt wird. Die großen Leiterquerschnitte der Zuleitung zum Verteiler und erst recht das Hausanschlusskabel bis hin zum speisenden Transformator werden kaum etwas von dieser Erwärmung mitbekommen. Wenn man jedoch die gesamte Fehlerschleifenimpedanz mit einer bestimmten Temperatur hochrechnet, tut man so, als würde sich sogar der speisende Transformator auf diese Temperatur erwärmen.

Bei kurzen Abschaltzeiten, wie z. B. 0,4 s, scheint es also durchaus sinnvoll zu sein, eine Temperatur von 55 °C anzusetzen. Das wäre eine Temperaturerhöhung von 35 K, wenn von einer Raumtemperatur von 20 °C während der Messung ausgegangen wird.

Der durch den Fehlerstrom erwärmte Leitungswiderstand muss also aus dem vom Messgerät erfassten Widerstand bei 20 °C mit der hierfür bekannten Berechnungsformel erst ermittelt werden.

Für den Prüfer bedeutet dies, dass der Schleifenimpedanzwert, den sein Messgerät bei Raumtemperatur anzeigt ($Z_{S(m)}$), zu gering ist. Für den Nachweis, dass die Anforderung für eine sichere Abschaltung nach DIN VDE 0100-410, Abschnitt 411.3.2 erfüllt wird, müsste er den angezeigten Messwert auf den höheren Widerstandswert beim erwärmten Leiter umrechnen. Dieser errechnete Widerstandswert darf selbstverständlich nicht größer werden als der maximale Widerstandswert, bei dem eine sichere Abschaltung gerade noch gewährleistet ist.

Der maximal mögliche Schleifenimpedanzwert ergibt sich (für das TN-System) automatisch durch die Bedingung aus DIN VDE 0100-410, Abschnitt 411.4.4:

$$Z_S \leq \frac{U_0}{I_a}$$

Dabei ist:

Z_S maximale Schleifenimpedanz, die nach DIN VDE 0100-410, Abschnitt 411.4.4 die sichere Abschaltung in einem TN-System verursacht
U_0 Spannung des Außenleiters gegen Erdpotential bzw. Neutralleiter
I_a Strom, der bei der vorgeschalteten Überstrom-Schutzeinrichtung in der erforderlichen Zeit nach DIN VDE 0100-410, Abschnitt 411.3.2 eine Abschaltung verursacht

Deshalb muss der Prüfer feststellen, ob der Wert, den sein Messgerät anzeigt ($Z_{S(m)}$), auch nach der Umrechnung auf die höhere Temperatur den Wert für Z_S nicht überschreitet. Diese Überlegung kann mathematisch wie folgt ausgedrückt werden:

$$Z_S \leq \left[1 + \alpha \cdot \left(\vartheta_{\text{warm}} - 20\ °\text{C}\right)\right] \cdot Z_{S(m-\vartheta)}$$

Da hier von der Korrektur bezüglich der Temperaturerhöhung die Rede ist, soll der vom Messgerät angezeigte Wert an dieser Stelle mit $Z_{S(m-\vartheta)}$ bezeichnet werden:

$Z_{S(m-\vartheta)}$ vom Messgerät angezeigter Messwert bei Raumtemperatur 20 °C
α Temperaturfaktor mit dem Wert: 0,004 K^{-1}

Für $\left(\vartheta_{\text{warm}} - 20\ °\text{C}\right)$ = (55 °C – 20 °C) = 35 K und nach Umstellen der zuvor angegebenen Formel für Z_S nach dem Wert, den das Messgerät maximal anzeigen darf, ergibt sich:

$$Z_{S(m-\vartheta)} \leq \frac{Z_S}{1 + 0{,}004\ \text{K}^{-1} \cdot 35\ \text{K}} = \frac{Z_S}{1{,}14} = 0{,}877 \cdot Z_S$$

Die Aussage dieser Formel ist Folgende: Der vom Messgerät angezeigte Wert $Z_{S(m-\vartheta)}$ darf nicht größer sein als der geforderte Maximalwert Z_S nach obiger Bedingung aus DIN VDE 0100-410, Abschnitt 411.4.4 multipliziert mit 0,877.

(2) Korrekturfaktor für die Messunsicherheit

Nach DIN VDE 0413-3, Abschnitt 4.1 soll bei der Messung der Schleifenimpedanz eine Betriebsmessunsicherheit von ± 30 % berücksichtigt werden. Der am Messgerät abgelesene Wert entspricht stets 100 %. Im ungünstigsten Fall wird jedoch nach Aussage von DIN VDE 0413-3 vom Messgerät ein um 30 % zu geringer Messwert angezeigt. Das bedeutet, dass der tatsächliche Schleifenimpedanzwert in diesem Fall mit 130 % angesetzt werden muss; er liegt also um den Faktor 1,3 höher als der angezeigte Wert.

Vom Prüfer wird deshalb folgende Überlegung verlangt:

Der Schleifenimpedanzwert Z_S, der nicht überschritten werden darf, ist vorgegeben, wie zuvor beim Punkt (1) bereits beschrieben. Der Prüfer muss deshalb für den ungünstigsten Fall feststellen, dass der vom Messgerät angezeigte Wert ($Z_{S(m)}$) auch nach der Umrechnung auf die 130 % nicht größer wird als der zulässige Maximalwert für Z_S. Diese Überlegung kann mathematisch wie folgt ausgedrückt werden:

$$Z_{S(m-U)} \leq \frac{Z_S}{1,3} = 0,769 \cdot Z_S$$

Da hier von der Korrektur bezüglich der Messunsicherheit die Rede ist, soll der angezeigte Wert an dieser Stelle mit $Z_{S(m-U)}$ bezeichnet werden. Weiterhin gilt:

$Z_{S(m-U)}$ vom Messgerät angezeigter Messwert vor einer Berücksichtigung der Messunsicherheit

Z_S entspricht hier nicht U_0/I_a, sondern $Z_{S(m-\vartheta)}$, weil bei einer zuvor erfolgten Berücksichtigung der Temperaturerhöhung der dabei ermittelte maximale Anzeigewert $Z_{S(m-\vartheta)}$ nicht überschritten werden darf

Mit dieser Überlegung kann die obige Formel wie folgt geändert werden:

$$Z_{S(m-U)} \leq \frac{Z_{S(m-\vartheta)}}{1,3} = 0,769 \cdot Z_{S(m-\vartheta)}$$

Setzt man dies zur Berücksichtigung der Temperaturerhöhung ein, erhält man mathematisch Folgendes:

$$Z_{S(m)} \leq 0,769 \cdot 0,877 \cdot Z_S \approx 0,67 \cdot Z_S \approx \frac{2}{3} \cdot Z_S$$

$$Z_{S(m)} \leq \frac{2}{3} \cdot \frac{U_0}{I_a}$$

Dabei gilt:

$Z_{S(m)}$ maximaler Messwert bei Berücksichtigung **beider** zuvor genannten Korrekturfaktoren

Mit anderen Worten: In der Regel braucht man die Temperaturerhöhung und die Messunsicherheit nicht zu berücksichtigen, wenn es um die kurzen Abschaltzeiten (z. B. $t_a = 0,4$ s) nach Tabelle 41.1 aus DIN VDE 0100-410, Abschnitt 411.3.2 geht und wenn ein Faktor von 2/3 berücksichtigt wird.

Bei längeren Ausschaltzeiten (z. B. $t_a = 5$ s) oder wenn der Planer/Prüfer aus anderen Gründen unsicher ist, eventuell weil der gemessene und dann errechnete Wert mit dieser Rechnung zu knapp ausfällt, muss genauer gerechnet werden. In DIN VDE 0100-600, Abschnitt 6.4.3.7.3 wird eine entsprechende Vorgehensweise beschrieben. In diesem Fall müsste man die in VDE 0413-3 vorgegebene Betriebsmessunsicherheit von 30 % separat berücksichtigen.

2.2.4.2.3 Messung des Netzinnenwiderstands (R_i-Messung)

Zunächst ist die Frage zu klären, worum es beim Netzinnenwiderstand eigentlich geht. **Bild 2.2** zeigt skizzenhaft, worin der Unterschied zwischen einer Messung des Schleifenwiderstands R_S und des Netzinnenwiderstands R_i besteht.

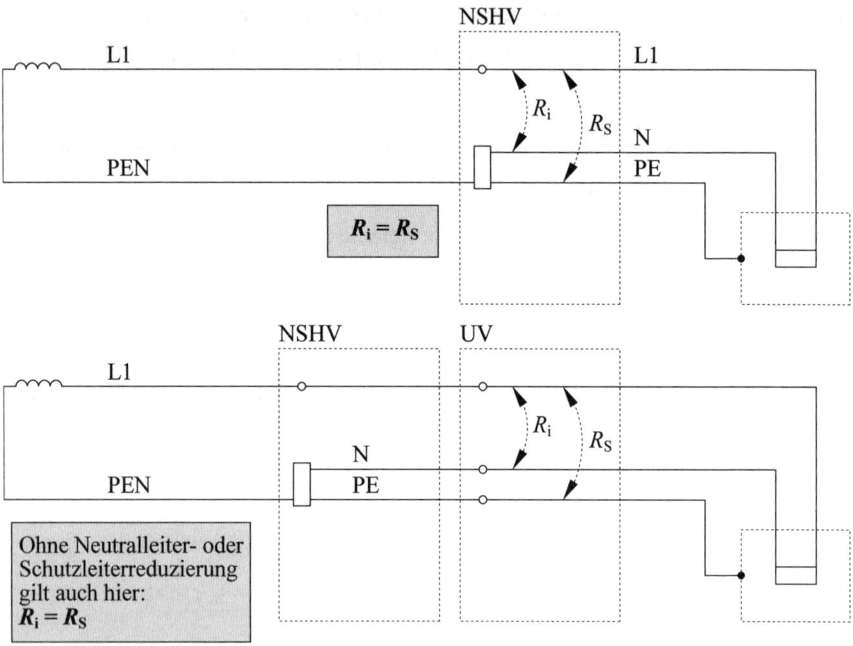

Bild 2.2 Einpolige Darstellung der Verhältnisse bei der Messung von R_i und R_S im TN-System
NSHV Niederspannungs-Hauptverteilung
UV Unterverteiler

a) R_i-Messung in Bezug auf den Schutz gegen elektrischen Schlag

- Betrachtung im TN-System

  Während der Schleifenwiderstand R_S in elektrischen Anlagen zur Feststellung der Wirksamkeit der Schutzmaßnahme (Schutz durch automatische Abschaltung) gemessen werden muss, trifft dies für die Messung des Netzinnenwiderstands R_i nicht zu. Der Unterschied zwischen diesen beiden Widerstandswerten liegt darin begründet, dass R_i den Widerstand des Neutralleiters vom Messpunkt bis zum Beginn des PEN-Leiters mit einschließt, während bei R_S der Widerstand des Schutzleiters innerhalb der Anlage enthalten ist (Bild 2.2).

Bei der in Deutschland am häufigsten angewendeten Schutzmaßnahme „*Schutz durch automatische Abschaltung der Stromversorgung*“ wird im TN-System aus einem Körperschluss ein einpoliger Kurzschluss, der von der vorgeschalteten Überstrom-Schutzeinrichtung rechtzeitig abgeschaltet werden muss. Damit wird verhindert, dass im Fehlerfall an Körpern von Betriebsmitteln eine gefährliche Spannung zu lange ansteht. Diese möglicherweise gefährliche Spannung entspricht jedoch dem Spannungsfall, der beim Fließen eines Fehlerstroms über den Schutzleiter entsteht. Bereits aus diesem Grund ist die Kenntnis des Widerstandswerts des Neutralleiters für den Schutz gegen elektrischen Schlag nicht von Bedeutung.

Nach Norm muss die Abschaltung durch einen möglichst geringen Wert für R_S bzw. Z_S (in Endstromkreisen ist der Unterschied zwischen R_S und Z_S marginal) gewährleistet werden. Die Bedingung in DIN VDE 0100-410, Abschnitt 411.4.4 lautet:

$$Z_S \leq \frac{U_0}{I_a}$$

Dabei ist I_a der Strom, den die vorgeschaltete Überstrom-Schutzeinrichtung benötigt, um in der vorgegebenen Zeit abschalten zu können.

Bei dieser Überlegung darf der Wert für R_i für die Belange des Schutzes gegen elektrischen Schlag nicht berücksichtigt werden. Allenfalls kann mit der R_i-Messung die Durchgängigkeit des Neutralleiters belegt werden. In VDE-Normen wird diese Feststellung allerdings nicht verlangt. Wenn diese Durchgängigkeit von Bedeutung wäre, müsste zwangsläufig gefragt werden, warum man nicht grundsätzlich die Durchgängigkeit aller aktiven Leiter in der gesamten elektrischen Anlage nachweisen muss.

- Betrachtung im TT-System

  Für das TT-System ist die Kenntnis des Neutralleiterwiderstands in Bezug auf die Schutzmaßnahme „*Schutz durch automatische Abschaltung der Stromversorgung*“ ebenfalls bedeutungslos. Hier sind die Werte für R_i und R_S mehr oder weniger unterschiedlich hoch. Für die Schutzmaßnahme ist aber nach DIN VDE 0100-410, Abschnitte 411.5.3 und 411.5.4 der Wert für R_A (Anlagenerder) oder R_S wichtig (Schleifenwiderstand bzw. Schleifenimpedanz Z_S, worin R_A enthalten ist).

- Fazit:

  Für den Schutz gegen elektrischen Schlag ist die R_i-Messung nicht von Bedeutung. Hinzu kommt zwangsläufig die Frage, wie der gemessene Wert für R_i zu interpretieren ist. Notwendige Grenzwerte können nicht genannt werden, da die rechtzeitige automatische Abschaltung im Fehlerfall durch die Messung von R_S (Z_S) bzw. R_A nachgewiesen werden muss.

b) R_i-Messung in Bezug auf den Sachschutz

- Der Schutz bei Überstrom

Der Schutz bei Überstrom wird im Wesentlichen durch die Zuordnung des Betriebsstroms zum Nennstrom der Überstrom-Schutzeinrichtung sowie der Strombelastbarkeit der aktiven Leiter sichergestellt. Dabei spielen direkt oder indirekt die Leitungslänge und der Leiterquerschnitt eine herausragende Rolle.

Sofern der Überstrom über den Schutzleiter fließen würde, müsste man von einem Körperschluss reden, der nach DIN VDE 0100-410 rechtzeitig abgeschaltet werden muss. Dies wurde beim vorherigen Punkt a) bereits besprochen. An dieser Stelle soll es allerdings um einen Überstrom gehen, der durch eine Überlastung oder einen Isolationsfehler (Kurzschluss) zustande kommt und bei dem ausschließlich die aktiven Leiter betroffen sind. Hier könnte also unter Umständen eine Netzinnenwiderstandsmessung (R_i-Messung) hilfreich sein.

Der Schutz bei Überlast nach DIN VDE 0100-430, Abschnitt 433 wird im Kapitel 3.1.2 dieses Buchs näher erläutert. Dabei geht es lediglich um die Zuordnung der Ströme:

$I_B \leq I_n \leq I_Z$ (siehe Formel (1) im Kapitel 3.1.2 dieses Buchs)

Der Widerstand des Neutralleiters bzw. der Wert des Netzinnenwiderstands spielt hier keine Rolle. Was ist jedoch mit dem Kurzschluss? Diese Frage soll im Folgenden besprochen bzw. beantwortet werden.

Sind ausschließlich die aktiven Leiter betroffen, so gibt es keinen festgelegten Widerstandswert für die Fehlerschleife, in der der Überstrom fließt. In DIN VDE 0100-430 heißt es lediglich, dass Stromkreise derart geplant werden müssen, dass schädliche Einwirkungen von Überströmen auf aktive Leiter ausgeschlossen werden können.

Würde man z. B. festlegen, dass R_i so klein sein muss, dass die vorgeschaltete Überstrom-Schutzeinrichtung bei einem Kurzschluss rechtzeitig abschaltet, so müsste unweigerlich die Frage nach dem Begriff „*rechtzeitig*“ gestellt werden. Eventuell kann man hier pauschal 1 s oder 5 s als Abschaltzeit wählen, doch diese Zeiten können möglicherweise je nach Höhe des Überstroms und Art der Leitung bereits zu lang sein, weil der Überstrom innerhalb dieser Zeiten die Isolation beschädigt.

Man kann davon ausgehen, dass dann, wenn der maximale Kurzschlussstrom das Schaltvermögen der Überstrom-Schutzeinrichtung nicht übersteigt und der Überlastschutz nach DIN VDE 0100-430, Abschnitt 433 korrekt vorgesehen wurde, der Kurzschlussschutz gewährleistet ist.

Sind (aus welchem Grund auch immer) Zweifel angebracht oder muss ein Überlastschutz im betrachteten Stromkreis nicht vorgesehen werden, muss nachgerechnet werden. Dabei muss nachgewiesen werden, dass die Leitung bis zur Abschaltung nicht thermisch überlastet wird. Hier spielen selbstverständlich die Leitungslänge und der Leitungsquerschnitt eine große Rolle.

Als erster Schritt muss der mögliche Kurzschlussstrom ermittelt werden. Mit dieser Kenntnis kann man die Zeit berechnen, wie lange die Leitungsisolation der thermischen Belastung durch den Kurzschlussstrom ohne Vorschädigung standhält (Näheres hierzu wird im Kapitel 3.1.3 dieses Buchs erläutert). Die Berechnungsformel ist:

$$t_a = \frac{(k \cdot S)^2}{I_K^2}$$

Dabei sind:

k Faktor für die thermische Belastbarkeit der Isolation; für übliche PVC-Mehraderleitungen ist $k = 115$ (siehe hierzu auch Kapitel 3.1.3.5 dieses Buchs)
S Querschnitt der Leiter in mm^2
I_K Kurzschlussstrom
t_a Zeit, innerhalb der eine Abschaltung stattfinden muss

Die vorstehende Formel wird im Kapitel 3.1.3.5 dieses Buchs näher erläutert. Wenn man R_i misst und daraus den Kurzschlussstrom I_K ermitteln würde (oder sich diesen vom Messgerät anzeigen lässt), könnte man mit der obigen Formel und den Angaben für den Leiterquerschnitt und dem Wert für k die Zeit t_a errechnen, innerhalb der eine Abschaltung erfolgen muss. Danach muss nur noch untersucht werden, ob die vorgeschaltete Überstrom-Schutzeinrichtung beim errechneten Kurzschlussstrom tatsächlich in der Lage ist, in einer kürzeren Zeit als t_a abzuschalten. Ohne diese zusätzliche Überlegung führt die Messung des Netzinnenwiderstands R_i in Bezug auf den Schutz bei Überstrom nicht wirklich zu einem sinnvollen Ergebnis.

Im TN-System ist allerdings die Abschaltzeit beim Kurzschluss im Endstromkreis durch die Schutzmaßnahme „*Schutz durch automatische Abschaltung im Fehlerfall*“ nach DIN VDE 0100-410, Abschnitt 411.3.2 bzw. Tabelle 41.1 vorgegeben. Denn im TN-System ist der Körperschluss zugleich ein einpoliger Kurzschluss. Nur wenn die Überstrom-Schutzeinrichtung ausschließlich den Schutz bei Überstrom übernehmen soll, weil der Schutz durch automatische Abschaltung im Fehlerfall durch eine Fehlerstrom-Schutzeinrichtung (RCD) gewährleistet werden soll, wäre im TN-System eine gesonderte Betrachtung der Abschaltzeit bei Überströmen erforderlich (siehe nachfolgende Betrachtung zum TT-System).

Im TT-System ist die Überlegung, wie lang der Überstrom fließen darf, eher angebracht, weil in der Regel der Schutz durch automatische Abschaltung im Fehlerfall durch eine Fehlerstrom-Schutzeinrichtung (RCD) und der Schutz bei Überstrom durch eine übliche Überstrom-Schutzeinrichtung sichergestellt wird. Ein Schluss zwischen einem Außenleiter und dem Neutralleiter müsste also durch die Überstrom-Schutzeinrichtung rechtzeitig abgeschaltet werden.

Beispiel:

Im Endstromkreis eines TT-Systems soll durch Messung des Netzinnenwiderstands geprüft werden, ob der einpolige Kurzschluss (z. B. Außenleiter gegen Neutralleiter) rechtzeitig abgeschaltet wird, bevor die Isolation der Leitung beschädigt wird. Es geht also im Prinzip um eine zulässige Grenzlänge des Endstromkreises, somit um die Länge der Leitung zwischen der Überstrom-Schutzeinrichtung und dem angeschlossenen Verbraucher. Wird diese Länge überschritten, kann eine rechtzeitige Abschaltung nicht stattfinden.

Als Überstrom-Schutzeinrichtung wird ein LS-Schalter, Typ B, 16 A vorgesehen. Der Querschnitt der Leitung ist 1,5 mm² Cu.

Gemessen wird ein $R_i = 1\,000\ \text{m}\Omega$.

Bei einer Spannung von 230 V wird bei $R_i = 1\,000\ \text{m}\Omega$ ein Kurzschlussstrom von 230 A erwartet.

Nach obiger Formel kann errechnet werden:

$$t_a = \frac{\left(115 \cdot 1{,}5\ \text{mm}^2\right)^2}{230^2\ \text{V}^2} \approx 0{,}6\ \text{s}$$

In spätestens 0,6 s muss der LS-Schalter den Kurzschluss abschalten. Da der Strom im Bereich der Schnellauslösung des LS-Schalters liegt, wird jedoch eine Abschaltung in deutlich weniger als 100 ms erwartet. Die Leitung ist also bei Kurzschluss geschützt.

Um es noch einmal zu betonen: Diese Betrachtung ist nicht zwingend erforderlich, sofern der Schutz bei Überlast nach DIN VDE 0100-430 korrekt vorgesehen und errichtet wurde und der größte vorkommende Kurzschlussstrom das Schaltvermögen der Überstrom-Schutzeinrichtung nicht übersteigt. Kleinere Kurzschlussströme registriert die Überstrom-Schutzeinrichtung wie Überlastströme (siehe Kapitel 3.1.3.7 dieses Buchs). In der zurückgezogenen Ausgabe von DIN VDE 0100, Beiblatt 5, Abschnitt 1.2 hieß es zu diesem Thema ausdrücklich: „*Die Grenzlänge braucht nicht berücksichtigt werden, wenn der Schutz bei Kurzschluss von einer Überstrom-Schutzeinrichtung sichergestellt wird, die auch für den Schutz bei Überlast ausgelegt ist.*“

Alternative Möglichkeit nach DIN VDE 0100 520, Beiblatt 2:

In DIN VDE 0100-520, Beiblatt 2 findet man die Tabelle 4, mit der man bei einem festgestellten Fehlerschleifenwiderstand (Fehlerschleifenimpedanz) bis zum

Ort der Überstrom-Schutzeinrichtung die maximale Länge des nachfolgenden Endstromkreises beim jeweiligen Leiterquerschnitt ermitteln kann.

Wenn der Schleifenwiderstand bis zur Überstrom-Schutzeinrichtung bekannt ist (gemessen oder errechnet), so kann man mit dieser Tabelle arbeiten, da der Körperschluss im TN-System wie ein einpoliger Kurzschluss im TT-System wirkt.

Beispiel:

Angenommen, die Schleifenimpedanz bis zum LS-Schalter aus dem vorausgegangenen Beispiel beträgt 300 mΩ. Dann könnte man mit DIN VDE 0100-520, Beiblatt 2, Tabelle 4 eine Leitungslänge von 82 m ablesen. Bis zu dieser Grenzlänge wird die Leitung durch den vorgenannten LS-Schalter bei einem einpoligen Kurzschluss noch sicher geschützt. Für abweichende Schleifenimpedanzwerte ($Z_S \neq 300$ mΩ) müsste die Länge unter Berücksichtigung eines Korrekturfaktors angepasst werden. Dieser Korrekturfaktor berücksichtigt eine Längenanpassung pro 10 mΩ Abweichung von $Z_S = 300$ mΩ. Bei einem Leiterquerschnitt von 1,5 mm^2 wären das 0,31 m pro 10 mΩ. Bei 1 000 mΩ (1 000 mΩ = 300 mΩ + 700 mΩ) wäre das nach der letzten Spalte in DIN VDE 0100-520, Beiblatt 2, Tabelle 4 eine Reduzierung von $70 \cdot 0{,}31 \approx 22$ m. Die Grenzlänge würde dann 60 m betragen.

- Schutz bei gefährlichen Übergangswiderständen

Vielfach wird behauptet, dass die R_i-Messung gefährliche Übergangswiderstände beim Neutralleiter aufdecken kann. Allerdings ist diese Feststellung nicht unproblematisch. Ein gefährlicher Übergangswiderstand im Neutralleiter würde R_i zwar erhöhen, aber dieser durch ihn verursachte zusätzliche Widerstandswert wird in der Regel so gering bleiben, dass die Abschaltzeit einer vorgeschalteten Überstrom-Schutzeinrichtung davon kaum beeinflusst wird. Dies bedeutet aber nicht, dass dieser Umstand bei einem konstant fließenden Betriebsstrom ungefährlich ist.

Beispiel:

An einer Klemmstelle hat sich ein gefährlicher Übergangswiderstand gebildet. Folgende Bedingungen liegen vor:

- einphasiger Wechselstromkreis mit einem Betriebsstrom von 12 A,
- Widerstand des Rückleiters 1,2 Ω (Neutralleiter und PEN-Leiter bis zur Spannungsquelle bzw. bis zum Transformator einschließlich dem erhöhten Übergangswiderstand an der erwähnten Klemmstelle),
- gefährlicher Übergangswiderstand an der Klemmstelle allein ist $R_Ü = 0{,}5$ Ω,
- Widerstand des beteiligten Außenleiters (z. B. L1) ist 0,7 Ω,
- gemessen wird ein R_i von 1,9 Ω.

Ein einpoliger Kurzschluss zwischen L1 und Neutralleiter würde demnach folgenden Kurzschlussstrom verursachen:

$$I_{K1} = \frac{230\text{ V}}{1{,}9\,\Omega} = 121\text{ A}$$

Angenommen, der Stromkreis würde von einem LS-Schalter, Typ B 16 A geschützt, so würde dieser den Kurzschlussstrom deutlich schneller abschalten als 0,1 s.

Allerdings wird der Betriebsstrom an dem erhöhten Übergangswiderstand konstant folgende Leistung in Wärme umsetzen:

$$P_{\text{Wärme}} = I^2 \cdot R_{\text{Ü}} = 12^2\text{ A}^2 \cdot 0{,}5\,\Omega = 72\text{ W}$$

Eine andauernde Verlustleistung in dieser Größenordnung, die konstant in Wärme umgesetzt wird, wäre ein untragbarer und vor allem gefahrdrohender Zustand.

Leider fallen zu hohe Übergangswiderstände an Klemmen und Anschlüssen, deren Wert sich im mΩ-Bereich bewegen, auch bei einer R_i -Messung kaum auf. Hierfür müsste man schon ähnliche Stromkreise zum Vergleich heranziehen und auffällige Werte gesondert betrachten. Nur wenn sich ein Messwert auffällig von den zu erwartenden Werten abhebt, ist eine Reaktion des Prüfers überhaupt erforderlich. Sehr kleine Widerstandswerte gehen allerdings häufig in der Messunsicherheit (vor allem der zu berücksichtigenden Betriebsmessunsicherheit von immerhin ± 30 %) unter.

- Fazit: Bedeutung von R_i-Messungen in Bezug auf den Sachschutz

  Die Messung des Netzinnenwiderstands R_i im TN-System ist für die Bewertung des Schutzes bei Überstrom von untergeordneter Bedeutung. Wenn für den Schutz durch automatische Abschaltung im Fehlerfall eine Fehlerstrom-Schutzeinrichtung (RCD) vorgesehen wird, könnte man mit einer R_i-Messung nachweisen, dass die Überstrom-Schutzeinrichtung bei einem Schluss zwischen Außenleiter und Neutralleiter rechtzeitig auslöst. Allerdings kann diese Aussage in einem TN-System auch durch die Messung der Schleifenimpedanz (R_S bzw. Z_S) nachgewiesen werden. Oder man misst R_S bzw. Z_S am Ort der Überstrom-Schutzeinrichtung in der Verteilung und errechnet die maximale Leitungslänge (Grenzlänge) aus einer entsprechenden Tabelle in der Norm (z. B. Beiblatt 5 aus DIN VDE 0100 oder Beiblatt 2 aus VDE 0100-520).

  Ähnliches kann vom TT-System gesagt werden: Hier könnte man mit dem gemessenen Wert für R_i und der entsprechenden Formel für einem Endstromkreis errechnen, ob die Leitung auch bei einem einpoligen Kurzschluss geschützt ist.

  Aber sowohl im TT-System als auch im TN-System geht es darum, den Leitungsquerschnitt und die vorgeschaltete Überstrom-Schutzeinrichtung vor Überlast zu schützen. Anforderungen hierzu werden in DIN VDE 100-430 beschrieben (siehe nachfolgendes Kapitel 3.1.2 dieses Buchs). Eine R_i-Messung ist dann nicht mehr erforderlich, weil der gemessene Wert für R_i keine Aussage dazu macht, ob die

Strombelastbarkeit der stromführenden Leiter unter den vorliegenden Bedingungen (Verlegeart, Häufung, Umgebungstemperatur) tatsächlich nicht überschritten wird.

Die R_i-Messung kann allerdings eine zusätzliche Information bieten:

- in TN-Systemen kann der Vergleich zwischen R_S und R_i einen Hinweis auf ein mögliches Problem liefern,
- in allen Netzsystemen kann der Vergleich zwischen den Werten für R_i in ähnlichen Stromkreisen (Länge und Querschnitt gleich) einen Hinweis auf ein mögliches Problem liefern.

Allerdings ist die Interpretation der gemessenen Abweichung zwischen R_S und R_i oder zwischen den R_i-Werten verschiedener Stromkreise nicht immer eindeutig. Folgende Überlegungen müssen stets berücksichtig werden:

- Es kann beispielsweise nicht relevante (also nicht gefährliche) Gründe für diesen Unterschied geben (z. B. Parallelwege für den Schutzleiter PE, die den Wert für R_S verfälschen).
- Folgende Frage muss beantwortet werden: Ab welcher Größe dieses Unterschieds (zwischen R_i und R_S bzw. zwischen den R_i-Werten verschiedener Stromkreise) liegt tatsächlich eine Sachschutzgefährdung bzw. eine Brandgefahr vor?
- Folgende Frage muss beantwortet werden: Wie stark muss die bei jeder R_i-Messung zu veranschlagende Messunsicherheit berücksichtigt werden?

Messungen, bei denen kein konkreter Ist-/Sollwertvergleich stattfinden kann, sind immer kritisch und nur schwer zu bewerten. Hier wird der Prüfer allein gelassen, der mit dem festgestellten Wert eine Aussage treffen muss, ob ein Mangel oder sogar eine Gefahr vorliegt oder nicht. Dies ist letztlich der Grund, warum die R_i-Messung nicht ausdrücklich bei den erforderlichen Messungen nach DIN VDE 0100-600 oder nach DIN VDE 0105-100 erwähnt wird. Für eine gesicherte Auskunft im Zusammenhang mit einer sachgerechten Sach- und Brandschadenverhütung ist die R_i-Messung (wenn überhaupt) nur sehr begrenzt geeignet.

2.2.5 Funktionsprüfung

Funktionsprüfungen sind durchzuführen nach DIN VDE 0100-600 (Erstprüfung) bzw. nach DIN VDE 0105-100 (wiederkehrende Prüfung).

Für die Erstprüfung legt DIN VDE 0100-600 im Abschnitt 6.4.3.10 Folgendes fest:

„*Betriebsmittel müssen einer Funktionsprüfung unterzogen werden, um nachzuweisen, dass sie nach den zutreffenden Anforderungen der Normenreihe DIN VDE 0100* ***(VDE 0100)*** *richtig montiert, eingestellt und errichtet sind.*“

Und in DIN VDE 0105-100/A1, Abschnitt 5.3.3.101.0.2 heißt es bezüglich der wiederkehrenden Prüfung beispielsweise:

„Die einwandfreie Funktion der Differenzstrom-Überwachungsgeräte oder Isolationsüberwachungseinrichtungen muss geprüft werden. Dies kann z. B. erfolgen durch Betätigen der Prüftaste."

Bei der Wiederholungsprüfung muss der Prüfer in Absprache mit dem Betreiber entscheiden, welche Einrichtungen (z. B. Not-Aus-Einrichtungen, Sicherheitsverriegelungen, Isolationsüberwachungen, RCDs) zwingend zu prüfen sind.

Bei der brandschutztechnischen Prüfung sind hier in erster Linie solche Einrichtungen gemeint, die im direkten Zusammenhang mit der Sach- und Brandschadenverhütung stehen. Können diese Einrichtungen laut Betreiber nicht geprüft werden und ist nicht in Erfahrung zu bringen, ob sie sonst einer regelmäßigen Überprüfung unterzogen wurden, ist dies zu dokumentieren.

2.2.6 Bewertung des Kurzschlussschutzes

In DIN VDE 0105-100, Abschnitt 5.3.3.101.4.1 heißt es in Bezug auf durchzuführende Prüfschritte bei der wiederkehrenden Prüfung wörtlich:

„Feststellen, ob die vorhandenen Anlagen und Betriebsmittel gegebenenfalls erhöhten thermischen oder dynamischen Beanspruchungen durch den Kurzschlussstrom infolge Änderungen im Leitungsnetz oder in der Anlage noch genügen."

Die Betrachtung des Kurzschlusses ist also eine Aufgabe des Prüfers, gleichgültig, ob er eine übliche Prüfung z. B. nach DGUV Vorschrift 3 durchführt oder eine separate brandschutztechnische Prüfung z. B. nach Versicherungsklausel SK 3602.

Natürlich ist bei neu zu errichtenden Anlagen die Bewertung des Kurzschlussschutzes zunächst eine Aufgabe des Planers. Er muss bei seiner Planung den Kurzschlussschutz korrekt berücksichtigen. Wenn jedoch bei Prüfungen in bestehenden Anlagen Änderungen im Leitungsnetz (z. B. ein neuer Transformator wird angeschafft, der eine höhere Leistung besitzt) vorgefunden werden, muss der Prüfer eine entsprechende Bewertung hierzu abgeben. Der Kurzschlussschutz wird nachfolgend im Kapitel 3.1.3 dieses Buchs beschrieben.

2.2.7 Bewertung des Überlastschutzes

Auch der Schutz bei Überlast ist bei Neuanlagen zunächst Aufgabe des Planers. Der Prüfer muss allerdings bei wiederkehrenden Prüfungen die Zuordnung der Überstrom-Schutzeinrichtungen zu den Leiterquerschnitten bewerten – vor allem bei solchen Stromkreisen, in denen Änderungen vorgenommen wurden (z. B. Anschluss einer neuen Maschine mit geänderten Leistungsdaten). Diese Bewertung wurde zuvor bereits im Kapitel 2.2.2.2 dieses Buchs beschrieben. Näheres zum Thema Überlastschutz ist zudem im Kapitel 3.1.2 dieses Buchs zu finden.

2.2.8 Person des Prüfers

Natürlich müssen Planer und Prüfer über eine ausreichende Kompetenz verfügen, um eine brandschutztechnische Bewertung bzw. Planung korrekt vornehmen zu können. Im Prinzip gilt dies für jede Planung oder Prüfung. Die Frage ist also: Welche Kompetenz muss ein Prüfer/Planer nachweisen? Wem gegenüber muss er diesen Kompetenznachweis führen? Reicht eine Selbstauskunft?

In Bezug auf Prüfungen gilt allgemein die Regel: Wer eine Prüfung fordert, darf auch die Kompetenz des Prüfers festlegen. Der private Anlagenbetreiber, der eine Prüfung allein aus eigenem Interesse beauftragen möchte, wird dies tun, indem er beispielsweise Erkundigungen über einen Prüfer einholt, der diese Dienstleistung anbietet. Die Baubehörde hat hierzu entsprechende Regelungen bzw. Verordnungen herausgegeben, in der entsprechende Festlegungen zur Auswahl des Prüfers enthalten sind.

Natürlich ist die Auswahl des Prüfers an gewisse Regeln gebunden, die in den entsprechenden technischen Regelwerken oder in den behördlichen bzw. gesetzlichen Vorschriften festgelegt wurden.

2.2.8.1 Allgemeine Festlegungen aus technischen Regelwerken

Allgemeine Regelungen findet sich z. B. in VDE 1000-10 (Anforderungen an die im Bereich der Elektrotechnik tätigen Personen). Dort enthält der Abschnitt 1 dieser Norm Festlegungen zur Kompetenz von Elektrofachkräften, *die im Rahmen ihrer Aufgaben Tätigkeiten ausführen, die von Bedeutung für die elektrische Sicherheit sind.* In einer nachfolgenden Liste werden solche Tätigkeiten aufgeführt. Beim Punkt c) findet man darunter auch die Prüfung elektrischer Anlagen.

Das bedeutet: Ohne eine besondere Festlegung durch Gesetzgeber, Baubehörde oder durch eine andere Institution gilt lediglich, dass für die Prüfung elektrischer Anlagen eine Elektrofachkraft beauftragt werden muss, die über ausreichende Kenntnisse und Erfahrungen verfügt, damit die Prüfung korrekt abgewickelt werden kann. Es wird zwar in VDE 1000-10, Abschnitt 5.1 gesagt, dass bestimmte Aufgaben auch von anderen Personen nur unter Leitung und Aufsicht von Elektrofachkräften ausgeführt werden dürfen, aber am Schluss dieses Abschnitt heißt es wörtlich:

„ … , *wobei den jeweiligen Tätigkeitsmerkmalen je nach Schwierigkeitsgrad entsprechend abgestufte Qualifikationsmerkmale zuzuordnen sind.*“

Solche Qualifikationsmerkmale finden wir in den Normen, die Anforderungen an die Prüfung elektrischer Anlagen festlegen:

- Zur Erstprüfung: DIN VDE 0100-600, Abschnitt 6.4.1.6: „*Die Prüfung muss von einer Elektrofachkraft vorgenommen werden, die zur Durchführung von Prüfungen befähigt ist.*“

- Zur wiederkehrenden Prüfung: DIN VDE 0105-100/A1, Abschnitt 5.3.3.101.0.6: *„Die Prüfung muss von einer Elektrofachkraft mit Prüf-Erfahrung durchgeführt werden."*

Hinter diesen fast gleichlautenden Formulierungen steht der Gedanke, dass hier eine Elektrofachkraft gemeint ist, die nach ihrer fachlichen Ausbildung (Elektro-Geselle, Elektromeister, Elektrotechniker oder Elektroingenieur) ausreichend Berufserfahrung gesammelt hat, um eine Prüfung sicher und kompetent durchführen zu können. Die Tatsache einer abgeschlossenen Lehre allein reicht hier also nicht aus.

Allerdings gibt es nach den Festlegungen der Normen keine pauschale Regelung, wie eine solche „Prüfkompetenz" nachgewiesen werden sollte. Derjenige, der die Prüfung beauftragt, muss sich also auf die Aussage desjenigen verlassen, der ihm die Prüfung anbietet. Allerdings kann man z. B. bei einem Unternehmer mindestens verlangen, dass er sich darüber informiert, wie eine solche Prüfkompetenz aussehen könnte.

2.2.8.2 Anforderungen an Prüfer nach Betriebssicherheitsverordnung (BetrSichV)

Die BetrSichV fordert im § 3 (6) den Unternehmer auf, eine „zum Prüfen befähigte Person" für die Prüfungen seiner Arbeitsmittel und überwachungsbedürftigen Anlagen zu beauftragen. Die Regelungen für eine korrekte Auswahl dieser Person findet man in TRBS 1203. Dies sind *„Technische Regeln für Betriebssicherheit*"; die Regelung 1203 trägt den Titel *„Befähigte Personen*".

Natürlich geht es in der BetrSichV in erster Linie um Arbeitsmittel, also vornehmlich um die Geräte, die bei der Arbeit genutzt werden. Von Anlagen ist dann allenfalls die Rede, wenn es um sogenannte „überwachungsbedürftige Anlagen" geht, also um Druckerhöhungs- oder Hebeanlagen oder um Anlagen des Explosionsschutzes. Allerdings muss bei einer Gefährdungsbeurteilung nach § 5 Arbeitsschutzgesetz stets die gesamte Anlage bewertet werden. Von daher können die Regelungen der TRBS 1203 sicher eine sinnvolle Basis für die Festlegung der Prüfkompetenz bilden, wenn es um die gesamte elektrische Anlage geht. In der TRBS 1203 heißt es wörtlich in Bezug auf die Voraussetzung von Prüfern, wenn es um die elektrische Gefährdung bei Arbeitsmitteln geht:

Die zum Prüfen befähigte Person muss nachweisen: *„eine elektrotechnische Berufsausbildung (z. B. Elektroniker der Fachrichtungen Energie- und Gebäudetechnik, Automatisierungstechnik oder Informations- und Telekommunikationstechnik, Systemelektroniker, Informationselektroniker Schwerpunkt Bürosystemtechnik oder Geräte- und Systemtechnik, Elektroniker für Maschinen und Antriebstechnik sowie vergleichbare industrielle Ausbildungen) oder abgeschlossenes Studium der Elektrotechnik oder eine andere für die vorgesehene Prüfaufgabe ausreichende elektrotechnische Qualifikation"* sowie *eine „mindestens einjährige Erfahrung* *mit der Errichtung, dem Zusammenbau oder der Instandhaltung von elektrischen Arbeitsmitteln oder Anlagen*".

Dies entspricht weitgehend der Regelung, wie sie in etwas allgemeiner gehaltenen Formulierungen auch in den VDE-Normen zu finden ist. Um die fachliche Kompetenz und die notwendige Berufserfahrung noch etwas zu konkretisieren, wird in TRBS 1203 etwas weiter ausgeholt. So heißt es beim Stichwort „zeitnahe berufliche Tätigkeit":

„*... aktualisierte Kenntnisse zur Elektrotechnik, z. B. durch Teilnahme an Schulungen oder an einem einschlägigen Erfahrungsaustausch; geeignete zeitnahe berufliche Tätigkeiten können z. B. sein:*

- *Reparatur-, Service- und Wartungsarbeiten und abschließende Prüfung an elektrischen Geräten,*
- *Prüfung elektrischer Betriebsmittel in der Industrie, z. B. in Laboratorien, an Prüfplätzen,*
- *Instandsetzung und Prüfung von elektrischen Geräten unter Leitung und Aufsicht einer befähigten Person.*"

In Bezug auf die zuvor erwähnten „überwachungsbedürftigen Anlagen" werden separate Regelungen festgelegt. Hauptsächlich geht es hier um die Prüfung durch „Zugelassene Überwachungsstellen (ZÜS)". Solche Stellen müssen eigene Prüfer beschäftigen, die eine entsprechende Ausbildung und Berufserfahrung nachgewiesen haben. Sie werden bei den ZÜS häufig „Sachverständige" genannt. Auf diese Regelungen soll hier nicht weiter eingegangen werden.

Allerdings können bestimmte Prüfungen bei den überwachungsbedürftigen Anlagen auch von „Befähigten Personen" ausgeführt werden. Ihre Befähigung wird in der BetrSichV sowie vor allem in der TRBS 1203 genauer beschrieben. Auch diese Regelungen sollen an dieser Stelle nicht weiter besprochen werden.

2.2.8.3 Anforderungen an Prüfer nach DGUV Vorschrift 3

Die DGUV Vorschrift 3 geht davon aus, dass der Prüfer Erfahrungen gesammelt hat, die ihn zu einer sicheren Bewertung der elektrischen Anlage befähigen, und greift damit auf die Anforderungen zurück, die in den Normen (DIN VDE 0100-600 sowie DIN VDE 0105-100) zu finden sind (siehe Kapitel 2.2.8.1 dieses Buchs).

2.2.8.4 Anforderungen an Prüfer nach Baurecht

Das Baurecht kennt für bestimmte Gebäudearten, sogenannte Sonderbauten, bei denen ein öffentliches Interesse an deren Sicherheit vorausgesetzt werden kann, eine Prüfpflicht, die vor allem in den Technischen Prüfvorordnungen (TPrüfVO oder

PrüfVO) der Bundesländer geregelt wird. Diese Regelungen sind länderspezifisch und können deshalb von Bundesland zu Bundesland variieren.

Die Frage ist nun, welche Gebäudearten gemeint sind. Pauschal lässt sich diese Frage nicht beantworten, da auch diese Festlegungen in den Bundesländern unterschiedlich ausfallen können. Als Beispiele für Sonderbauten können jedoch folgende Gebäudearten aufgezählt werden, die in allen Bundesländern als Sonderbauten gelten:

- Verkaufsstätten,
- Versammlungsstätten,
- Krankenhäuser,
- Beherbergungsstätten,
- Garagen,
- Hochhäuser.

In einigen Fällen müssen allerdings zusätzliche Kriterien (z. B. eine Mindestgrundfläche) erfüllt sein, die wiederum von Bundesland zu Bundesland unterschiedlich sein können. Welche Gebäude tatsächlich gemeint sind und welche Regelungen konkret greifen, muss den entsprechenden Verordnungen des jeweiligen Bundeslands oder der entsprechenden Baugenehmigung entnommen werden.

Die Kompetenz der Prüfer wird im Baurecht mehr oder weniger eindeutig festgelegt. Es geht dabei um „*staatlich oder baurechtlich anerkannte Prüfsachverständige*". Nach den behördlichen Regelungen darf als Prüfsachverständiger tätig werden, wer durch die Baubehörde (bzw. durch die zuständige Anerkennungsbehörde) nach Antragstellung anerkannt wurde. Anerkannt werden können nur Personen, die:

(1) ein Ingenieurstudium an einer deutschen Hochschule oder ein gleichwertiges Studium an einer ausländischen Hochschule abgeschlossen haben,

(2) den Nachweis ihrer besonderen Sachkunde in der Fachrichtung, auf die sich ihre Prüftätigkeit beziehen soll, durch ein Fachgutachten einer von der obersten Bauaufsichtsbehörde bestimmten Stelle erbracht haben,

(3) als Ingenieure mindestens fünf Jahre in der Fachrichtung, in der die Prüftätigkeit ausgeübt werden soll, praktisch tätig gewesen sind und dabei mindestens zwei Jahre bei Prüfungen mitgewirkt haben.

Bei den in Punkt (2) erwähnten Stellen handelt es sich um die Industrie- und Handelskammer in Saarbrücken sowie um die Brandenburgische Ingenieurkammer. Diese Stellen legen fest, wie die Kompetenz festgestellt wird. Im Wesentlichen geht es dabei um Fachgutachten sowie schriftliche und mündliche Prüfungen.

2.2.8.5 *Öffentlich bestellte und vereidigte Sachverständige*

Die Idee, dass bei Gerichtsfällen oder Schiedsverfahren für die juristische Bewertung relevanter technischer Sachverhalte entsprechende Experten als Zeugen oder Gutachter hinzugezogen werden, ist sehr alt. Gegenwärtig sind im Gewerk Elektrotechnik

- die Industrie- und Handelskammer,
- die Handwerkskammer,
- die Ingenieurkammer

dafür zuständig, aus ihren Reihen Experten nach einen festgelegten Verfahren als Sachverständige zu bestellen. Ein Antragsteller auf die öffentliche Bestellung und Vereidigung muss bei einer dieser Kammern eine Prüfung ablegen. Dabei wird seine persönliche und fachliche Eignung festgestellt. Inhalte und Form des Prüfverfahrens regelt die Kammer selbst.

Die Grundpflichten eines „öffentlich bestellten und vereidigten Sachverständigen" sind Objektivität, Unparteilichkeit und Weisungsfreiheit. Er muss dies bezeugen und darauf einen Eid leisten. Verstöße gegen diese Pflichten stellen eine Straftat dar.

2.2.8.6 *Anforderungen an Prüfer nach VdS-Richtlinien*

Auch die VdS-Richtlinien machen in dieser Hinsicht keine Ausnahme, wenn es um Festlegungen der Prüfkompetenz geht. Dies ging im Prinzip auch schon aus den Ausführungen in den Kapiteln 2.1 und 2.2 dieses Buchs hervor.

In der Versicherungsklausel SK 3602, in der eine separate brandschutztechnische Ergänzungsprüfung gefordert wird, findet man die Forderung, hierfür einen geeigneten und besonders für diese Prüfung befähigten Sachverständigen zu beauftragen. Ziel muss sein, dass die brandschutztechnische Ergänzungsprüfung:

- nicht (in Bezug auf die Prüfung nach DGUV Vorschrift 3) zu einer überflüssigen Doppelprüfung degradiert wird,
- so ausgeführt wird, dass stets die besonderen Anforderungen einer separaten Prüfung berücksichtigt werden, die die Aspekte der Sach- und Brandschadenverhütung in den Vordergrund stellt und dabei die Anforderungen aus entsprechenden VdS-Richtlinien beherzigt,
- so protokoliert wird, dass diese Prüfdokumentation beim Versicherer auch verstanden und korrekt bewertet werden kann; hier geht es vor allem um eine einheitlich vom Versicherer festgelegte Dokumentation.

Um dies zu gewährleisten, wurde durch die VdS-Schadenverhütung GmbH ein Qualifikationsverfahren mit einer konstanten fachlichen Betreuung der Prüfer eingerichtet. Die Experten, die dieses Verfahren durchlaufen haben, sind die sogenannten „*VdS-*

anerkannten Sachverständigen zum Prüfen elektrischer Anlagen“. Entsprechende Anforderungskriterien werden in Anerkennungsrichtlinien (VdS 2228) festgelegt. Auch die zuvor erwähnte Prüfdokumentation wird in Absprache mit den Versicherern den prüfenden Sachverständigen für die Verwendung als Gutachten (in den VdS-Papieren als Befundschein bezeichnet) vorgegeben.

Zugang zum VdS-Anerkennungsverfahren haben natürliche Personen, die:

- elektrische Betriebsmittel und Anlagen hauptberuflich prüfen und hierfür ständig zur Verfügung stehen,
- elektrische Betriebsmittel und Anlagen weder installieren, installieren lassen noch vertreiben oder die alternativ die Objektivität und Unabhängigkeit ihrer Sachverständigentätigkeit durch eine beurkundete öffentliche Bestellung und Vereidigung nachweisen können,
- über ein abgeschlossenes Studium der Elektrotechnik (Hoch- oder Fachhochschule) verfügen oder alternativ als Elektromeister eine öffentliche Bestellung und Vereidigung als Sachverständiger vorweisen können,
- nach dem Studium in einer fünfjährigen praktischen Tätigkeit fundierte Kenntnisse und Erfahrungen auf dem Gebiet der Elektrotechnik im Allgemeinen sowie der Installationstechnik im Besonderen erworben haben oder ersatzweise sowohl eine mindestens einjährige Revisionstätigkeit als auch die Teilnahme an mindestens 100 Revisionen (gemäß Klausel SK 3602) mit einem vom VdS Schadenverhütung anerkannten Sachverständigen nachweisen können oder alternativ als Elektromeister eine öffentliche Bestellung und Vereidigung als Sachverständiger vorweisen können,
- wirtschaftlich unabhängig und nicht vorbestraft sind.

Die Liste ist nicht komplett, enthält aber die wesentlichen Bestandteile der Anerkennung, die in dem Schriftstück VdS 2228 näher beschrieben wird.

2.2.8.7 Prüfung durch einen unabhängigen Dritten

Häufig wird in ganz unterschiedlichen Papieren gefordert, dass für eine geeignete Prüfung ein „unabhängiger Dritter“ zu beauftragen ist. Diese Forderung wird nicht ohne Grund gestellt, denn von einem unabhängigen Dritten kann Folgendes gesagt werden:

- Er ist kein Angestellter des Anlagenbetreibers und kann so die Prüfung durchführen, ohne Gefahr, dass sein Beschäftigungsverhältnis von dem Ergebnis der Prüfung betroffen sein könnte.
- Er ist nicht an der Planung oder Errichtung der elektrischen Anlage beteiligt und kann somit nicht am Ergebnis der Prüfung finanziell partizipieren. Man kann ihm

also nicht vorwerfen, er habe besonders viele Mängel gefunden, um persönlich daran (z. B. an der Beseitigung der vorgefundenen Mängel) zu verdienen.

- Er ist vor allem nicht betriebsblind. Auch die beste Fachkraft hat häufig dort, wo sie sich täglich aufhält, keinen Blick mehr für die Kleinigkeiten, die im ungünstigen Fall Gefahren hervorrufen können.
- Er ist nicht der Errichter der elektrischen Anlage und auch nicht derjenige, der die Anlage wartet, instand hält oder verändert. Häufig werden bei Prüfungen Mängel gefunden, die durch diejenigen hervorgerufen wurden, die als Elektrofachkräfte die Anlage geplant oder errichtet bzw. in der Anlage Reparaturen vorgenommen haben. Es ist nicht davon auszugehen, dass derjenige, der den Mangel selbst verursacht hat, diesen anschließend auch findet und anzeigt.

Oft ist es für denjenigen, der eine Prüfung beauftragt, günstig, wenn er einen Prüfer wählt, der aufgrund seiner Anerkennung einer Beaufsichtigung durch die anerkennende Stelle unterliegt. Wenn nach oder während einer Prüfung Beschwerden notwendig werden sollten, kann diese übergeordnete Stelle hierfür eingeschaltet werden. Sie ist in der Regel in der Lage, aus einer neutralen Position eine Einigung oder Klärung herbeizuführen. Der Prüfer selbst, der möglicherweise von der Kritik betroffen ist, kann dies aus verständlichen Gründen häufig nur begrenzt.

2.3 Festlegung der Bewertungsgrundlagen bei Planung und Prüfung

Mit den bisher beschriebenen Anforderungen an eine Bewertung der elektrischen Anlage, z. B. in Zusammenhang mit der Durchführung einer separaten, brandschutztechnischen Prüfung, dürfte es klar sein, dass nicht ausschließlich VDE-Normen als Bewertungsgrundlage herangezogen werden können. Natürlich haben VDE-Normen aufgrund ihrer Verbreitung und der Erwähnung in behördlichen und gesetzlichen Regelwerken, z. B. im Energiewirtschaftsgesetz, eine herausragende Bedeutung, aber sie beschreiben stets pauschal ein bestimmtes, zuvor festgelegtes Risiko und geben dazu Mindestanforderungen für entsprechende Maßnahmen, um dieses vereinbarte Risiko in annehmbaren Grenzen zu halten. Ob diese Risikobetrachtung für die konkrete Anlage, die stets ein Unikat ist, ausreicht, muss vom Planer bzw. vom Prüfer von Fall zu Fall bewertet werden.

Eine brandschutztechnische Bewertung ist natürlich abhängig von der Gefährdungsbeurteilung des Betreibers oder des Planers, der im Auftrag des Bauherrn das Risiko berücksichtigen muss. So kann es sein, dass entsprechende Maßnahmen, wie sie in VDE-Normen beschrieben werden, für eine gewünschte oder geforderte Risikominimierung nicht ausreichen. Dies ist auch der Grund, warum es in Bezug auf dieses Thema weitere technische Regelwerke gibt.

Als Beispiel können VdS-Richtlinien genannt werden, die zusätzlich zu VDE-Normen Maßnahmen beschreiben, mit denen der Feuerversicherer das Risiko für seine versicherten Gebäude in Grenzen halten kann. VdS-Richtlinien spiegeln die jahrzehntelange Erfahrung der Feuerversicherungen mit Brandschäden wider. Deshalb ist die Einbeziehung dieser Richtlinien bei der brandschutztechnischen Planung und Prüfung von nicht geringer Bedeutung.

Hinzu kommt noch eine wesentlicher Aspekt: Die Technik verändert sich schnell und damit auch das Gefährdungspotential. Es dürfte klar sein, dass eine neue Technik nicht immer sicherer ist als die bisherige. Aus diesem Grund ist eine kontinuierliche Anpassung der fachlichen Kompetenz von Planern und Prüfern unumgänglich, und Planungskriterien, Prüfgrundlagen und Prüfinhalte müssen ständig an die aktuelle Situation angepasst werden. Dies gilt ganz besonders für eine brandschutztechnische Planung und Prüfung. Beispielsweise werden die Grundlagen und Inhalte bei der brandschutztechnischen Prüfung nach Versicherungsklausel SK 3602 ständig aktualisiert. Besonders die technischen Versicherungen bringen dabei ihre Erfahrung mit Brandschäden ein. Hier wird die Flexibilität einer Brandschadenverhütung deutlich, wie sie z. B. durch die Versicherungen betrieben wird. Diese Flexibilität kann in VdS-Richtlinien relativ zeitnah umgesetzt werden; denn die aktuellen Erkenntnisse müssen nicht erst auf den langen und zum Teil mühseligen Weg durch die internationale Normung (IEC und CENELEC) gebracht werden. Vielmehr kann auf vorliegende Schadenerfahrungswerte sehr schnell mit Veränderungen in den VdS-Richtlinien reagiert werden. Es gibt zahlreiche Beispiele dafür, dass Anforderungen, die ausschließlich in VdS-Richtlinien zu finden waren, Jahre später in VDE-Normen auftauchen.

Als Beispiel sollen hier einige VdS-Richtlinien genannt werden, die bei einer sachgerechten Berücksichtigung der Sach- und Brandschadenverhütung von Bedeutung sein können:

VdS 2005 Leuchten
VdS 2007 Anlagen der Informationstechnologie (IT-Anlagen)
VdS 2010 Risikoorientierter Blitz- und Überspannungsschutz
VdS 2015 Elektrische Geräte und Einrichtungen
VdS 2017 Überspannungsschutz für landwirtschaftliche Betriebe
VdS 2019 Überspannungsschutz in Wohngebäuden
VdS 2023 Elektrische Anlagen in baulichen Anlagen mit vorwiegend brennbaren Baustoffen
VdS 2024 Errichtung elektrischer Anlagen in Möbeln und ähnlichen Einrichtungsgegenständen
VdS 2025 Elektrische Leitungsanlagen
VdS 2031 Blitz- und Überspannungsschutz in elektrischen Anlagen
VdS 2033 Elektrische Anlagen in feuergefährdeten Betriebsstätten und diesen gleichzusetzenden Risiken
VdS 2046 Sicherheitsvorschriften für elektrische Anlagen bis 1 000 V

VdS 2057 Sicherheitsvorschriften gemäß Abschnitt B § 8 AFB 2008 für elektrische Anlagen in landwirtschaftlichen Betrieben und Intensiv-Tierhaltungen

VdS 2067: Elektrische Anlagen in der Landwirtschaft

VdS 2073 Elektrowärmegeräte und Elektroheizungen für Tieraufzucht sowie Tierhaltung

VdS 2259 Batterieladeanlagen für Elektrofahrzeuge

VdS 2279 Elektroheizungsanlagen und Saunen

VdS 2349-1 Auswahl von Schutzeinrichtungen für den Brandschutz in elektrischen Anlagen

VdS 2349-2 EMV-gerechte Einrichtungen von Niederspannungsanlagen

VdS 2851 Berührungslose Temperaturmessung (Thermografie)

VdS 3145 Photovoltaikanlagen

VdS 3501 Isolationsfehlerschutz in elektrischen Anlagen mit elektronischen Betriebsmitteln

Die aufgeführten Richtlinien sind im Downloadbereich der Internetadresse www.vds.de kostenlos verfügbar

3 Bewertungskriterien einer brandschutztechnischen Planung und Prüfung

3.1 Schutz bei Überstrom

3.1.1 Vorbemerkung

Bereits im Kapitel 2.2.6 dieses Buchs wurde darauf hingewiesen, dass nach DIN VDE 0105-100, Abschnitt 5.3.3.101.4.1 bei Änderungen oder Ergänzungen im Leitungsnetz überprüft werden muss, ob durch die Änderung bzw. Ergänzung Betriebsmittel durch möglicherweise erhöhte thermische oder dynamische Belastungen gefährdet werden.

Der Planer muss die elektrische Anlage natürlich von vornherein so planen, dass Überströme, die nie völlig zu vermeiden sind, keine Schäden ober gefährliche Vorschädigungen hervorrufen. Hier geht es also um den Schutz bei Überstrom, der besonders in DIN VDE 0100-430 behandelt wird. Um diesen Schutz geht es in den nachfolgenden Kapiteln.

Der Prüfer muss beurteilen können, ob durch nachträgliche Änderungen im Leitungssystem oder durch den Austausch eines Betriebsmittels usw. eine Gefährdung möglich ist. Das ist nicht immer leicht.

Beispiel:

Der Prüfer kommt zum wiederholten Mal in eine elektrische Anlage. Der Anlagenbetreiber erläutert ihm, dass kurz zuvor der bisherige Transformator (630 kVA) gegen einen neuen mit höherer Leistung (1 250 kVA) ausgetauscht wurde. Jetzt muss der Prüfer beurteilen, ob die vorhandene Anlage (insbesondere die nachgeschalteten Betriebsmittel) die höheren Betriebsströme sowie die höheren Kurzschlussströme verkraften kann.

Im Folgenden soll eine stark vereinfachte Betrachtungsweise (insbesondere beim Kurzschlussschutz) beschrieben werden, mit der man eine erste Bewertung vornehmen kann. Sollte diese ergeben, dass eine Gefährdung möglich ist, muss dies als abzustellender Mangel angegeben werden. Bestehen Zweifel, muss möglicherweise eine detailliertere Betrachtung bzw. Berechnung vorgenommen werden. Beim Kurzschlussschutz kann dies z. B. durch die Verwendung von üblichen Kurzschluss-Berechnungsprogrammen geschehen. Aber auch die Verwendung solcher Programme setzt eine Kenntnis der zugrundeliegenden physikalischen Vorgänge voraus, damit das Programm sinnvoll und vor allem sicher genutzt werden kann. Dies soll durch die nachfolgende Betrachtung erreicht werden.

Als Überstrom bezeichnet man allgemein einen Strom, der die vorgesehene Bemessungsstromstärke eines Betriebsmittels (z. B. eines Kabels) überschreitet.

Ein solcher Überstrom kann durch einen Isolationsfehler hervorgerufen werden, bei dem durch die Berührung von zwei aktiven Teilen ein Fehlerstromkreis entsteht über den ein Kurzschlussstrom fließt.

Ebenso möglich ist es, dass der Überstrom durch eine Überlastung hervorgerufen wird. Dies geschieht beispielsweise, wenn an Steckvorrichtungen zu viele bzw. zu leistungsstarke Betriebsmittel betrieben werden. Die Voraussetzung bei einer Überlastung ist nicht, wie im Kurzschlussfall, ein Isolationsfehler. Deshalb entsteht auch kein Fehlerstromkreis; vielmehr fließt über den bestehenden Betriebsstromkreis ein zu hoher Strom, den man allgemein Überlaststrom nennt.

Die prägnanteste und eindeutigste Unterscheidung zwischen Überlast und Kurzschluss ist die Tatsache, dass die Überlastung keinen Isolationsfehler voraussetzt, während sich ein Kurzschluss geradezu über einen solchen Isolationsfehler definiert. Die möglicherweise unterschiedliche Stromhöhe bei Überlast und Kurzschluss ist dagegen ein unsicheres Kriterium, die für geringe Kurzschlussströme auch gar nicht zutrifft. Es gibt hier bezüglich der Stromhöhe eindeutig eine Überschneidung. Auch die Schnelligkeit, mit der ein Überstrom auftritt, ist kein ausreichendes Kriterium, da eine Überlastung beispielsweise durch das plötzliche Zuschalten einer Last möglicherweise ebenfalls sehr schnell auftreten kann.

Im Folgenden wird zunächst der Schutz von Kabel und Leitungen bei Überlast beschrieben (Kapitel 3.1.2) und danach der Schutz bei Kurzschluss (Kapitel 3.1.3).

Die wichtigsten Informationsquellen zum Thema Überstromschutz sind Folgende:

- DIN VDE 0100-430 (**VDE 0100-430**) „*Schutz bei Überstrom*“
- DIN VDE 0100-520 (**VDE 0100-520**) „*Kabel- und Leitungsanlagen*“
- DIN VDE 0298-4 (**VDE 0298-4**) „*Verwendung von Kabeln und isolierten Leitungen für Starkstromanlagen – Teil 4: Empfohlene Werte für die Strombelastbarkeit von Kabeln und Leitungen für feste Verlegung in und an Gebäuden und von flexiblen Leitungen*“
- VdS 2025 „*Elektrische Leitungsanlagen*“

3.1.2 Schutz von Kabeln und Leitungen bei Überlast

3.1.2.1 Einführung

In diesem Kapitel geht es um Schutzmaßnahmen, die im Fall einer Überlastung eine Beschädigung der Leitungsisolation verhindern sollen. Für eine korrekte Planung solcher Maßnahmen müssen verschiedene Dinge bekannt sein bzw. ermittelt werden.

Grundlegend ist natürlich die Kenntnis des **Betriebsstroms** I_b, der selbstverständlich nicht größer sein darf als die **Strombelastbarkeit** I_Z des Kabels oder der Leitung (siehe nachfolgendes Kapitel 3.1.2.4).

In den Normen finden Planer und Prüfer zwar Strombelastbarkeitstabellen, doch diese sind stets unter dem Vorbehalt zu verwenden, dass die **Verlegebedingungen** sowie die **Betriebsbedingungen** geklärt und berücksichtigt werden. Dies wird in den folgenden Kapiteln erläutert.

Zu den Verlegebedingungen zählt man:

- die Art der direkten Umgebung (**Verlegeart**) – z. B. direkte Verlegung auf der Wand oder Verlegung im Kabelkanal auf der Wand oder im Rohr in der Wand,
- die vorhandene **Umgebungstemperatur**,
- die möglicherweise zusätzlich parallel verlegten Kabel und Leitungen (**Häufung**).

Betriebsbedingungen sind vor allem:

- die Anzahl der belasteten Adern,
- der mögliche Einfluss von Oberschwingungsströmen,
- die Belastungsart – also Dauerbelastung, Kurzzeitbelastung usw.

Unter Berücksichtigung dieser Bedingungen kann die **Strombelastbarkeit** des gewählten Kabels bzw. der gewählten Leitung ermittelt werden.

3.1.2.2 Verlege- und Betriebsbedingungen in den Strombelastbarkeitstabellen

3.1.2.2.1 Beschreibung der Bedingungen für die Nutzung der Tabellen

Wie zuvor erwähnt, findet man in Normen entsprechende Strombelastbarkeitstabellen. Die am häufigsten genutzten Strombelastbarkeitstabellen findet man in DIN VDE 0298-4. In den Tabellen 3 und 4 dieser Norm findet man für Kabel und Leitungen mit einer maximalen Betriebstemperatur am Leiter von 70 °C (z. B. NYM, NYY, NHMH, NYCWY) entsprechende Werte, und für Kabel und Leitungen mit einer maximalen Betriebstemperatur von 90 °C (z. B. NSSHÖU, N2XCH, NHXHX, NHXCHX) können die Tabellen 5 und 6 verwendet werden.

Um aus diesen Tabellen den gesuchten Wert entnehmen zu können, müssen bereits einige Verlege- und Betriebsbedingungen (siehe vorheriges Kapitel 3.1.2.1) bekannt sein. Die Kenntnis der folgenden Bedingungen wird für die Nutzung der Strombelastbarkeitstabellen benötigt; sie werden entweder direkt in der Tabelle erwähnt (z. B. im Tabellenkopf, siehe Tabelle 3.3 diese Buchs) oder indirekt vorausgesetzt (z. B. Einzelverlegung, also keine Häufung).

- Verlegeart

  Eine wichtige Verlegebedingung ist die Verlegeart. Sie hat stets Einfluss auf die Belastbarkeit der Kabel und Leitungen, denn je nach Verlegeart kann die Wärme, die im Inneren durch den fließenden Betriebsstrom hervorgerufen wird, mehr oder weniger gut abgeführt werden.

  In den Tabellen 3 und 4 aus DIN VDE 0298-4 wird nach sogenannten **Referenzverlegearten** unterschieden. Damit sind Verlegearten gemeint, für die entsprechende Strombelastbarkeitswerte bei praktischen Versuchen im Laboratorium ermittelt wurden. In den Tabellen findet man neun verschiedene Referenzverlegearten (siehe **Tabelle 3.1** dieses Buchs). Natürlich können nicht alle in der Praxis tatsächlich vorkommenden Verlegearten durch neun Verlegearten zu 100 % abgedeckt werden. Deshalb muss der Planer (bzw. Prüfer) in der Lage sein, die konkrete Verlegeart des betrachteten Kabels bzw. der Leitung auf diese Referenzverlegeart zurückzuführen. Dabei helfen ihm Beispiele für mögliche Verlegearten, die in DIN VDE 0298-4, Tabelle 9 dargestellt sind (siehe **Tabelle 3.2** dieses Buchs). In der vorletzten Spalte dieser Tabelle wird für jedes Beispiel eine entsprechende Referenzverlegeart angegeben.

- Anzahl der belasteten Adern

  Eine Betriebsbedingung, deren Kenntnis für die Nutzung der Strombelastbarkeitstabellen vorausgesetzt werden muss, ist die Anzahl der belasteten Adern. Auch sie hat für die Strombelastbarkeit eine hohe Bedeutung, denn je mehr stromführende Leiter sich gegenseitig thermisch beeinflussen können, desto geringer darf die einzelne Leitung mit Strom belastet werden. In den Tabellen wird allerdings nur zwischen zwei und drei belasteten Adern unterschieden. Die Begründung hierfür kann nachgelesen werden im nachfolgenden Kapitel 3.1.2.2.2 beim Punkt „*Anzahl der belasteten Adern in den Strombelastbarkeitstabellen*". Weiterhin enthält Kapitel 3.1.2.7.5 dieses Buchs Hinweise, was bei mehr als drei belasteten Adern zu tun ist.

- Umgebungstemperatur

  Eine weitere Verlegebedingung, die bekannt sein muss, ist die Umgebungstemperatur. Der erwärmte Leiter kann seine Wärme natürlich umso besser abgeben, je größer der Temperaturunterschied zwischen dem erwärmten Leiter und der Umgebung ist. Wenn die Umgebungstemperatur z. B. sehr nahe an der maximalen Betriebstemperatur des Leiters liegen würde, dürfte der Leiter kaum noch mit Strom belastet werden, weil sonst keine Abgabe der Wärme mehr möglich ist. Für Umgebungstemperaturen, die von der in den Tabellen angegebenen Temperatur abweichen, wird im Kapitel 3.1.2.7.2 dieses Buchs alles gesagt.

  Hier gibt es für Deutschland eine Besonderheit, die erwähnt werden muss: In Abstimmung mit den internationalen Normungsgremien wird in Deutschland eine durchschnittliche Umgebungstemperatur von 25 °C angenommen (in den übrigen europäischen Ländern sind es 30 °C). Deshalb werden in Deutschland für die Ermittlung der Strombelastbarkeit typischer Kabel- und Leitungstypen (z. B. NYY, NYM) nicht die Tabellen 3 und 4 aus DIN VDE 0298-4 verwendet, sondern die Tabellen A.1 und A.2 im normativen Anhang A. In den letztgenannten Tabellen fehlt allerdings die Verlegeart D (Verlegung im Erdreich). Weitere Hinweise zur Erdverlegung folgen im nachfolgenden Kapitel 3.1.2.2.2 beim Punkt „*Die Erdverlegung*“.

In den folgenden Ausführungen wurde aus diesem Grund bei sämtlichen Berechnungen eine Umgebungstemperatur von 25 °C zugrunde gelegt. Für die Tabelle mit den Reduktionfaktoren bei höheren Umgebungstemperaturen wurde dazu eine eigene Tabelle erstellt (Tabelle 3.5 dieses Buchs), die nicht bei 30 °C, sondern bei 25 °C einen Reduktionsfaktor von 1,0 angibt.

Hinweis: Bei Berücksichtigung der Häufung (siehe nachfolgenden Punkt) ist diese Vorgehensweise bezüglich der Umgebungstemperatur genau genommen nicht völlig korrekt, da die Tabellen für die Reduktionsfaktoren bei Häufung aus DIN VDE 0298-4 im Folgenden übernommen werden (siehe Kapitel 3.1.2.7.3 sowie Tabelle 3.6 dieses Buchs). Die Werte der Tabelle für die Häufung wurden jedoch bei einer Umgebungstemperatur von 30 °C ermittelt. Da die Häufung aber bei einer höheren Umgebungstemperatur stärker ins Gewicht fällt als bei niedrigeren Umgebungstemperaturen, ist der Fehler, der hierdurch entsteht, nicht nur marginal, sondern er liegt auch auf der sicheren Seite.

- Häufung

  Die Häufung ist eine typische Verlegebedingung. Die Bedeutung ist jedoch ähnlich wie bei der Betriebsbedingung „*Anzahl der belasteten Adern*“. In den Strombelastbarkeitstabellen wird zwar nicht ausdrücklich die Häufung angegeben, aber aus den Texten der Norm und den nachfolgenden Tabellen der Norm zu den Reduktionsfaktoren für Häufung geht eindeutig hervor, dass die typischen Strombelastbarkeitstabellen, wie DIN VDE 0298-4, Tabellen 3 und 4, stets von einer Einzelverlegung ausgehen, also keine Häufung voraussetzen. Näheres zum Thema Häufung ist im Kapitel 3.1.2.7.3 dieses Buchs zu finden.

Verlegeart (Refe- renz- verlegeart[a] nach Tabelle 2)	A1		A2		B1		B2		C	
	Verlegung in wärmegedämmten Wänden				Verlegung in Elektro-Installationsrohren				Verlegung auf einer Wand	
	Aderleitungen im Elektro-Installationsrohr in einer wärmegedämmten Wand		Mehradriges Kabel oder mehradrige ummantelte In- stalla- tionsleitung in einem Elektro-Installationsrohr in einer wärme-gedämmten Wand		Aderleitungen im Elektro-Installationsrohr auf einer Wand		Mehradriges Kabel oder mehradrige ummantelte Installationsleitung in einem Elektro- Installati- onsrohr auf einer Wand		Ein- oder mehradriges Kabel oder ein- oder mehradrige ummantelte Installationsleitung	
				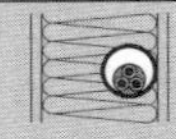						
Anzahl belastete Adern	2	3	2	3	2	3	2	3	2	3
Nennquerschnitt mm^2	Belastbarkeit A									

[a] Weitere Verlegearten siehe Tabelle 9.
[b] Siehe Anhang C.
[c] Gilt nicht für Verlegung auf einer Holzwand und nicht für die Anwendung von Umrechnungsfaktoren; siehe Anhang C.

Verlegeart (Referenzverlege-artb nach Tabelle 2)	Dc		E		F			G	
	Verlegung in Erde		Verlegung in Luft						
	Mehradriges Kabel im Elektro-Installations- rohr oder Kabel- schacht im Erdboden		Mehradriges Kabel mit Abstand von mindestens 0,3 × Durchmesser D zur Wand		Einadrige Kabel mit Abstand von mindestens 1 × Durchmesser D zur Wand				
					mit Berührung			mit Abstand D	
				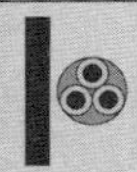	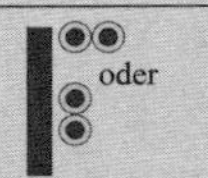		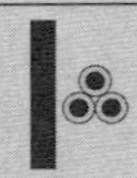	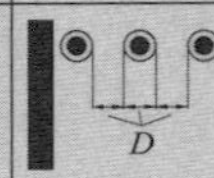	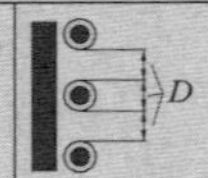
Anz. belastete Adern	2	3	2	3	2	3			
Nennquerschnitt mm^2	Belastbarkeit A								

a Bei Kabeln mit konzentrischem Leiter gilt die Belastbarkeit nur für mehradrige Ausführungen. Weitere Belastbarkeiten für Kabel siehe auch DIN VDE 0276-603 (VDE 0276-603):2010-03, Teil 3-G, Tabelle 15.
b Weitere Verlegearten siehe Tabelle 9.
c Die Werte der Spalte 3 sind HD 60364-5-52:2011 entnommen und gelten für einen Erdbodenwärmewiderstand von 2,5 K ② m/W und einer Verlegetiefe von 0,7 m. Bei direkter Erdverlegung und abweichenden Betriebsbedingungen sind die Werte der Bauartnorm DIN VDE 0276-603 (VDE 0276-603) zu entnehmen.

Tabelle 3.1 Die neun Referenzverlegearten aus DIN VDE 0298-4, Tabellen 3 und 4

Kenn-ziffer	Verlegeart	Beschreibung	Referenzverlegeart zur Ermittlung der Strombelastbarkeit	Häufig eingesetzte Bauarten, die für die Verlegeart zulässig sind
30	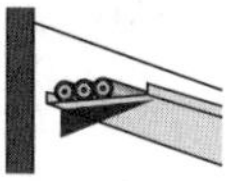	Ein- oder mehradrige(s) Kabel oder ummantelte Installationsleitung • auf nicht gelochter Kabelrinnef	C	NYM, NYY, NYCWY, NYCY, NHMH, NHXMH, NHXH, NHXHX, NHXCH, NHXCHX
31	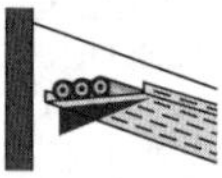	• auf gelochter Kabelrinne horizontal oder vertikal	E oder F	NYM, NYY, NYCWY, NYCY, NHMH, NHXMH, NHXH, NHXHX, NHXCH, NHXCHX
32	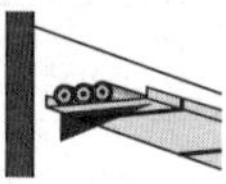	• auf Kabelkonsolen	E oder F	NYM, NYY, NYCWY, NYCY, NHMH, NHXMH, NHXH, NHXHX, NHXCH, NHXCHX
33	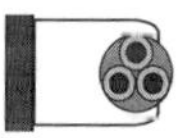	Ein- oder mehradrige(s) Kabel oder ummantelte Installationsleitung • mit einem Abstand von mehr als dem 0,3-fachen Außendurchmesser des Kabels/der Leitung von einer Wand	E, F oder G	NYM, NYY, NYCWY, NYCY, NHMH, NHXMH, NHXH, NHXHX, NHXCH, NHXCHX
34	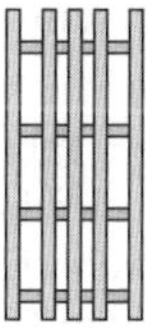	Ein- oder mehradrige(s) Kabel oder ummantelte Installationsleitung • auf Kabelpritsche	E oder F	NYM, NYY, NYCWY, NYCY, NHMH, NHXMH, NHXH, NHXHX, NHXCH, NHXCHX

Tabelle 3.2 Auszug aus der Beispielliste für mögliche Verlegearten, die in Spalte 4 auf eine der neun Referenzverlegearten zurückgeführt werden
(Quelle: DIN VDE 0298-4 (**VDE 0298-4**), Tabelle 9)

Kenn-ziffer	Verlegeart	Beschreibung	Referenzverlegeart zur Ermittlung der Strombelastbarkeit	Häufig eingesetzte Bauarten, die für die Verlegeart zulässig sind
35	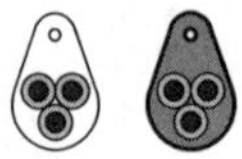	Ein- oder mehradrige(s) Kabel oder ummantelte Installationsleitung • abgehängt an einem Tragseil oder mit eingebautem Tragseil	E oder F	NYMT
36		Blanke Leiter oder Aderleitungen auf Isolatoren	G	Blanke Freileitungsseile nach DIN VDE 0211 (VDE 0211) Isolierte Freileitungsseile nach DIN VDE 0276-626/A1 (VDE 0276-626/A1)

Tabelle 3.2 (Fortsetzung) Auszug aus der Beispielliste für mögliche Verlegearten, die in Spalte 4 auf eine der neun Referenzverlegearten zurückgeführt werden
(Quelle: DIN VDE 0298-4 (**VDE 0298-4**), Tabelle 9)

3.1.2.2.2 Wichtige Hinweise zu den Verlege- und Betriebsbedingungen

- Anzahl der belasteten Adern in den Strombelastbarkeitstabellen

  Häufig wird die Frage gestellt, wieso nur zwischen zwei und drei belasteten Adern unterschieden wird. Unstrittig ist, dass Stromkreise mit zwei belasteten Adern einphasige Wechselstromkreise sind. Die eigentliche Frage lautet jedoch, warum nur drei belastete Adern bei Drehstromkreisen aufgeführt werden. Immerhin kann es, je nach angeschlossenen Verbrauchsmitteln, zu einer unsymmetrischen Belastung der Außenleiter kommen, sodass im Neutralleiter ein nicht zu vernachlässigender Strom fließen wird.

  Die Antwort ist jedoch simpel: Die Bemessungswerte I_r in den Tabellen bezeichnen einen maximalen Dauerstrom. Wenn alle Außenleiter gleichermaßen mit diesem Strom belastet werden, fließt im Neutralleiter kein Strom. Erst wenn einer der Außenleiter geringer belastet wird, entsteht ein Neutralleiterstrom. Die thermische Belastung des Drehstromkreises durch den Neutralleiterstrom ist also stets automatisch gekoppelt mit einer entsprechenden thermischen Entlastung eines Außenleiters. Um die Rechnung nicht zu sehr zu komplizieren, geht man in der Norm davon aus, dass auch bei einem vorhandenen Neutralleiterstrom in einem Drehstromkreis insgesamt eine thermische Belastung entsteht, als wären lediglich die drei Außenleiter mit dem gleichen maximalen Dauerstrom belastet.

Eine Belastung mit vier stromführenden Adern kommt deshalb (nach Norm) gar nicht vor. Das geht auch aus den Angaben in der Tabelle 26 aus DIN VDE 0298-4 hervor, in der Umrechnungsfaktoren für Kabel und Leitungen zu finden sind, in denen mehr als drei Adern belastet sind. Diese Tabelle beginnt mit fünf belasteten Adern, während vier belastete Adern nicht aufgeführt werden.

Erst mit der Beeinflussung durch Oberschwingungsströme ist eine Belastung mit vier stromführenden Adern möglich und muss dann auch berücksichtigt werden. In DIN VDE 0298-4, Abschnitt 4.3.2 heißt es deshalb:

„*In einem Drehstromkreis wird symmetrische Belastung angenommen. Wenn darüber hinaus der Neutralleiter belastet wird, ohne dass die Außenleiter entsprechend entlastet werden, muss der Neutralleiter bei der Festlegung der Strombelastbarkeit des Kabels oder der Leitung mit berücksichtigt werden. Solche Ströme im Neutralleiter können beispielsweise durch ausgeprägte Oberschwingungsströme in Drehstromkreisen verursacht werden.*“

Auf dieses Problem wird im nachfolgenden Kapitel 3.1.2.7.4 näher eingegangen.

- Erdverlegung

  In DIN VDE 0298-4, Tabellen 4 und 6 findet man die Bemessungswerte für eine Erdverlegung in Rohren (Verlegeart D). Diese Verlegeart fehlt in den Tabellen A1 und A2 dieser Norm (siehe auch Tabelle 3.3 dieses Buchs). Die Werte bei Verlegeart D müssen deshalb direkt den Tabellen 4 und 6 aus DIN VDE 0298-4 entnommen werden.

  Die Werte bei direkter Verlegung in Erde können durch Umrechnungsfaktoren berechnet werden. Diese Faktoren findet man in DIN VDE 0298-4, Tabelle 24.

  Die Bemessungswerte für die Erdverlegung nach Verlegeart D gelten für eine Erdbodentemperatur von 20 °C. Wenn klar ist, dass eine andere Umgebungstemperatur der erdverlegten Kabel zu berücksichtigen ist, müssen Umrechnungsfaktoren berücksichtigt werden nach DIN VDE 0298-4, Tabelle 19.

  Eine weitere vorausgesetzte Verlegebedingung ist der spezifische Erdbodenwärmewiderstand von 2,5 K · m/W. Dies ist ein Wert, der üblicherweise angenommen wird, wenn der Erdbodentyp und die geografische Örtlichkeit nicht exakt festgelegt werden können. Handelt es sich jedoch um ein extrem trockenes Erdreich, müssen eventuell Minderungs- bzw. Umrechnungsfaktoren berücksichtigt werden, sofern der Erdboden um das Kabel herum nicht ausgetauscht wird. Entsprechende Umrechnungsfaktoren für einen anderen spezifischen Erdbodenwärmewiderstand als 2,5 K · m/W sind zu finden in DIN VDE 0298-4, Tabelle 20. Für übliche Kabel und Leitungen im Rohr variiert dieser Faktor z. B. zwischen 1,18 bis 0,96 bei einem spezifischen Wärmewiderstand des Erdbodens zwischen 1,0 K · m/W bis 3,0 K · m/W.

- Verlegung in der Zwischendecke

  Wenn man die Tabelle A.52.1 aus DIN VDE 0100-520 betrachtet, findet man darin die Erlaubnis, mehradrige Kabel und Leitungen ohne Befestigung verlegen zu dürfen. In früheren Ausgaben dieser Norm gab es zusätzlich noch eine Tabelle (Tabelle 52G), in der die Verlegearten den möglichen Verlegeorten zugeordnet wurden. Danach war eine Verlegung von mehradrigen Kabeln und Leitungen in baulichen Hohlräumen ohne Befestigung möglich. Die Aussage stimmt immer noch, auch wenn die letztgenannte Tabelle in der aktuellen Ausgabe der Norm nicht mehr enthalten ist.

  Den Bereich oberhalb der Zischendecke könnte man als „baulichen Hohlraum" auffassen. Deshalb stellt eine offene Verlegung von Kabeln und Leitungen ohne Befestigung an sich keinen Mangel dar. Allerdings muss hierbei einiges beachtet werden:

  a) In DIN VDE 0100-520, Abschnitt 522.6.3 heißt es wörtlich: „*Ein Kabel oder eine Leitung, die unter einem Fußboden oder oberhalb einer abgehängten Decke verlegt ist, muss in einer solchen Lage verlaufen, dass eine Beschädigung durch Berührung mit dem Boden oder der Decke oder den Befestigungsmitteln unwahrscheinlich ist.*"

     Das bedeutet, dass bei der Verlegung alle möglichen mechanischen Einflussfaktoren berücksichtigt werden müssen. Gleichgültig ob dies durch andere Gewerke (z. B. Heizung oder Versorgungssysteme) entstehen kann, durch Revisionsklappen in der Zwischendecke oder durch die Profile der Deckenkonstruktion, auf die ein isoliertes Kabel oder eine isolierte Leitung nicht gelegt werden darf, weil dadurch mit einer unzulässigen punktuellen mechanischen Belastung der Kabel-/Leitungsisolation gerechnet werden muss.

  b) Die Zwischendecke hat als Bauteil selbstverständlich eine Zulassung, und der Hersteller bzw. der Errichter der Zwischendecke (z. B. der Trockenbauer) garantiert für die Sicherheit und die Funktionstüchtigkeit der Decke. Allerdings wird weder der Hersteller noch der Errichter die Garantie für seine Zwischendecke übernehmen, wenn andere Gewerke die Decke mit Gewichten ihrer Produkte bzw. Bauteile belasten. Die Zwischendecke verliert im Grunde die Zulassung. Wenn man es genau nimmt, übernimmt damit der Errichter der elektrischen Anlage die Verantwortung für die Sicherheit und Funktionstüchtigkeit der Decke.

  c) Es muss festgestellt werden, ob die Zwischendecke eine sogenannte I-Qualifikation aufweist. Trifft dies zu, so handelt es sich um eine Decke, die über eine angegebene Zeit verhindern kann (z. B. I 30 = 30 min Feuerwiderstand), dass sich ein Feuer, das oberhalb der Decke entsteht, auf den Raum unter der Decke auswirken kann. Die Zulassung sowie die I-Qualifikation der Decke werden durch Kabel und Leitungen, die ohne Befestigung auf die Decke gelegt werden, infrage gestellt.

Wird aus diesem Grund eine Befestigung der Kabel und Leitungen vorgesehen, muss diese derart ausgeführt sein, dass die Kabel und Leitungen bei einem Brand nicht vor der angegebenen Zeit auf die Decke fallen können. Gegebenenfalls müssen Befestigungen mit Funktionserhalt gewählt werden. Weitere Informationen zu diesem Thema sind im Kapitel 4.3.2.6 dieses Buchs zu finden.

- Verlegung in wärmegedämmten Wänden

Eine weitere Frage, die gerne gestellt wird, ist die, ob z. B. bei einer mehradrigen Leitung mit einer Gesamtlänge von 20 m, die in ihrem Verlauf über eine Strecke von unter 1,0 m mit wärmedämmenden Materialien umschlossen wird, bereits die Verlegeart A2 berücksichtigt werden muss, obwohl für die übrige Länge von immerhin über 19 m die Verlegeart C veranschlagt werden könnte. Ein solcher Fall liegt beispielsweise vor, wenn eine Leitung durch ein Brandschott geführt wird. Oder eine Leitung wird über eine Länge von z. B. 0,5 m durch eine wärmegedämmte Wand geführt.

Wenn diese kurzen Stecken die Verlegeart für die gesamte Leitung festlegen, könnte dies möglicherweise zu einer unverhältnismäßig großen Einschränkung führen, da die Strombelastbarkeit bei einer Verlegeart A2 deutlich geringer ist als bei der Verlegeart C. Möglicherweise muss der Querschnitt der Leitung hierdurch ein bis zwei Stufen größer gewählt werden.

Beispiel 1:

Der Bemessungswert I_r für einen Leiterquerschnitt: $S = 2{,}5\ mm^2$ nach Tabelle 3.3 dieses Buchs beträgt für:

- Verlegeart A2: $I_r = 18{,}5\ A$
- Verlegeart C: $I_r = 25{,}0\ A$

Bei einer Teillänge von bis zu 0,5 m, für die eine geringere Verlegeart gelten würde, könnte man darauf verzichten, für die komplette Leitungslänge die Verlegeart mit einer geringeren Strombelastung anzusetzen. Dies könnte z. B. für die Durchführung durch Brandwände gelten. Bei Kabeln und Leitungen, die über längere Zeit voll belastet werden, sollte man jedoch immer den sicheren Weg wählen und tatsächlich für die gesamte Verlegestrecke die Verlegeart mit der geringeren Strombelastung berücksichtigen. Dies wird im DIN VDE 0298-4, Anhang C, Abschnitt C.2 auch ausdrücklich gefordert: „*Wenn die Betriebsbedingungen im Verlauf einer Installation wechseln, so sind für die Bemessung des Leiternennquerschnitts die ungünstigsten Bedingungen während der Dauer des Betriebs und im gesamten Verlauf des Kabel oder der Leitung zugrunde zu legen.*“

Aber selbst die komplette Verlegung in einer Wärmedämmung, für die selbstverständlich Verlegeart A1 oder A2 veranschlagt werden muss, wirft Fragen auf, die leider viel zu häufig gar nicht gestellt werden: Die Verlegeart A1 oder A2 setzt nämlich voraus, dass die belasteten Leiter mindestens einseitig Berührung mit der

Fläche haben, die eine bessere Leitfähigkeit hat als die Wärmedämmung selbst – also üblicherweise mit der Beplankung (siehe die entsprechende Abbildung für A1 oder A2 in der Tabelle 3.1 dieses Buchs). Trifft dies nämlich nicht zu, wird das Kabel oder die Leitung also komplett von der Wärmedämmung umschlossen, gilt auch der entsprechende Bemessungswert der Strombelastbarkeitstabelle nicht. Hier müsste also die Frage gestellt, werden, welche Strombelastbarkeit in einem solchen Fall anzusetzen wäre. Diese Frage wird im Beiblatt 1 zu DIN VDE 0100-520 beantwortet. In diesem Beiblatt heißt es im Abschnitt B.52.6 diesbezüglich wörtlich:

*„Für ein Kabel/eine Leitung, das/die in einer wärmegedämmten Wand oder oberhalb einer wärmegedämmten Decke verlegt wird und auf einer Seite eine thermisch leitfähige Oberfläche berührt, sind die Strombelastbarkeiten in DIN VDE 0298-4 (**VDE 0298-4**):2013-06, Tabelle A.1, Referenzverlegearten A1 und A2 zu finden.*

*Für ein einzelnes Kabel/eine einzelne Leitung, das/die voraussichtlich über eine Länge von mehr als 0,5 m vollständig von Wärmedämmung umgeben wird, kann, wenn keine genaueren Informationen vorliegen, als Strombelastbarkeit die Hälfte der Strombelastbarkeit angenommen werden, wenn dieses Kabel/diese Leitung direkt auf einer Oberfläche und offen verlegt würde (DIN VDE 0298-4 (**VDE 0298-4**):2013-06, Tabelle A.2, Referenzverlegeart C).“*

Beispiel 2:

Beim Beispiel 1 (Leiterquerschnitt $S = 2{,}5\ \text{mm}^2$ und $I_r = 25$ A bei Verlegeart C) könnte man nicht einmal den Wert für Verlegart A2 ($I_r = 18{,}5$ A) ansetzen, wenn diese Leitung über eine Länge $l_{\text{Dämmung}} > 0{,}5$ m vollständig mit einer Wärmedämmung umschlossen wird. Allerdings halbiert sich **nicht** der Wert für Verlegeart A2, sondern der für Verlegeart C:

$$I_r = \frac{25\ \text{A}}{2} = 12{,}5\ \text{A}$$

Diese Vorgehensweise aus dem Beiblatt gilt für Leiterquerschnitte bis $10\ \text{mm}^2$.

Wenn die Leitung auf eine Länge von $l_{\text{Dämmung}} < 0{,}5$ m vollständig mit Wärmedämmung umschlossen wird, findet man im gleichen Beiblatt eine Tabelle mit entsprechenden Reduktionsfaktoren.

Beispiel 3:

Wird die Leitung aus Beispiel 2 lediglich über eine Länge von $l_{\text{Dämmung}} = 10$ cm mit Wärmedämmung umschlossen, muss die Strombelastbarkeit der kompletten Leitung ebenfalls reduziert werden. Die Reduzierung beträgt in diesem Fall 19 % von der Strombelastbarkeit bei Verlegeart C –für eine Länge von $l_{\text{Dämmung}} = 20$ cm würde um 32 % reduziert werden müssen.

Für das obige Beispiel ($I_r = 25$ A bei Verlegeart C) würde das bedeuten:

Für eine Teillänge $l_{\text{Dämmung}}$ mit vollständiger Umhüllung mit Wärmedämmung beträgt die Strombelastbarkeit der kompletten Leitung:

- bei $l_{\text{Dämmung}} = 10$ cm: $I_r = 20$ A
- bei $l_{\text{Dämmung}} = 20$ cm: $I_r = 17$ A

Diese Anforderung wirkt extrem und weckt bei vielen Planern und Errichtern den Verdacht, dass hier ohne Not völlig überzogen wird. Allerdings darf man nicht vergessen, dass es hier immer um eine „Maximalbetrachtung" geht. Also darum, dass dauerhaft (also mindestens über mehrere Stunden) der maximale Bemessungsstrom durch die belasteten Leiter fließen. Weil viele Kabel und Leitungen in unseren Anlagen in der Regel überdimensioniert sind und vielfach nur gelegentlich maximal ausgelastet werden, wirkt sich die Vernachlässigung dieser Anforderung meist kaum aus. Man darf aber nie vergessen, dass man sich als Planer oder Prüfer zumindest Rechenschaft darüber geben muss, dass man diese Vernachlässigung nur dann zulassen kann, wenn eine derartige maximale Dauerbelastung tatsächlich nicht vorkommt. Wenn hierüber Zweifel bestehen, müssten die zuvor erwähnten Anforderungen erfüllt werden.

3.1.2.3 Strombelastbarkeit

Die maximale Strombelastbarkeit von Kabeln und Leitungen wird im Grunde genommen durch deren Isolation vorgegeben. Diese Isolierstoffe bestehen in der Regel aus Kunststoff. Damit diese Kunststoffe auch nach dem Aushärten noch elastisch bleiben, wurden den Makromolekülen, aus denen der Kunststoff besteht, sogenannte Weichmacher hinzugefügt. Diese können jedoch mit der Zeit entweichen. Auf diese Weise verliert die Isolation zunehmend ihre elektrischen und mechanischen Eigenschaften; sie wird hart, spröde und neigt zur Rissbildung. Dieser Prozess wird u. a. durch eine erhöhte Temperatur beschleunigt.

Der schwedische Physiker und Chemiker Svante August Arrhenius hat Anfang des 20. Jahrhunderts die Lebensdauer von Kunststoffen unter der Beeinflussung der Temperatur mathematisch beschrieben. Hersteller von Kabeln und Leitungen nutzen diese Berechnungsmodelle, um die Lebensdauer ihrer Produkte in etwa bestimmen zu können. Die zugrundeliegende Betrachtung kann z. B. in einer Grafik dargestellt werden (siehe **Bild 3.1** dieses Buchs).

Daher ist es nicht verwunderlich, wenn die Hersteller für ihre Produkte eine maximale Betriebstemperatur angeben. Die Betriebstemperatur wird durch den Betriebsstrom hervorgerufen, deshalb muss das Ziel sein, einen maximalen Betriebsstrom anzugeben, damit die maximale Betriebstemperatur nicht (zumindest nicht auf Dauer) überschritten wird. In Laboratorien wird festgestellt, bei welcher Stromhöhe sowie den vorgegebenen Verlege- und Betriebsbedingungen (siehe Kapitel 3.1.2.2.1 dieses Buchs) die maximale Betriebstemperatur erreicht wird. Daraus ergeben sich die Werte für die Strombelastbarkeit aus den entsprechenden Tabellen in DIN VDE 0298-4 (siehe Tabelle 3.3 dieses Buchs).

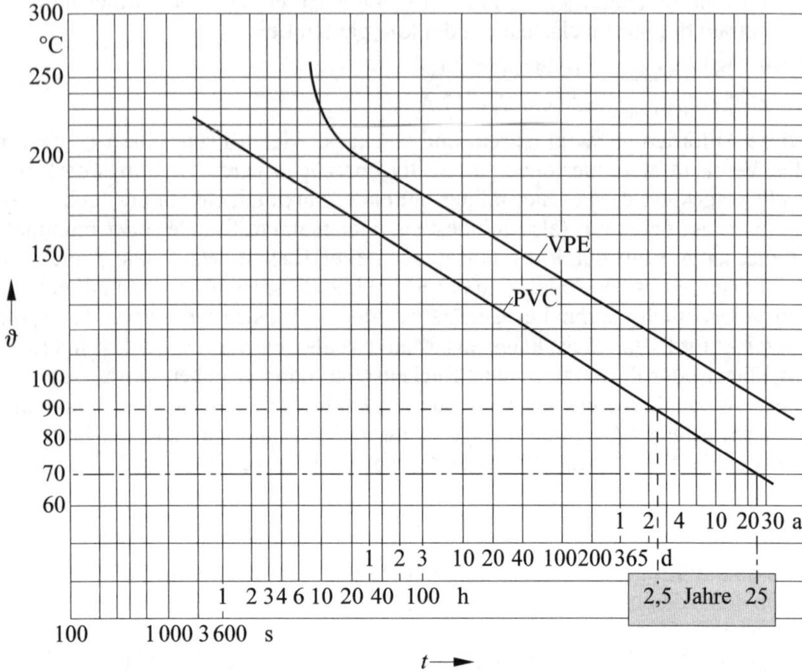

Bild 3.1 Sogenannte „Arrheniuskurve" für die Lebensdauer von Kabel- und Leitungsisolationen nach DIN EN 60898-1 Bbl 1 (**VDE 0641-11 Bbl 1**), Bild 5
Für eine PVC-Isolation kann bei einer andauernden Betriebstemperatur von 70 °C eine Lebensdauer von etwa 25 Jahren veranschlagt werden. Erhöht sich die Betriebstemperatur dauerhaft um 20 K, so reduziert sich die Lebensdauer auf 2,5 Jahre

Mit anderen Worten: Die in den entsprechenden Strombelastbarkeitstabellen angegebenen Werte für Kabeln und Leitungen geben an, wie hoch die Dauerstrombelastung unter zuvor festgelegten Verlege- und Betriebsbedingungen sein darf, ohne dass dabei die Isolation des Kabels (die Leitung) auf höhere Temperaturen als die zulässige Betriebstemperatur erwärmt wird.

Mithilfe dieser Strombelastbarkeitstabellen können auf diese Weise die Querschnitte der Kabel und Leitungen (siehe die erste Spalte in Tabelle 3.3 dieses Buchs) sowie die Nennströme der Überstrom-Schutzeinrichtungen festgelegt werden.

Allerdings darf man bei dieser Vorgehensweise nie vergessen, dass die Werte in den Tabellen in Laboratorien bei zuvor festgelegten Verlege- und Betriebsbedingungen ermittelt wurden. Wie schon im vorherigen Kapitel 3.1.2.2.1 angegeben, sind zwei ganz wesentliche Bedingungen beispielsweise direkt im Kopf der Strombelastbarkeitstabelle angegeben. So liest man beispielsweise in Tabelle 3.3 dieses Buchs die Bemerkung, dass die angegebenen Werte für eine vom Hersteller festgelegte Betriebstemperatur von maximal 70 °C und einer Umgebungstemperatur von 25 °C gelten. Darüber hinaus liegen den Tabellenwerten noch weitere Verlege- und Betriebsbedingungen zugrunde. Hier die komplette Liste:

- Umgebungstemperatur (in Deutschland 25 °C)
- maximale Betriebstemperatur des Kabels/der Leitung (z. B. 70 °C für typische PVC-isolierte Kabel und Leitungen, wie NYY oder NYM)
- einzeln verlegtes Kabel (Leitung) – also keine Häufung bzw. keine parallel verlegten und belasteten Kabel und Leitungen
- Anzahl der strombelasteten Adern des betrachteten Stromkreises bzw. des mehradrigen Kabels (Leitung) – üblicherweise zwei oder drei belastete Adern
- keine Oberschwingungsbelastung

Die Werte der Strombelastbarkeit in den erwähnten Tabellen gelten ausschließlich nur unter den in der Tabelle vorgegebenen Bedingungen. Der Planer muss nun entscheiden, ob diese Bedingungen mit der konkreten Situation in der zu planenden elektrischen Anlage übereinstimmen. Ist das nicht der Fall, muss die Strombelastbarkeit erst aus den Tabellenwerten berechnet werden. Deshalb muss man bei der Strombelastbarkeit klar zwischen folgenden Werten unterscheidet:

- $\boldsymbol{I_r}$ Strombelastbarkeit bei vereinbarten Verlege- und Betriebsbedingungen – auch **Bemessungswert** genannt (dies ist im Grunde nur ein **rein theoretischer Tabellenwert**),
- $\boldsymbol{I_Z}$ Strombelastbarkeit bei den tatsächlichen Verlege- und Betriebsbedingungen; dies ist der tatsächliche **Strombelastbarkeitswert** des gewählten Kabels (Leitung) bei den realen Bedingungen in der elektrischen Anlage.

In einer Strombelastbarkeitstabelle findet man aus diesem Grund genau genommen stets den Bemessungswert I_r. Ob dieser Wert für den Planer zugleich den Strombelastbarkeitswert I_Z darstellt, muss er von Fall zu Fall entscheiden.

Stimmen die realen Bedingungen in der elektrischen Anlage mit den zuvor erwähnten Voraussetzungen der Tabellenwerte überein, kann man von einem „Idealfall“ sprechen. Nur bei einer Planung für den Idealfall findet man in der Tabelle den Wert für die tatsächliche Strombelastbarkeit, und es gilt folgende Aussage:

$\boldsymbol{I_r = I_Z}$ (bei einer Planung für den Idealfall)

Weichen die realen Bedingungen von den Bedingungen der Tabelle ab, muss die Strombelastbarkeit aus den Bemessungswerten der Tabelle errechnet werden.

Zulässige Betriebstemperatur am Leiter	70 °C							
Umgebungstemperatur	25 °C							
Verlegeart[a] (Referenzverlegeart)	A1		A2		B1		B2	
	Verlegung in wärmegedämmten Wänden				Verlegung in Elektro-Installationsrohren			
	Aderleitungen im Elektro- Installationsrohr in einer wärmegedämmten Wand		Mehradrige Kabel oder mehradrige ummantelte Installationsleitungen in einem Elektro-Installationsrohr in einer wärmegedämmten Wand		Aderleitungen im Elektro-Installationsrohr auf einer Wand		Mehradrige Kabel oder mehradrige ummantelte Installationsleitungen in einem Elektro- Installationsrohr auf einer Wand	

Anzahl der belasteten Adern	2	3	2	3	2	3	2	3
Nennquerschnitt, Kupferleiter mm^2	Belastbarkeit A							
1,5	16,5[b]	14,5	16,5[b]	14,0	18,5	16,5	17,5	16,0
2,5	21	19,0	19,5	18,5	25	22	24	21
4	28	25	27	24	34	30	32	29
6	36	33	34	31	43	38	40	36
10	49	45	46	41	60	53	55	49
10	–	–	–	–	–	–	–	50[c]
16	65	59	60	55	81	72	73	66
25	85	77	80	72	107	94	95	85
35	105	94	98	88	133	117	118	105
50	126	114	117	105	160	142	141	125
70	160	144	147	133	204	181	178	158
95	193	174	177	159	246	219	213	190
120	223	199	204	182	285	253	246	218
150	254	229	232	208	318	278	273	239
185	289	260	263	236	361	314	312	270
240	339	303	308	277	424	367	365	315
300	389	348	354	316	485	418	418	359
Belastbarkeit nach HD 60364-5-52 (Tabelle/ Spalte)	B.52.2/2	B.52.4/2	B.52.2/3	B.52.4/3	B.52.2/4	B.52.4/4	B.52.2/5	B.52.4/5
	jeweils multipliziert mit dem Faktor 1,06							
Umrechnungsfaktoren für								
• abweichende Umgebungstemperatur • Häufung • Verlegung unter der Decke • vieladrige Kabel oder Leitungen	Siehe Anhang C							
[a]Weitere Verlegearten siehe Tabelle 2. [b]Siehe Anhang C. [c]Gilt nicht für Verlegung auf einer Holzwand; siehe Anhang C.								

Tabelle 3.3 Strombelastbarkeitswerte für Kabel und Leitungen bei fester Verlegung in Gebäuden ohne Häufung; Betriebstemperatur 70 °C; Umgebungstemperatur 25 °C (ohne Verlegeart D – Verlegung in Erde)
(Quelle: DIN VDE 0298-4)

Betriebstemperatur am Leiter	70 °C								
Umgebungstemperatur	25 °C								
Verlegeart (Referenzverlegeart)[b]	C		E		F			G	
	Verlegung auf einer Wand		Verlegung frei in Luft						
	Ein- oder mehradrige Kabel oder ein- oder mehradrige ummantelte Installationsleitungen		Mehradrige Kabel oder mehradrige ummantelte Installationsleitungen mit Abstand von mindestens 0,3 × Durchmesser D zur Wand		Einadrige Kabel oder einadrige ummantelte Installationsleitungen mit Abstand von mindestens 1 × Durchmesser D zur Wand				
					mit Berührung			mit Abstand D	
					oder	oder		horizontal	vertikal
Anzahl der belasteten Adern	2	3	2	3	2	3			
Nennquerschnitt, Kupferleiter mm²	Belastbarkeit A								
1,5	21	18,5	23	19,5	–	–	–	–	–
2,5	29	25	32	27	–	–	–	–	–
4	38	34	42	36	–	–	–	–	–
4	–	35c	–	–	–	–	–	–	–
6	49	43	54	46	–	–	–	–	–
10	67	60	74	64	–	–	–	–	–
10	–	63c	–	–	–	–	–	–	–
16	90	81	100	85	–	–	–	–	–
25	119	102	126	107	139	121	117	155	138
35	146	126	157	134	172	152	145	192	172
50	178	153	191	162	208	184	177	232	209
70	226	195	246	208	266	239	229	298	269
95	273	236	299	252	322	292	280	361	330
120	317	275	348	293	373	340	326	420	384
150	365	317	402	338	430	394	377	483	444
185	416	361	460	386	491	453	434	552	509
240	489	427	545	456	579	537	514	652	603
300	562	492	629	527	667	622	595	752	699
400	–	–	–	–	799	730	695	903	843
500	–	–	–	–	920	836	794	1 041	975
630	–	–	–	–	1 065	959	906	1 206	1 134
Belastbarkeit nach HD 50364-5-52 (Tabelle/Spalte)	B 52.2/6	B.52.4/6	B.52.10/2	B.52.10/3	B.52.10/4	B.52.10/6	B.52.10/5	B.52.10/7	B.52.10/8
	jeweils multipliziert mit dem Faktor 1,06								
Umrechnungsfaktoren für									
• abweichende Umgebungstemperatur • Häufung • Verlegung unter der Decke • vieladrige Kabel oder Leitungen	Siehe Anhang C								

[a]Bei Kabeln mit konzentrischem Leiter gilt die Belastbarkeit nur für mehradrige Ausführungen. Weitere Belastbarkeiten für Kabel siehe auch DIN VDE 0276-603 (VDE 0276-603):2010-03, Teil 3-G, Tabelle 15. [b]Weitere Verlegearten siehe Tabelle 9. [c]Gilt nicht für Verlegung auf einer Holzwand; siehe Anhang C.

Tabelle 3.3 (Fortsetzung) Strombelastbarkeitswerte für Kabel und Leitungen bei fester Verlegung in Gebäuden ohne Häufung; Betriebstemperatur 70 °C; Umgebungstemperatur 25 °C (ohne Verlegeart D – Verlegung in Erde) (Quelle: DIN VDE 0298-4)

3.1.2.4 Zwei Planungsbedingungen nach DIN VDE 0100-430

Wenn der Betriebsstrom bekannt ist, kann mit dem Strombelastbarkeitswert, der aus der entsprechenden Tabelle (im „Idealfall") entnommen oder der aus dem Tabellenwert berechnet wird, ein geeigneter Leiterquerschnitt und eine entsprechende Überstrom-Schutzeinrichtung ausgewählt werden. Folgende Überlegungen liegen nach DIN VDE 0100-430 hierfür zugrunde:

(1) Die Strombelastbarkeit I_Z des Kabels (der Leitung) muss selbstverständlich mindestens so groß sein wie der zu erwartende Betriebsstrom:

$I_Z \geq I_b$

(2) Eine vorgeschaltete Überstrom-Schutzeinrichtung kann das Kabel (die Leitung) nur schützen, wenn deren Nennstromstärke I_n höchstens so groß ist wie die Strombelastbarkeit I_Z des Kabels (der Leitung):

$I_n \leq I_Z$

(3) Diese Überstrom-Schutzeinrichtung muss den Betriebsstrom sicher führen können. Dies setzt voraus, dass ihre Nennstromstärke I_n mindestens so groß ist wie der Betriebsstrom:

$I_n \geq I_b$

Zusammengefasst als mathematische Bedingung nach DIN VDE 0100-430 heißt das:

$$I_b \leq I_n \leq I_Z \tag{1}$$

Dabei gilt:

I_b Betriebsstrom (des angeschlossenen Verbrauchers)
I_n Nennstrom der Überstrom-Schutzeinrichtung
I_Z Strombelastbarkeit der Leitung für eine vorgegebene Verlegeart

Doch reicht diese Überlegung noch nicht ganz. Es ist bekannt, dass eine Überstrom-Schutzeinrichtung im „Überlastbereich" mit steigender Stromstärke immer schneller abschaltet. Umgekehrt bedeutet dies zugleich, dass kleinere Überströme zu einem deutlich späteren Zeitpunkt abgeschaltet werden als vergleichsweise höhere Überströme.

Wenn die Auswahl des Leiterquerschnitts und des Nennstroms der Überstrom-Schutzeinrichtung korrekt getroffen wurde, werden größere Überströme nach Formel (1) sicher abgeschaltet. Kleinere Überströme hingegen können gefährliche Zustände hervorrufen, denn unter Umständen löst die vorgeschaltete Überstrom-Schutzeinrichtung erst dann aus, wenn die Isolierung des Kabels bzw. der Leitung bereits vorgeschädigt wurde. Kleine Überlastströme sind also aus der Sicht der Sach- und Brandschadenverhütung durchaus gefährlicher als hohe Überlastströme.

Vermeiden könnte man diese Gefahr beispielsweise dadurch, dass man den Leitungsquerschnitt größer wählt als notwendig. Dadurch kann in der Formel (1) der rechte Teil wie folgt dargestellt werden:

$$I_n << I_Z$$

Kommt es unter dieser Voraussetzung nämlich zu einem Überstrom, der nur geringfügig über der Strombelastbarkeit I_Z des Kabels (der Leitung) liegt, wird dieser Strom bereits deutlich in einem Bereich der Überlastauslösung der Überstrom-Schutzeinrichtung liegen, der eine frühzeitige Abschaltung gewährleistet. Die Gefahr einer thermischen Überlastung der Isolation wegen einer zu lange andauernden (kleinen) Überlastung würde dadurch weitgehend vermieden.

Für eine wirtschaftlich vernünftige Auslegung wird man jedoch versuchen, den Leitungsquerschnitt nicht höher zu wählen als unbedingt notwendig. Häufig wählt der Planer eine Überstrom-Schutzeinrichtung aus, deren Nennstrom I_n nur wenig unter der Strombelastbarkeit I_Z des Kabels (der Leitung) liegt.

Hier kommt es zum Konflikt zwischen Wirtschaftlichkeit und Sicherheit. Um einen geeigneten Kompromiss zu finden, wurde in den Normen für die Auswahl der Überstrom-Schutzeinrichtung eine zusätzliche Bedingung eingeführt:

$$I_2 \leq 1{,}45 \cdot I_Z \tag{2}$$

Dabei gilt:

I_2 der große Prüfstrom einer Überstrom-Schutzeinrichtung (Erläuterungen folgen im nachfolgenden Text)

1,45 Faktor, der indirekt den Abstand zwischen I_n und I_Z festlegt

Die Bedingung (2) ist die zweite Bedingung zum Überlastschutz nach DIN VDE 0100-430. Sie besagt, dass ein Kabel (eine Leitung) nur dann sicher bei Überlast geschützt ist, wenn die Überstrom-Schutzeinrichtung einen Strom, der 45 % über der Strombelastbarkeit I_Z des zu schützenden Kabels (Leitung) liegt, innerhalb der gleichen Zeit abschalten kann, in der die Überstrom-Schutzeinrichtung den sogenannten großen Prüfstrom abschaltet.

Der große Prüfstrom I_2 ist der Überstrom, der nach einer vereinbarten Prüfzeit die Überstrom-Schutzeinrichtung zur Auslösung bringt. Der kleine Prüfstrom I_1 ist dagegen der Überstrom, bei dem nach derselben Prüfzeit noch keine Auslösung erfolgen darf. Im **Bild 3.2** dieses Buchs wird dies am Beispiel eines LS-Schalters dargestellt. Diese vereinbarte Prüfzeit beträgt bei $I_n \leq 63$ A genau eine Stunde, bei $I_n > 63$ A zwei Stunden, bei $I_n > 160$ A drei Stunden und bei $I_n > 400$ A sogar vier Stunden.

Die Voraussetzung nach Formel (2) ist erfüllt, wenn der große Prüfstrom der Überstrom-Schutzeinrichtung genau 45 % über seinem Nennstrom liegt ($I_2 = 1{,}45 \cdot I_n$).

Denn in diesem Fall darf der Nennstrom I_n maximal genau so groß sein wie die Strombelastbarkeit I_Z des Kabels (der Leitung):

$I_n = I_Z$ (für $I_2 = 1{,}45 \cdot I_n$)

> ***Mathematische Begründung:***
>
> *Für den Fall, dass $I_2 = 1{,}45 \cdot I_n$ ist, gilt Folgendes:*
>
> (a) $I_n \leq I_Z$ → *diese Aussage ist Teil der ersten Bedingung bzw. Formel (1).*
>
> *Die Aussage: $I_2 = 1{,}45 \cdot I_n$ wird nach I_n umgestellt:*
>
> (b) $I_n = \dfrac{I_2}{1{,}45}$
>
> *Setzt man im ersten Ausdruck (a) für I_n den zweiten Ausdruck (b) ein, so ergibt sich nach I_2 umgestellt:*
>
> *$I_2 \leq 1{,}45 \cdot I_Z$ (stimmt mit der Formel (2) überein).*
>
> ***Fazit:***
>
> *Nur wenn der große Prüfstrom I_2 der Überstrom-Schutzeinrichtung kleiner oder höchstens gleich $1{,}45 \cdot I_n$ ist, gibt es bei der Zuordnung des Nennstroms I_n der Überstrom-Schutzeinrichtung zur Strombelastbarkeit der Zuleitungen I_Z nach der ersten oben erwähnten Bedingung – Formel (1) – keine Einschränkungen.*

Trifft dies nicht zu ($I_2 > 1{,}45 \cdot I_n$), muss in der Formel (1) stets ein mehr oder weniger großer Abstand zwischen I_n und I_Z berücksichtigt werden. Formel (1) würde in diesem Fall wie folgt lauten:

$I_b \leq I_n < I_Z$

(Das Gleichheitszeichen im rechten Teil der Formel fällt weg.)

Nach Bild 3.2 dieses Buchs kann formuliert werden:

Wählt man die in der Installationstechnik handelsüblichen LS-Schalter (Typ B, Typ C oder Typ D), ist in der Regel Formel (2) aus DIN VDE 0100-430 automatisch erfüllt und braucht nicht weiter beachtet zu werden.

Während handelsübliche LS-Schalter Typ B, Typ C und Typ D die zuvor erwähnte Bedingung also erfüllen, trifft dies auf übliche Schmelzsicherungen der Betriebsklasse gG nicht automatisch zu. Nach der Herstellernorm für Schmelzsicherungen, DIN EN 60269-1 (**VDE 0636-1**), gilt für den großen Prüfstrom (dort als I_f bezeichnet):

$I_2 = 1{,}6 \cdot I_n$

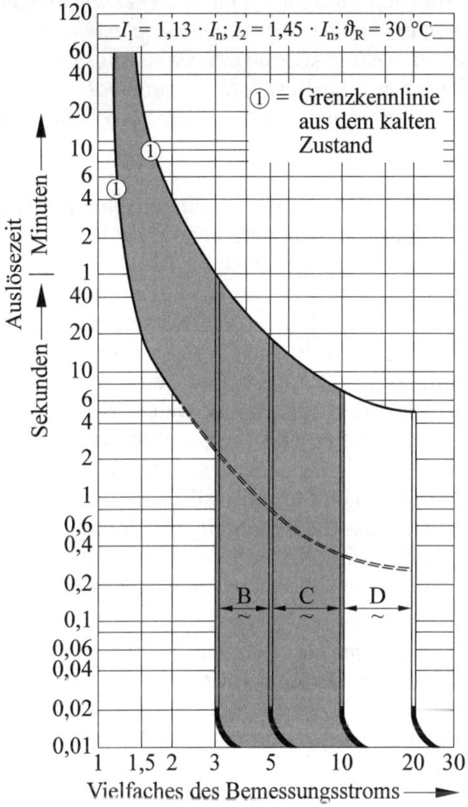

Bild 3.2 Auslösekennlinien bei typischen Leitungsschutzschaltern. Im oberen Bereich wird bei einer Auslösezeit von 60 min der kleine Prüfstrom I_1 sowie der große Prüfstrom I_2 angegeben (Quelle: Technische Informationen der Firma ABB STOTZ-KONTAKT GmbH)

Die Forderung der Formel (2) nach DIN VDE 0100-430 wäre damit nicht erfüllt. Um diesen Nachteil zu beseitigen, hat man eine zusätzliche Prüfung eingeführt, die nach Ansicht der Hersteller eine praxisgerechte Prüfbedingung widerspiegelt. Diese Zusatzprüfung wird in VDE 0636-1, Abschnitt 8.4.3.5 beschrieben. Dort heißt es wörtlich:

„Um nachzuweisen, dass Sicherungseinsätze die Kabel und Leitungen gegen Überlast schützen können, wird ein Sicherungseinsatz folgender konventionellen Prüfung unterzogen:

Der Sicherungseinsatz wird in seinen zugehörigen Sicherungshalter oder in ein geeignetes Prüf-Sicherungsunterteil nach 8.4.1 eingesetzt, jedoch mit PVC-isolierten

Kupferleitern mit Querschnitten nach Tabelle 19 ausgerüstet. Die Sicherung und der angeschlossene Leiter werden vorgeheizt, indem sie während einer Zeit entsprechend der konventionellen Prüfdauer mit dem Bemessungsstrom des Sicherungseinsatzes belastet werden. Der Prüfstrom wird dann auf den Wert 1,45 · I_Z angehoben (I_Z ist in Tabelle 19 angegeben). Der Sicherungseinsatz muss in einer Zeit ausschalten, die kleiner als die konventionelle Prüfdauer ist.“

Bei dieser Zusatzprüfung wird die Schmelzsicherung also im eingebauten Zustand geprüft. Weil bei der ursprünglichen Prüfung die Sicherung ohne umgebendes Gehäuse geprüft wird, hielt man diese Zusatzprüfung für notwendig. Mit dieser zusätzlichen Prüfung sollte nachgewiesen werden, dass auch die Bedingung der Formel (2) für Schmelzsicherungen erfüllt wird. Allerdings fällt bei der Beschreibung dieser Prüfung auf, dass der Prüfstrom dem 1,45-fachen Wert von I_Z entsprechen soll. Weil sich I_Z allerdings erst nach Berücksichtigung aller Verlege- und Betriebsbedingungen ergibt, muss gefragt werden, für welche Verlegeart und für welche Stromkreise diese Zusatzprüfung gilt? Die Antwort liefert die in VDE 0636-1, Abschnitt 8.4.3.5 erwähnte Tabelle 19. Dort werden die Werte für I_Z angegeben. Wenn man diese Werte betrachtet und mit den Werten der üblichen Strombelastbarkeitstabellen aus DIN VDE 0298-4 vergleicht, wird deutlich, dass die Bedingung der Formel (2) nur bei einphasigen Wechselstromkreisen erfüllt wird, die nach Verlegeart C errichtet wurden und bei denen keine Häufung oder keine höhere Umgebungstemperatur als 30 °C erwartet wird.

Probleme gibt es daher, wenn Schmelzsicherungen als Überstrom-Schutzeinrichtung gewählt werden und eines der nachfolgenden Kriterien zutrifft:

- es handelt sich um einen Drehstromkreis oder
- es liegt eine andere Verlegearte als Verlegeart C vor oder
- es müssen zusätzliche belastete Leiter, die parallel verlegt werden (Häufung), berücksichtigt werden oder
- die Leiter verlaufen innerhalb von Orten mit höherer Umgebungstemperatur als 30 °C.

Trifft eines der vorgenannten Kriterien zu, muss der Abstand zwischen I_n und I_Z aus dem rechten Teil der Formel (1) berechnet werden:

$$I_n \leq 1{,}45 \cdot \frac{I_Z}{x} \qquad (3)$$

Umgestellt nach I_Z ergibt sich:

$$I_Z \geq I_n \cdot \frac{x}{1{,}45}$$

Das „x“ in Formel (3) ist ein Faktor, der angibt, wieviel größer bei dieser Überstrom-Schutzeinrichtung der große Prüfstrom I_2 ist als der Nennstrom I_n ($I_2 = x \cdot I_n$).

Beispiel:

Für eine Überstrom-Schutzeinrichtung ist angegeben: $I_2 = 1{,}6 \cdot I_n$.

Hierbei ist also $x = 1{,}6$.

Der Nennstrom I_n der Überstrom-Schutzeinrichtung darf also in keinem Fall genau so groß gewählt werden wie die Strombelastbarkeit I_Z des Kabels (der Leitung). Die Frage ist nun, wie groß der Abstand zwischen I_n und I_Z gewählt werden muss?

Nach Formel (3) kann gesagt werden: $I_n \leq 1{,}45 \cdot \frac{I_Z}{1{,}6} = 0{,}9 \cdot I_Z$

Der Nennstrom der Überstrom-Schutzeinrichtung darf in diesem Beispiel nur maximal 90 % der Strombelastbarkeit I_Z des Kabels (der Leitung) betragen.

Die Zusammenhänge werden in symbolischer Form im **Bild 3.3** dieses Buchs verdeutlicht:

Der im Bild 3.3 dargestellte Zeiger kann mit seiner Nadel (I_n) nach links und rechts gedreht werden. Nach links wird sein Weg jedoch durch den linken Anschlag begrenzt. Die Nadel (I_n) zeigt dann: $I_n = I_b$. Das wäre nach Formel (1) erlaubt.

Nach rechts wird die Drehung des Zeigers begrenzt durch eine am Zeiger befestigte Anschlagfahne sowie den rechten Anschlag. Wenn die Anschlagfahne die Länge $0{,}45 \cdot I_n$ hat und die Nadel nach rechts gedreht wird, bis die Anschlagfahne an den rechten Anschlag fährt, steht die Nadel (I_n) auf den Punkt I_Z. In diesem Fall würde die Nadel $I_n = I_Z$ zeigen. Auch das wäre nach Formel (1) erlaubt.

Ist die Anschlussfahne jedoch länger als $0{,}45 \cdot I_n$, wird sie auf den rechten Anschlag stoßen, noch bevor die Nadel (I_n) beim Punkt I_Z angelangt ist. Für diesen Fall gilt dauerhaft folgende Voraussetzung:

$$I_n < I_Z$$

Beispiel:

Drehstromverbraucher mit $P = 50$ kW; $\cos \varphi = 1$

Zuleitung in Verlegeart C, ohne Häufung und bei Umgebungstemperatur 25 °C

$$I_b = \frac{50000 \text{ VA}}{\sqrt{3} \cdot 400 \text{ V}} = 72 \text{ A}$$

Gewählte Leitung – nach Strombelastbarkeitstabelle : **NYM-J 5×16 mm²**

Diese Leitung wird in der Tabelle 3.3 dieses Buchs mit $I_r = 81$ A angegeben.

Gewählte Sicherung: NH-Sicherung mit $\boldsymbol{I_n = 80}$ **A**

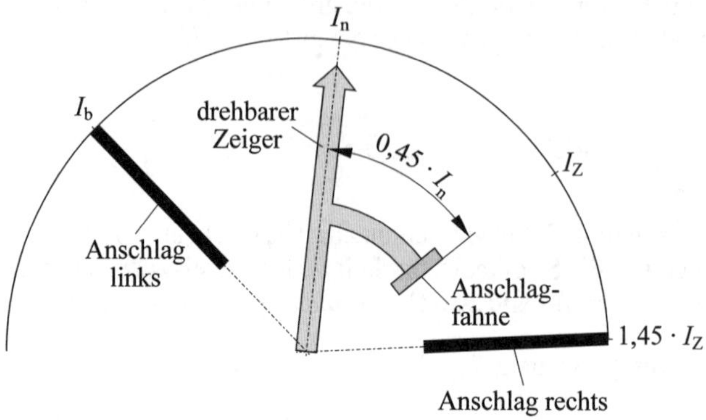

Bild 3.3 Symbolische Darstellung der beiden Bedingungen zum Überlastschutz
Der Zeiger kann nach links und nach rechts gedreht werden. Die Anschlagfahne des Zeigers, dessen Nadel den Strom I_n darstellt, hat die Länge: $0{,}45 \cdot I_n$. Bei einer größeren Länge kann die Nadel (I_n) nicht bis an I_Z heran. Nach links gibt es keine Anschlagfahne, deshalb kann der Zeiger (I_n) bis zum Punkt I_b wandern.

I_b linker Anschlag bzw. Betriebsstrom
I_n Nadel des beweglichen Zeigers bzw. Nennstrom der Überstrom-Schutzeinrichtung
I_z Strombelastbarkeit des Kabels bzw. der Leitung
$1{,}45 \cdot I_Z$ rechter Anschlag bzw. Strom, den das Kabel bzw. die Leitung über die konventionelle Prüfzeit aushält
$0{,}45 \cdot I_n$ Länge der Anschlussfahne bzw. Strom, der die Überstrom-Schutzeinrichtung in der konventionellen Prüfzeit zur Auslösung bringt

Probe: 72 A ≤ 80 A ≤ 81 A

Scheint zu passen – allerdings muss bei Schmelzsicherungen die Formel (3) berücksichtigt werden:

$$I_n \leq 1{,}45 \cdot \frac{I_Z}{1{,}6} = \frac{1{,}45}{1{,}6} \cdot 81\ \text{A} = 0{,}9 \cdot 81\ \text{A} \Rightarrow I_n \leq 73\ \text{A}$$

Mit dieser Bedingung stellt sich die Wahl als falsch heraus, weil die Bedingung $I_n \leq 73$ A bei der Sicherung mit $I_n = 80$ A nicht erfüllt wird.

⇒ Leiterquerschnitt muss eine Stufe größer gewählt werden.

Gewählt wird neu: **NYM-J 5×25**

Diese Leitung wird in der Tabelle mit $I_r = 102$ A angegeben.

In Formel (3) eingesetzt, ergibt sich:

$$I_n \leq 1{,}45 \cdot \frac{I_Z}{1{,}6} = 0{,}9 \cdot 102\ \text{A} = 92\ \text{A}$$

Die Sicherung mit $\boldsymbol{I_n \leq 80}$ **A** kann gewählt werden, weil gilt: 80 A ≤ 92 A
Probe: 72 A ≤ 80 A ≤ 102 A (in Ordnung)

3.1.2.5 Wichtige Hinweise für eine Vermeidung von Überlastungen

3.1.2.5.1 Überlastschutz und die Anzahl von Steckdosen und Steckdosenstromkreisen

Werden bei der Planung Steckdosenstromkreise aus Kostengründen eingespart, besteht die Gefahr, dass die vorhandenen Stromkreise unverhältnismäßig belastet werden. Entweder werden sie durch den Betreiber erweitert, indem zusätzliche Steckdosen installiert werden, oder der Betreiber behilft sich mit Mehrfachsteckdosen. Folgende Gefahren können entstehen (siehe hierzu auch Kapitel 2.2.2.9 dieses Buchs):

- Der vorhandene Stromkreis wird durch die an den Steckdosen betriebenen Verbrauchsmittel überlastet. Wenn diese Überlast auf Dauer unter 45 % liegt, ist eine Abschaltung auf unbestimmte Zeit nicht gewährleistet (siehe im vorherigen Kapitel 3.1.2.4) und damit eine gefahrdrohende Beschädigung der Isolation wahrscheinlich.
- Bei einer Häufung solcher überlasteten Stromkreise können durchaus auch thermisch bedenkliche Zustände in der zugehörigen Verteilung entstehen.
- Werden wegen einer zu geringen Anzahl von Steckdosen oder Steckdosenstromkreise Mehrfachsteckdosen verwendet, besteht die Gefahr, dass diese überlastet und zur Brandgefahr werden.

Auch eine zu geringe Anzahl von Steckdosen kann auf Dauer eine Gefährdung hervorrufen. Dadurch wird eine unverhältnismäßig hohe Nutzung von Mehrfachsteckdosen und Verlängerungen provoziert. Die Folgen sind die gleichen wie bei der zu geringen Anzahl von Steckdosenstromkreisen: In jedem Fall wird ein zunehmend größerer Strom über die vorhandenen Kabel und Leitungen fließen, der bei der Planung so nicht vorausgesetzt wurde, und die speisende Verteilung wird möglicherweise durch zu viele überlastete Stromkreise zusätzlich thermisch beansprucht.

3.1.2.5.2 Abstand zwischen Nennstrom der Überstrom-Schutzeinrichtung und Betriebsstrom

Der Abstand zwischen den Werten I_n und I_Z wird bestimmt durch die 2. Anforderung aus DIN VDE 0100-430 (das ist Formel (2) dieses Buchs). Allerdings gibt es gute Gründe, auch den Abstand zwischen dem Nennstrom I_n und dem Betriebsstrom I_b genauer zu betrachten. Hierbei geht es also um den linken Teil der ersten Anforderung aus DIN VDE 0100-430 (Formel (1) dieses Buchs).

Im Bild 3.2 dieses Buchs kann man für LS-Schalter bei der konventionellen Prüfzeit (im Bild 3.2 bei 60 min) nicht nur den großen Prüfstrom I_2, sondern auch den kleinen Prüfstrom I_1 ablesen. Dieser liegt nach Herstellernorm für LS-Schalter 13 % über dessen Nennstrom.

Beispiel: Bei einem LS-Schalter mit $I_n = 16$ A wäre $I_1 = 18{,}1$ A.

Der kleine Prüfstrom gibt einen Überstrom an, den eine Überstrom-Schutzeinrichtung bis zur konventionellen Prüfzeit führen muss, ohne auszulösen. Das heißt aber auch, dass bei höheren Strömen eine Abschaltung stattfinden kann, wobei die Zeit, in der diese Abschaltung stattfinden würde, nur schwer zu bestimmen ist. Sie hängt davon ab, wo genau der Hersteller die Abschaltung seines Produkts zwischen I_1 und I_2 vorgesehen hat. Wichtig ist nur, dass bei Strömen oberhalb des kleinen Prüfstroms I_1 eine Abschaltung möglich ist.

Die Prüfung von LS-Schaltern findet bei einer festgelegten Temperatur (in der Regel sind dies 20 °C bis 25 °C) im Prüflabor statt. Die Schalter werden jedoch in Verteilungen untergebracht, die durchaus Temperaturen im Inneren zwischen 35 °C bis 55 °C aufweisen können. Dazu kommt, dass bei Häufungen von LS-Schaltern auf der Hutschiene höhere Temperaturen im Inneren des Schalters entstehen können. Bei geringem Abstand zwischen I_n und I_1 besteht deshalb die Gefahr, dass durch eine gewisse Temperaturdrift (*Derating*) die Auslöseschwelle I_1 unter den Wert des Betriebsstroms I_b fällt. In diesem Fall wäre eine ungewollte Abschaltung nicht auszuschließen.

In den technischen Beschreibungen der Firma ABB heißt es bezüglich der Auslösung von LS-Schaltern:

„*Die thermischen Auslöser sind auf eine Nenn-Bezugsumgebungstemperatur eingestellt; diese beträgt für Z und K gleich 20 °C, für B und C gleich 30 °C. Bei höheren Umgebungstemperaturen erniedrigen sich die angegebenen Stromwerte um etwa 6 % je 10 °C Temperaturdifferenz.*“

Und in den Unterlagen der Firma Schneider-Electronic heißt es:

„*Wenn mehrere gleichzeitig betriebene Geräte nebeneinander in einem kleinen Gehäuse installiert werden, führt der Temperaturanstieg innerhalb des Gehäuses zu einer Verringerung des zulässigen Betriebsstroms. Der Nennstrom muss dann mit einem Reduktionsfaktor von 0,8 multipliziert werden (Nennstrom wurde gegebenenfalls bereits einem Derating unterzogen, abhängig von der Umgebungstemperatur).*“

Beim angegebenen Faktor von 0,8 wurde bereits eine Umgebungstemperatur im Verteiler von 50 °C vorausgesetzt. Insgesamt gesehen liegen die Angaben für einen geeigneten Abstand zwischen I_b und I_n – wenn eine höhere Umgebungstemperatur im

Verteiler berücksichtigt werden soll und eine Häufung von belasteten LS-Schaltern vorausgesetzt werden muss – bei den meisten Herstellern zwischen 0,75 und 0,9. Bei einem LS-Schalter mit I_n = 16 A sollte der Betriebsstrom nicht höher liegen als 14,4 A (beim Faktor 0,9) bzw. 12,8 A (beim Faktor 0,8).

In den technischen Unterlagen der Firma ABB zum LS-Schalter wird die Reduzierung in Form einer Tabelle angegeben (**Bild 3.4** dieses Buchs).

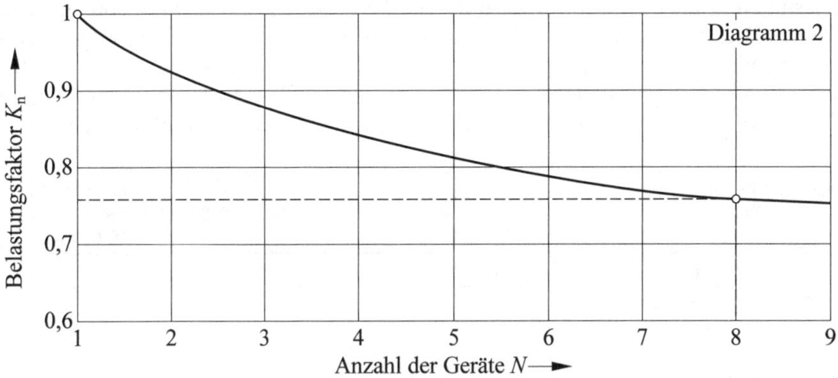

Bild 3.4 Diagramm zur Ermittlung des Belastungsfaktors (Reduktionsfaktors) für dauerbelastete LS-Schalter, die ohne Abstand auf der Hutschiene montiert wurden. Das angegebene Beispiel zeigt, dass bei acht LS-Schaltern ein Faktor von etwa 0,77 zu berücksichtigen ist. Für einen Schalter mit I_n = 16 A dürfte der Betriebsstrom deshalb den Wert I_b = 12,3 A nicht überschreiten.
(Quelle: Technische Daten zum LS-Schalter, ABB)

3.1.2.6 Planung beim sogenannten Idealfall

Bei der Planung im Idealfall geht man davon aus, dass alle in der jeweiligen Strombelastungstabelle angegebenen Bedingungen (Verlege- und Betriebsbedingungen, siehe Kapitel 3.1.2.2.1 dieses Buchs) für die konkrete Verlegung in der elektrischen Anlage zutreffen. Im Wesentlichen sind das:

- Kabel und Leitungen werden stets nur für sich betrachtet (keine Häufung) (parallel verlegte und belastete Kabel (Leitungen) kommen nicht vor),
- die Umgebungstemperatur weicht nicht wesentlich und dauerhaft von der in der Tabelle genannten Temperatur ab (in Deutschland 25 °C),
- es sind nicht mehr als drei Adern im betrachteten Stromkreis strombelastet,
- die Oberschwingungsbelastung ist vernachlässigbar (in der Regel sind Reduzierungen durch Oberschwingungsbelastungen ohnehin nur in Verteilerstromkreisen notwendig).

Stimmen alle diese Voraussetzungen mit den tatsächlichen Verlege- und Betriebsbedingungen überein, kann der Bemessungswert I_r in der Strombelastbarkeitstabelle (z. B. Tabelle 3.3 dieses Buchs) mit der tatsächlichen Strombelastbarkeit I_Z der aktiven Leiter im betrachteten Stromkreis gleichgesetzt werden ($I_r = I_Z$).

Planungsschritte in Einzelnen

Um einen geeigneten Leiterquerschnitt finden zu können, benötigt man aus der Strombelastbarkeitstabelle (beispielsweise Tabelle 3.3 dieses Buchs) einen entsprechenden Wert I_r. Dieser Wert muss selbstverständlich größer sein als der zu erwartende Betriebsstrom I_b. Damit wird zugleich der Leiterquerschnitt S (siehe die Spalte 1 in Tabelle 3.3 dieses Buchs) und indirekt der Nennstrom der Überstrom-Schutzeinrichtung I_n festgelegt. **Tabelle 3.4** zeigt die Planungsschritte für den Idealfall im Einzelnen.

Schritt	Beschreibung	Tabelle in diesem Buch	Tabelle in den Normen (DIN VDE 0298-4)
1	Der Betriebsstrom I_b wird ermittelt		
2	Die Verlegeart wird bestimmt	3.3	3 – 6 A1 und A2 9
3	In Tabelle 3.3 dieses Buchs findet man bei der entsprechenden Verlegeart und der richtigen Anzahl der belasteten Adern den Wert für die Strombelastbarkeit $I_Z = I_r$, wobei immer gilt: $I_r > I_b$	3.3	3 – 6 A1 und A2
4	Links von I_r in der ersten Spalte der Tabelle findet man den notwendigen Leitungsquerschnitt	3.3	3 – 6 A1 und A2
5	Der Nennstrom der Überstrom-Schutzeinrichtung kann ermittelt werden, wobei immer gilt: $I_b \leq I_n \leq I_Z$ Der zuvor ermittelte Wert für I_r muss eventuell korrigiert werden, wenn kein I_n-Wert zwischen I_Z und I_b passt. Außerdem muss die zweite Bedingung aus DIN VDE 0100-430 ($I_2 \leq 1{,}45 \cdot I_Z$) erfüllt werden (bei LS-Schalter Typ B, Typ C und Typ D ist dies pauschal der Fall – siehe Kapitel 3.1.2.4 dieses Buchs)		

Tabelle 3.4 Die fünf Planungsschritte für den Idealfall

3.1.2.7 Planungsschritte mit Berücksichtigung der übrigen Voraussetzungen

3.1.2.7.1 Abgrenzung zur Planung nach dem Idealfall

In der Praxis kommen zahlreiche Fälle vor, bei denen man nicht mehr davon ausgehen kann, dass die Verlege- und Betriebsbedingungen, die den Strombelastbarkeitstabellen zugrunde liegen, auch bei der konkreten Anlagensituation vorausgesetzt werden können. Besonders bei elektrischen Anlagen in Gewerbe und Industrie dürfen stets vorhandene Kabelhäufungen nicht unberücksichtigt bleiben. Es kommt auch vor, dass z. B. durch produktionsbedingte Wärmeentwicklungen in industriell genutzten Betriebsstätten von höheren Umgebungstemperaturen als 25 °C ausgegangen werden muss.

Im privaten Wohnungsbau sind die Verhältnisse in den allermeisten Fällen unkritisch. Immerhin ist es bei typischen Isolierstoffen (z. B. bei NYM) laut Herstellerangaben (bzw. nach Angaben der entsprechenden Produktnormen) möglich, sie mit einer Betriebstemperatur von 70 °C dauerhaft und konstant zu betreiben. Erfahrungen haben jedoch gezeigt, dass in elektrischen Anlagen in Wohnhäusern die Betriebstemperatur von 70 °C bei den üblichen Mantelleitungen kaum erreicht wird. Meist entsteht eine derartige Extremsituation durch eine unsachgemäße Nutzung der elektrischen Anlage. Beispielsweise werden Überlastungen provoziert, indem Steckdosen oder Steckdosenstromkreise durch die Anwendung von Mehrfachsteckdosen und einem Parallelbetrieb von mehreren leistungsstarken Verbrauchsmitteln (z. B. Waschmaschine und Trockner) mit viel zu hohen Strömen belastet werden (siehe Kapitel 3.1.2.5.1 dieses Buchs).

In der Elektroinstallation im privaten Wohnungsbau und bei Gebäuden mit einer ähnlichen Nutzung, wie Bürogebäude, Arztpraxen, kommen in der Regel Leitungsquerschnitte von mindestens 1,5 mm^2 zum Einsatz, die je nach Verlegeart einen Betriebsstrom 15 A bis 21 A dauernd führen könnten. Verbraucher, die einen Betriebsstrom von 15 A oder 21 A fließen lassen, kommen in diesen Bereichen nicht so häufig vor. Immerhin wäre das bei einphasigen Stromkreisen eine Leitung von 3,5 kW bis 4,8 kW und bei Drehstromkreisen von bis zu 12,8 kW.

Bereits aus diesem Grund kommen im privaten Wohnhausbereich eher selten Belastungen zustande, die die Mantelleitung über längere Zeit auf maximale Betriebstemperatur erwärmen würden. Natürlich gibt es auch in diesen Anwendungsbereichen besonders leistungsstarke Verbrauchsmittel, wie Durchlauferhitzer und Elektroherde, die besonders betrachtet werden müssen. Auch bei den Kabeln und Leitungen für eine vorhandene Photovoltaikanlage (eventuell mit integriertem Batteriespeichersystem) können Kabel und Leitungen möglicherweise dauerhaft mit maximalen Betriebsströmen belastet werden. In solchen Fällen muss der Planer entsprechende Querschnitte mit Berücksichtigung von zusätzlichen Kriterien (z. B. Häufung) bestimmen.

Insgesamt gesehen werden sowohl in privaten Wohnbereichen wie in gewerblichen bzw. industriellen Bereichen Kabel und Leitungen häufig pauschal überdimensioniert. Für Stromkreise mit Betriebsströmen von z. B. über 10 A wird nicht selten von vornherein ein Querschnitt von $S = 2{,}5$ mm^2 gewählt und mit $I_n = 16$ A abgesichert. Überhaupt werden besonders im gewerblichen und industriellen Bereich für Steckdosen separate Stromkreise vorgesehen, die dann pauschal über Leiterquerschnitte mit $S = 2{,}5$ mm^2 versorgt werden. Abgesehen von Fällen, bei denen Überlastungen durch falsche Nutzung provoziert werden, ist dies einer der Gründe, warum relativ wenige Schadenfälle aufgrund von Überlastungen vorkommen, obwohl bei der Planung allzu häufig eine Berücksichtigung der übrigen Parameter unterbleibt, wie sie im Folgenden dargestellt wird.

Die entsprechenden Normen betonen klar, dass sich die Aussagen zur Strombelastbarkeit auf eine maximale Dauerbelastung beziehen, die in der Praxis nicht immer vorliegt. Es handelt sich also bei den Angaben aus den Strombelastbarkeitstabellen in der Regel um typische „Worst-Case-Angaben". Damit entsteht hier ein „planerischer Spielraum", den der Planer verantwortungsvoll nutzen darf, solange er sicher ist, dass sich die aktuellen Parameter in der Zukunft nicht verschärfen.

Eine weitere praxisnahe Hilfe bzw. Erleichterung wird in DIN VDE 0298-4, Abschnitt 5.3.3.2 angegeben. Dort heißt es, dass Kabel und Leitungen bei der Häufung nicht berücksichtigt werden müssen, wenn deren Belastung im Dauerbetrieb geringer ist als 30 % der maximal möglichen Belastung.

Planer und Errichter müssen bei einer Häufung von Kabeln und Leitungen im Grunde immer entscheiden, wie viele der „gehäuften Kabel/Leitungen" über längere Zeit gemeinsam betrieben und dazu relativ voll belastet werden. Bei parallel verlegten Kabeln und Leitungen, die tatsächlich gleichzeitig mit einem hohen Strom belastet werden, muss ein Faktor für die Häufung in jedem Fall berücksichtigt werden. Allerdings gibt es einen subjektiven Spielraum, wenn man festlegen will, über welche Zeit eine gemeinsame Belastung berücksichtigt werden muss.

Grob geschätzt kann gesagt werden, dass bei parallelen Kabeln oder Leitungen gleichzeitige Belastungszeiten über 0,5 h nicht unberücksichtigt bleiben sollten. Auch wenn ein paralleles Kabel oder eine parallele Leitung nicht ständig hoch belastet wird, sollte man ab einer Belastungszeit von 0,5 h, in der die maximale Belastung anfällt, die volle Belastung berücksichtigen.

Wenn allerdings die Zeiten, in denen die parallel verlegten Kabel und Leitungen nicht gemeinsam belastet werden, deutlich länger sind als die Zeiten der gemeinsamen Maximalbelastung, kann davon ausgegangen werden, dass eine bedeutende Abkühlung möglich ist. In diesen Fällen kann der Umrechnungsfaktor (Reduktionsfaktor) etwas höher gewählt werden.

Ähnlich verhält es sich bei einem parallelen Kabel (Leitung), das nicht ständig voll belastet wird. Wenn die Zeiten der Nichtbelastung (oder geringeren Belastung) länger sind als die Zeiten der Maximalbelastung, kann eine Abkühlung vorausgesetzt werden. In diesem Fall darf dieses Kabel (diese Leitung) bei einer möglichen Häufung etwas geringer berücksichtigt werden.

Diese Vorgehensweise enthält einen Spielraum für individuelle Ansichten und ist daher zum Teil subjektiv, sollte aber dennoch nachvollziehbar bleiben, sofern dieser Spielraum genutzt wird. Näheres hierzu ist im nachfolgenden Kapitel 3.1.2.7.3 zu finden.

Wichtig bleibt folgende Schlussfolgerung:

Für sämtliche Fälle, bei denen man *nicht* vom „Idealfall" ausgehen kann, gilt die Gleichsetzung: $I_r = I_Z$ *nicht*.

In diesem Fall muss man sich bewusst machen, dass in der Strombelastbarkeitstabelle (beispielsweise in Tabelle 3.3 dieses Buchs) stets der rein theoretische Strombelastbarkeitswert (Bemessungswert) I_r zu finden ist und nicht die tatsächliche Strombelastbarkeit I_Z. Nur diesen letztgenannten Wert benötigt man bei der Auslegung des Leiterquerschnitts.

Für das Verhältnis zwischen I_r und dem I_Z gilt Folgendes:

$$I_Z = I_r \cdot \Pi f_n \qquad \text{bzw.} \qquad I_r = \frac{I_Z}{\Pi f_n} \tag{4}$$

Πf_n Produkt der zu berücksichtigenden Umrechnungsfaktoren/Reduktionsfaktoren (z. B. für Häufung oder erhöhter Umgebungstemperatur)
(Beispiel: $\Pi f_n = f_1 \cdot f_2$, dabei steht f_1 für erhöhte Umgebungstemperatur und f_2 für Häufung)

I_Z Strombelastbarkeit des Kabels (der Leitung) bei realen Bedingungen (unter Berücksichtigung aller Verlege- und Betriebsbedingungen)

I_r Bemessungswert oder Strombelastbarkeit des Kabels (der Leitung) bei zuvor festgelegten Verlege- und Betriebsbedingungen (Tabellenwert)

Um einen geeigneten Bemessungswert I_r aus der Strombelastbarkeitstabelle entnehmen zu können, muss zunächst ein „Mindestwert" des zu berücksichtigenden Stroms ermittelt werden. An dieser Stelle soll dieser Mindestwert als I_{Min} bezeichnet werden. Er wird lediglich benötigt, um einen geeigneten Wert für I_r in der Tabelle zu finden. Hat man den Wert gefunden, spielt der Mindestwert I_{Min} keine Rolle mehr.

Dieser Mindestwert orientiert sich am Betriebsstrom. Dabei gilt für das Verhältnis zwischen I_b und I_{Min} folgende Gleichung:

$$I_{Min} = \frac{I_b}{\Pi f_n} \tag{5}$$

Beispiel:

Der Betriebsstrom beträgt 13 A. Es sind nur die Umrechnungsfaktoren für eine andere Umgebungstemperatur (f_1) und Häufung (f_2) zu berücksichtigen. Sie werden wie folgt ermittelt:

$f_1 = 0{,}8$ und $f_2 = 0{,}7 \Rightarrow \Pi f_n = 0{,}8 \cdot 0{,}7 = 0{,}56$

$$I_{Min} = \frac{13\ \text{A}}{0{,}56} = 23{,}2\ \text{A}$$

$\Rightarrow$ In der Tabelle muss also ein Wert $I_r > 23{,}2$ A gesucht werden.

3.1.2.7.2 *Umgebungstemperatur (Umrechnungsfaktor f_1)*

Die vom elektrischen Strom erwärmten Leiter müssen in der Lage sein, Ihre Wärme abzuführen. Diese Wärmeabfuhr an die Umgebung funktioniert umso besser, je höher der Temperaturunterschied zwischen dem belasteten Leiter und der Umgebung ist. Das bedeutet: Bei höher werdender Umgebungstemperatur wird dieser Temperaturunterschied kleiner und die Wärmeabfuhr dadurch schlechter. Dies wird mit dem Umrechnungsfaktor f_1 berücksichtigt, der für Umgebungstemperaturen über 25 °C immer kleiner als 1 ist. Mit dem Faktor f_1 wird der in der Strombelastbarkeitstabelle angegebene Bemessungswert I_r reduziert, um die tatsächliche Strombelastbarkeit I_Z errechnen zu können. Faktor f_1 kann der **Tabelle 3.5** dieses Buchs entnommen werden.

Umgebungstemperatur in °C	**Zulässige Betriebstemperatur des Kabels (der Leitung):**		
	60 °C	**70 °C**	**90 °C**
10	1,19	**1,15**	1,11
15	1,13	**1,10**	1,08
20	1,07	**1,06**	1,04
25	**1,00**	**1,00**	**1,00**
30	0,93	**0,94**	0,96
35	0,84	**0,89**	0,92
40	0,76	**0,82**	0,88
45	0,66	**0,75**	0,84
50	0,54	**0,67**	0,79
55	0,38	**0,58**	0,73
60		**0,47**	0,68
65		**0,33**	0,63
70			0,56
75			0,48
80			0,39
85			0,28

Tabelle 3.5 Umrechnungsfaktor f_1 für andere Umgebungstemperaturen als 25 °C. Die Werte gelten für übliche Kabel- und Leitungstypen (z. B. NYM, NYY und NYCWY) mit einer maximalen Betriebstemperatur von 70 °C.

Für den Faktor f_1 gilt, dass man stets vom ungünstigsten Fall ausgehen muss. Verläuft eine Leitung beispielsweise durch mehrere Räume und Bereiche, so ist die höchste Umgebungstemperatur anzusetzen.

3.1.2.7.3 *Häufung (Umrechnungsfaktor f_2)*

Wo belastete Kabel und Leitungen gebündelt verlegt werden, kann nicht davon ausgegangen werden, dass die Wärmeabfuhr von der inneren Kupferader (in dem die Wärme entsteht) über die Isolierung an die Umgebung genauso verläuft, wie bei einem einzelnen Kabel (Leitung). Vielmehr wird diese Wärmeabfuhr durch die benachbarten Kabel und Leitungen beeinflusst, und außerdem wird die Wärmeabfuhr der benachbarten Kabel und Leitungen zu einer zusätzlichen äußeren Wärmequelle für das betrachtete Kabel (Leitung). Ähnlich wie bei der Umgebungstemperatur im vorherigen Kapitel wird auch bei der Häufung dieser Umstand durch einen Umrechnungsfaktor (f_2) berücksichtigt.

DIN VDE 0298-4 hat hierzu entsprechende Tabellen mit Umrechnungsfaktoren eingeführt (z. B. Tabelle 21 in der Norm). In **Tabelle 3.6** und **Tabelle 3.7** dieses Buchs findet man die wichtigsten Umrechnungsfaktoren für Häufung. Zu diesen Tabellen ist Folgendes zu sagen:

- In der ersten Spalte von links in dieser Tabelle findet man die Verlegeart, um die es gehen soll.

  In Tabelle 3.6 dieses Buchs werden in Bildern skizzenhaft die verschiedenen Verlegearten dargestellt. Diese Bilder geben natürlich nicht die Vielfalt der möglichen Verlegearten wieder, sondern unterscheiden nur grob zwischen einer Verlegung im Bündel oder nebeneinander. Bei der Verlegung nebeneinander wird noch unterschieden, ob die Kabel und Leitungen auf der Wand, unter der Decke, auf dem Fußboden sowie mit und ohne Abstand verlegt werden.

  Hier muss sich der Planer für eine entsprechende Zeile entscheiden, die grob der tatsächlichen Verlegeart entspricht.
- In den Spalten rechts daneben wird jeweils für die entsprechende Anzahl der parallel verlegten Kabel und Leitungen – also die zu planende Zuleitung **plus** sämtliche parallel verlaufenden Kabel und Leitungen – der Umrechnungsfaktor f_2 angegeben.

Wichtig ist auch in diesem Fall, dass stets der ungünstigste Fall angenommen werden muss. Werden beispielsweise im Verlauf einer Kabeltrasse andere Leitungen hinzugefügt und andere gehen aus dem Kabelbündel unterwegs nach links oder rechts ab, so ist immer die maximale Anzahl an parallelen Kabeln oder Leitungen zu berücksichtigen.

	Anzahl der mehradrigen Kabel oder Leitungen oder Anzahl der Wechsel- oder Drehstromkreise aus einadrigen Kabeln oder Leitungen (2 bzw. 3 stromführende Leiter)														
	1	**2**	**3**	**4**	**5**	**6**	**7**	**8**	**9**	**10**	**12**	**14**	**16**	**18**	**20**
Verlegeanordnung	**Umrechnungsfaktoren**														
Gebündelt direkt auf der Wand, auf dem Fuß- boden, im Elektro-Installationsrohr oder -kanal, auf oder in der Wand 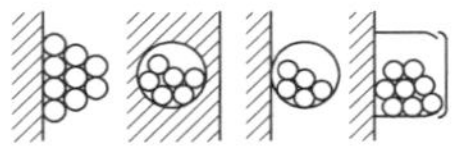	1,00	0,80	0,70	0,65	0,60	0,57	0,54	0,52	0,50	0,48	0,45	0,43	0,41	0,39	0,38
Einlagig auf der Wand oder auf dem Fußboden, mit Berührung 	1,00	0,85	0,79	0,75	0,73	0,72	0,72	0,71	0,70	0,70	0,70	0,70	0,70	0,70	0,70
Einlagig auf der Wand oder auf dem Fuß- boden, mit Zwischenraum gleich dem Außen- durchmesser *d* 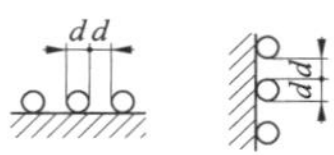	1,00	0,94	0,90	0,90	0,90	0,90	0,90	0,90	0,90	0,90	0,90	0,90	0,90	0,90	0,90
Einlagig unter einer Holzdecke, mit Berührung 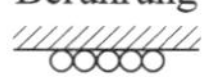	0,95	0,81	0,72	0,68	0,66	0,64	0,63	0,62	0,61	0,61	0,61	0,61	0,61	0,61	0,61

Tabelle 3.6 Umrechnungsfaktor f_2 bei Häufung für die Dimensionierung von Kabeln und Leitungen. Hier: Verlegung im Rohr, auf der Wand, im Kanal u. Ä.
(Quelle: DIN VDE 0298-4, Tabelle 21)

Verlegeanordnung	Anzahl der mehradrigen Kabel oder Leitungen oder Anzahl der Wechsel- oder Drehstromkreise aus einadrigen Kabeln oder Leitungen (2 bzw. 3 stromführende Leiter)														
	1	2	3	4	5	6	7	8	9	10	12	14	16	18	20
	Umrechnungsfaktoren														
Einlagig unter der Decke, mit Zwischenraum gleich dem Außendurchmesser *d* 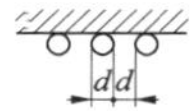	0,95	0,85	0,85	0,85	0,85	0,85	0,85	0,85	0,85	0,85	0,85	0,85	0,85	0,85	0,85

⊛ Symbol für ein einadriges oder ein mehradriges Kabel oder eine einadrige oder eine mehradrige Leitung

ANMERKUNG

- Die Umrechnungsfaktoren sind anzuwenden für die Ermittlung der Strombelastbarkeit gleichartiger und gleich belasteter Kabel oder Leitungen bei Häufung in derselben Verlegeart. Die Leiternennquerschnitte dürfen sich dabei höchstens um eine Querschnittstufe unterscheiden.
- Wenn der horizontale lichte Abstand zwischen benachbarten Kabeln oder Leitungen das 2-Fache ihres Außen- durchmessers überschreitet, braucht kein Reduktionsfaktor angewendet zu werden.
- Dieselben Reduktionsfaktoren sind anzuwenden bei
  - Gruppen von zwei oder drei einadrigen Kabeln oder Leitungen oder
  - mehradrigen Kabeln oder Leitungen.
- Wenn ein System sowohl aus zwei- als auch aus dreiadrigen Kabeln oder Leitungen besteht, nimmt man zunächst die Gesamtzahl der Kabel oder Leitungen als die Anzahl der Stromkreise an. Der dafür zutreffende Faktor ist auf die Tabellen für zwei belastete Leiter von zweiadrigen Kabeln oder Leitungen oder auf die Tabellen für drei belastete Leiter von dreiadrigen Kabeln oder Leitungen anzuwenden.
- Wenn eine Gruppe aus n belasteten einadrigen Kabeln oder Leitungen besteht, darf sie entweder wie n/2 Strom- kreise mit je zwei belasteten Leitern oder wie n/3 Stromkreise mit je drei belasteten Leitern betrachtet werden.

Tabelle 3.6 (Fortsetzung) Umrechnungsfaktor f_2 bei Häufung für die Dimensionierung von Kabeln und Leitungen.
Hier: Verlegung im Rohr, auf der Wand, im Kanal u. Ä.
(Quelle: DIN VDE 0298-4, Tabelle 21)

Verlegeanordnung		Anzahl der Kabelrinnen oder Kabelleitern	Anzahl der mehradrigen Kabel oder Leitungen					
			1	2	3	4	6	9
			Umrechnungsfaktoren					
ungelochte Kabelrinnen	mit Berührung 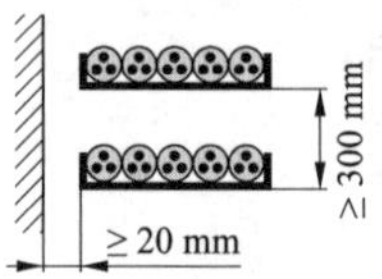	1	0,97	0,84	0,78	0,75	0,71	0,68
		2	0,97	0,83	0,76	0,72	0,68	0,63
		3	0,97	0,82	0,75	0,71	0,66	0,61
		6	0,97	0,81	0,73	0,69	0,63	0,58
gelochte Kabelrinnen	mit Berührung 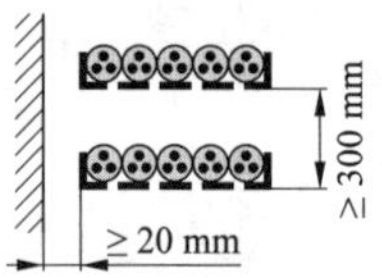	1	1,00	0,88	0,82	0,79	0,76	0,73
		2	1,00	0,87	0,80	0,77	0,73	0,68
		3	1,00	0,86	0,79	0,76	0,71	0,66
		6	1,00	0,84	0,77	0,73	0,68	0,64
	mit Abstand 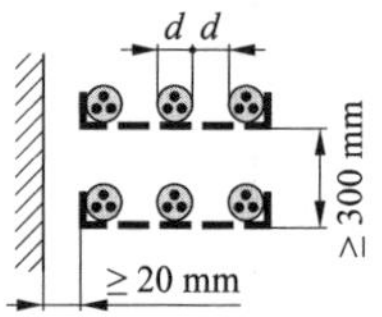	1	1,00	1,00	0,98	0,95	0,91	–
		2	1,00	0,99	0,96	0,92	0,87	–
		3	1,00	0,98	0,95	0,91	0,85	–
	mit Berührung 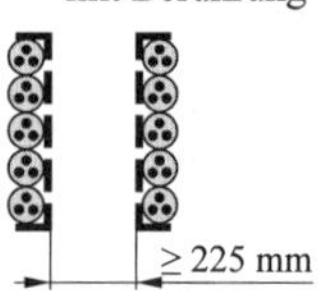	1	1,00	0,88	0,82	0,78	0,73	0,72
		2	1,00	0,88	0,81	0,76	0,71	0,70
	mit Abstand 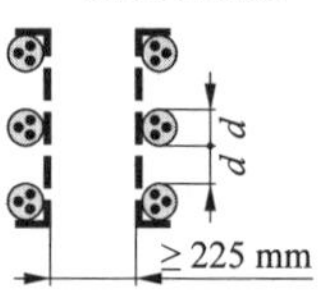	1	1,00	0,91	0,89	0,88	0,87	–
		2	1,00	0,91	0,88	0,87	0,85	–

Tabelle 3.7 Umrechnungsfaktor f_2 bei Häufung für die Dimensionierung von Kabeln und Leitungen. Hier: Verlegung auf Kabelträgerkonstruktionen.
(Quelle: DIN VDE 0298-4, Tabelle 22)

Verlegeanordnung		Anzahl der Kabelrinnen oder Kabelleitern	Anzahl der mehradrigen Kabel oder Leitungen					
			1	2	3	4	6	9
			Umrechnungsfaktoren					
Kabelleitern	mit Berührung 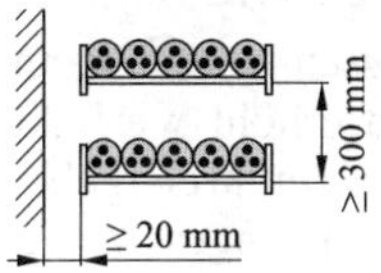	1	1,00	0,87	0,82	0,80	0,79	0,78
		2	1,00	0,86	0,81	0,78	0,76	0,73
		3	1,00	0,85	0,79	0,76	0,73	0,70
		6	1,00	0,83	0,76	0,73	0,69	0,66
	mit Abstand 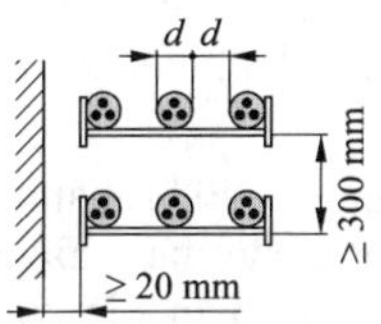	1	1,00	1,00	1,00	1,00	1,00	–
		2	1,00	0,99	0,98	0,97	0,96	–
		3	1,00	0,98	0,97	0,96	0,93	–
ANMERKUNG Die Umrechnungsfaktoren gelten nur für einlagig verlegte Gruppen von Kabeln oder Leitungen, wie oben darge- stellt; sie gelten nicht, wenn die Kabel oder Leitungen mit Berührung übereinander verlegt sind oder die ebenfalls angegebenen Abstände zwischen den Kabelrinnen oder Kabelleitern unterschritten werden. In solchen Fällen sind die Umrechnungsfaktoren zu reduzieren, z. B. nach Tabelle 21.								

Tabelle 3.7 (Fortsetzung) Umrechnungsfaktor f_2 bei Häufung für die Dimensionierung von Kabeln und Leitungen.
Hier: Verlegung auf Kabelträgerkonstruktionen.
(Quelle: DIN VDE 0298-4, Tabelle 22)

- Abweichende Regelungen

  Allerdings wurde bereits im vorherigen Kapitel 3.1.2.7.1 angedeutet, dass nicht zwingend jedes parallele Kabel (Leitung) berücksichtigt werden muss. Außerdem wird dann, wenn man lediglich Tabellenwerte betrachtet, unter Umständen nicht berücksichtigt, dass z. B. eine voll belastete Leitung größere thermische Probleme verursacht als eine Leitung, die nur zu 50 % belastet wird. Folgende Überlegungen sollten einbezogen werden:

  (1) In der Nähe der Einführung der Kabel und Leitungen in eine Verteilung sowie bei Durchführungen durch einen Wanddurchbruch (bzw. Deckendurchbruch) tritt immer eine Häufung auf. Hierdurch würde eine pauschale Häufung für fast alle belasteten Kabel und Leitungen notwendig. Eine Planung nach dem Idealfall (siehe Kapitel 3.1.2.6) dürfte es dann so gut wie nie geben. Aus diesem Grund wird eine Häufung im Einführungsbereich der Verteilung sowie bei einer kurzen (maximal 1 m) Zusammenführung von belasteten Kabeln und Leitungen bei Decken- und Wanddurchführungen bezüglich der Häufung

nicht betrachtet. Etwas anderes ist die Berücksichtigung der Verlegeart, die sich durch eine Decken- oder Wanddurchführung ändern kann. Dies wurde im Kapitel 3.1.2.2.2 dieses Buchs beim Punkt „*Verlegung in wärmegedämmten Wänden*" näher erläutert.

(2) Parallele Kabel oder Leitungen, deren Betriebsstrom ≤ 30 % der maximalen Belastung beträgt, brauchen nicht berücksichtigt zu werden.

Dies ist natürlich nur möglich, wenn ausgeschlossen werden kann, dass die geringe Belastung zu einem späteren Zeitpunkt erhöht wird. Auch wenn Steckvorrichtungen zum in Frage kommenden Stromkreis gehören, muss kritisch hinterfragt werden, ob die geringe Belastung angesetzt werden darf.

(3) Beträgt der lichte Abstand zwischen benachbarten Kabeln, Leitungen oder Elektroinstallationsrohren mindestens das Zweifache des jeweiligen Außendurchmessers, so muss der Häufungsfaktor f_2 ebenfalls nicht berücksichtigt werden.

(4) Bei einer Belastung von über 30 %, jedoch noch unter 100 %, kann man statt der realen Anzahl der parallelen Kabel und Leitungen eine „umgerechnete Anzahl" ansetzen. Da die Betriebsströme quadratisch in die entstehende Erwärmung einfließen, kann man deren Anteile ebenfalls quadrieren.

Beispiel 1:

Wenn bei einer Häufung von acht Kabeln, die gebündelt im Kabelkanal auf der Wand verlegt wurden, ein durchschnittlicher Belastungsgrad von 70 % angenommen werden darf, kann die Anzahl der parallelen Kabeln wie folgt reduziert werden:

$8 \cdot 0{,}7^2 = 8 \cdot 0{,}49 \approx$ vier parallele Kabel. Aus der Tabelle 3.6 dieses Buchs kann man den Faktor somit für vier statt für acht parallele Kabel entnehmen. In diesem Fall wäre $f_2 = 0{,}65$ (bei acht Kabeln beträgt der Faktor 0,52).

(5) Ist dazu ein Gleichzeitigkeitsfaktor < 1 anzusetzen, so könnte man die Anzahl der belasteten parallelen Kabel und Leitungen ebenfalls reduzieren. Hier sollte der Anteil allerdings nicht quadriert werden.

Beispiel 2:

Wenn die acht parallelen Kabel aus Beispiel 1 mit einem Gleichzeitigkeitsfaktor von 0,5 betrieben werden, darf die Anzahl der parallelen Kabel zusätzlich mit 0,5 multipliziert werden. Insgesamt ergibt sich dann eine Anzahl von:

$8 \cdot 0{,}49 \cdot 0{,}5 = 1{,}96 \approx \mathbf{2}$

Der Häufungsfaktor f_2 wäre dann nach Tabelle 3.6 dieses Buchs: **0,80**.

Auch diese Entscheidung sollte, wie schon zuvor beim Punkt (2), immer mit Vorsicht getroffen werden. Verbraucher können sich ändern, sowohl bezüglich der Höhe der Belastung als auch in Bezug auf die zeitliche Lastverteilung. Nur wenn sicher ist, dass es hier in Zukunft keine wesentlichen Änderungen gibt, sollte man auf diese Möglichkeit zurückgreifen.

(6) Wird ein Kabel oder eine Leitung zwar ständig, aber nur zeitweise betrieben, spricht man von einem „*wiederholten Lastspiel*". Dabei kommt es natürlich auf die Länge und Häufigkeit der Belastungsperioden an. Die Strombelastung kann bei wiederholten Lastspielen in der Regel erhöht werden. Werte hierzu enthält DIN EN 50565-1 (**VDE 0298-565-1**) im Anhang D.

- Unterschiedliche Leiterquerschnitte bei Häufungen

Hinzuzufügen bleibt noch, dass sich die Angaben aus Tabelle 3.6 dieses Buchs im Grunde genommen auf gleiche Querschnitte und gleichartige Stromkreise beziehen. Bezüglich der Querschnitte sollten sich die parallelen Kabel und Leitungen **nicht um mehr als zwei Querschnittsstufen voneinander unterscheiden**. Wenn die Leiterquerschnitte der parallelen Kabel oder Leitungen um mehr als zwei Querschnittsstufen voneinander abweichen, gelten die Angaben für die Umrechnungsfaktoren genau genommen nicht mehr. Eine mögliche Vorgehensweise wäre:

a) Bei einer Bündelung mit verschiedenen Querschnitten kann die Berechnung für die kleineren Querschnitte so durchgeführt werden wie bei der Betrachtung mit querschnittsgleichen Kabeln und Leitungen.

b) Bis zu einer Gesamtanzahl von sechs parallelen Kabeln oder Leitungen könnte man für den größeren Querschnitt die Anzahl der parallelen (kleineren) Kabel und Leitungen reduzieren. Beispielsweise für:

   – drei Querschnittsstufen 0,95
   – vier bis fünf Querschnittsstufen 0,8
   – ≥ sechs Querschnittsstufen 0,7

c) Bei einer höheren Gesamtanzahl als sechs parallele Kabel oder Leitungen wäre es sicherer, die Berechnung so vorzunehmen, wie sie für gleiche Querschnittsgrößen üblich ist.

Ebenfalls muss betont werden, dass bei der Verlegung auf Kabelträgerkonstruktionen wie:

– Kabelwannen (mit und ohne Lochung),
– Kabelpritschen (Tragesystem bestehend aus den Seitenholmen und dazwischen liegenden Sprossen – ähnlich einer Leiter),

die Werte aus der entsprechenden Tabelle 3.7 dieses Buchs nur gelten, wenn die dort dargestellten Bedingungen (z. B. die Abstände der Tragesysteme zueinander) eingehalten werden. Werden die Kabel und Leitungen beispielsweise mehrlagig übereinander verlegt, muss der Häufungsfaktor f_2 aus der Tabelle 3.6 dieses Buchs entnommen werden.

Eine gemeinsame Verlegung verschiedener Leiterquerschnitte in einem Rohr oder Kanal sollte vermieden werden. Ist das nicht möglich, kann der Umrechnungsfaktor für eine Anzahl *n* wie folgt errechnet werden:

$$f_2 = \frac{1}{\sqrt{n}}$$

> **Beispiel:**
>
> Bei vier parallelen Leitungen mit unterschiedlichen Querschnitten in einem Rohr sollte folgender Umrechnungsfaktor berücksichtigt werden:
>
> $$f_2 = \frac{1}{\sqrt{4}} = 0{,}5$$

Dies führt allerdings für die größeren Querschnitte zu einer maximal möglichen Belastung, die möglicherweise viel zu gering ist. Deshalb sollte diese Berechnung nur für die kleineren Querschnitte angewendet werden, während für die größeren Querschnitte die Berechnung mit dem Faktor aus Tabelle 3.6 dieses Buchs vorgenommen werden kann.

3.1.2.7.4 Berücksichtigung der Auswirkungen von Oberschwingungen in Verteilerstromkreisen

a) Grundsätzliche Betrachtung zu einem erforderlichen Umrechnungsfaktor

In DIN VDE 0100-430 findet man im Abschnitt 431.2.3 folgende Anforderung:

„*Eine Überlast-Erfassung muss für den Neutralleiter eines mehrphasigen Stromkreises vorgesehen werden, wenn der Anteil der Oberschwingungen der Außenleiterströme so groß ist, dass zu erwarten ist, dass der Strom im Neutralleiter die Dauerstrombelastbarkeit dieses Leiters übersteigt. Die Überlast-Erfassung muss mit der Art des Stroms durch den Neutralleiter übereinstimmen und die Abschaltung der Außenleiter bewirken, aber nicht unbedingt die des Neutralleiters.*“

Wenn im Grenzfall ein nicht querschnittsreduzierter Neutralleiter durch Oberschwingungsströme überlastet wird, müsste – zumindest in einem mehradrigen Kabel (Leitung) – der Leiterquerschnitt des Kabels bzw. der Leitung erhöht werden. Insofern sind die Querschnittsbestimmung und die Bestimmung der Strombelastbarkeit aller Leiter betroffen.

Allerdings gibt es bei der Berücksichtigung dieser Anforderung ein gravierendes Problem. Der Maßstab für die Entscheidung, ob eine entsprechende Maßnahme notwendig wird, ist die Dauerstrombelastbarkeit des Neutralleiters. Der Wert der Dauerstrombelastbarkeit kann jedoch nicht den vorhandenen Tabellen aus DIN VDE 0298-4 (sowie den Tabellen dieses Buchs) entnommen werden. Wie bereits im vorherigen Kapitel 3.1.2.2

dieses Buchs betont wurde, gibt es Strombelastbarkeitswerte nur für zwei oder drei belastete Adern eines Stromkreises. Ein Umrechnungsfaktor für mehrere belastete Adern (z. B. DIN VDE 0298-4, Tabelle 26) gibt es erst ab fünf belasteten Adern. Ein mehradriges Kabel mit vier belasteten Adern kommt somit in der Norm nicht vor.

Der belastete Neutralleiter wird nicht betrachtet, weil in ihm nur dann ein Strom fließt, wenn die Außenleiter unterschiedlich belastet werden, also ein oder zwei der Außenleiter einen geringeren Strom führen als den maximalen Belastungsstrom. Ein Neutralleiterstrom, der berücksichtigt werden müsste, ohne dass ein Außenleiter einen geringeren Strom führt, kann nur durch eine Belastung mit Oberschwingungsströmen entstehen. In diesem Fall würde der Neutralleiter tatsächlich belastet, ohne dass zugleich einer der Außenleiter einen geringeren Strom führt. Damit würden im betrachteten Stromkreis vier belastete Adern berücksichtigt werden müssen. Ein Wert für die Strombelastbarkeit bei vier belasteten Adern wird aber nicht angegeben. Deshalb kann die vorgenannte Anforderung aus DIN VDE 0100-430 nicht wirklich realistisch erfüllt werden.

Auf Oberschwingungsströme, die den Neutralleiter belasten, wird im Folgenden und vor allem im Kapitel 7 dieses Buchs näher eingegangen. An dieser Stelle muss zunächst festgehalten werden, dass durch neuartige Verbrauchsmittel, die Oberschwingungen verursachen, für den Neutralleiter (sowie für den PEN in TN-C-Systemen) ein besonderes Problem entsteht. Früher galt dieser Leiter üblicherweise als nur relativ schwach belastet, da über ihn nur der betriebsbedingte Rückstrom bei unsymmetrisch belasteten Außenleitern floss.

In typischen elektrischen Anlagen fließt über den Neutralleiter stets ein Strom, da die absolut symmetrische Aufteilung der Verbraucher auf die drei Außenleiter nur in symmetrisch betriebenen Drehstromstromkreisen möglich ist. Allerdings sind diese betriebsbedingten Neutralleiterströme eher gering, sodass nach Norm die Möglichkeit zugestanden wurde, den Neutralleiter (und somit auch den PEN) im Querschnitt zu reduzieren. Aus diesem Grund haben die Kabelhersteller Kabel angeboten, bei denen der vierte Leiter lediglich mit halben Querschnitt vertreten war (beispielsweise NYY-J $3 \times 50/25\ mm^2$).

Leider ist diese vereinfachte Betrachtungsweise heutzutage nicht mehr möglich. Der Grund sind die immer zahlreicher werdenden elektronischen Verbraucher in den elektrischen Anlagen, die Oberschwingungen erzeugen. Für die Belastung des Neutralleiters sind besonders die Oberschwingungen interessant, die eine dreifach (oder auch sechsfach bzw. neunfach) höhere Frequenz als die übliche Netzfrequenz aufweisen. Näheres zu diesem Thema wird im Kapitel 7 dieses Buchs beschrieben.

Die Ströme der dritten harmonischen Oberschwingung (so wird die Oberschwingung mit der dreifachen Netzfrequenz häufig bezeichnet) und Vielfache von ihr entstehen zwar zunächst in den Außenleitern. Allerdings heben sie sich nicht, wie die netzfrequenten Betriebsströme, auf, sondern addieren sich zu einem Gesamtstrom im Neutralleiter (siehe Kapitel 7 dieses Buchs).

Mit anderen Worten: Im Neutralleiter fließt die Summe der Oberschwingungsströme der sogenannten „3. harmonischen Oberschwingung“ (und Vielfache von ihr) aus allen drei Außenleitern. Ist der Anteil dieser Oberschwingungsströme aus den Außenleitern genügend groß, kann der Neutralleiterstrom trotz einer möglicherweise symmetrischen Belastung unter Umständen höher werden als der Außenleiterstrom. Für ein Kabel mit einem reduzierten Neutralleiterquerschnitt wäre das ein untragbarer Zustand.

DIN VDE 0298-4 gibt im Anhang B, Tabelle B.1 für diesen Fall einen Umrechnungsfaktor an, der jedoch die Kenntnis der Höhe der Oberschwingungsströme voraussetzt. Dies ist bei der Planung und Errichtung jedoch nur schwer möglich. Aus diesem Grund soll hier eine vereinfachte und praktikable Überlegung zugrunde gelegt werden. Dabei bilden die Tabellenwerte der Norm selbstverständlich die Grundlage.

Eine erste grundsätzliche Voraussetzung für die Berücksichtigung von Oberschwingungsströmen ist die Tatsache, dass zu hohe Belastungen für den Neutralleiter in Endstromkreisen kaum zu erwarten sind. Vielmehr geht es hier um **Verteilerstromkreise** bei denen der Neutralleiter die Summe der Neutralleiterströme aus den an der Verteilung angeschlossenen Endstromkreisen führen muss.

Es geht also in erster Linie um dreiphasige Wechselstromkreise, die Elektroverteilungen mit elektrischer Energie versorgen.

Die Umrechnungsfaktoren f_3 für die Oberschwingungsbelastung von Verteilerstromkreisen können der **Tabelle 3.8** dieses Buchs entnommen werden.

Der Umrechnungsfaktor f_3 gilt selbstverständlich nur bei Kabeln und Leitungen, die keinen reduzierten Querschnitt für den Neutralleiter (bzw. PEN) besitzen. Eine Neutralleiterreduzierung (oder Reduzierung des PEN-Leiter-Querschnitts) ist bei einer hohen Oberschwingungsbelastung ohnehin nicht erlaubt. Näheres hierzu folgt im nachfolgenden Punkt b).

Die Tabelle 3.8 dieses Buchs stimmt weitgehend mit Tabelle 2 aus DIN VDE 0100-520 Bbl 3 (**VDE 0100-520 Bbl 3**):2012-10 überein und gilt deshalb in erster Linie für Stromkreise von Elektroverteilern, an denen eine Vielzahl von oberschwingungserzeugenden Verbrauchsmitteln betrieben werden. Mit dieser Tabelle liegt der dritte Umrechnungsfaktor vor, und das Produkt der Faktoren, das im Kapitel 3.1.2.7.1 dieses Buchs mit Πf_n bezeichnet wurde, besteht nunmehr aus drei Gliedern ($\Pi f_n = f_1 \cdot f_2 \cdot f_3$).

b) Neutralleiterbelastung und Neutralleiterreduzierung

An dieser Stelle taucht häufig die Frage auf, unter welchen Voraussetzungen eine Neutralleiterreduzierung überhaupt noch möglich ist. Hier sieht DIN VDE 0100-520, Abschnitt 524.2 vor, dass ab einem Oberschwingungsgehalt (Gesamt-Oberschwingungsverzerrung im Außenleiterstrom) von 15 % keine Reduzierung des Neutralleiters mehr erlaubt ist. Probleme bereiten dem Planer und Errichter jedoch die Bestimmung dieses Grenzwerts. Die Frage ist also: Wann oder unter welchen Voraussetzungen werden die erwähnten 15 % überschritten?

Anteil der Leistung* in %	Umrechnungsfaktor f_3 für Verteilerstromkreise
0 … 15	1
> 15 … 25	0,95
> 25 … 35	0,90
> 35 … 45	0,85
> 45 … 55	0,80
> 55 … 65	0,75
> 65 … 75	0,70
> 75	0,65

* Die angegebenen Werte geben an, wieviel Prozent der von allen an der Verteilung angeschlossenen Verbraucher solche Verbraucher sind, die besonders hohe Oberschwingungsbelastungen hervorrufen. Solche Verbraucher können sein: PC-Arbeitsplätze, Energiesparleuchten, Kopierer, Frequenzumrichterantriebe und sämtliche über Netzteil betriebene elektronischen Geräte. Bei angeschlossenen Verbrauchergruppen (z. B. bei einer komplexen Maschinenanlage) wird natürlich nur der Anteil einbezogen, der aus dieser Gruppe hohe Oberschwingungsbelastungen erwarten lässt.

Tabelle 3.8 Umrechnungsfaktor f_3 für die Berücksichtigung von Verbrauchern, die 3. / 6. / 9. Oberschwingungen erzeugen.
Dies sind beispielsweise: PCs, EVGs, Fernsehapparate, Monitore, Kopierer, USV-Anlagen, sämtliche einphasigen Geräte mit elektronischen Netzteilen usw.

Zur Beantwortung dieser Frage sollten zunächst zwei Überlegungen berücksichtigt werden:

a) Wie zuvor schon betont, muss eine gefahrdrohende Häufung von Oberschwingungsströmen, die den Neutralleiter überlasten können, in Endstromkreisen nicht erwartet werden. Auf Verteilungsstromkreise trifft diese Entwarnung allerdings nicht zu.

b) Im Grunde kann man sagen, dass in neuzeitlichen Anlagen immer damit gerechnet werden muss, dass über eine Elektroverteilung genügend viele Verbrauchsmittel versorgt werden, die in der Summe einen entsprechend hohen Oberschwingungsanteil hervorrufen können. Neutralleiterreduzierungen sollten deshalb auf wenige, klar begründbare Ausnahmen beschränkt werden. Wirtschaftliche Vorteile durch die Einsparung eines halben Leiterquerschnitts sollten hierbei eine untergeordnete Rolle spielen.

In DIN VDE 0100-520 wird die Möglichkeit der Neutralleiterreduzierung klar reglementiert. **Tabelle 3.9** dieses Buchs enthält die zusammengefassten Ergebnisse dieser Regeln. Aus dieser Tabelle geht deutlich hervor, dass eine Neutralleiterreduzierung nur möglich ist, wenn alle drei folgenden Bedingungen gleichzeitig erfüllt sind:

- Es handelt sich um einen dreiphasigen Wechselstromkreise (Drehstromkreis) und
- der Leiterquerschnitt ist nicht kleiner als 16 mm^2 und
- es ist sichergestellt, dass in allen Betriebszuständen der Anteil der dritten harmonischen Oberschwingung (einschließlich Vielfachen davon) unter 15 % bleibt.

Weiterhin geht aus Tabelle 3.9 hervor, dass dann, wenn der Anteil der vorgenannten harmonischen Oberschwingungen größer als 33 % werden kann, nicht nur eine Neutralleiterreduzierung verboten ist, sondern darüber hinaus die Belastung des Neutralleiters ausschlaggebend für die Berechnung des Leiterquerschnitts in einem Mehrleiterkabel sein muss. Um mühselige Rechnungen für diese Neutralleiterbelastung zu vermeiden, gibt DIN VDE 0100-520 einen Faktor von 1,45 an. Der Betriebsstrom wird mit diesem Faktor multipliziert und ergibt so die Belastung des Neutralleiters ($I_N = 1{,}45 \cdot I_b$).

Besteht der Drehstromkreis aus Einzelleitern (einadrige Kabel bzw. Leitungen), darf der Außenleiterquerschnitt wie üblich nach dem Betriebsstrom ausgelegt werden; in diesem Fall legt man für die Belastung des Neutralleiters, wie zuvor beschrieben, den um den Faktor 1,45 vergrößerten Betriebsstrom zugrunde. Damit müsste in vielen Fällen der Neutralleiterquerschnitt größer gewählt werden als der Querschnitt der zugehörigen Außenleiter.

Auch hier muss betont werden, dass der Planer und auch der Prüfer der elektrischen Anlage kaum in der Lage sein wird, die tatsächliche Oberschwingungsbelastung zu bewerten. Im Grunde kann nur die Empfehlung gegeben werden, nach Tabelle 3.8 dieses Buchs die Oberschwingungsbelastung abzuschätzen und dann zu wählen:

a) Entweder man legt die Querschnitte aller aktiven Leiter mit den angegebenen Umrechnungsfaktor f_3 der Tabelle 3.8 dieses Buchs aus oder

b) man berücksichtigt bei der Festlegung des Leiterquerschnitts ab einem Oberschwingungsanteil > 45 % (nach Tabelle 3.8) pauschal den Faktor 1,45 (wie in Tabelle 3.9 angegeben).

3.1.2.7.5 Berücksichtigung von mehr als drei belasteten Adern

Für sogenannte „vieladrige Kabel bzw. Leitungen“, in denen mehr als drei Adern belastet sind, werden in DIN VDE 0298-4, Tabelle 26 entsprechende Umrechnungsfaktoren f_4 angegeben (siehe **Tabelle 3.10** dieses Buchs).

3.1.2.7.6 Die Planung unter Berücksichtigung sämtlicher Randbedingungen

Mit der Tabelle 3.10 dieses Buchs hat das im Kapitel 3.1.2.7.1 dieses Buchs mit Πf_n bezeichnete Produkt insgesamt vier Glieder ($\Pi f_n = f_1 \cdot f_2 \cdot f_3 \cdot f_4$) und ist somit komplett. Damit wird die Strombelastbarkeit I_Z wie folgt berechnet:

$$I_Z = I_r \cdot f_1 \cdot f_2 \cdot f_3 \cdot f_4 \qquad (6)$$

Dies wäre dann die abschließende bzw. vollständige Formel für I_Z, der realen Strombelastbarkeit des Kabels (der Leitung). Hierbei gilt:

- f_1 Umrechnungsfaktor für Umgebungstemperatur (siehe Kapitel 3.1.2.7.2)
- f_2 Umrechnungsfaktor für die Häufung (siehe Kapitel 3.1.2.7.3)
- f_3 Umrechnungsfaktor (bei Verteilerstromkreisen) für Oberschwingungsbelastung (siehe Kapitel 3.1.2.7.4)
- f_4 Umrechnungsfaktor für mehr als drei belastete Adern (siehe Kapitel 3.1.2.7.5)
- I_r Bemessungswert nach Tabelle 3.3 dieses Buchs

Art des Stromkreises	$S \leq 16\ \text{mm}^2$	$S > 16\ \text{mm}^2$		
		THD < 15 %	*THD* = 15 % … 33 %	*THD* > 33 %
einphasig	$S_N = S_L$	$S_N = S_L$	$S_N = S_L$	$S_N = S_L$
dreiphasig (Drehstromkreis)	$S_N = S_L$	$S_N \leq S_L$	$S_N = S_L$	mehradrige Leitung $S_N = S_L$ bei Berücksichtigung von: $I_N = 1{,}45 \cdot I_b$
				Einleiterkabel $S_N \geq S_L$ bei Berücksichtigung von: $I_N = 1{,}45 \cdot I_b$ $I_L = I_b$

I_N Neutralleiterstrom
I_L Außenleiterstrom
I_b Betriebsstrom
S_N Neutralleiterquerschnitt
S_L Außenleiterquerschnitt
THD gesamte harmonische Verzerrung (en: *Total Harmonic Distortion*); (nach DIN VDE 0100-520, jedoch nur bezogen auf die harmonischen Oberschwingungen der dritten Ordnung und die Vielfachen davon)

Tabelle 3.9 Regeln für eine mögliche Neutralleiterreduzierung nach DIN VDE 0100-520

Anzahl der belasteten Adern	3	5	7	10	14	19	24	40
Umrechnungsfaktor f_4	1	0,75	0,65	0,55	0,5	0,45	0,4	0,35

Tabelle 3.10 Umrechnungsfaktor f_4 für mehr als drei belastete Adern in einem Kabel (Leitung)

Die Formel zur Berechnung des Mindestwerts der Strombelastbarkeit I_{MIN} ist dann:

$$I_{Min} = \frac{I_b}{f_1 \cdot f_2 \cdot f_3 \cdot f_4} \tag{7}$$

In **Tabelle 3.11** dieses Buchs werden die einzelnen Planungsschritte bei Abweichungen vom Idealfall gelistet. An einem Beispiel sollen diese Schritte im Einzelnen besprochen werden:

Beispiel

Für die Auswahl einer Leitung (NYM) wird ein Betriebsstrom $I_b = 24$ A ermittelt (Drehstromverbraucher). Die Verlegeart ist offen, direkt auf der Wand. Es werden zusätzlich fünf weitere, ebenso voll belastete Leitungen verlegt (ohne Abstand zueinander). Die Umgebungstemperatur muss mit 40 °C veranschlagt werden. Der Anteil an Oberschwingungen liegt unter 15 %. Für die Schutzmaßnahmen soll ein LS-Schalter, Typ B vorgesehen werden.

Der Planer muss den entsprechenden Leiterquerschnitt (NYM) sowie den Nennstrom des LS-Schalters ermitteln. Die angegebenen Schritte entsprechen den Schritten aus der ersten Spalte der Tabelle 3.11 dieses Buchs.

Schritt 1:

Der Betriebsstrom ist angegeben: $I_b = 24$ A

Schritt 2:

Die Verlegeart wird bestimmt: C

Schritt 3:

Bei einer Umgebungstemperatur von 40 °C muss nach Tabelle 3.5 dieses Buchs ein Reduktionsfaktor berücksichtigt werden: $f_1 = 0{,}82$.

Für die Häufung bei einer Verlegung (nebeneinander auf der Wand) mit insgesamt sechs parallelen Leitungen ergibt sich nach Tabelle 3.6: $f_2 = 0{,}72$.

Der Anteil der Oberschwingungsströme ist gering und muss nicht berücksichtigt werden ($f_3 = 1$).

Mehr als drei belastete Adern müssen nicht berücksichtigt werden ($f_4 = 1$)

Schritt 4:

Für den Mindestwert der Strombelastbarkeit gilt Formel (7) dieses Buchs:

$$I_{\text{Min}} = \frac{I_b}{f_1 \cdot f_2 \cdot f_3 \cdot f_4} = \frac{24\ \text{A}}{0{,}82 \cdot 0{,}72 \cdot 1 \cdot 1} \approx 41\ \text{A}$$

Mit diesem Wert kann man nun in die Tabelle 3.3 dieses Buchs gehen, um den Bemessungswert I_r der Leitung zu finden.

Schritt 5:

In der Tabelle 3.3 dieses Buchs sucht man bei Verlegeart C und bei drei belasteten Adern einen Wert für den gilt: $I_r > I_{\text{MIN}}$. Dies trifft zu bei $I_r =$ **43 A**. Dieser Wert ist der Bemessungswert I_r der gesuchten Leitung.

Nach der Festlegung des Bemessungswerts I_r aus der Tabelle wird der Mindestwert I_{MIN} nicht mehr benötigt.

Schritt 6:

Es wird eine Leitung: **NYM-J 5×6 mm²** gewählt – man findet den Leitungsquerschnitt in vorgenannter Tabelle 3.3 in der ersten Spalte.

Schritt 7:

Aus dem Bemessungswert I_r kann mithilfe der Formel (6) dieses Buchs der Wert für die tatsächliche Strombelastbarkeit I_Z errechnet werden:

$$I_Z = I_r \cdot f_1 \cdot f_2 \cdot f_3 \cdot f_4 = 43\ \text{A} \cdot 0{,}82 \cdot 0{,}72 \cdot 1 \cdot 1 = 25{,}4\ \text{A}$$

Die gewählte Leitung kann unter den genannten Voraussetzungen maximal mit einem Dauerstrom von 25,4 A belastet werden. Dieser Strom entspricht somit der tatsächlichen Strombelastbarkeit I_Z der gewählten Leitung bei Berücksichtigung der realen Verlege- und Betriebsbedingungen (siehe Kapitel 3.1.2.1 dieses Buchs).

Schritt 8:

Für den LS-Schalter, Typ B, bietet sich ein Nennstrom von $I_n = 25$ A an. Dieser Nennstrom passt zwischen den Betriebsstrom I_b und der Strombelastbarkeit der Leitung I_Z gemäß der Bedingung (Formel (1) dieses Buchs):

$I_b \leq I_n \leq I_Z$

Schritt 9:

Probe mittels der ersten Bedingung (Formel (1) dieses Buchs): 24 A ≤ 25 A ≤ 25,4 A

Die Rechnung ist mathematisch korrekt. Allerdings wurde bereits im Kapitel 3.1.2.5.2 dieses Buchs hervorgehoben, dass der Nennstrom der Überstrom-Schutzeinrichtung einen gewissen Abstand zum Betriebsstrom haben sollte. Dies wäre im vorliegenden Fall kaum gewährleistet. Aus diesem Grund muss der Leiterquerschnitt eine Stufe größer gewählt werden, um einen höheren Nennstrom I_n auswählen zu können:

$S = 10\ \text{mm}^2 \Rightarrow$ in Tabelle 3.3 findet man den entsprechenden Bemessungswert: $I_r = 60$ A

Mit Formel (6) dieses Buchs ergibt sich die tatsächliche Strombelastbarkeit wie folgt:

$I_Z = 60\ \text{A} \cdot 0{,}82 \cdot 0{,}72 \approx 36\ \text{A}$

In diesem Fall kann ein LS-Schalter mit $I_n = 32$ A gewählt werden.

Die zweite Bedingung ($I_2 \leq 1{,}45 \cdot I_Z$) wird bei LS-Schaltern nach Kapitel 3.1.2.4 dieses Buchs automatisch erfüllt.

Probe: 24 A ≤ 32 A ≤ 36 A → mit diesen Werten liegt man auf der sicheren Seite.

Schritt	Beschreibung	Tabelle in dieser Schrift	Tabelle in den Normen (DIN VDE 0298-4)
1	Der Betriebsstrom I_b wird ermittelt		
2	Die Verlegeart wird festgelegt.	3.3	3 – 6 A1 und A2 9
3	Aus den bekannten Angaben für Häufung, Umgebungstemperatur, Anzahl der belasteten Adern sowie mit Berücksichtigung der Oberschwingungen werden die Umrechnungsfaktoren f_1 bis f_4 ermittelt.	3.5 – 3.8 und 3.10	17 – 27 und B.1
4	Aus dem Betriebsstrom I_b und den Umrechnungsfaktoren f_1 bis f_4 wird der „Mindestwert der Strombelastbarkeit" I_{MIN} berechnet, wobei gilt: $I_{MIN} = I_b/(f_1 \cdot f_2 \cdot f_3 \cdot f_4)$ → Formel (7)		
5	In der Tabelle wird bei der richtigen Verlegeart und bei der richtigen Anzahl der belasteten Adern der Bemessungswert I_r abgelesen, wobei gilt: $I_r > I_{MIN}$	3.3	3 – 6 A1 und A2 9
6	Links von I_r – in der ersten Spalte der Strombelastbarkeitstabelle – findet man den Leiterquerschnitt *S*.	3.3	3 – 6 A1 und A2 9
7	Mit der Formel $I_Z = I_r \cdot f_1 \cdot f_2 \cdot f_3 \cdot f_4$ → Formel (6) kann der Wert für die tatsächliche Strombelastbarkeit $\boldsymbol{I_Z}$ errechnet werden.		
8	Der Nennstrom der Überstrom-Schutzeinrichtung I_n kann ermittelt werden, wobei gilt: $I_b \leq I_n \leq I_Z$ → Formel (1) Außerdem muss die zweite Bedingung aus DIN VDE 0100-430 ($I_2 \leq 1{,}45 \cdot I_Z$) erfüllt werden (bei LS-Schalter, Typen B, C und D ist dies pauschal der Fall – siehe Kapitel 3.1.2.4 dieses Buchs).		
9	Probe: Die ermittelten Werte werden in die erste Bedingung eingesetzt: $I_b \leq I_n \leq I_Z$		

Tabelle 3.11 Die neun Planungsschritte für eine korrekte Planung der Kabel- und Leitungsanlage gemäß DIN VDE 0100-430 und DIN VDE 0298-4 mit Berücksichtigung der realen Verlege- und Betriebsbedingungen

3.1.2.8 *Verzicht auf den Schutz vor Überlast*

In einigen Fällen brauchen Kabel und Leitungen lediglich gegen Kurzschluss geschützt zu werden. Dies trifft besonders auf folgende Fälle zu:

a) Der betrachtete Stromkreis versorgt ausschließlich Verbraucher, bei denen keine Überlastung erwartet wird. Dies trifft beispielsweise auf Verbrauchsmittel zu, bei denen zwar ein Kurzschluss, aber keine Überlastung vorkommen kann (z. B. bei Durchlauferhitzern oder Heizwiderständen). Auch in typischen Steuerstromkreisen sind Überlastungen in der Regel eher unwahrscheinlich.
b) Der betrachtete Stromkreis versorgt ausschließlich Verbraucher, die einen integrierten Überlastschutz besitzen. Natürlich dürfen in diesem Stromkreis keine Steckvorrichtungen vorhanden sein.
c) Es handelt sich um einen Verteilerstromkreis, der als Freileitung ausgeführt oder in Erde verlegt wird, so dass eine mögliche Überlastung keine Gefahr hervorrufen kann.
d) Der Stromkreis darf aus Sicherheitsgründen nicht abgeschaltet werden, z. B. bei:
   - Speisestromkreisen von Hubmagneten,
   - Feuerlöscheinrichtungen (Sprinkleranlagen),
   - Sicherheitseinrichtungen (wie Einbruchmelde- oder Gaswarnanlagen),
   - Sekundärstromkreisen von Stromwandlern.
e) Einspeisestromkreis zwischen Transformator und nachgeschalteter Niederspannungs-Hauptverteilung (hier fehlt in der Regel auch der Kurzschlussschutz).

In diesen Fällen ist bei der Dimensionierung der Überstrom-Schutzeinrichtung nur der Kurzschlussstrom entsprechend dem nachfolgenden Kapitel 3.1.3 zu berücksichtigen. Möglich wäre auch der Verzicht auf Abschaltung, wenn eine erd- und kurzschlusssichere Verlegung vorgesehen wird (siehe hierzu Kapitel 6.3 dieses Buchs).

3.1.3 Schutz von Kabeln und Leitungen bei Kurzschluss

Im Folgenden sollen die wichtigsten Elemente einer „brandschadenverhütenden Planung und Errichtung" näher besprochen, anhand der wichtigsten Vorschriften, Normen und Richtlinien beschrieben und die notwendigen Berechnungsgrundlagen aufgezeigt werden. Dabei wird bewusst auf eine „theoretische Tiefe" verzichtet. Beispielsweise werden mathematische Zusammenhänge nur so weit erläutert, wie sie zum direkten Verständnis notwendig sind. Die für eine korrekte Planung bzw. Prüfung notwendigen Formeln werden in einer möglichst vereinfachten und eingängigen Form angegeben.

Da ein wichtiges Kriterium bei der Auswahl von elektrischen Betriebsmitteln der zu erwartende Kurzschlussstrom ist, soll eingangs eine vereinfachte Verfahrensweise vorangestellt werden, nach der man einen Kurzschlussstrom zumindest überschlägig berechnen kann.

Dabei ist zu unterscheiden nach:

- dem größten Kurzschlussstrom,
- dem kleinsten Kurzschlussstrom.

Der größte Kurzschlussstrom darf nicht höher liegen als das Schaltvermögen der Schutzorgane, die diesen Kurzschluss abschalten müssen. Ebenso ist die mechanische Belastung der Betriebsmittel nach den Kräften zu beurteilen, die beim größten Kurzschlussstrom auftreten.

Der kleinste Kurzschlussstrom muss immer noch so hoch liegen, dass die vorgeschalteten Überstrom-Schutzeinrichtungen rechtzeitig auslösen und so eine übermäßige thermische Belastung der Kabel und Leitungen vermieden wird.

Im Folgenden werden hierzu die Vorgänge bei einem Kurzschluss beschrieben und vereinfachte bzw. überschlägige Berechnungsmodelle vorgestellt. Genauere Berechnungen sind mit Kurzschlussberechnungsprogrammen möglich. Näheres ist zudem in folgender Literatur zu finden:

*DIN VDE 0100 Bbl 5 (**VDE 0100 Bbl 5**):2017-10*

Pistora, G.: Berechnung von Kurzschlussströmen und Spannungsfällen. VDE-Schriftenreihe Bd 118. 4. Aufl., Berlin Offenbach: VDE VERLAG, 2016

3.1.3.1 Maximaler Kurzschlussstrom

Elektrische Betriebsmittel müssen vor zu hohen Betriebs- und Fehlerströmen geschützt oder so ausgelegt werden, dass sie den höchstmöglichen Strom (zumindest für eine vorgegebene Zeit) sicher führen können. Dazu muss bekannt sein, welcher maximale Überstrom (in der Regel ist dies der Kurzschlussstrom) an der Stelle, an der die Betriebsmittel errichtet wurden, entstehen kann. Der Planer bzw. der Prüfer muss deshalb in der Lage sein, den möglichen Kurzschlussstrom mit genügender Genauigkeit zu berechnen oder auf andere Weise in Erfahrung zu bringen.

3.1.3.1.1 Kurzschluss direkt hinter dem Transformator

Der maximale Kurzschlussstrom tritt in generatorfernen Systemen beim dreipoligen Kurzschluss auf. In typischen Niederspannungssystemen gilt ein Kurzschluss in der Regel als „generatorfern". Besondere Fälle, bei denen z. B. Notstromaggregate direkt in die Niederspannungsanlage einspeisen, sollen an dieser Stelle nicht betrachtet werden.

Ein dreipoliger Kurzschluss liegt vor, wenn alle drei Außenleiter an einer Stelle über einen widerstandslosen Schluss kontaktiert werden. Er ist deshalb symmetrisch, weil alle Außenleiter auf gleiche Weise betroffen sind. Man kann somit die Überlegung auf einen Strang (Außenleiter) beschränken, da in allen Strängen die gleichen Bedingungen vorliegen.

Zunächst soll der maximale Kurzschlussstrom auf der Sekundärseite eines Transformators berechnet werden. Vereinfacht wird von einem extrem starren Netz mit einer sehr hohen Kurzschlussleistung bzw. einer extrem niedrigen Kurzschlussimpedanz ausgegangen.

Für diesen Fall wird im Folgenden so getan, als wäre der Transformator die Stromquelle der Verbraucheranlage. Es werden also ausschließlich die Impedanzen des Transformators sowie der niederspannungsseitigen Kabel und Leitungen bis zum Kurzschlussort für die Berechnung des Kurzschlussstroms herangezogen. Da die Impedanzen der Primärseite des Transformators (z. B. die Impedanzen der Hochspannungsleitungen) ignoriert werden, wird ein etwas zu hoher Kurzschlussstrom berechnet. Der hierdurch entstehende Fehler liegt für die Betrachtung des maximalen Kurzschlussstroms somit auf der sicheren Seite.

Es kann also für die folgende Betrachtung gesagt werden:

Für eine vereinfachte Berechnung wird der Strom beim dreipoligen Kurzschluss begrenzt durch die Impedanz:

- des Transformators,
- der Leitung bis zum Kurzschlussort.

Zunächst soll der Kurzschlussstrom berechnet werden, den ein bestimmter Transformator maximal (also ohne Beteiligung der Leitungsimpedanzen) liefern kann. Dazu dient folgende überschlägige Formel:

$$I_{K3} = \frac{I_{NTr} \cdot 100}{u_K} \tag{8}$$

und wenn statt des Nennstroms die Leistung des Transformators verwendet werden soll:

$$I_{K3} = \frac{S_{NTr} \cdot 100}{\sqrt{3} \cdot U \cdot u_K}$$

Dabei gilt:

I_{NTr} Nennstrom des Transformators in A
I_{K3} maximaler (dreipoliger) Kurzschlussstrom
S_{NTr} Nennleistung des Transformators in kVA
u_K Bemessungswert der Kurzschlussspannung in %
U Leiterspannung, in typischen Niederspannungs-Netzsystemen 400 V
$\sqrt{3}$ Verkettungsfaktor beim dreiphasigen Betrieb mit um 120° verschobenen Außenleiterströmen

Tabelle 3.12 dieses Buchs gibt für Transformatoren mit einer Sekundärspannung von 400 V Faktoren an, mit denen man direkt vom Nennstrom oder von der Scheinleistung des Transformators auf den maximalen Kurzschlussstrom umrechnen kann.

	I_{K3} in kA	
I_{K3} ermittelt aus folgenden Daten:	**$u_K = 4$ %**	**$u_K = 6$ %**
I_{NTr}	**$I_{NTr} \cdot 25$**	**$I_{NTr} \cdot 16{,}7$**
S_{NTr}	**$S_{NTr} \cdot 0{,}036$**	**$S_{NTr} \cdot 0{,}024$**

Tabelle 3.12 Berechnung des maximalen Kurzschlussstroms (dreipoliger Dauerkurzschlussstrom) I_{K3} bei Sekundärspannung des Transformators von 400 V und vorgegebenen u_K-Werten.
Der Wert für I_{K3} ergibt sich in kA, wenn I_{NTr} in kA bzw. S_{NTr} in kVA angegeben und mit dem entsprechenden Faktor multipliziert wird.
(Beispiel: $S_{NTr} = 630$ kVA, $u_K = 4$ % ergibt: $630 \cdot 0{,}036 = 22{,}7$ kA)

Betriebsmittel, die direkt hinter dem Transformator angeordnet sind, könnten im Extremfall mit diesem Dauerkurzschlussstrom belastet werden. In **Tabelle 3.13** dieses Buch sind übliche Transformatoren mit ihren Nennleistungen, Nennströmen und den möglichen Kurzschlussströmen (bei $u_K = 6$ % und $u_K = 4$ %) angegeben. Die Werte dieser Tabelle 3.12 sind etwas genauer als die, die sich bei der Berechnung mit der Formel (8) und den Werten aus der Tabelle 3.13 dieses Buchs ergeben.

S_{nTr}	I_{NTr}	I_{K3}		X_{Tr}		R_{Tr}
kVA	A	$u_K = 4$ % kA	$u_K = 6$ % kA	$u_K = 4$ % mΩ	$u_K = 6$ % mΩ	mΩ
160	231	**5,3**	3,7	**39,0**	58,0	16,0
250	361	**8,5**	5,8	**24,2**	37,4	9,0
315	455	**10,8**	7,4	**19,3**	30,2	6,7
400	577	**13,7**	9,4	**15,0**	23,0	5,0
500	722	**17,2**	11,7	**12,1**	19,0	3,8
630	909	**21,7**	14,8	**9,9**	15,0	2,9
1 000	1 443	34,5	**23,5**	6,4	**9,4**	1,6
1 250	1 804	43,2	**29,4**	5,1	**7,5**	1,3
1 600	2 309	55,4	**37,7**	4,0	**6,0**	1,0
2 500	3 609	86,6	**58,9**	2,7	**3,8**	0,7

Tabelle 3.13 Nennströme und dreipolige Kurzschlussströme gängiger Transformatoren. Die Werte für I_{K3} beziehen sich auf dreipolige Kurzschüsse direkt hinter dem Transformator, ohne Berücksichtigung von Leitungsimpedanzen und bei einem starren Netz. Übliche Werte wurden fett gedruckt.
Zusätzlich werden die Impedanzen der Transformatoren angegeben:
X_{Tr} Blindwiderstand (Reaktanz) des Transformators
R_{Tr} Wirkwiderstand (Resistanz) des Transformators

3.1.3.1.2 *Kurzschluss mit Berücksichtigung von Leitungsimpedanzen*

Tritt der Kurzschluss nicht direkt hinter dem Transformator auf, sind Leitungsimpedanzen zu berücksichtigen. Die Rechnung wird dadurch komplexer. An dieser Stelle soll aber eine stark vereinfachte Berechnung verwendet werden, die lediglich darüber Auskunft gibt, wie hoch der Kurzschlussstrom in etwa erwartet werden kann. In der Regel benutzt man für professionelle Berechnungen entsprechende Software-Programme. Wer jedoch verantwortungsvoll und sicher mit derartigen Programmen umgehen will, sollte die zugrundeliegenden Vorgänge in etwa nachvollziehen können. Darum soll es im Folgenden gehen.

Die Berechnungsformel mit beteiligten Kabel- und Leitungsimpedanzen lautet:

$$I_{K3} = \frac{U \cdot c_{max}}{\sqrt{3} \cdot \sqrt{R^2 + X^2}} \tag{9}$$

Dabei gilt:

R $= R_{Tr} + R_L$
X $= X_{Tr} + X_L$
R_{Tr} Wirkwiderstand des Transformators
R_L Wirkwiderstand der Leitung
X_{Tr} Blindwiderstand des Transformators
X_L Blindwiderstand der Leitung
U Leiterspannung (in typischen NS-Systemen 400 V)
$\sqrt{3}$ Verkettungsfaktor
c_{max} Spannungsfaktor für mögliche (normgerechte) Spannungsschwankungen (für den maximalen Kurzschluss sollte 1,1 gewählt werden)

Für die Berechnung mit beteiligten Kabeln bzw. Leitungen sind in **Tabelle 3.14** dieses Buchs Impedanzen gelistet. Die Werte werden als sogenannte Beläge angegeben, also als Widerstandswerte bezogen auf 1 m (oder 1 km) Leitungslänge. Für die endgültige Berechnung muss dieser Wert natürlich noch mit der tatsächlichen Länge multipliziert werden.

Beispiel

Der Kurzschlussstrom hinter einem Transformator mit 315 kVA und $u_K = 4$ % soll ermittelt werden. Dabei soll ein Kabel NYY-J 4×300 mm^2 mit einer Länge von $l = 40$ m berücksichtigt werden. Die Impedanzbeläge werden der Tabelle 3.14 dieses Buchs entnommen und die Impedanzwerte des Transformators der Tabelle 3.13 dieses Buchs.

Alternativ soll mit einem Leiterquerschnitt von 120 mm^2 gerechnet werden.

Mit $S = 300\ \text{mm}^2$:

$R = R_{Tr} + l \cdot R'_L = 6{,}7\ \text{m}\Omega + 40\ \text{m} \cdot 0{,}0601\ \text{m}\Omega/\text{m} = 9{,}1\ \text{m}\Omega$

$X = X_{Tr} + l \cdot X'_L \cdot = 19{,}3\ \text{m}\Omega + 40\ \text{m} \cdot 0{,}08\ \text{m}\Omega/\text{m} = 22{,}5\ \text{m}\Omega$

$$I_{3K} = \frac{U \cdot c_{max}}{\sqrt{3} \cdot \sqrt{R^2 + X^2}} = \frac{400\ \text{V} \cdot 1{,}1}{\sqrt{3} \cdot \sqrt{9{,}1^2 + 22{,}5^2}\ \text{m}\Omega} = \frac{440\ \text{V}}{42\ \text{m}\Omega} \approx 10{,}5\ \textbf{kA}$$

Mit $S = 120\ \text{mm}^2$:

$R = R_{Tr} + l \cdot R'_L = 6{,}7\ \text{m}\Omega + 35\ \text{m} \cdot 0{,}153\ \text{m}\Omega/\text{m} = 12{,}8\ \text{m}\Omega$

$X = X_{Tr} + l \cdot X'_L = 19{,}3\ \text{m}\Omega + 40\ \text{m} \cdot 0{,}08\ \text{m}\Omega/\text{m} = 22{,}5\ \text{m}\Omega$

$$I_{K3} = \frac{U \cdot c_{max}}{\sqrt{3} \cdot \sqrt{R^2 + X^2}} = \frac{400\ \text{V} \cdot 1{,}1}{\sqrt{3} \cdot \sqrt{12{,}8^2 + 22{,}5^2}\ \text{m}\Omega} = \frac{440\ \text{V}}{45\ \text{m}\Omega} \approx 9{,}8\ \textbf{kA}$$

Der Blindwinderstand des Transformators hat in diesen Beispielen den größten Einfluss, sodass sich der Kurzschlussstrom trotz des geringeren Querschnitts im zweiten Beispiel kaum verringert. Der Wert für den Kurzschluss direkt hinter dem Transformator nach Tabelle 3.13 dieses Buchs wird durch das beteiligte Kabel (300 mm² bzw. 120 mm²) nur unwesentlich geringer (I_{K3} = 10,8 kA).

Erst mit größeren Leitungslängen zwischen Transformator und Kurzschlussort bzw. kleineren Querschnitten verringert sich der Kurzschlussstrom merklich. Interessant ist zudem, dass im hohen Querschnittsbereich sowie in der Nähe des Transformators der Kurzschluss in erster Linie durch die Blindanteile der Impedanz bestimmt wird, während die Wirkwiderstände mit zunehmendem Querschnitt kaum noch eine Rolle spielen.

Der Grund hierfür liegt in der Tatsache begründet, dass man zwischen der „inneren Induktivität“ (Selbstinduktivität) und der „äußeren Induktivität“ unterscheiden muss. Die innere Induktivität ist die Selbstinduktivität des stromführenden Leiters und die äußere Induktivität berücksichtigt das magnetische Feld außerhalb dieses Leiters.

Wichtig ist dabei, dass in Bezug auf den Wert der inneren Induktivität bei stromführenden Rundleitern der Querschnitt der Leiter keine Rolle spielt. Die Selbstinduktivität bleibt für alle Querschnitte konstant. Dazu kommt, dass sich in mehradrigen Kabeln die magnetischen Felder der drei Außenleiter gegenseitig aufheben. Das bedeutet, es entsteht kein äußeres Feld. Deshalb bleibt der Blindwiderstand des Kabels für alle Querschnittsgrößen in etwa gleich (siehe Tabelle 3.14 dieses Buchs). Die trotzdem noch auftretenden leichten Änderungen bei größeren Querschnitten sind der Tatsache geschuldet, dass innerhalb des mehradrigen Kabels sich ein gewisses magnetisches Feld zwischen den aktiven Leitern aufbaut. Dieses kleine „interne“ Magnetfeld ist natürlich bei einem Kabel mit kleinem Querschnitt (z. B. NYY 5×1,5 mm²) anders als bei einem Kabel mit größerem Querschnitt (z. B. NYY 5×50 mm²).

<table>
<tr><th>Leiterquerschnitte
bei ein- und mehradrigen
Kabeln
mm²</th><th colspan="4">X'_L

Ω/km bzw. mΩ/m</th><th>R'_L

Ω/km bzw. mΩ/m</th></tr>
<tr><td>5×1,5</td><td colspan="4" rowspan="4">0,1</td><td>12,1</td></tr>
<tr><td>5×2,5</td><td>7,41</td></tr>
<tr><td>5×4</td><td>4,61</td></tr>
<tr><td>5×6</td><td>3,08</td></tr>
<tr><td>5×10</td><td colspan="4" rowspan="2">0,09</td><td>1,83</td></tr>
<tr><td>5×16</td><td>1,15</td></tr>
<tr><td>4×25</td><td colspan="4" rowspan="10">0,08</td><td>0,727</td></tr>
<tr><td>4×35</td><td>0,524</td></tr>
<tr><td>4×50</td><td>0,387</td></tr>
<tr><td>4×70</td><td>0,268</td></tr>
<tr><td>4×95</td><td>0,193</td></tr>
<tr><td>4×120</td><td>0,153</td></tr>
<tr><td>4×150</td><td>0,124</td></tr>
<tr><td>4×185</td><td>0,0991</td></tr>
<tr><td>4×240</td><td>0,0754</td></tr>
<tr><td>4×300</td><td>0,0601</td></tr>
<tr><td>1×50</td><td rowspan="8">0,115</td><td rowspan="8">im
Dreieck
zusam-
men
verlegt</td><td rowspan="8">0,15</td><td rowspan="8">neben-
einander
verlegt</td><td>0,387</td></tr>
<tr><td>1×70</td><td>0,268</td></tr>
<tr><td>1×95</td><td>0,193</td></tr>
<tr><td>1×120</td><td>0,153</td></tr>
<tr><td>1×150</td><td>0,124</td></tr>
<tr><td>1×185</td><td>0,0991</td></tr>
<tr><td>1×240</td><td>0,0754</td></tr>
<tr><td>1×300</td><td>0,0601</td></tr>
</table>

Tabelle 3.14 Impedanzbeläge von üblichen Kabeln bei 20 °C

Bei Drehstromkreisen aus Einzelleitern ist dies natürlich völlig anders. Hier entsteht je nach Lage und Anordnung der aktiven Leiter ein äußeres magnetisches Feld. Hier sind die Blindwiderstände also durchaus größer (siehe Tabelle 3.14 dieses Buchs).

Insgesamt kann jedoch auf alle Fälle gesagt werden, dass bei Kurzschlüssen in Transformatornähe bzw. bei größeren Leitungsquerschnitten (> 25 mm^2) die Reaktanzen der beteiligten Leiter kaum noch eine Rolle spielen. Das bedeutet auch, dass handelsübliche Messgeräte für Schleifenwiderstände bei großen Leiterquerschnitten kaum noch sinnvoll messen (siehe hierzu auch Kapitel 2.2.4 unter der Überschrift „*Schleifenwiderstandsmessungen*" dieses Buchs).

3.1.3.2 Stoßkurzschlussstrom und Einschwingvorgang beim Kurzschluss

Der Kurzschlussstrom tritt natürlich nicht sofort in voller Höhe auf. Vielmehr kommt es zu einem entsprechenden Einschwingvorgang. Innerhalb dieses Einschwingvorgangs fließt zeitweise ein sehr viel höherer Strom als der, der zuvor berechnet oder z. B. aus der Tabelle 3.13 entnommen wurde. Dabei kommt es (zeitlich) punktuell zu einem Maximalwert des Stroms. Die Rede ist vom sogenannten **Stoßkurzschlussstrom.**

Die Vorgänge bei diesem Einschwingvorgang sollte man verstehen, und den dabei sich ergebenden Stoßkurzschlussstrom sollte man überschlägig berechnen können.

Die Höhe des Stoßkurzschlussstroms kann man mit einer kurzen Formel aus dem zuvor ermittelten dreipoligen Kurzschlussstrom überschlägig berechnen:

$$i_P = 2{,}54 \cdot I_{K3} \tag{10}$$

In diesem Buch wird der Stoßkurzschlussstrom wie in einigen Normen mit i_P angegeben. Der Kleinbuchstabe „*i*" für den Strom wird verwendet, weil es sich nicht (wie sonst üblich) um einen Effektivwert handelt, sondern um eine zeitbedingte Größe. In diesem Fall geht es um einen punktuellen Wert (Augenblickswert) innerhalb des sich ständig ändernden Stroms, wie dies im **Bild 3.5** dieses Buchs dargestellt wird. Der Stoßkurzschlussstrom tritt also nur einmal am Beginn des Kurzschlussstromverlaufs auf und stellt den höchstmöglichen Wert dieses Stroms dar, der im weiteren Verlauf nie wieder erreicht wird.

Zugleich stellt dieser Stoßkurzschlussstrom die maximale mechanische Belastung für die nachfolgenden Betriebsmittel dar. Deshalb müssen sämtliche Schaltorgane und Schutzeinrichtungen diesem „Stoß" im Kurzschlussfall standhalten.

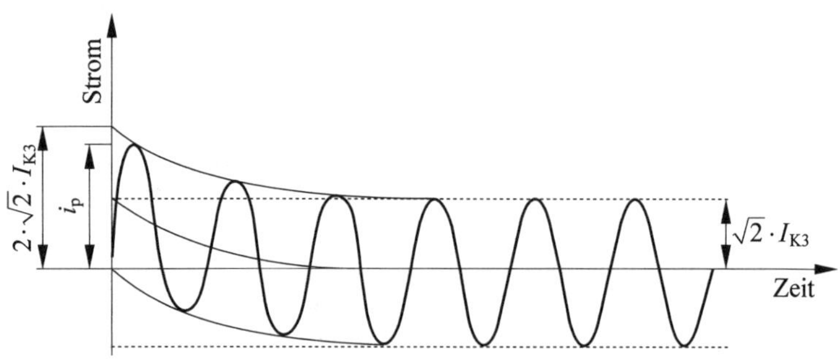

Bild 3.5 Verlauf des (generatorfernen) Kurzschlussstroms mit Angabe des punktuell auftretenden Stoßkurzschlussstroms i_P

Der Faktor 2,54 aus Formel (10) dieses Buchs ergibt sich aus der Multiplikation der beiden folgenden Werte:

- Scheitel- oder Crestfaktor

  (dieser Faktor multipliziert mit dem Effektivwert ergibt den Scheitel- bzw. Amplitudenwert; bei Sinusgrößen beträgt dieser Faktor $\sqrt{2}$)
- Gleichstromfaktor, mit dem man die Höhe des abklingenden Gleichstromglieds berechnen kann (siehe Bild 3.5 dieses Buchs)

Der überlagerte Gleichstrom entsteht durch die Reaktion der magnetischen Energie der induktiven Anteile des Netzsystems (vor allem Blindanteile (Reaktanzen) der Kabel und Leitungen und des einspeisenden Transformators). Verursacht wird diese Reaktion durch die schnelle Stromänderung im Kurzschlussfall. Meist wird der Wert für die Höhe des Gleichstromanteils aus entsprechenden Tabellen entnommen. Maximal wird dieser Faktor kaum größer als 1,8. Mit diesem Wert ergibt sich der Faktor aus Formel (10) dieses Buchs wie folgt:

$\sqrt{2} \cdot 1{,}8 \approx 2{,}54$

Beispiel:

Bei einem Transformator mit einer Scheinleistung von 315 kVA und $u_K = 4\ \%$ kann der Wert für den möglichen Stoßkurzschlussstrom mit der Formel (10) und dem Wert für I_{K3} aus Tabelle 3.13 berechnet werden:

I_{K3} – 10,8 kA (nach Tabclle 3.13 dieses Buchs)

i_P – 2,54 · 10,8 kA = 27,4 kA

Für diesen Maximalwert sind die Betriebsmittel hinter dem Transformator auszulegen.

Die Berechnung des Stoßkurzschlussstroms ist, wie zuvor gesagt, vor allem für die Festlegung der mechanischen Festigkeit der nachgeordneten Betriebsmittel wichtig. Die Wirkung des Stoßkurzschlussstroms kann dazu beitragen, dass eine Beschädigung eintritt, die Lichtbögen oder brandgefährliche Isolationsfehler hervorruft. Insofern ist die Frage nach der Stoßkurzschlussstromfestigkeit immer auch eine Frage des Brandschutzes.

3.1.3.3 Durchlassstrom i_D von Überstrom-Schutzeinrichtungen

Der zuvor erwähnte anfängliche Stoßkurzschlussstrom tritt, wie dies im Bild 3.5 dargestellt ist, während der ersten Hälfte der Periode des sinusförmig verlaufenden Stroms auf. Die Dauer einer halben Periode ist bei einer Netzfrequenz von $f = 50$ Hz bekanntlich 10 ms. Wenn eine Überstrom-Schutzeinrichtung den hohen Stoßkurzschlussstrom begrenzen soll, müsste sie deshalb in der Lage sein, in weniger als

10 ms eine Abschaltung einzuleiten. Findet die Abschaltung später statt, hat der Strom bereits sein Maximum (den Stoßkurzschlussstrom) erreicht und wird zunehmend kleiner, oder er hat sich bereits auf den Dauerkurzschlussstrom eingependelt. Die Überstrom-Schutzeinrichtung wirkt in diesem Fall nicht mehr „strombegrenzend“ sondern lediglich „zeitbegrenzend“.

Typische Schmelzsicherungen schalten mit zunehmendem Kurzschlussstrom immer schneller. Ab einer bestimmten Höhe des Kurzschlussstroms findet die Abschaltung tatsächlich innerhalb der zuvor erwähnten Zeit von 10 ms statt. Ab dieser Stromhöhe wäre die Sicherung somit tatsächlich strombegrenzend. Es entsteht bei dieser frühzeitigen Abschaltung immer noch ein Strommaximum, das allerdings geringer ausfällt; aus dem Stoßkurzschlussstrom i_P wird der sogenannte Durchlassstrom i_D (siehe **Bild 3.6**). Auch ein Leistungsschalter kann strombegrenzend sein, wenn er eine Abschaltung innerhalb von 10 ms ermöglicht. Hierfür werden spezielle strombegrenzende Leistungsschalter am Markt angeboten.

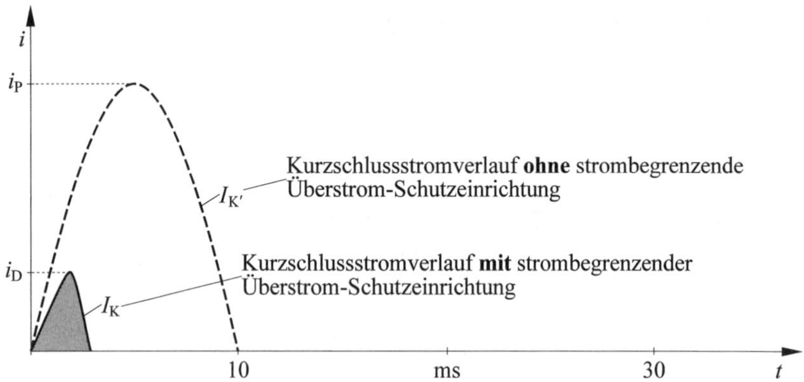

Bild 3.6 Darstellung der Strombegrenzung durch eine strombegrenzende Überstrom-Schutzeinrichtung bei Auslösung im Kurzschlussfall. Aus dem hohen Wert für i_P wird der durch die Schutzeinrichtung begrenzte Wert i_D (Durchlassstrom).

Im **Bild 3.7** dieses Buchs wird die Strombegrenzung grafisch dargestellt: Die obere Linie (mit Gleichstromglied) gibt an, welcher maximale Stromwert (Stoßkurzschlussstrom i_P auf der y-Achse) bei welchem Kurzschlussstrom (I_{K3} auf der x-Achse) ohne Strombegrenzung entstehen würde. Zwischen den Werten auf der x-Achse und den auf der y-Achse liegt der im vorherigen Kapitel 3.1.3.1 beschriebene Faktor von 2,54.

Betrachtet man allerdings eine bestimmte Sicherung, wird in Bild 3.6 deutlich, dass die entsprechende Kennlinie ab einer bestimmten Kurzschluss-Stromhöhe (auf der x-Achse) von der oberen Linie abknickt. Die Sicherung wird ab dieser Stromhöhe strombegrenzend, da sie ab dieser Stromhöhe innerhalb der ersten Halbschwingung ($t_a \leq 10$ ms) abschalten wird. Die abknickende Kennlinie der betrachteten Sicherung

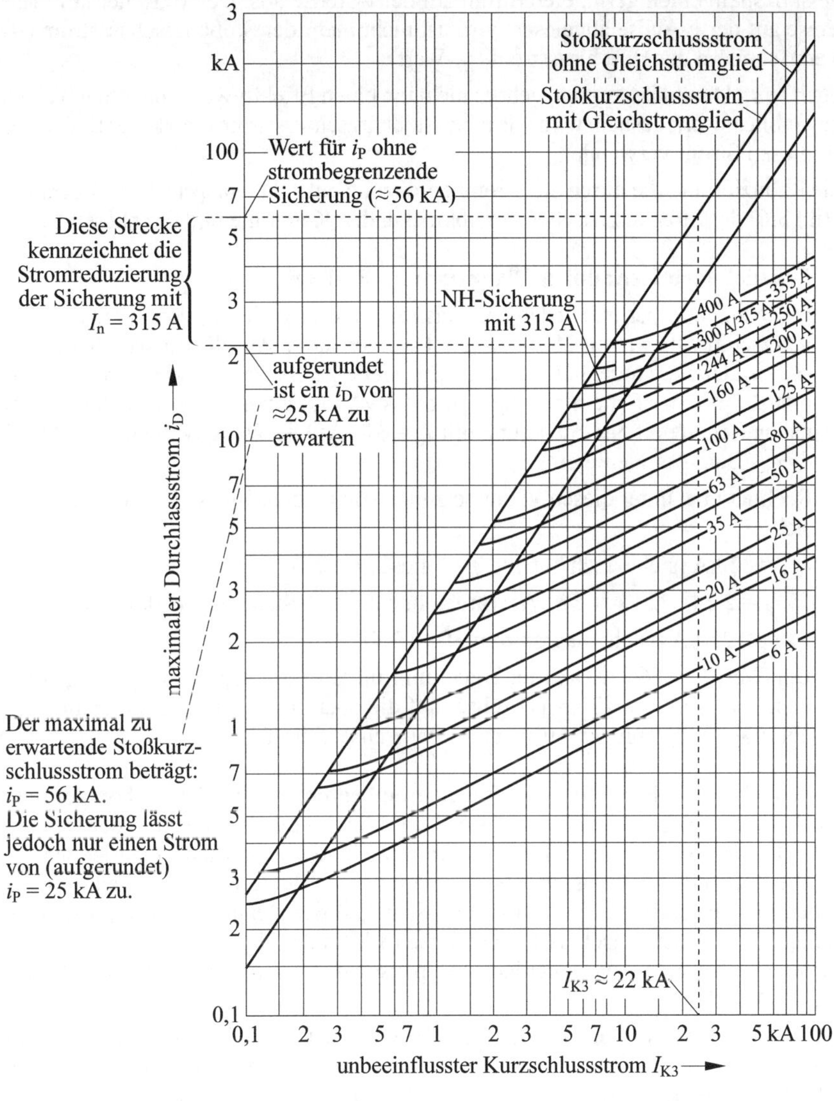

Bild 3.7 Durchlassstrom-Kennlinien von NH-Sicherungen mit Ablesebeispiel für einen Kurzschluss von 22 kA und einer Sicherung mit $I_n = 315$ A

weist deshalb einen geringeren Strom auf der y-Achse aus. Der Wert, der auf diese Weise auf der y-Achse abgelesen wird, ist nicht mehr der Stoßkurzschussstrom (i_P-Wert), sondern der Durchlassstrom (i_D-Wert).

Auch beim Durchlassstrom i_D geht es nicht um einen Effektivwert, sondern um einen Augenblickswert; deshalb wird wie beim Stoßkurzschlussstrom ein kleiner Buchstabe für diesen Strom verwendet.

Die Reduzierung, die durch die Strombegrenzung entsteht, entspricht im Diagramm (Bild 3.6) der Strecke zwischen der abknickenden Kennlinie und der oberen Linie.

Beispiel nach Kennlinien-Diagramm im Bild 3.6

Der Netzbetreiber gab bislang an, dass am Hausanschlusskasten ein maximaler Kurzschlussstrom von 25 kA erwartet werden kann. Auf diesen Wert hatte man sich in der Vergangenheit geeinigt. Zugrunde gelegt wurde dabei ein Transformator mit einer Scheinleistung von 630 kVA und einem $u_K = 4\ \%$ sowie einer nachgeschalteten NH-Sicherung mit $I_n = 315$ A. Die Werte wurden im Bild 3.7 dieses Buchs eingetragen.

Rechnet man unter diesen Voraussetzungen den Kurzschlussstrom aus, so ergibt sich:

$I_{K3} \approx 22$ kA (siehe auch Tabelle 3.13 dieses Buchs)

$\Rightarrow i_P = 2{,}54 \cdot 22$ kA ≈ 56 kA (würde ohne die NH-Sicherung vorkommen)

$\Rightarrow i_D \approx 25$ kA (nach Diagramm im Bild 3.7)

Der Wert $i_P = 56$ kA kann im Diagramm im Bild 3.7 abgelesen werden, wenn man den Wert von 22 kA (x-Achse) auf die obere Linie (mit Gleichstromglied) überträgt und dann den Strom auf der y-Achse abliest.

Moderne LS-Schalter sind in der Regel strombegrenzend, weil sie schon vor dem ersten Nulldurchgang abschalten, also noch während der ersten Hälfte der Netzperiode. Da sie in der Regel in Endstromkreisen eingesetzt werden, spielt jedoch der genaue Wert des Durchlassstroms i_D eine untergeordnete Rolle. Deshalb wird er in den meisten technischen Informationsschriften der Hersteller nicht angegeben. In den Technischen Anschlussbedingungen (TABs) der Netzbetreiber wird für LS-Schalter im Stromkreisverteiler lediglich pauschal eine Kurzschlussstromfestigkeit von 6 kA verlangt.

Sofern strombegrenzende Leistungsschalter vorgesehen werden, können die Durchlassströme i_D aus Herstellerunterlagen entnommen werden. Man benötigt dann lediglich den unbeeinflussten Kurzschlussstrom I_{K3}, um den entsprechenden Durchlassstromwert i_D ermitteln zu können, z. B. aus einem Diagramm in der technischen Informationen zum Leistungsschalter. Möglicherweise wird der Durchlassstrom in solchen Unterlagen mit einer anderen Bezeichnung dargestellt (z. B. I_{LT}).

3.1.3.4 $I^2 \cdot t$-Wert von Überstrom-Schutzeinrichtungen

Solange ein Gleichstromglied den Kurzschlussstrom überlagert (siehe Bild 3.5 dieses Buchs), kann kein Effektivwert des Stroms angegeben werden. Denn während dieser Überlagerung ist der Effektivwert keine konstante Größe, sondern ändert sich zeitlich. In der Regel wirkt das Gleichstromglied während etwa fünf Netzperioden, bei der Netzfrequenz 50 Hz also 100 ms. Innerhalb dieser Zeit kann deshalb kein Wert für den Kurzschlussstrom angegeben werden, den man für die Berechnung mit irgendeiner Formel heranziehen könnte. Um die Wirkung des Kurzschlussstroms jedoch auch innerhalb der ersten 100 ms bewerten zu können, rechnet man mit der Kurzschlussenergie, d. h. mit dem sogenannten $I^2 \cdot t$-Wert.

Mit anderen Worten: Bei hohen Kurzschlussströmen, die eine Abschaltung der Überstrom-Schutzeinrichtung innerhalb der ersten 100 ms hervorrufen würden, nimmt man zur Bewertung der Belastung der nachgeschalteten Kabel und Leitungen sowie sonstigen Betriebsmittel den Energiewert, den die strombegrenzende Überstrom-Schutzeinrichtung während des Ausschaltvorgangs bis zur absoluten Stromfreiheit noch durchlässt.

Dargestellt wird diese Energie durch das Quadrat des Stroms multipliziert mit der Zeit; das Ergebnis wird als $I^2 \cdot t$-Wert bezeichnet. Als Beispiel sind in der **Tabelle 3.15** dieses Buchs die $I^2 \cdot t$-Werte von NH-Sicherungen angegeben.

I_n in A	$I^2 \cdot t$-Wert in A^2s
4	**68**
6	**194**
10	**640**
16	**1 210**
20	**2 500**
25	**4 000**
35	**6 750**
40	**9 000**
50	**13 700**
63	**21 200**
80	**36 000**
100	**64 000**

I_n in A	$I^2 \cdot t$-Wert in A^2s
125	**104 000**
160	**185 000**
200	**302 000**
224	**412 000**
250	**557 000**
315	**900 000**
400	**160 000**
500	**2 700 000**
630	**5 470 000**
800	**10 000 000**
1 000	**17 400 000**
1 250	**33 100 000**

Tabelle 3.15 Obere Grenze der $I^2 \cdot t$-Werte (Gesamtausschaltwerte); die Werte wurden der Tabelle 113 aus VDE 0636-2 entnommen

Die Werte in dieser Tabelle 3.15 sind sogenannte „Gesamtausschaltwerte“. Daneben gibt es auch die sogenannten „Schmelzwerte“, die angeben, bei welchem Energiewert der Schmelzfaden in der NH-Sicherung schmilzt. Nach dem Schmelzvorgang kommt es zu einem Lichtbogen an der Trennstelle im Inneren (in der Löschkammer) der NH-Sicherung. Über diesen Lichtbogen fließt deshalb noch weiterhin Strom über die angeschlossenen Kabel und Leitungen zum Ort des Kurzschlusses. Die Energie, die ab dem Eintritt des Kurzschlusses bis zum Verlöschen des Lichtbogens über die Sicherung fließt und auf die angeschlossenen Kabel und Leitungen wirkt, entspricht dem Gesamtausschalt-$I^2 \cdot t$-Wert nach Tabelle 3.15 dieses Buchs.

Bei LS-Schaltern wird dieser Wert in Diagrammen angegeben (siehe **Bild 3.8** dieses Buchs), die der Hersteller in den technischen Unterlagen über sein Produkt macht.

Bei Leistungsschaltern ist man auf Herstellerangaben angewiesen. Ein Beispiel zeigt **Bild 3.9** dieses Buchs.

3.1.3.5 Strombelastbarkeit von Kabeln und Leitungen bei Kurzschluss

3.1.3.5.1 Einführung

Für den Kurzschluss (nicht den Körperschluss) gibt es keine pauschale Angabe zu einer maximalen Ausschaltzeit. DIN VDE 0100-430 fordert lediglich, dass die Isolation im Kurzschlussfall nicht beschädigt werden darf. Die Wirkung des Kurzschlussstroms muss also daraufhin bewertet werden. Um dies zu gewährleisten, muss zunächst geklärt werden, welche Energie die Isolation der zu schützenden Kabel und Leitungen aushält. Die Energie, die im Kurzschlussfall bis zur endgültigen Abschaltung auf die Kabel und Leitungen wirkt, muss selbstverständlich kleiner sein als die Energie, die deren Isolation ohne Vorschädigungen maximal standhält.

Ist die maximal zulässige Energie bekannt, wird nur noch zwischen Kurzschlüssen unterschieden, die durch eine Überstrom-Schutzeinrichtung innerhalb von $t_a \leq 100$ ms abgeschaltet werden, und solchen, deren Abschaltung erst später ($t_a > 100$ ms) möglich ist. Diese Unterscheidung ist deshalb wichtig, weil innerhalb von 100 ms noch das Gleichstromglied wirkt und deshalb kein Kurzschlussstrom angegeben werden kann. Vielmehr muss hier mit den Energiewerten gerechnet werden (siehe vorheriges Kapitel 3.1.3.4).

Weiterhin muss betont werden, dass die nachfolgenden Überlegungen sowie die Formel (11) dieses Buchs nur für Kurzschlusszeiten bis 5 s Gültigkeit besitzen. Diese zeitliche Grenze hat nichts mit einer geforderten Abschaltzeit zu tun, wie sie beim Schutz gegen elektrischen Schlag nach DIN VDE 0100-410 gefordert wird. Die folgenden Überlegungen sowie Formel (11) gehen von der sogenannten „adiabatischen“ Erwärmung aus, also einer Erwärmung, die sich ausschließlich in einem geschlossenen System auswirkt (in diesem Fall innerhalb des stromführenden Leiters). Sobald die Wärme in bedeutendem Umfang an die Umgebung abgeführt wird, sind die Verhältnisse derart komplex, dass eine Berechnung nicht mehr möglich ist. Man geht davon aus, dass nach spätestens 5 s keine adiabatische Erwärmung mehr vorausgesetzt werden kann. Nach dieser Zeit ist also keine sichere Aussage über die thermische Belastung der Isolation möglich.

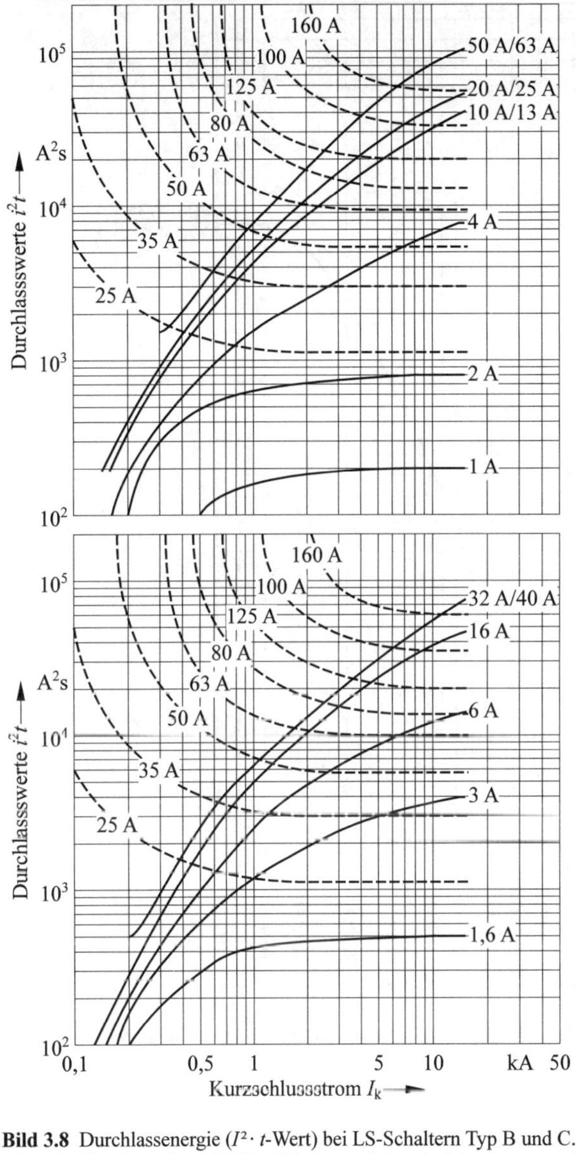

Bild 3.8 Durchlassenergie ($I^2 \cdot t$-Wert) bei LS-Schaltern Typ B und C. Die gestrichelten Linien geben im Vergleich dazu die $I^2 \cdot t$-Werte von Schmelzsicherungen an. Rechts vom Schnittpunkt einer gestrichelten Schmelzsicherungs-Linie mit der Linie eines LS-Schalters wird die jeweilige Schmelzsicherung schneller schalten als der LS-Schalter.
(Quelle: Technische Daten der Firma ABB zu Sicherungsautomaten, Baureihen S 200 und S 200 M)

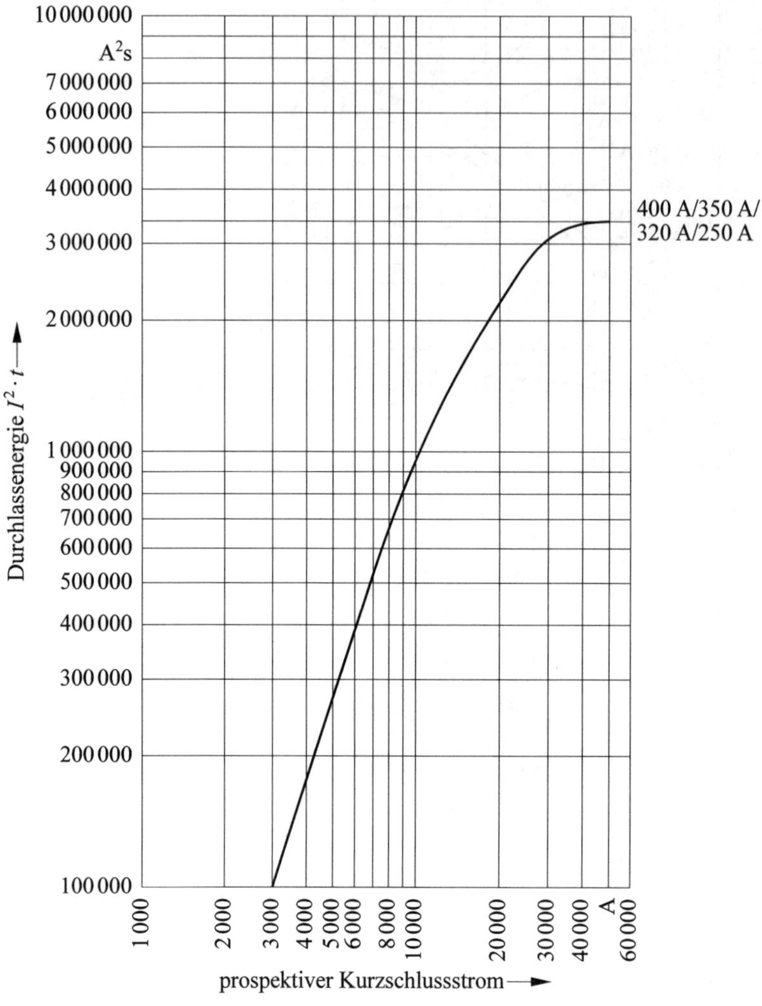

Bild 3.9 Durchlassenergie ($I^2 \cdot t$-Wert) bei Leistungsschaltern am Beispiel eines Siemens-Leistungsschalters (Baureihe BZM 3)

Zunächst soll die Energie ermittelt werden, die eine Isolation maximal aushält. In der Regel geschieht dies über eine Berechnungsformel, bei der ein entsprechender Faktor die Grenzen der Belastbarkeit vorgibt. Dieser Faktor wird mit *k* angegeben. Er berücksichtigt:

- den Widerstand des Leiters,
- dessen Temperaturkoeffizient und Wärmekapazität,
- die entsprechende Anfangs- und Endtemperatur im Kurzschlussfall.

Die Anfangstemperatur ist zugleich die maximale Betriebstemperatur des Kabels (der Leitung); sie wird mit ϑ_i angegeben. Die Endtemperatur im Kurzschlussfall ist, wie die Betriebstemperatur, vom Kabel- bzw. Leitungstyp abhängig und darf nicht überschritten werden; sie wird mit ϑ_f angegeben. Beide Temperaturen werden vom Hersteller des Kabels (der Leitung) vorgegeben. Für typische PVC-Isolationen (NYY, NYM, NYCWY) sind dies z. B.:

$\vartheta_i = 70\ °C$

$\vartheta_f = 160\ °C$

Die maximal zulässige Energie für die Isolation ergibt sich mit dem Faktor *k* aus folgendem Zusammenhang:

$$(\boldsymbol{k \cdot S})^2$$

Dabei gilt:

S Leiterquerschnitt in mm^2
k Faktor für die Bewertung der thermischen Belastung der Isolation

In DIN VDE 0100-540 findet man im Anhang A die Berechnung für den Faktor *k*. Diese Berechnung ist relativ komplex und soll hier nicht im Einzelnen nachvollzogen werden.

Allerdings korrespondiert der Faktor *k* auch mit einem anderen Wert – der „**Bemessungs-Kurzzeitstromdichte**" $\boldsymbol{J_{thr}}$, sofern diese in A/mm² angegeben und auf eine Kurzschlussdauer von 1 s bezogen wird. Die Werte für J_{thr} sind in DIN VDE 0276-603 erfasst worden (siehe **Tabelle 3.16** und **Tabelle 3.17** dieses Buchs).

Die Bemessungs-Kurzzeitstromdichte J_{thr} entspricht dem Faktor *k* allerdings nur als dimensionsloser Zahlenwert. Die Dimensionen von *k* und J_{thr} unterscheiden sich jedoch. Der Grund ist, dass in *k* bereits die Zeit enthalten ist; deshalb hat *k* auch folgende merkwürdige Dimension:

$$\frac{\mathrm{A}\sqrt{\mathrm{s}}}{\mathrm{mm}^2}$$

Kabel mit	zulässige Kurzschlusstemperatur in °C	Leitertemperatur zu Beginn des Kurzschlusses in °C					
		70	60	50	40	30	20
		Bemessungs-Kurzzeitstromdichte in A/mm^2 für eine Bemessungs-Kurzschlussdauer von 1 s					
Kupferleiter							
$\leq 300\ mm^2$ $> 300\ mm^2$	160 140	115 103	122 111	129 118	136 126	143 133	150 140
Aluminiumleiter							
$\leq 300\ mm^2$ $> 300\ mm^2$	160 140	76 68	81 73	85 78	90 83	95 88	99 93

Tabelle 3.16 Bemessungs-Kurzzeitstromdichte für PVC-Isolationen
(Quelle: DIN VDE 0276-603)

Kabel mit	zulässige Kurzschlusstemperatur in °C	Leitertemperatur zu Beginn des Kurzschlusses in °C							
		90	80	70	60	50	40	30	20
		Bemessungs-Kurzzeitstromdichte in A/mm^2 für eine Bemessungs-Kurzschlussdauer von 1 s							
Kupferleiter	250	143	149	154	159	165	170	176	181
Aluminiumleiter	250	94	98	102	105	109	113	116	120

Tabelle 3.17 Bemessungs-Kurzzeitstromdichte für VPE-Isolationen
(Quelle: DIN VDE 0276-603)

Beispiel:

Für typische PVC-Isolationen (z. B. NYM, NYY) mit Leiterquerschnitten $< 300\ mm^2$ gilt:

$k = 115\ \frac{A\sqrt{s}}{mm^2}$ (siehe Tabelle A.54.4 aus DIN VDE 0100-540)

$J_{th} = 115\ \frac{A}{mm^2}$ (siehe Tabelle 3.16 dieses Buchs)

In der Praxis wird die vorgenannte Dimension von k kaum beachtet. Wenn man in Formel (11) den $I^2 \cdot t$-Wert in $A^2 \cdot s$ angibt und den Querschnitt in mm^2, kann k ganz einfach als Zahlenwert aus der Tabelle (z. B. aus Tabelle 3.16 dieses Buchs) entnommen werden.

In **Tabelle 3.18** dieses Buchs werden Werte für die maximale Energie von üblichen Kabeln und Leitungen angegeben. Will man bewerten, ob eine Überstrom-Schutzeinrichtung im Kurzschlussfall das angeschlossene Kabel (oder die Leitung) bei hohen Kurzschlüssen sicher schützt, müssen die Werte aus Tabelle 3.18 mithilfe der Formel (11) mit den Energiewerten verglichen werden, die die Überstrom-Schutzeinrichtung beim Ausschaltvorgang noch hindurchlässt. Bei Schmelzsicherungen kann dies durch einen Vergleich der Werte aus Tabelle 3.15 dieses Buchs mit den Werten aus Tabelle 3.18 dieses Buchs geschehen. Bei LS-Schaltern und Leistungsschaltern müssen die entsprechenden Diagramme der Hersteller zurate gezogen werden.

Offen bleibt die Frage, ab wann eine Auslösung innerhalb von 100 ms erwartet werden kann. Bei einem Leistungsschalter und LS-Schalter wird dies automatisch durch die Einstellung am Leistungsschalter bzw. durch die Wahl des LS-Schalter-Typs festgelegt. Sobald die Schnellauslösung dieser Schaltgeräte einsetzt, wird eine Ausschaltung in weniger als 100 ms erwartet. Außerdem sind bei Leistungsschaltern noch Herstellerangaben zu beachten, besonders dann, wenn einem Leistungsschalter ein „unabhängiger Maximalstromzeitschutz" (UMZ) hinzugefügt wurde, mit dem eine einstellbare Ausschaltverzögerung möglich ist.

Bei Schmelzsicherungen kann dies aus deren Kennlinie des Zeit/Strom-Bereichs abgeleitet werden (siehe **Bild 3.10** dieses Buchs). Die *y*-Achse (Zeitachse) beginnt in der Regel bei 100 ms. Dort, wo die Auslösekennlinien auf die *x*-Achse treffen, kann der Strom abgelesen werden, ab dem eine Auslösung in einer Zeit unter 100 ms möglich ist.

Beispiel:

Nach Bild 3.10 dieses Buchs löst eine Sicherung mit einem Nennstrom von 25 A ab einem Strom von mindestens 260 A in weniger als 100 ms aus.

S mm^2	PVC $A^2 \cdot s$	VPE / ERP $A^2 \cdot s$	Naturkautschuk $A^2 \cdot s$
1,5	29 800	46 000	44 700
2,5	82 700	127 800	124 300
4	211 600	327 200	318 100
6	476 100	736 200	715 700
10	1 322 500	2 044 900	1 988 100
16	3 385 600	5 234 900	5 089 500
25	8 265 600	12 780 600	12 425 600
35	16 200 600	25 050 000	24 354 200
50	33 062 500	51 122 500	49 702 500
70	64 802 500	100 200 100	97 416 900
95	119 355 600	184 552 200	179 426 000
120	190 440 000	294 465 600	286 286 400
150	297 562 500	460 102 500	447 322 500
185	452 625 600	699 867 000	680 427 200
240	761 760 000	1 177 862 400	1 145 145 600
300	1 190 250 000	1 840 410 000	1 789 290 000

Tabelle 3.18 Maximaler Energiewert $(k \cdot S)^2$ von verschiedenen Kabeln und Leitungen bei verschiedenen Isolationen und Querschnittsgrößen

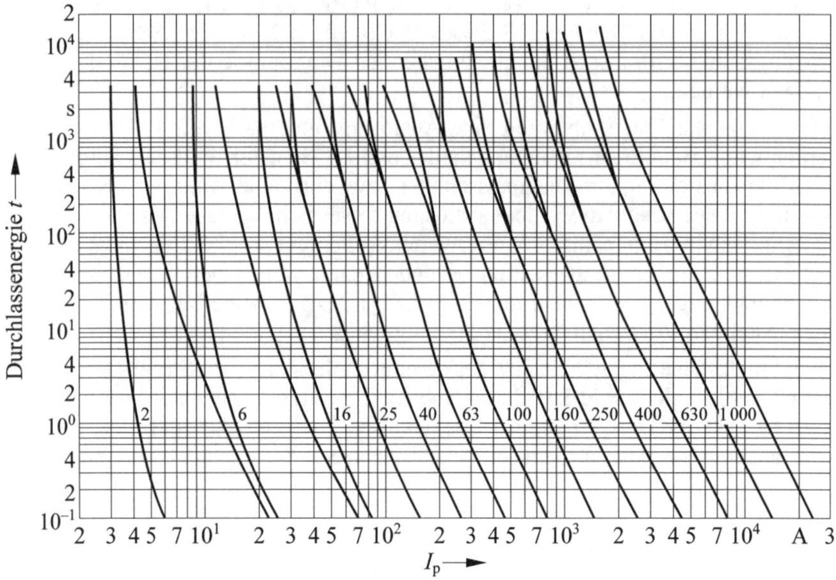

Bild 3.10 Beispiel von Auslösekennlinien von NH-Sicherungen (Quelle: VDE 0636-2, Bild 104)

Hintergrund zum Vergleich zwischen *k* und der Bemessungs-Kurzzeitstromdichte J_{thr}

Um die Wirkung eines Kurzschlussstroms zu bewerten, wird zunächst ein „*thermisch wirksamer Kurzschlussstrom*" I_{th} definiert, der im Gegensatz zum realen Kurzschlussstrom von Beginn an einen konstanten Wert aufweist. Dieser fiktive Strom wird als Effektivwert eines Kurzschluss-Wechselstroms angegeben und weist folgende drei Besonderheiten auf:

(1) Im Gegensatz zum tatsächlichen Kurzschlussstrom im Einschwingvorgang wirkt bei ihm kein Gleichstromglied.

(2) Er fließt über die Dauer der realen Kurzschlusszeit t_K (also bis zur Abschaltung).

(3) Seine Wirkung entspricht der Wirkung des tatsächlichen Kurzschlussstroms (mit Gleichstromglied).

Diesen Strom I_{th} kann man wie folgt berechnen:

$$I_{th} = I_k \cdot \sqrt{m+n}$$

Dabei ist:

m Faktor, der von der Höhe des Gleichstromanteils abhängt
n Faktor, der den Einfluss des Generators angibt (bei generatorfernem Kurzschluss ist $n = 1$)
I_K Dauerkurzschlussstrom (berechnet oder aus Tabelle entnommen)

Da im Niederspannungsbereich in der Regel von einem generatorfernen Kurzschluss ausgegangen wird, wäre stets $n = 1$.

$\Rightarrow I_{th} = I_K \cdot \sqrt{m+1}$ (für Kurzschlüsse in typischen Niederspannungsnetzen)

Der Faktor m ist abhängig von der Höhe des Gleichstromglieds. Nach 100 ms kann dieser Gleichstrom allerdings vernachlässigt werden (siehe Kapitel 3.1.3.1 dieses Buchs). Das bedeutet, dass nach einer Kurzschlussdauer von 100 ms Folgendes gilt:

$$I_{th} = I_K \cdot \sqrt{0+1} = I_K$$

Für die Bewertung des Kurzschlussstroms während des Einschwingvorgangs wird die Wirkung des Kurzschlusses während einer Kurzschlussdauer von $t_{kr} = 1$ s betrachtet. In diesem Fall spricht man vom *thermisch wirksamen Kurzschlussstrom* I_{thr}. Hierbei geht es um den Effektivwert eines Wechsel-Kurzschlussstroms, für den folgende drei Besonderheiten gelten:

(1) Wie bei I_{th} weist auch dieser Strom (I_{thr}) im Gegensatz zum tatsächlichen Kurzschlussstrom im Einschwingvorgang kein Gleichstromglied auf.

(2) Er wird nur für die Dauer von 1 s betrachtet. Diese Zeit wird mit t_{kr} angegeben.

(3) Dieser Strom I_{thr} ist maximal so hoch, dass er den angeschlossenen Leiter während der Dauer von 1 s (t_{kr}) thermisch nicht überlasten kann.

Mit dem Leiterquerschnitt S ergibt sich daraus die **Bemessungs-Kurzzeitstromdichte**:

$\boldsymbol{J}_{thr} = \dfrac{\boldsymbol{I}_{thr}}{\boldsymbol{S}}$ (Stromdichte für einen Strom über 1 s, der die Isolation nicht beschädigt)

Die Formel (11) dieses Buchs lautete: $\boldsymbol{I^2 \cdot t \leq (k \cdot S)^2}$ Aus dieser Formel kann man ebenfalls durch Umstellen eine Kurzschlussstromdichte errechnen. Auch in diesem Fall wäre dies eine Stromdichte, die die Isolation der beteiligten Leiter gerade noch aushält:

$$\boldsymbol{I^2 \cdot t \leq (k \cdot S)^2}$$

$$\frac{I^2}{S^2} \leq \frac{k^2}{t}$$

Zieht man die Wurzel, ergibt sich die Stromdichte J zu:

$$J = \frac{I}{S} \leq \frac{k}{\sqrt{t}}$$

Da es jedoch auch hier um die maximal mögliche Kurzschlussstromdichte geht, kann man schreiben:

$$J = J_{\text{thr}} \leq \frac{k}{\sqrt{t_{\text{kr}}}}$$

Weil J_{thr} für 1 s definiert ist, kann behauptet werden:

$$\boldsymbol{J_{\text{thr}} = \frac{k}{\sqrt{1\,\text{s}}}}$$

⇒ Zahlenmäßig stimmen J_{thr} und k überein; nur die Dimension unterscheidet sich durch $\sqrt{\text{s}}$.

3.1.3.5.2 Strombelastbarkeit bei Kurzschlüssen bei einer Abschaltung ≤ 100 ms

Die Berechnungsformel, die den Schutz der Isolation bei Kurzschluss sicherstellen soll, ergibt sich aus der Überlegung im vorhergehenden Kapitel 3.1.3.5.1 wie folgt:

$$I^2 \cdot t \leq (k \cdot S)^2 \tag{11}$$

Bei Abschaltungen innerhalb von 100 ms muss der linke Energiewert ($I^2 \cdot t$-Wert) mit dem rechten Energiewert ($k \cdot S$) verglichen werden, da ein Effektivwert für den Kurzschlussstrom nicht angegeben werden kann, solange das Gleichstromglied wirkt. Dieser Vergleich wäre möglich durch einen Vergleich der Werte aus Tabelle 3.18 dieses Buchs mit:

- den Werten aus Tabelle 3.15 (bei Schmelzsicherungen) oder
- den $I^2 \cdot t$-Werten der LS-Schalter oder Leistungsschalter nach Herstellerangaben.

Beispiel:

In einer Verteilung ist für einen Betriebsbereich eine NH-Sicherung mit $I_n = 63$ A vorgeschaltet worden. Es soll geprüft werden, ob bei hohen Kurzschlüssen, die innerhalb von 100 ms abgeschaltet werden, die Leitungen der Endstromkreise (NYM) noch sicher geschützt sind.

Bei fester Installation beträgt der kleinste Leitungsquerschnitt 1,5 mm². Aus Tabelle 3.18 dieses Buchs kann für diesen Querschnitt bei PVC-Isolationen (NYM) ein zulässiger Energiewert von 29 800 A^2s entnommen werden. Die 63-A-Sicherung hat nach Tabelle 3.15 dieses Buchs einen Energie-Durchlasswert von 21 200 A^2s. Das bedeutet, dass Leitungsquerschnitte ab 1,5 mm^2 durch die vorgeschaltete Sicherung bei hohen Kurzschlüssen geschützt sind.

***Hinweis**: Natürlich gilt diese Überlegung nur für Kurzschlüsse, die innerhalb von 100 ms abgeschaltet werden können. Kleinere Kurzschlussströme benötigen unter Umständen eine längere Abschaltzeit. Für diesen Fall gilt diese Überlegung also nicht.*

3.1.3.5.3 Strombelastbarkeit bei Kurzschlüssen und einer Abschaltung > 100 ms

Bei Kurzschlüssen (besonders in Endstromkreisen), die so gering sind, dass eine Abschaltung innerhalb von 100 ms nicht möglich ist, muss Formel (11) nach der maximal möglichen Abschaltzeit umgestellt werden:

$$I^2 \cdot t \leq (k \cdot S)^2$$

$$t \leq \frac{(k \cdot S)^2}{I^2} \qquad (12)$$

Die Zeit t, die mit Formel (12) errechnet wird, stellt die maximale Zeit dar, innerhalb der die Überstrom-Schutzeinrichtung den Kurzschluss abgeschaltet haben muss.

Kleinere Kurzschlüsse kommen besonders in Endstromkreisen vor. Sobald Schmelzsicherungen zum Schutz eingesetzt sind, muss anhand der entsprechenden Abschaltkennlinie (siehe Bild 3.10 dieses Buchs) überprüft werden, ob die Abschaltung beim jeweiligen Kurzschlussstrom früh genug erfolgt. Auch bei einem Leistungsschalter [besonders mit eingebautem UMZ (unabhängiger Maximalstromzeitschutz), der eine vorgegebene Ausschaltverzögerung verursachen kann] muss geprüft werden, ob eine Abschaltung nach 100 ms erfolgt.

Beispiel 1:

Es soll überprüft werden, ob eine Leitung NYM-J 5×2,5 mm^2 durch eine vorgeschaltete Sicherung gegen Kurzschluss geschützt wird. Der Überstromschutz wird durch eine NH-Sicherung mit einem Nennstrom von 25 A sichergestellt. Der zu erwartende Kurzschlussstrom ist verhältnismäßig gering und muss mit 180 A veranschlagt werden.

Nach Tabelle 3.18 dieses Buchs beträgt die maximal mögliche Energie für die erwähnte Leitung 82 700 A^2s. Die Sicherung wird nach Bild 3.10 zur Abschaltung deutlich länger benötigen als 100 ms. Aus der Abschaltkennlinie in Bild 3.10 kann abgelesen werden:

$t_a = 400$ ms

Nun muss geprüft werden, ob die Isolation der Leitung innerhalb dieser Ausschaltzeit mit einer zu großen Energie belastet wird. Mit Formel (12) wird die maximale Zeit bei einem Kurzschlussstrom von 180 A errechnet:

$$t \leq \frac{(k \cdot S)^2}{I^2} = \frac{82\,700\ \mathrm{A^2s}}{180^2\ \mathrm{A}^2} = 2{,}6\ \mathrm{s}$$

Die Leitung ist tatsächlich geschützt, da sie einem Strom von 180 A mindestens 2,6 s standhält und die Abschaltung in maximal 400 ms erfolgen wird.

Beispiel 2:

Ein Transformator mit folgenden Daten versorgt eine Niederspannungs-Hauptverteilung (NHV):

400 kVA, $u_K = 4$

Entsprechend der nachfolgenden Skizze erfolgt die Versorgung der NHV im Stich über eine Strecke von $l = 40$ m mit einadrigen Kabeln NYY $4 \times 1 \times 150$ mm^2.

$R'_L = 0{,}124 \frac{\mathrm{m\Omega}}{\mathrm{m}}$ (Wirkwiderstandsbelag nach Tabelle 3.14)

$X'_L = 0{,}15 \frac{\mathrm{m\Omega}}{\mathrm{m}}$ (Blindwiderstandsbelag nach Tabelle 3.14 – Verlegung nebeneinander)

In der NHV wird eine NH-Eingangssicherung vorgesehen mit $I_n = 315$ A

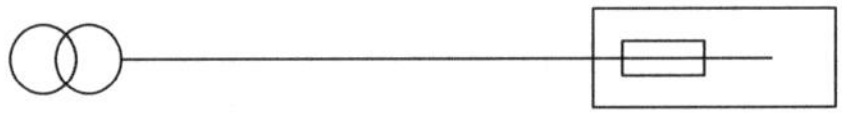

Frage 1: Wie hoch sind überschlägig I_{K3} und i_P direkt hinter dem Transformator?

Frage 2: Wie hoch sind überschlägig I_{K3} und i_P direkt vor der NHV?

Frage 3: Wie hoch ist in etwa der Durchlassstrom i_D in der NHV hinter der NH-Sicherung?

Frage 4: Wie sind die einadrigen Kabel zwischen Transformator und NHV geschützt?

Primärseitig gibt es eine HH-Sicherung, die einen hohen Kurzschluss auch auf der Sekundärseite des Transformators in maximal 2 s abschalten kann. Reicht diese Zeit oder wird die Leitung im Kurzschlussfall vorgeschädigt?

Zu Frage 1:

Nach Formel (8) dieses Buchs und den Angaben zu den Transformatoren aus Tabelle 3.13 dieses Bus kann I_{K3} überschlägig berechnet werden:

$$I_{3K} = \frac{I_{NTr} \cdot 100}{u_K} = \frac{455 \cdot 100}{4} \approx 11\,\mathbf{kA}$$

(Tabelle 3.13 gibt einen genaueren Wert an: I_{K3} = 10,8 kA)

Nach Formel (10) kann der Stoßkurzschlussstrom i_P wie folgt überschlägig berechnet werden:

$i_P = 2{,}54 \cdot I_{K3} = 2{,}54 \cdot 11\ \text{kA} \approx \mathbf{28\ kA}$

Zu Frage 2:

Formel (9) lautet:

$$I_{K3} = \frac{U \cdot c_{max}}{\sqrt{3} \cdot \sqrt{R^2 + X^2}}$$

Die Kurzschlussimpedanzen müssen noch aus den Werten für den Transformator aus Tabelle 3.13 sowie den Werten in der Aufgabenstellung für die Einleiterkabel errechnet werden:

$R = R_{Tr} + l \cdot R'_L = 6{,}7\ \text{m}\Omega + 40\ \text{m} \cdot 0{,}124\ \text{m}\Omega/\text{m} = 11{,}7\ \text{m}\Omega$

$X = X_{Tr} + l \cdot X'_L = 19{,}3\ \text{m}\Omega + 40\ \text{m} \cdot 0{,}15\ \text{m}\Omega/\text{m} = 25{,}3\ \text{m}\Omega$

Mit diesen Werten kann I_{K3} überschlägig errechnet werden:

$$I_{K3} = \frac{400\ \text{V} \cdot 1{,}1}{\sqrt{3} \cdot \sqrt{0{,}0117^2\ \Omega^2 + 0{,}0253^2\ \Omega^2}} \approx \mathbf{9\ kA}$$

Nach Formel (10) kann der Stoßkurzschlussstrom i_P wie folgt überschlägig berechnet werden:

$i_P = 2{,}54 \cdot I_{K3} = 2{,}54 \cdot 9\ \text{kA} \approx \mathbf{23\ kA}$

Zu Frage 3:

Der Durchlassstrom der NH-Sicherung kann aus der Durchlass-Kennlinie nach Bild 3.7 ermittelt werden.

Am Ende der Leitung, also vor der NH-Sicherung, beträgt der Kurzschlussstrom etwa 9 kA (siehe Frage 2).

Der Spitzenwert des Stroms hinter der NH-Sicherung (Durchlassstrom) beträgt nach der Durchlass-Kennlinie überschlägig:

$i_D \approx \mathbf{16\ kA}$

Der oben überschlägig berechnete Wert für $i_P = 23$ kA kann aus der Durchlass-Kennlinie ebenfalls ermittelt werden: Wenn man die senkrechte Linie verlängert und ihren Schnittpunkt mit der oberen Schräge abließt, ergibt sich in etwa der Wert von 23 kA.

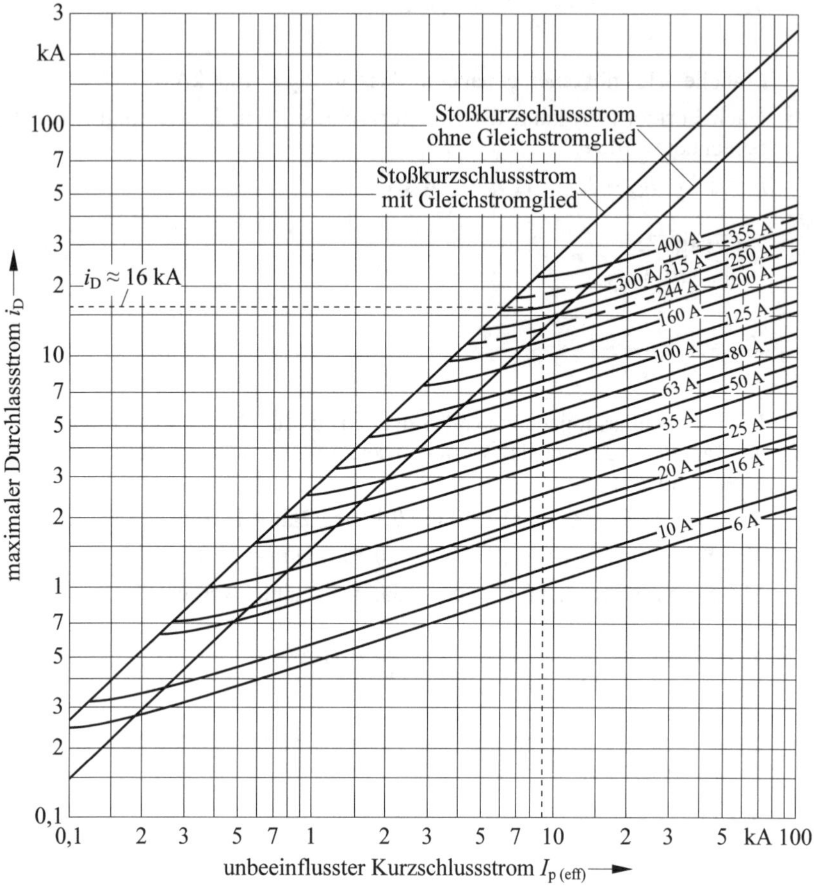

Zu Frage 4:

Um bewerten zu können, ob die Abschaltzeit von 2 s ausreicht, den Schutz der einadrigen Kabel bei Kurzschluss zu gewährleisten, muss zunächst die zulässige Energie ermittelt werden, die diese Kabel ohne Vorschädigung standhalten können. Aus Tabelle 3.18 dieses Buchs kann der Wert für $(k \cdot S)^2$ bei einem Leiterquerschnitt von 150 mm^2 entnommen werden:

$(k \cdot S)^2 = 297\,562\,500\ \text{A}^2\text{s}$

Mit Formel (12) kann die Zeit ausgerechnet werden, wie lange der Kurzschlussstrom fließen kann, ohne eine Vorschädigung zu riskieren. Dabei wird der höchste Kurzschlussstrom am Beginn der Leitung (siehe Frage 1) eingesetzt:

$$t \leq \frac{(k \cdot S)^2}{I^2} = \frac{297\,562\,500\ \mathrm{A^2 s}}{11000^2\ \mathrm{A^2}} = \mathbf{2{,}5\ s}$$

Der Kurzschlussstrom von 11 kA darf etwa 2,5 s lang fließen. Da die Abschaltung in weniger als 2 s möglich ist, kann die HH-Sicherung die sekundärseitigen einadrigen Kabel zwischen Transformator und NHV bei Kurzschluss schützen.

3.1.3.6 Kleinster Kurzschlussstrom und Leitungslänge

Der kleinste Kurzschlussstrom ist für die thermische Belastung der Isolation von Kabeln und Leitungen besonders relevant, denn er wird die Leitung in der Regel am längsten beanspruchen. Er muss also noch so groß ausfallen, dass eine rechtzeitige Abschaltung erfolgt, ohne dass eine Vorschädigung der Isolation zu erwarten ist. Genau dies ist auch die Anforderung bezüglich der rechtzeitigen Abschaltung nach DIN VDE 0100-430.

Eine feste Zeitangabe gibt es nicht, sofern der kleinste Kurzschlussstrom nicht gleichzeitig im TN-System einen Körperschluss darstellt, für den die Abschaltzeiten nach DIN VDE 0100-410 gelten. Allerdings gibt es die schon im vorherigen Kapitel 3.1.3.5.1 erwähnte Grenze von 5 s, die der Tatsache geschuldet ist, dass die Berechnungsmodelle nur für eine sogenannte adiabatische Erwärmung Gültigkeit haben, die jedoch spätestens nach 5 s nicht mehr vorausgesetzt werden kann.

Natürlich kann es auch hier nur um eine überschlägige Betrachtung gehen, die jedoch genügend genau ist, um eine Bewertung möglich zu machen. Exaktere Berechnungen sollten mit einer entsprechenden Software vorgenommen werden.

Bei einem generatorfernen Kurzschluss, der in Niederspannungssystemen in der Regel vorausgesetzt wird, ist der kleinste Kurzschlussstrom stets der einpolige Kurzschlussstrom I_{K1}. Die Überlegung zum kleinsten Kurzschlussstrom hat zwei Aspekte:

(1) Im TN-System ist der einpolige Kurzschluss zugleich der Körperschluss, da für die Schutzmaßnahme (Schutz durch automatische Abschaltung der Stromversorgung) folgende Formel gilt:

$$Z_S \leq \frac{U_0}{I_a}$$

Dabci gilt:

I_a Abschaltstrom der Überstrom-Schutzeinrichtung, der die Abschaltung in der geforderten Zeit bewirkt

Z_S Schleifenwiderstand, der aus den Impedanzen der beteiligten Leiter bis zum Ort des Körperschlusses und dem Innenwiderstand der Spannungsquelle besteht

Der Körperschluss ist somit im TN-System ein einpoliger Kurzschluss ($I_a = I_{K1}$). Deshalb gelten hier die Zeiten nach DIN VDE 0100-410. Bei einer Spannung von $U_0 = 230$ V sind das 0,4 s. Bei Verteilerstromkreisen und Stromkreisen mit Nennströmen über 32 A darf eine Abschaltung in 5 s erfolgen.

(2) Sofern die Bedingungen bei Körperschluss keine Rolle spielen (z. B. bei einem Schluss zwischen Außenleiter und Neutralleiter) darf die Isolation der Leitung nicht vorgeschädigt werden. Allerdings gibt es auch hier die obere Grenze von 5 s aus den zuvor erwähnten Gründen.

Begrenzt wird der Strom auch beim kleinsten Kurzschlussstrom lediglich durch die Netzimpedanz und die Impedanzen der Leitung bis zum Ort des Kurzschlusses. Der Planer muss gewährleisten, dass die Impedanzen der Kabel und Leitungen nicht zu groß bzw. die Leitungslängen nicht zu lang werden. Ab einer Grenzlänge l_{max} ist die Gesamtimpedanz im Kurzschlussfall so hoch, dass:

- entweder eine Vorschädigung der Isolation erwartet werden muss oder
- eine Abschaltung im TN-System in der vorgegebenen Zeit nicht mehr möglich ist.

Von daher stellt sich die Frage:

Wie lang darf das Kabel oder die Leitung werden, damit die vorgeschaltete Überstrom-Schutzeinrichtung noch in genügend kurzer Zeit abschalten kann?

Die überschlägige Berechnungsformel für den einpoligen Kurzschluss ist:

$$I_{K1} = \frac{U_0 \cdot c_{min}}{\sqrt{\left(R_{Tr} + 2 \cdot R_L + 0{,}5\ \text{m}\Omega\right)^2 + \left(X_{Tr} + 2 \cdot X_L + 2\ \text{m}\Omega\right)^2}} \qquad (13)$$

Dabei gilt:

U_0 Spannung zwischen Außenleiter und Erde (Strangspannung); Angabe in V

c_{min} Spannungsfaktor, der die Spannungsschwankung berücksichtigt; in diesem Fall ein Minderungsfaktor, der mit 0,9 angegeben wird

R_{Tr} Wirkwiderstand des Transformators (z. B. nach Tabelle 3.13 dieses Buchs); Angabe in mΩ

R_L Wirkwiderstand der Leiter (z. B. nach Tabelle 3.14 dieses Buchs); Angabe in mΩ

X_{Tr} Reaktanz des Transformators (siehe Tabelle 3.13); Angabe in mΩ

X_L Reaktanz der Leiter (siehe Tabelle 3.14); Angabe in mΩ

0,5 mΩ bzw. 2 mΩ entsprechen einer pauschalen Berücksichtigung des vorgelagerten Netzes.

(Durch die Angabe der Impedanzen in mΩ und der Spannung in V ergibt sich die Einheit zu kA.)

Wenn man den Kurzschlussstrom ab einer Überstrom-Schutzeinrichtung berechnen möchte, kann man die Impedanz bis zu dieser Überstrom-Schutzeinrichtung als Vorimpedanz Z_V einfließen lassen. In üblichen Netzen geht man bei der Vorimpedanz von einem Impedanzwinkel von 28° aus. Das würde bedeuten:

$R_V = \cos 28° \cdot Z_V = 0{,}88 \cdot Z_V$

$X_V = \sin 28° \cdot Z_V = 0{,}47 \cdot Z_V$

Mit dieser Überlegung und den Impedanzbelägen der Leiter (z. B. nach Tabelle 3.14 dieses Buchs) sowie Kenntnis der Vorimpedanz (gemessen, errechnet oder beim Netzbetreiber erfragt) könnte eine vereinfachte und überschlägige Berechnungsformel für den kleinsten Kurzschlussstrom wie folgt aussehen:

$$I_{K1} = \frac{U_0 \cdot c_{min}}{\sqrt{\left(0{,}88 \cdot Z_V + 2 \cdot l \cdot R'_L\right)^2 + \left(0{,}47 \cdot Z_V + 2 \cdot l \cdot X'_L\right)^2}} \qquad (14)$$

Dabei gilt:

l Länge der betroffenen Leiter ab der Überstrom-Schutzeinrichtung
Z_V Vorimpedanz bis zur betrachteten Überstrom-Schutzeinrichtung
X'_L Reaktanzbelag, z. B. nach Tabelle 3.14 dieses Buchs
R'_L Resistanzbelag, z. B. nach Tabelle 3.14 dieses Buchs

Die übrigen Formelzeichen wurden bereits zu Formel (13) erläutert.

Da es um die Beurteilung der Grenzlänge l_{max} geht, die nicht überschritten werden darf, damit der kleinste Kurzschlussstrom nicht zu gering ausfällt, müsste z. B. die Formel (14) nach der Leitungslänge l umgestellt werden. Die daraus entstehende Formel zur Berechnung der Grenzlänge ist jedoch sehr komplex. Näheres ist nachzulesen in DIN VDE 0100, Beiblatt 5.

Einfacher geht es mit entsprechenden Tabellen, wie sie z. B. in folgenden Beiblättern zu finden sind:

- DIN VDE 0100 Bbl 5
- DIN VDE 0100-520 Bbl 2

Überschlägig geht es auch mit **Tabelle 3.19**, **Tabelle 3.20**, **Tabelle 3.21** dieses Buchs. Dabei sind die Werte dieser Tabellen Längenangaben ab der letzten Überstrom-Schutzeinrichtung, die die Impedanz bis zu dieser Schutzeinrichtung zunächst ignoriert. Um diese Vorimpedanz zu berücksichtigen, wird eine Reduzierung mit einem Längenfaktor in der letzten Spalte angegeben, der eine Längenkorrektur pro 10 mΩ Vorimpedanz angibt.

Querschnitt der Leitung S in mm²		**Zulässige Kabel- und Leitungslängen für Kupferleiter mit PVC-Isolierung und vorgeschalteter Schmelzsicherung Angabe ohne Berücksichtigung der Schleifenimpedanz Z_S in m Nennstrom I_n der Sicherung, gG in A**										**Reduzierung der Leitungslänge pro 10 mΩ Z_V**
t_a in s		**6**	**10**	**16**	**20**	**25**	**32**	**40**	**50**	**63**	**80**	**in m**
1,5	5 s	**271**	**155**	**112**	**58**	**54**						**0,31 m**
	0,4 s	**155**	**88**	**68**	**50**	**39**						
2,5	5 s	**442**	**254**	**184**	**136**	**108**	**68**					**0,49 m**
	0,4 s	**254**	**145**	**111**	**81**	**64**	**43**					
4	5 s	**710**	**408**	**295**	**218**	**174**	**124**	**101**	**61**			**0,81 m**
	0,4 s	**408**	**234**	**179**	**132**	**104**	**68**	**58**	**39**			
6	5 s	**1063**	**610**	**441**	**326**	**261**	**185**	**151**	**108**	**79**		**1,21 m**
	0,4 s	**610**	**350**	**268**	**198**	**159**	**102**	**90**	**60**	**50**		
10	5 s	**1788**	**1027**	**743**	**568**	**439**	**311**	**244**	**172**	**136**		**2,10 m**
	0,4 s	**985**	**589**	**389**	**294**	**268**	**172**	**154**	**102**	**82**		
16	5 s					**697**	**495**	**402**	**289**	**237**	**169**	**3,50 m**
	0,4 s					**426**	**274**	**243**	**162**	**131**	**89**	
25	5 s					**1100**	**781**	**637**	**457**	**390**	**281**	**5,36 m**
	0,4 s					**672**	**432**	**390**	**263**	**233**	**148**	

Tabelle 3.19 Zulässige Kabel- und Leitungslängen für Kupferleiter mit PVC-Isolierung bei Verwendung von Schmelzsicherungen der Betriebsklasse gG nach DIN VDE 0636-10 bei folgenden Voraussetzungen:

- Betriebstemperatur der Leiter beim Kurzschluss von **80 °C**
- Nennspannung von **400/230 V**
- Querschnitten bis 25 mm²

Beispiel für die Benutzung der Tabellen dieses Buchs:

Bei einem Sicherungs-Nennstrom $I_n = 25$ A (Schmelzsicherung gG) wird für einen Leiterquerschnitt von 4 mm² in Tabelle 3.19 dieses Buchs eine zulässige Länge von 174 m abgelesen (gewählt wurde eine Abschaltzeit von 5 s). Die Vorimpedanz Z_V bis zur Sicherung wurde mit 330 mΩ ermittelt.

Da die Längenreduzierung aufgrund der bestehenden Vorimpedanz in 10-mΩ-Schritten erfolgt, bedeutet dies:

$Z_V = 330\ \text{m}\Omega = 33 \cdot 10\ \text{m}\Omega$

Die Angabe der Längenreduzierung in der letzten Spalte der Tabelle und bei der Zeile für $S = 4$ mm² (abgelesen werden 0,81 m) muss deshalb mit 33 multipliziert werden.

⇒ Die in der Tabelle angegebene Längenreduzierung beträgt: $33 \cdot 0{,}81\ \text{m} \approx 27\ \text{m}$

⇒ Die Grenzlänge beträgt 174 m – 27 m = **147 m**

Querschnitt der Leitung S in mm^2	**Zulässige Kabel- und Leitungslängen für Kupferleiter mit PVC-Isolierung und vorgeschaltetem LS-Schalter, Typ B Angabe ohne Berücksichtigung der Schleifenimpedanz Z_S in m Nennstrom I_n des LS-Schalters, Typ B, in A**									**Reduzierung der Leitungslänge pro 10 mΩ Z_V in m**
	6	**10**	**16**	**20**	**25**	**32**	**40**	**50**	**63**	
1,5	**242**	**144**	**90**	**70**	**56**					**0,31**
2,5	**392**	**236**	**146**	**117**	**94**	**73**				**0,49**
4	**619**	**363**	**240**	**192**	**153**	**118**	**94**	**60**		**0,81**
6	**916**	**544**	**329**	**287**	**230**	**179**	**141**	**112**	**88**	**1,21**
10	**1509**	**925**	**573**	**453**	**386**	**302**	**241**	**191**	**150**	**2,10**
16	**2457**	**1454**	**912**	**727**	**584**	**479**	**380**	**298**	**240**	**3,50**
25	**3433**	**2220**	**1212**	**998**	**888**	**686**	**545**	**425**	**294**	**5,6**

Tabelle 3.20 Zulässige Kabel- und Leitungslängen für Kupferleiter mit PVC-Isolierung bei Verwendung von Leitungsschutzschaltern des Typs B nach DIN VDE 0641-11 unter folgenden Voraussetzungen:

- Betriebstemperatur der Leiter beim Kurzschluss von **80 °C**
- Nennspannung von **400/230 V**
- Leiterquerschnitte bis 25 mm^2

Anmerkungen:
Bei LS-Schaltern bewirkt der magnetische Schnellauslöser in jedem Fall eine Auslösung mit t_a < **0,1** s.

Querschnitt der Leitung S in mm^2	**Zulässige Kabel- und Leitungslängen für Kupferleiter mit PVC-Isolierung und vorgeschaltetem LS-Schalter, Typ C Angabe ohne Berücksichtigung der Schleifenimpedanz Z_S in m Nennstrom I_n des LS-Schalters, Typ C, in A**									**Reduzierung der Leitungslänge pro 10 mΩ Z_V in m**
	6	**10**	**16**	**20**	**25**	**32**	**40**	**50**	**63**	
1,5	**120**	**70**	**44**	**34**	**27**					**0,31**
2,5	**189**	**116**	**73**	**58**	**46**	**35**				**0,49**
4	**310**	**182**	**120**	**96**	**75**	**58**	**46**	**36**		**0,81**
6	**468**	**277**	**169**	**143**	**115**	**90**	**70**	**56**	**44**	**1,21**
10	**760**	**453**	**302**	**221**	**193**	**150**	**120**	**95**	**74**	**2,10**
16	**1179**	**727**	**459**	**364**	**288**	**236**	**190**	**150**	**116**	**3,50**
25	**1912**	**1180**	**731**	**589**	**461**	**358**	**298**	**231**	**180**	**5,60**

Tabelle 3.21 Zulässige Kabel- und Leitungslängen für Kupferleiter mit PVC-Isolierung bei Verwendung von Leitungsschutzschaltern des Typs C nach DIN VDE 0641-11 unter folgenden Voraussetzungen:

- Betriebstemperatur der Leiter beim Kurzschluss von **80 °C**
- Nennspannung von **400/230 V**
- Leiterquerschnitte bis 25 mm^2

Anmerkungen:
Bei LS-Schaltern bewirkt der magnetische Schnellauslöser in jedem Fall eine Auslösung mit t_a < 0,1 s.

Der Wert für die Vorimpedanz Z_V kann [mindestens bis zum Hausanschlusskasten (HAK) oder dem Übergabepunkt des Versorgungsnetzes] beim zuständigen Netzbetreiber erfragt werden. Nach dem vorgenannten Übergabepunkt (oder dem HAK) kann die Impedanz bis zur fraglichen Überstrom-Schutzeinrichtung errechnet und zur Vorimpedanz addiert werden. Ist der Querschnitt der Leitung zwischen dem Übergabepunkt (oder HAK) und der betrachteten Überstrom-Schutzeinrichtung nicht kleiner als 10 mm^2, reicht es meistens aus, diese Leitung mit einem Zuschlag von 20 mΩ zu veranschlagen. Das bedeutet, wenn der Netzbetreiber eine Vorimpedanz von 100 mΩ angibt, kann in der Rechnung Z_V überschlägig mit 120 mΩ gerechnet werden.

3.1.3.7 Koordination von Überlast- und Kurzschlussschutz

In der Regel wird eine einzige Überstrom-Schutzeinrichtung sowohl für den Überlast- als auch für den Kurzschlussschutz vorgesehen. Beim kleinsten Kurzschluss stellt sich die Frage, wie die Überstrom-Schutzeinrichtung unterscheiden soll, ob es sich um eine Überlastung handelt oder um einen Kurzschluss? Natürlich ist diese Differenzierung für übliche Schutzeinrichtungen nicht möglich. Für die Überstrom-Schutzeinrichtung in einem Stromkreis ist ein Strom, der über dem Nennstrom liegt, ganz allgemein ein Überstrom, der entsprechend der Ausschaltcharakteristik der Schutzeinrichtung früher oder später abgeschaltet wird.

Aus diesem Grund kann allgemein formuliert werden:

Sofern die Kabel und Leitungen korrekt nach den Vorgaben aus DIN VDE 0100-430 (siehe Kapitel 3.1.2 dieses Buchs) bei Überlast geschützt werden und die hierfür vorgesehene Überstrom-Schutzeinrichtung in der Lage ist, den an der Einbaustelle höchstmöglichen Kurzschlussstrom zu schalten, kann auf die Berechnung der Grenzlänge verzichtet werden.

In DIN VDE 0100, Bbl 5, Abschnitt 1.2 in der (zurückgezogenen) Ausgabe aus 1995 hieß es hierzu wörtlich:

„*Die Grenzlänge braucht nicht berücksichtigt werden, wenn der Schutz bei Kurzschluss von einer Überstrom-Schutzeinrichtung sichergestellt wird, die auch für den Schutz bei Überlast ausgelegt ist.*“

Allerdings gilt dies nicht automatisch für die Abschaltung in Zusammenhang mit der Schmutzmaßnahme „Schutz gegen elektrischen Schlag“ nach DIN VDE 0100-410. Obwohl im TN-System der Körperschluss einem einpoligen Kurzschluss (kleinster Kurzschlussstrom) entspricht, muss auf eine maximale Grenzlänge trotzdem geachtet werden, denn die Einhaltung der Schutzmaßnahme nach DIN VDE 0100-410, Abschnitt 411.4.4 schließt die Beachtung einer Grenzlänge automatisch ein:

$$Z_S \leq \frac{U_0}{I_a}$$

Der Grund ist, dass beim Schutz gegen elektrischen Schlag nach DIN VDE 0100-410, Abschnitt 411.3.2 eine maximale Abschaltzeit vorgegeben wird, die natürlich nur dann eingehalten wird, wenn die Schleifenimpedanz Z_S nicht so groß wird, dass im Fehlerfall der Abschaltstrom I_a nach DIN VDE 0100-410, Abschnitt 411.4.4 nicht erreicht wird. Aus diesem Grund muss in Endstromkreisen bei Prüfungen die Schleifenimpedanz Z_S gemessen werden, um festzustellen, ob die Abschaltbedingung eingehalten wurde, und das schließt eine maximale Stromkreislänge ein (als Teil der Schleifenimpedanz Z_S).

Sofern der Schutz vor elektrischem Schlag nach DIN VDE 0100-410 nicht betroffen ist, gilt bezüglich der Abschaltbedingungen lediglich die Forderung aus DIN VDE 0100-430, Abschnitt 430.4:

„Stromkreise müssen derart geplant werden, dass schädliche Einwirkungen von Überströmen auf aktive Leiter ausgeschlossen sind."

Die Abschaltung muss also rechtzeitig erfolgen, bevor Vorschädigungen an der Isolation der Kabel und Leitungen möglich sind. Hieraus ergibt sich ebenfalls eine maximale Ausschaltzeit oder eine maximale Ausschaltenergie ($I^2 \cdot t$-Wert), die wiederum eine Grenzlänge für einen bestimmten Leiterquerschnitt vorgibt. Wenn der Schutz bei Überlast korrekt ausgeführt wurde, liegt der Nennstrom der Überstrom-Schutzeinrichtung allerdings so günstig, dass Überlastungen auch bei den kleineren Kurzschlussströmen nicht erwartet werden. Ein Problem würde erst dann eintreten, wenn die Länge der Kabel oder Leitungen einen Leitungswiderstand aufweist, sodass:

- im Kurzschlussfall ein Kurzschlussstrom in der Größenordnung unterhalb 45 % über dem Nennstrom der Überstrom-Schutzeinrichtung liegen würde (siehe Kapitel 3.1.2.5.1) oder
- der dabei hervorgerufene Spannungsfall einen funktionierenden Betrieb der angeschlossenen Verbrauchsmittel unmöglich macht.

3.1.4 Schutz bei Überstrom und parallel geschalteten Leitern

3.1.4.1 Einführung

In industriellen Anlagen kommt es vor, dass zur elektrischen Energieverteilung zwei oder mehrere parallele Leitungssysteme verlegt werden müssen. Vor allem bei Kabelverbindungen zwischen einspeisendem Transformator und der Niederspannungs-Hauptverteilung werden häufig Mehrfachsysteme mit einadrigen Kabeln (oder Leitungen) vorgesehen. Das bedeutet, dass an jedem Pol mehr als ein einadriges Kabel (Leitung) angeschlossen wird, sodass jeder aktive Leiter mehrfach vorkommt. Wenn solche parallelen Kabel und Leitungen bei Überstrom geschützt werden müssen, entstehen immer wieder Fragen.

Wie üblich wird zunächst zwischen Überlast- und Kurzschlussfall unterschieden. Es soll auch nicht unerwähnt bleiben, dass der Schutz paralleler Kabel und Leitungen seit jeher problematisch ist. Dies wird unterstrichen durch den Umstand, dass in früheren Ausgaben der DIN VDE 0100-430 dieses Thema regelrecht vernachlässigt wurde. Beispielsweise fand man in DIN VDE 0100-430:1981-06, Abschnitt 6.4.5 zu diesem Thema lediglich folgende Bemerkung: „*Festlegungen in Vorbereitung*". Erst in DIN VDE 0100-430 aus dem Jahr 2010 wurde diese Lücke geschlossen. In der aktuell gültigen Norm (DIN VDE 0100-430) findet man für parallel geschaltete Leiter Anforderungen zum Überlastschutz im Abschnitt 433.4 und zum Kurzschlussschutz im Abschnitt 434.4.

Eine Frage, die immer gestellt wird, ist die, ob das Parallelsystem mit einer gemeinsamen Überstrom-Schutzeinrichtung geschützt oder ob jeder Parallelstrang separat betrachtet werden soll. Häufig entscheidet man sich für eine gemeinsame Überstrom-Schutzeinrichtung; dabei müssen jedoch einige Anforderungen beachtet werden.

Die gemeinsame Absicherung der kompletten Parallelstrecke (eine einzige Überstrom-Schutzeinrichtung für alle parallelen Leiter eines Außenleiters) hat einen klaren Vorteil: Wenn eine Auslösung stattfindet, sind alle parallelen Leiter stromfrei. Wenn allerdings jeder parallele Leiter eine eigene Absicherung erhält, besteht die Gefahr, dass ein paralleler Leiter ausfällt, weil seine Schutzeinrichtung ausgelöst hat, während die übrigen parallelen Leiter weiter den Betriebsstrom führen würden. Da in diesem Fall jedoch ein paralleler Leiter fehlt, kann es sein, dass die Leiter, die nicht freigeschaltet wurden, durch den Betriebsstrom überlastet werden. Wenn diese Überlastung nur wenig (z. B. bis maximal 45 %) über ihrer Bemessungsgrenze liegt, ist eine rechtzeitige Abschaltung unter Umständen nicht möglich und die Gefahr der thermischen Zerstörung der Isolation ist gegeben. Auch bei der Prüfung elektrischer Anlagen muss auf diese mögliche Gefährdung geachtet werden (siehe Kapitel 2.2.2.4 und Kapitel 2.2.4.2 dieses Buchs). Im nachfolgenden Kapitel 3.1.4.4 wird hierauf noch einmal eingegangen, und es wird in diesem Zusammenhang auch eine mögliche Maßnahme erwähnt.

3.1.4.2 Gleichmäßige Stromaufteilung bei parallel geschalteten Leitern

Beim Thema Überlastschutz muss bewertet werden, ob alle parallelen Leiter tatsächlich gleichmäßig belastet werden; denn diese Frage entscheidet darüber, ob eine gemeinsame Absicherung möglich ist oder nicht. Unter der Voraussetzung, dass sich der Betriebsstrom gleichmäßig auf alle parallelen Leiter aufteilt und zudem alle parallelen Leiter dieselbe Stromtragfähigkeit besitzen, kann eine einzelne Überstrom-Schutzeinrichtung zum Schutz aller Leiter, die mit dem selben Außenleiter-Pol verbunden sind, verwendet werden. In diesem Fall wäre die Strombelastbarkeit I_Z der gesamten Parallelstrecke gleich der Summe aller Strombelastbarkeiten der parallelen Leiter (abgesehen von anderen einflussnehmenden Faktoren, wie Häufung).

Um dem Problem der gleichmäßigen Stromaufteilung zu begegnen, reicht es nicht, wenn man dafür sorgt, dass alle parallelen Leiter die gleiche Länge, den gleichen Querschnitt sowie das gleiche Leitermaterial aufweisen. In DIN VDE 0100-430, Anhang A, Abschnitt A.2 heißt es hierzu wörtlich:

„Die Stromaufteilung zwischen den parallel geschalteten Kabeln/Leitungen ist abhängig von der Impedanz der Kabel/Leitungen. Für lange Einleiterkabel/Einleiterleitungen ist der Blindanteil der Impedanz größer als der Wirkanteil, was einen maßgeblichen Einfluss auf die Stromaufteilung hat. Der Blindanteil wird von der räumlichen Lage der Kabel/Leitungen zueinander beeinflusst. Wenn zum Beispiel ein Stromkreis aus zwei langen Kabeln/Leitungen pro Außenleiter besteht, aber gleiche Länge, gleichen Aufbau und gleichen Querschnitt haben, jedoch parallel in ungünstiger Lage (z. B. Kabel/Leitungen gleicher Außenleiter zusammengebunden) angeordnet sind, kann sich eine Stromaufteilung von 70 %/30 % anstelle von 50 %/50 % ergeben."

Die Voraussetzung für eine gleichmäßige Stromaufteilung wird in DIN VDE 0298-4, Abschnitt 4.3.3 beschrieben. Demnach müssen folgende fünf Voraussetzungen erfüllt sein; die parallelen Leiter

a) müssen aus dem gleichen Werkstoff (z. B. Kupfer) bestehen und
b) denselben Leiterquerschnitt aufweisen und
c) möglichst die gleiche Länge haben und
d) dürfen keine Verzweigungen auf der gesamten Stromkreislänge aufweisen und
e) enthalten sein entweder
   - in mehradrigen Kabeln/Leitungen oder
   - in einem System aus verseilten einadrigen Kabeln/Leitungen oder
   - in einem System aus einadrigen Kabeln und Leitungen bei eng gebündelter oder ebener Anordnung; wobei die Nennquerschnitte der parallelen Leiter nicht über 50 mm^2 (Cu) bzw. 70 mm^2 (Al) liegen dürfen, oder
   - in einem System aus einadrigen Kabeln und Leitungen bei eng gebündelter oder ebener Anordnung sowie höheren Nennquerschnitten als 50 mm^2 (Cu) bzw. 70 mm^2 (Al) und zusätzlich getroffenen besonderen Verlegemaßnahmen, die aus einer geeigneten Phasenfolge und räumlichen Anordnung der unterschiedlichen Außenleiter oder Pole bestehen, wie sie z. B. in DIN VDE 0298-4, Anhang D beschrieben werden.

Idealerweise bildet man solche Parallelsysteme – bei denen also mehrere aktive Leiter an einem Pol angeschlossen werden – durch Parallelschaltung mehrerer mehradriger Kabel oder Leitungen. Hierdurch sind die sich bildenden Impedanzen bei allen parallelen Leitern in etwa gleich groß.

Werden einadrige Kabel oder Leitungen parallel geschaltet – besonders bei Querschnitten über 50 mm^2 Cu bzw. 70 mm^2 Al – kann eine gleichmäßige Stromaufteilung nur erreicht werden, wenn gleichzeitig eine geeignete räumliche Anordnung der Leiter zueinander sowie zum Potentialausgleichsystem im Gebäude gewählt wird.

Oberste Priorität hat dabei der Gedanke, dass die aktiven Leiter (Außenleiter und Neutralleiter) eines Systems möglichst nahe beieinander verlegt werden. Besonders muss darauf geachtet werden, dass sich der Neutralleiter stets in der Nähe der zugehörigen Außenleiter befindet (siehe **Bild 3.11**). Weitere Beispiele für sinnvolle Anordnungen bei Parallelsystemen sind zu finden in DIN VDE 0298-4, Anhang D.

Auch zum Potentialausgleich im Gebäude bzw. zum Schutzleitersystem sollten möglichst geringe Abstände gewählt werden. Das kann dadurch gewährleistet sein, dass alle Leiter auf metallenen Tragesystemen verlegt werden und diese Systeme durchverbunden und mindestens beidseitig mit dem Potentialausgleich verbunden werden.

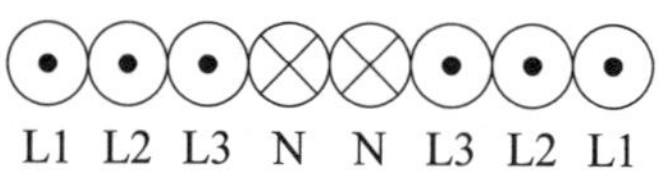

Bild 3.11 Prinzipdarstellung einer Leiteranordnung bei Verwendung von parallel geschalteten einadrigen Kabeln (Leitungen)

Natürlich wird bei parallelen Leitern wie üblich zwischen dem Überlast- und dem Kurzschlussschutz unterschieden. In beiden Fällen wird die Möglichkeit in Betracht gezogen, dass eine einzige Überstrom-Schutzeinrichtung den Schutz der parallel geschalteten Leiter unter bestimmten Bedingungen übernehmen kann. Treffen diese Bedingungen nicht zu, müssen Schutzeinrichtungen in den einzelnen Zweigen des Parallelsystems vorgesehen werden. Dies wird näher erläutert in den folgenden Kapiteln.

3.1.4.3 Schutz bei Überlast parallel geschalteter Leiter

Bei der Planung einer elektrischen Anlage spielen unter anderem auch ökonomische Aspekte eine Rolle. Deshalb wird in Bezug auf den Schutz parallel geschalteter Leitungen gerne die Frage gestellt, ob nicht eine einzige Schutzeinrichtung für die gesamte Parallelstrecke ausreicht. Diese Möglichkeit hat zudem, wie im vorherigen Kapitel 3.1.4.1 bereits ausgeführt, einen durchaus positiven sicherheitstechnischen Aspekt, weil in diesem Fall beim Auslösen der Schutzeinrichtung das gesamte Parallelsystem vom Netz getrennt wird. Wenn dagegen jeder parallele Zweig für sich abgesichert wird, muss die Möglichkeit ausgeschlossen werden, dass beim Auslösen einer Schutzeinrichtung die übrigen, nicht betroffenen Zweige weiter im Betrieb bleiben.

DIN VDE 0100-430 beschreibt die Möglichkeit, für den Schutz des gesamten Parallelsystems eine einzige Überstrom-Schutzeinrichtung vorzusehen, und nennt folgende Anforderungen:

a) Keiner der parallel geschalteten Leiter darf Abzweige aufweisen.
b) Einzelne Leiter dürfen nicht separat schaltbar sein bzw. nicht separat vom Netz getrennt werden können.
c) Die Stromaufteilung auf alle parallelen Leiter sollte gleichmäßig sein; die Differenz der einzelnen Ströme untereinander sollte nicht größer sein als 10 %. Siehe hierzu die Ausführungen im vorausgegangenen Kapitel 3.1.4.2.
d) Die Strombelastbarkeit des gesamten Parallelsystems I_Z muss der Summe der Strombelastbarkeiten aller parallelen Leiter entsprechen:

   $$I_{\mathrm{Zges}} = \sum I_{\mathrm{Z}i}$$

   Dabei ist:

   $I_{\mathrm{Z}i}$ Strombelastbarkeit eines der parallel geschalteten Leiter; hier mit der Ziffer *i* bezeichnet, wobei *i* für eine Zahl zwischen 1 und *n* steht, mit *n* als Anzahl aller parallelen Leiter

   $\sum I_{\mathrm{Z}i}$ Summe aller $I_{\mathrm{Z}i}$ von $i = 1$ bis $i = n$ (mit *n* als Anzahl der parallelen Leiter)

   I_{Zges} Gesamt-Strombelastbarkeit aller parallel geschalteten Leiter (Strombelastbarkeit des gesamten Parallelsystems)

   Formel (1) aus Kapitel 3.1.2.4 dieses Buchs ändert sich unter Berücksichtigung der zuvor erwähnten Gleichung für I_{Zges} wie folgt:

   $$I_{\mathrm{b}} \leq I_{\mathrm{n}} \leq \sum I_{\mathrm{Z}i}$$

   Das bedeutet, dass die Summe aller Strombelastbarkeitswerte der einzelnen parallel geschalteten Leiter nicht kleiner sein darf als der Nennstrom I_{n} der vorgeschalteten Überstrom-Schutzeinrichtung. Gleichzeitig darf I_{n} nicht kleiner sein als der Gesamt-Betriebsstrom I_{b}.

Wird eine der vier zuvor erwähnten Bedingungen (a bis d) nicht eingehalten, muss nach DIN VDE 0100-430, Abschnitt 433.4.2 der Schutz für jeden parallel geschalteten Leiter gesondert betrachtet werden. Infolgedessen muss jeder parallel geschaltete Leiter eine eigene Überstrom-Schutzeinrichtung erhalten. Gegebenenfalls müssen je nach konkreter Belastung für alle Parallelzweige größere Leiterquerschnitte vorgesehen werden. Wenn nur für einzelne, höher belastete Parallelzweige ein größerer Leiterquerschnitt vorgesehen wird, würde das Problem noch zusätzlich verschärft, denn der höher belastete Parallelzweig würde durch den größeren Querschnitt niederohmiger, sodass ein noch höherer Anteil des Gesamtstroms über ihn fließen würde.

Noch problematischer ist jedoch die Tatsache, dass weder der Planer noch der Errichter im Vorhinein mit absoluter Sicherheit sagen kann, wie sich der Gesamtbetriebsstrom auf die parallelen Leiter aufteilt; ob sich also eine gleichmäßige Aufteilung auf alle parallelen Zweige einstellen wird oder nicht. In DIN VDE 0100-430, Anhang A, Abschnitt A.2 heißt es z. B. wörtlich: „*Es wird empfohlen, die Stromaufteilung zwischen parallel geschalteten Leitern durch Messung zu überprüfen.*" Das bedeutet aber, dass erst der Prüfer der elektrischen Anlage mit Sicherheit sagen kann, ob eine gleichmäßige Stromaufteilung vorliegt oder nicht (siehe Kapitel 2.2.4.2 dieses Buchs). Planer und Errichter müssen allerdings alles tun, um eine gleichmäßige Stromaufteilung zu gewährleisten, z. B. mit Maßnahmen, die im Kapitel 3.1.4.2 dieses Buchs beschrieben werden.

Allerdings darf der Überlastschutz nicht allein betrachtet werden. Um zu entscheiden, wie der Schutz des Parallelsystems aussehen soll, müssen die nachfolgenden Überlegungen zum Kurzschlussschutz mit berücksichtigt werden.

3.1.4.4 Schutz bei Kurzschluss parallel geschalteter Leiter

Auch für den Schutz bei Kurzschluss kann eine gemeinsame Überstrom-Schutzeinrichtung gewählt werden. Natürlich sind auch in diesem Fall bestimmte Bedingungen zu berücksichtigen, die im Folgenden beschrieben werden. Über die Vorteile, eine einzelne Schutzeinrichtung vorzusehen, wurde bereits im vorherigen Kapitel 3.1.4.1 und 3.1.4.3 etwas gesagt. Weitere Ausführungen hierzu sind am Schluss dieses Kapitels zu finden.

Wenn der Schutz der parallelen Leitungen durch eine gemeinsame Überstrom-Schutzeinrichtung nicht sicher gewährleistet werden kann, muss eine der beiden nachfolgend aufgeführten Maßnahmen vorgesehen werden:

a) sämtliche parallel geschalteten Leiter müssen erd- und kurschlusssicher verlegt werden (siehe hierzu Kapitel 6.3 dieses Buchs),
b) alternativ müssen mehrere Überstrom-Schutzeinrichtungen vorgesehen werden, und zwar:
   - bei **zwei** parallel geschalteten Leitern mindestens eine Überstrom-Schutzeinrichtung für jede der parallelen Leiter am Anfang (Versorgungsseite) der Parallelstrecke,
   - bei **mehr als zwei** parallel geschalteten Leitern sowohl an der Versorgungsseite als auch am Ende der Parallelstrecke (Lastseite) je eine Überstrom-Schutzeinrichtung.

In DIN VDE 0100-430, Abschnitt 434.4 werden die grundsätzlichen Anforderungen für den Schutz bei Kurzschluss durch eine einzige, gemeinsame Schutzeinrichtung beschrieben: Die Überstrom-Schutzeinrichtung muss in diesem Fall in der Lage sein, ein wirksames Ansprechen sicherzustellen, wenn ein Fehler an der **kritischsten Stelle** in einem der parallel geschalteten Leiter auftritt. Die Frage bei dieser Forderung ist jedoch, wo sich die kritischste Stelle im Parallelsystem befindet.

Erfahrungen mit Schäden, die häufig durch eine nicht korrekte Ausführung von Parallelsystemen entstanden sind, zeigen, dass in der Regel der kleinste Kurzschlussstrom die größten Probleme bereitet. Der größte Kurzschluss wird meist noch rechtzeitig von der entsprechenden Schutzeinrichtung erfasst und abgeschaltet. Wenn jedoch ein Kurzschluss an einer Stelle entsteht, bei der ein für die Überstrom-Schutzeinrichtung viel zu kleiner Kurzschluss entsteht, können kritische Situationen entstehen. Ein solcher Kurzschlussort ist aus Sicht der Brandschadenverhütung als die eigentlich „kritische Stelle" im Sinne der Norm zu verstehen.

Um diese Stelle näher zu beschreiben, gibt DIN VDE 0100-430, Abschnitt 434.4 noch einen weiteren Hinweis: Der Fehlerstrom im Kurzschlussfall kann von beiden Enden der parallel geschalteten Leiter aus zur Fehlerstelle fließen. Der kritischste Fall liegt z. B. dann vor, wenn im Fehlerfall ein Leiter durchtrennt wird und dabei nur an einem der beiden Leiterenden ein Kurzschluss eintritt (z. B. durch Kontakt eines Außenleiters mit dem Schutzleiter oder mit einem leitfähigen Teil, das mit dem Potentialausgleichs- oder Schutzleitersystem der elektrischen Anlage in Verbindung steht).

Diese Situation ist in **Bild 3.12** dieses Buchs am Beispiel eines Parallelsystems mit drei parallel geschalteten Leitern dargestellt. Wenn der zuvor beschriebene (kritische) Kurzschluss zu Beginn der Parallelstrecke (am Punkt A nach Bild 3.12) entsteht, wäre es möglich, dass der Kurzschlussstrom über die noch intakten Leiter bis zum Ende der Parallelstrecke fließt (also über die Leitungen 2 und 3 von Punkt C bis zum Punkt B nach Bild 3.12) und von dort zurück über den betroffenen Leiter 1 bis zum Kurzschlussort (Punkt A nach Bild 3.12).

Im **Bild 3.13** dieses Buchs wird der entsprechende Stromfluss dargestellt – dort allerdings für den Fall, dass mehrere Schutzeinrichtungen vorgesehen wurden.

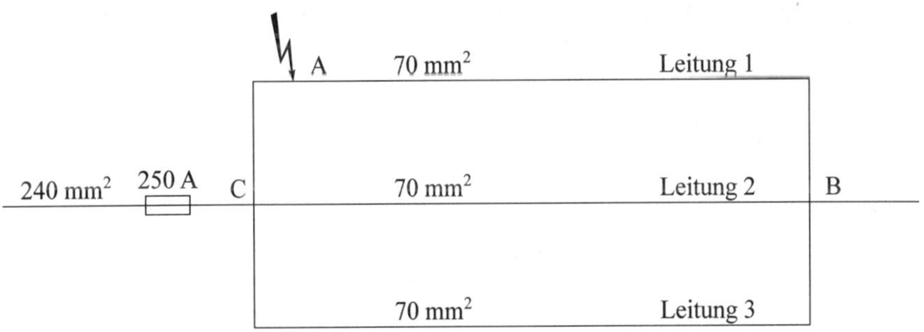

Bild 3.12 Beispiel eines Parallelsystems mit drei parallel geschalteten Leitern und einem Kurzschluss an der kritischsten Stelle:

A Kurzschlussort an der kritischsten Stelle
B Ende der Parallelstrecke (Lastseite)
C Beginn der Parallelstrecke (Versorgungsseite)

Bei einem Kurzschluss im Punkt A (Bild 3.12) würde der Kurzschlussstrom die höchstmögliche Impedanz überwinden müssen und dementsprechend niedrig ausfallen. Bei Kurzschlüssen an anderen Orten innerhalb der Parallelstrecke würde sich stets ein höherer Kurzschlussstrom einstellen, und dadurch steigt die Wahrscheinlichkeit, dass die vorgeschaltete Überstrom-Schutzeinrichtung rechtzeitig auslöst.

Die Fehlerschleifenimpedanz für diesen kritischen Kurzschlussort kann man mit folgender Überschlagsformel berechnen:

$$Z_{\mathrm{gS}} = Z_{\mathrm{vS}} + \frac{Z_{\mathrm{pL}}}{n-1} + Z_{\mathrm{pL}} \tag{15}$$

Dabei ist:

Z_{gS} gesamte Fehlerschleifenimpedanz bis zum Kurzschlussort (Punkt A nach Bild 3.12)

Z_{vS} Schleifenimpedanz des Netzes bis zum Beginn der Parallelstrecke (also bis zum Punkt C nach Bild 3.12)

Z_{pL} Impedanz eines Leiters der Parallelstrecke

n Anzahl der parallelen Leiter, wobei n immer größer als 1 ist

Dies gilt für einpolige Kurzschlüsse, die am Punkt A nach Bild 3.12 zwischen einem Außenleiter und z. B. dem Schutzleiter stattfinden. Sollten die parallelen Leiter aus mehradrigen Kabeln oder Leitungen bestehen, muss darüber hinaus damit gerechnet werden, dass der Kurzschlussstrom über die gesamte Parallelstrecke zunächst hin und dann wieder zurückfließt. Dies wäre dann der Fall, wenn ein Schluss zwischen Außenleiter und Neutral- oder Schutzleiter innerhalb des Kabels eintreten würde und der Kurzschlussstrom über den betroffenen Außenleiter zum Kurzschlussort fließt und von dort wieder zurück über den betroffenen Neutral- bzw. Schutzleiter im Kabel. In diesem Fall wäre folgende Überschlagsformel zu verwenden:

$$Z_{\mathrm{gS}} = Z_{\mathrm{vS}} + \frac{2 \cdot Z_{\mathrm{pL}}}{n-1} + 2 \cdot Z_{\mathrm{pL}} \tag{16}$$

Beispiel:

Angenommen der Wert der Schleifenimpedanz bis zum Punkt A nach Bild 3.12 beträgt $Z_{\mathrm{gS}} = 100\ \mathrm{m\Omega}$. Die parallel geschalteten Leiter haben je einen Querschnitt von $70\ \mathrm{mm}^2$; die Länge der Parallelstrecke beträgt 100 m. Für jeden Leiter kann ein Impedanzbelag von $0{,}280\ \mathrm{m\Omega/m}$ (Blindanteil sind bereits berücksichtigt) angenommen werden. Mit der ersten Formel (15) könnte die Fehlerschleifenimpedanz näherungsweise unter Vernachlässigung der unterschiedlichen Phasenwinkel wie folgt berechnet werden:

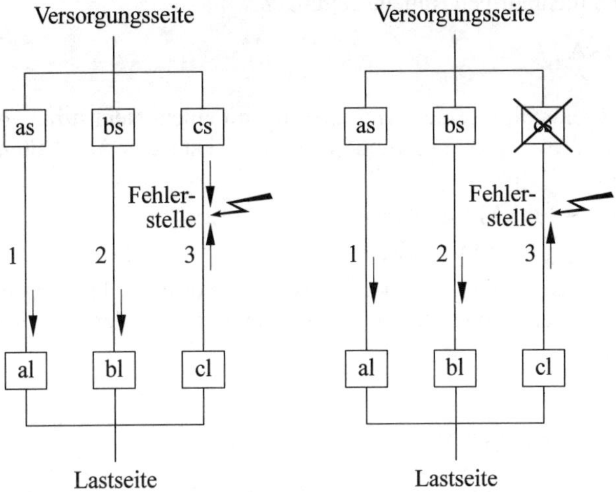

Bild 3.13 Darstellung der Absicherung mit Schutzeinrichtungen sowohl auf der Versorgungsseite als auch auf der Lastseite
Im Bild links wird der Stromfluss bei einem Kurzschluss an der kritischsten Stelle (siehe auch Bild 3.12) dargestellt. Im Bild rechts wird gezeigt, dass die Schutzeinrichtung cs auslöst und der Kurzschlussstrom danach weiter über die Leitung 3 zum Kurzschlussort fließt.
(Quelle: DIN VDE 0298-4)

$$Z_{gS} = 100\ \text{m}\Omega + \frac{100\ \text{m} \cdot 0{,}280\ \text{m}\Omega/\text{m}}{3-1} + 100\ \text{m} \cdot 0{,}280\ \text{m}\Omega/\text{m} = 142\ \text{m}\Omega$$

Und mit der Formel (16) gerechnet ergibt sich:

$$Z_{gS} = 100\ \text{m}\Omega + \frac{2 \cdot 100\ \text{m} \cdot 0{,}280\ \text{m}\Omega/\text{m}}{3-1} + 2 \cdot 100\ \text{m} \cdot 0{,}280\ \text{m}\Omega/\text{m} = 184\ \text{m}\Omega$$

Mit diesen Impedanzen kann in der üblichen Weise der Kurzschlussstrom errechnet werden. Ob die vorgeschaltete Überstrom-Schutzeinrichtung bei diesem Strom in weniger als 5 s abschaltet, muss im konkreten Fall überprüft werden, z. B. mithilfe der Auslösekennlinie dieser Schutzeinrichtung.

Näherungsweise ergeben sich folgende Kurzschlussströme:

$$I_{K1} \approx \frac{U_0}{Z_K} = \frac{230\ \text{V}}{0{,}142\ \Omega} \approx 1{,}6\ \text{kA}$$

Bei Verwendung von mehradrigen Kabeln/Leitungen:

$$I_{K1} \approx \frac{230\ \text{V}}{0{,}184\ \Omega} \approx 1{,}3\ \text{kA}$$

Wenn z. B. die Auslösekennlinie einer gG-Sicherung mit einem Nennstrom von 250 A (siehe Bild 3.10 dieses Buchs) zugrunde gelegt wird, kann eine Abschaltung erfolgen innerhalb einer Zeit von:

- im ersten Fall ($I_{K1} \approx 1{,}6$ kA) etwa 4 s
- im zweiten Fall ($I_{K1} \approx 1{,}3$ kA) etwa 9 s

Wenn es um PVC-isolierte Leiter geht, kann man nach Formel (11) die Energiewerte (Kurzschlussenergie und maximale Belastungsenergie der Isolation) miteinander vergleichen:

$$I^2 \cdot t \le (k \cdot S)^2$$

$$1600^2 \cdot 4 \left(\text{bzw.}\, 1300^2 \cdot 9\right) \le (115 \cdot 70)^2$$

$$10\,240\,000\ (\text{bzw. } 15\,210\,000) \le 64\,802\,500$$

In beiden Fällen wäre also eine Vorschädigung der parallelen Leiter unwahrscheinlich. Allerdings liegt eine der beiden ermittelten Abschaltzeiten außerhalb des Gültigkeitsbereichs der Formeln; denn für Abschaltzeiten > 5 s gelten die Aussagen nicht (siehe Kapitel 3.1.3.5.1 dieses Buchs). Hier gibt es also keine sichere Lösung, auch wenn eine Vorschädigung mindestens wenig wahrscheinlich zu sein scheint.

Allerdings erwähnt DIN VDE 0100-430 im Anhang A, Abschnitt A.3 noch ein weiteres Problem, das bereits im vorausgegangenen Kapitel 3.1.4.1 dieses Buchs angesprochen wurde: Wenn jeder einzelne Zweig des Parallelsystems separat abgesichert wird, gleichgültig ob pro Parallelzweig eine oder zwei Schutzeinrichtungen vorgesehen werden, können durchaus brandschutztechnisch relevante Probleme entstehen. Dies hat zwei Gründe:

(1) Tritt der Fehler nach Bild 3.13 dieses Buchs an der gekennzeichneten Fehlerstelle auf, wird die versorgungsseitige Überstrom-Schutzeinrichtung (cs) auslösen und wahrscheinlich gleichzeitig oder wenig später die lastseitige (cl). Dadurch wird der defekte Leiter (im Bild 3.13 Leiter 3) komplett freigeschaltet. Wenn diese Abschaltung schnell genug erfolgt, werden die übrigen Schutzeinrichtungen (as, bs, al, bl) im Betrieb bleiben, und der Betriebsstrom kann weiter über die verbliebenen Leiter 1 und 2 fließen. Dies könnte jedoch eine gefährliche Überlastung darstellen. Die Strombelastung der verbliebenen Leiter wird (bei den Verhältnissen, wie sie im Bild 3.13 dargestellt werden) um etwa 50 % ansteigen. Je nach dem Verhältnis des Gesamtbetriebsstroms zum Nennstrom der Überstrom-Schutzeinrichtungen (as, bs, al, bl) würde die erhöhte Belastung der Leiter 1 und 2 unter Umständen

viel zu spät abgeschaltet, und die Isolation dieser beiden Leiter wäre mit hoher Wahrscheinlichkeit gefährdet

(2) Es könnte der Fall eintreten, dass der Fehler an der gekennzeichneten Fehlerstelle (in Bild 3.13) zum Abbrennen des Leiters zwischen der lastseitigen Überstrom-Schutzeinrichtung (in Bild 3.13 ist dies cl) und dem Fehlerort führt. In diesem Fall würde zwar der rechte Leiter stromlos, aber der Fehler bliebe unentdeckt und die Fehlerstelle würde weiterhin unter Spannung stehen.

Aus diesem Grund wird in DIN VDE 0100-430, Anhang A, Abschnitt A.3 eine Alternative aufgezeigt. Dies wären versorgungsseitige Schutzeinrichtungen, deren Auslösevorrichtungen miteinander gekoppelt sind. Wenn eine Einrichtung auslöst, werden die übrigen automatisch mit zur Auslösung gebracht. Dies wird in **Bild 3.14** dieses Buchs symbolisch dargestellt. Auf diese Weise würde der Weiterbetrieb des Parallelsystems nach einem Fehler verhindert.

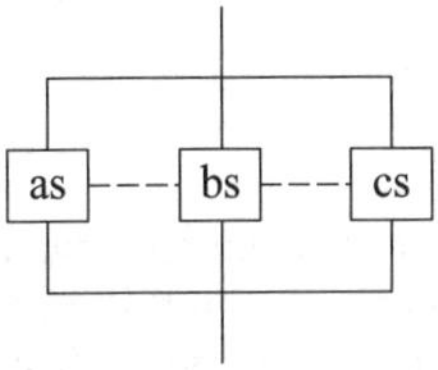

Bild 3.14 Symbolische Darstellung von gekoppelten Schutzeinrichtungen zum Schutz von parallelen Leitern
(Quelle: DIN VDE 0100-430)

3.1.5 Einige wichtige Zeichen und Begriffe zum Kurzschlussschutz

Einige wichtige Zeichen und Begriffe, die in diesem Buch verwendet werden:

I_K Effektivwert des Kurzschlussstroms, wie er sich einstellt, wenn alle anfänglichen Einschwingvorgänge abgeklungen sind. Oft wird durch eine zusätzliche Zahl angegeben, ob der ein-, zwei- oder dreipolige Kurzschluss gemeint ist (z. B. I_{K1}, I_{K3}).

I_K'' Effektivwert des Anfangs-Kurzschlusswechselstroms, der sich zu Beginn (im Einschwingvorgang) eines Kurzschlusses einstellt. Dieser Wert ist wichtig bei generatornahen Kurzschlüssen, da bei solchen Kurzschlussströmen im Einschwingvorgang gilt: $I_K'' > I_K$. Im Niederspannungsnetz geht man in der Regel von generatorfernen Kurzschüssen aus. In diesem Fall ist I_K'' kaum von I_K zu unterscheiden.

I_P Häufig auch als „*unbeeinflusster Kurzschussstrom*“ bezeichnet, der sich nach Abklingen der Einschwingvorgänge einstellt, wenn keine Abschaltung erfolgen würde. In diesem Buch wird statt I_P stets I_K verwendet (z. B. I_{K3} für den dreipoligen Kurzschlussstrom). Lediglich in einigen Grafiken, die aus Normen oder Herstellerangaben entnommen wurden, taucht I_P als Bezeichnung für den Kurzschlussstrom auch in diesem Buch auf.

i_P Stoßkurzschlussstrom – dies ist die maximale Stromspitze. Es handelt sich **nicht** (wie sonst üblich) um einen Effektivwert, sondern um einen Augenblickswert, der sich nur einmal ganz zu Anfang des Kurzschlussvorgangs einstellt.

i_D Durchlassstrom – Maximalwert des Kurzschlussstroms bei strombegrenzenden Überstrom-Schutzeinrichtungen. Auch dieser Strom ist **kein** Effektivwert (siehe bei i_P). In der Fachliteratur kann dieser Strom auch mit I_C angegeben werden.

3.2 Thermografie

3.2.1 Einführung

Thermografische Messungen beruhen auf dem Prinzip, dass Oberflächentemperaturen und Temperaturverläufe auf Oberflächen von Körpern berührungslos mithilfe der Energiestrahlung, die von einem erwärmten Körper ausgehen, erfasst und grafisch in einem sogenannten Thermogramm dargestellt werden können.

Eine Übertragung von Wärmeenergie von einem Körper auf einen anderen bzw. von einem Ort zum anderen ist über drei verschiedene Mechanismen möglich:

1. Die direkte Übertragung der Wärme durch Kontakt (Wärmeleitung). Berühren sich Körper mit unterschiedlichen Temperaturen, so erwärmt der wärmere den kälteren Körper.
2. Die Übertragung der Wärme über gasförmige oder flüssige Medien (Konvektion). Über die Luftströmung kann z. B. die Temperatur von einem warmen, festen Körper auf andere Körper in der Umgebung übertragen werden.
3. Übertragung der Wärme über Energiestrahlung. Diese Wärmeübertragung funktioniert über unsichtbare Energiestrahlung. Es sind hierfür kein direkter Kontakt und auch keine flüssigen oder gasförmigen Medien (z. B. Luft) notwendig.

Bei der Thermografie geht es um den dritten Übertragungsmechanismus. Nach Josef Stefan und Ludwig Boltzmann (beide Physiker im 19. Jahrhundert) strahlt jeder Körper – entsprechend seiner Temperatur – Energie in Form von Lichtwellen im Infrarot-Bereich aus (also im nicht sichtbaren Bereich). Die Größe der Energie dieser Wellen hängt dabei von der Höhe der Temperatur ab. Handelsübliche Infrarot-Messsysteme (Wärmebildkameras, Infrarot-Kameras, IR-Kameras) wandeln diese

Wärmestrahlung über einen Detektor in elektrische Signale um, die dann z. B. als Farbmuster oder als Grauschattierungen in einem Thermogramm bildlich dargestellt werden können (siehe **Bild 3.15** dieses Buchs). Die jeweilige Farbe steht für eine bestimmte Temperatur. Der infrage kommende Wellenlängenbereich reicht von etwa 2 µm bis etwa 14 µm.

Die von einer IR-Kamera (Wärmebildkamera) registrierte Energie wird durch drei verschiedene physikalische Mechanismen hervorgerufen:

(1) Energie, die direkt von der betrachteten Oberfläche ausgesendet wird

Dies ist zugleich die Energie, die der Körper zuvor aufgenommen (absorbiert) hat und stellt somit ein Maß für die Temperatur des Körpers (genauer der Köroberfläche) dar.

(2) Energie, die die betrachtete Oberfläche aus der Umgebung reflektiert hat

Dieser Anteil der gemessenen Energie stellt somit eine Art „*Fehlinformation*“ dar, da sie nicht mit der tatsächlichen Temperatur des Körpers (genauer der Körperoberfläche) zu tun hat.

(3) Energie, die durch den betrachteten Körper sowie durch dessen Oberfläche hindurchstrahlt, z. B. von hinten (sofern der Körper dafür durchlässig ist)

Auch dieser Anteil der gemessenen Energie entspricht einer „*Fehlinformation*“, da sie ebenfalls keine Auskunft über die Temperatur des Körpers (genauer der Körperoberfläche) gibt.

Mit anderen Worten: Die Kamera muss durch geeignete Einstellungen in der Lage sein, die vorgenannten Fehlinformationen zu kompensieren, um die tatsächliche, vom Körper abgestrahlte Energie zu ermitteln und im Thermogramm darstellen zu können.

Die drei erwähnten Energiequellen (1), (2) und (3) können als Quotienten dargestellt werden, also als Verhältnis zur gesamten in der betrachteten Umgebung vorhandenen Energie. Diese Quotienten sind demnach immer kleiner als 1. Dadurch ergeben sich folgende drei Quotienten:

- Absorptionsquotient α (griechischer Buchstabe „Alpha“)
- Reflexionsquotient ρ (griechischer Buchstabe „Rho“)
- Transmissionsquotient τ (griechischer Buchstabe „Tau“)

Da sich alle Quotienten auf die Gesamtenergie beziehen, muss die Summe dieser Quotienten gleich 1 sein:

$\alpha + \rho + \tau = 1$

Besonders in der elektrischen Anlage geht man in der Regel davon aus, dass Körper, die für Energiestrahlung durchlässig sind, nicht vorkommen. Deshalb kann $\tau = 0$ gesetzt werden.

$\Rightarrow \alpha + \rho = 1$

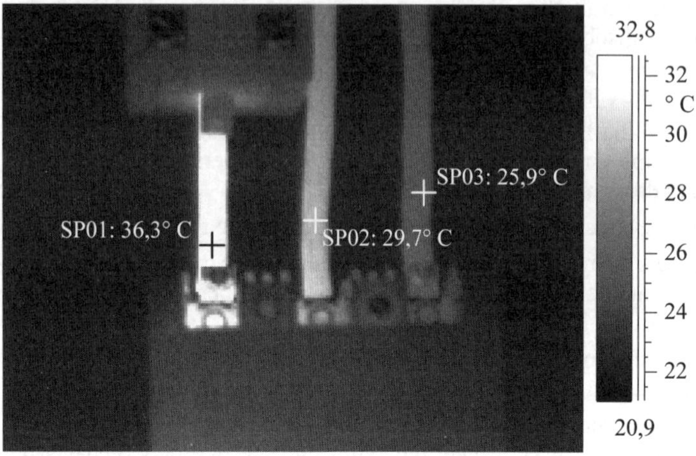

Bild 3.15 Beispiel einer thermografischen Aufnahme (Thermogramm). Die dargestellten Temperaturen beziehen sich auf die Oberflächen der dargestellten Betriebsmittel.
(Quelle: VdS 2851)

3.2.2 Der Emissionsgrad

Selbstverständlich soll nur die Energie bewertet werden, die der betrachtete Körper:

- zuvor aufgenommenen hat (absorbiert),
- bei der Messung in das Objektiv der Kamera gesendet hat (emittiert).

Für die Kamera wird also aus der absorbierten Energie die emittierte Energie, und aus dem Absorptionsquotienten α wird der Emissionsgrad ε (griechischer Buchstabe „Epsilon“):

$\alpha = \varepsilon$

Dieser Emissionsgrad ist natürlich auch ein Quotient, der ein Verhältnis beschreibt. Der Gedanke dahinter ist Folgender:

Ein idealer Körper, der keine Energie durchlässt ($\tau = 0$) und keine Energie aus der Umgebung reflektiert ($\rho = 0$), wird *„schwarzer Strahler“* genannt. Solche schwarzen Strahler sind meist künstlich hergestellte Hohlkörper, bei denen mögliche Reflexionen, die aus der Umgebung vom betrachteten Körper in die IR-Kamera reflektiert würden, durch Form (Hohlkörper) und Oberflächenstruktur (schwarze Farbe und raue Oberfläche usw.) weitgehend ausgeschlossen werden. In der Realität kommen solche Körper eher selten vor. Es dürfte klar sein, dass die gesamte Strahlung eines schwarzen Strahlers, die das Objektiv einer IR-Kamera erreicht, der Energie entspricht, die der schwarze Strahler zuvor absorbiert hat. Die von der Kamera aufgenommene Energie entspricht bei einem schwarzen Strahler also insgesamt dessen Oberflächentemperatur.

Reale Körper, z. B. Körper in der elektrischen Anlage, sind in den allermeisten Fällen keine schwarzen Strahler. Sie werden zur Abgrenzung deshalb „*graue Strahler*“ genannt. Bei realen Körpern entspricht nur ein Teil der vom Kameraobjektiv aufgenommenen Energie der Oberflächentemperatur des betrachteten Körpers, weil z. B. auch reflektierte Energie aus der Umgebung vom Objektiv der Kamera aufgenommen wird.

Vor diesem Hintergrund kann das zuvor erwähnte Verhältnis beschrieben werden: Der Emissionsgrad ε ist das Verhältnis der Energie eines realen Körpers (grauen Strahlers) zur Energie eines idealen Körpers (schwarzen Strahlers):

$$\varepsilon = \frac{\text{Energie des realen Körpers}}{\text{Energie des idealen Körpers}}$$

Für die Energieverhältnisse in der IR-Kamera verändert sich die zuvor genannte Gleichung demzufolge wie folgt:

$\varepsilon + \rho = 1$ oder $\varepsilon = 1 - \rho$

Dabei gilt bezüglich der von der IR-Kamera aufgenommenen *Energie* $\tau = 0$ und $\alpha = \varepsilon$.

Der Emissionsgrad entspricht also einer Zahl kleiner als 1. Bei einem schwarzen Strahler (keine Reflexionen $\Rightarrow \rho = 0$) wäre $\varepsilon = 1$, d. h., die gesamte von der Kamera registrierte Energie entspricht der Oberflächentemperatur des betrachteten schwarzen Strahlers. Wie zuvor schon gesagt, findet man in elektrischen Anlagen allerdings nur graue Strahler, die mehr oder weniger Reflexionen hervorrufen.

Der Emissionsgrad ε von realen Körpern (grauen Strahlern) ist von einigen Faktoren abhängig, hauptsächlich jedoch von den beiden Folgenden:

- von der Oberflächenstruktur bzw. Oberflächenrauigkeit des betrachteten Körpers und damit indirekt auch vom Material des Körpers.

  Pauschal gilt: Je rauer die Oberfläche ist, umso größer ist ihr Emissionsgrad.
- vom Betrachtungswinkel zur betrachteten Oberfläche.

  Unkritisch sind Betrachtungswinkel senkrecht zur Oberfläche bis zu einem Winkel von etwa 50°. Ist der Blickwinkel noch flacher als 50°, werden elektrische Leiter zu warm und elektrische Nichtleiter zu kalt dargestellt.

Den Emissionsgrad kann man bei geeigneten IR-Kameras einstellen. Mit der richtigen Einstellung kompensiert die Kamera die zuvor genannten Fehlinformationen (siehe vorheriges Kapitel 3.2.1) und stellt im Thermogramm nur noch die von der Oberfläche abgestrahlte Energie dar, die der vom betrachten Körper absorbierten Energie entspricht. Damit würde die Temperatur der Körperoberfläche korrekt angegeben.

Die Kenntnis des Emissionsgrads ist also für eine korrekte Thermografie von besonderer Bedeutung. Viele Oberflächen in elektrischen Anlagen haben glücklicherweise einen relativ konstanten Emissionsgrad zwischen 0,8 bis 0,9. Die Temperaturmessung bei einer konstanten Kameraeinstellung von z. B. $\varepsilon = 0{,}85$ wäre also bei solchen Oberflächen und einem nicht zu flachen Betrachtungswinkel ausreichend genau.

Einige Oberflächen haben jedoch einen viel zu geringen Emissionsgrad und können deshalb nicht ohne eine korrekte Einstellung der Kamera oder der Zuhilfenahme besonderer Maßnahmen gemessen werden. Beispielsweise kann eine Sammelschiene aus blankem Kupfer je nach Zustand der Oberfläche einen Emissionsgrad von $\varepsilon = 0{,}05$ bis $\varepsilon = 0{,}6$ haben. Zwischen diesen Extremwerten liegen jedoch enorme Temperaturunterschiede. Eine Messung bei einer Kameraeinstellung von z. B. $\varepsilon = 0{,}85$ würde in diesem Fall zu völlig abwegigen und vor allem unbrauchbaren Ergebnissen führen.

Die Frage ist also, wie ein Emissionsgrad im Zweifelsfall ermittelt werden kann. Dazu gibt es verschiedene Verfahren:

a) Man entnimmt den Wert für ε aus typischen Emissionsgrad-Tabellen. Solche Tabellen werden z. B. von IR-Kameraherstellern in den technischen Beschreibungen ihrer Geräte angegeben. Allerdings sind diese Angaben in der Regel ungenau, zum Teil irreführend und deshalb wenig vertrauenserweckend. Niemand kann in einer Tabelle z. B. den tatsächlichen Oxidationsgrad oder die tatsächliche Rauheit der realen Oberfläche voraussagen. Das heißt, die angegebenen Werte sind viel zu unspezifisch und liegen häufig auch zu hoch. Vergleicht man verschiedene Tabellen, stellt man zudem fest, dass die Werte und sonstige Angaben ohne Bezug zur Realität bzw. ohne empirische Untersuchungen voneinander abgeschrieben wurden.

b) Ist es möglich, den betrachteten Körper zu berühren, können Temperaturfühler direkt aufgelegt werden, um die tatsächliche Temperatur zu messen. Danach betrachtet man mit der IR-Kamera den Körper und verändert dabei den Emissionsgrad der IR-Kamera solange, bis die dargestellte Temperatur der zuvor gemessenen Temperatur entspricht. Auf diese Weise kann der Emissionsgrad relativ genau ermittelt werden.

c) Ist eine direkte Temperaturmessung (z. B. bei unter Spannung stehenden Teilen) nicht möglich, können (vor Inbetriebnahme) auf diesen Teilen Referenzpunkte mit Lacken, Farben oder Aufklebern angebracht werden, die einen definierten Emissionsgrad besitzen. Da sich ein solcher Referenzpunkt direkt auf der Oberfläche befindet und deren Temperatur annimmt, kann darauf mit der IR-Kamera die gesuchte Temperatur gemessen werden. Danach verschiebt man den Messpunkt der IR-Kamera und misst die Temperatur der Oberfläche neben dem Referenzpunkt. Wenn man nun den Emissionsgrad der IR-Kamera so lange verstellt, bis sich wieder die zuvor gemessene Temperatur beim Referenzpunkt einstellt, hat man auf diese Weise den Emissionsgrad der betrachteten Oberfläche ermittelt.

d) Wenn die zuvor erwähnten Verfahren nicht möglich sind, sucht man auf dem betrachteten Objekt Bereiche, die einem „schwarzen Strahler" zumindest in etwa entsprechen. Man spricht z. B. vom „Hohlraumeffekt", wenn man hierfür Bohrungen im betrachteten Objekt nutzt oder andere ähnliche Hohlräume oder Fugen. Diese Bohrung (Hohlraum, Fuge usw.) wäre dann der zuvor erwähnte Referenzpunkt.

   Nutzt man z. B eine Bohrung als Referenzpunkt, kann ein Emissionsgrad von $\varepsilon = 0{,}85$ eingestellt werden, wenn deren Tiefe zum Durchmesser möglichst in folgendem Verhältnis stehen:

   Durchmesser/Tiefe = 1/5

   Trifft dies nicht zu, muss ein entsprechend kleiner Emissionsgrad für die betrachtete Bohrung angesetzt werden.

Die bei obigen Punkten c) und d) erwähnten Methoden können auch für eine direkte Temperaturmessung mit der IR-Kamera herangezogen werden, wenn die thermisch relevanten Stellen, deren Temperatur man ermitteln möchte, unter oder direkt neben den Referenzpunkten liegen.

3.2.3 Wichtige Einstellungen der IR-Kamera

Neben dem Emissionsgrad sind noch diverse Einstellungen an der IR-Kamera vorzunehmen, um ein geeignetes Thermogramm erstellen und bewerten zu können. Fast schon selbstverständlich und dennoch immer wieder gerne übersehen ist das Scharfstellen (Fokussierung) der Optik. Geeignete Kameras sollten die Möglichkeit besitzen, eine Scharfeinstellung am Objektiv vornehmen zu können. Bei besonders preiswerten Modellen ist dies allerdings nicht immer gewährleistet.

Ebenso wichtig ist die Einstellung der Temperaturskala. Dabei geht es um:

- den Messbereich, den man betrachten möchte (*Span*)

  Er darf nicht zu groß gewählt werden, sonst gehen möglicherweise wichtige Informationen im Gesamtbild verloren. Auf dem Thermogramm kann man große und kleine Messbereiche am Kontrast des Thermogramms unterscheiden. Ein großer Span (Messbereich) führt zu einem geringen Kontrast, bei dem wichtige Einzelheiten unter Umständen verloren gehen. Ein kleiner Span erhöht den Kontrast, weil die Kamera die Informationen im Thermogramm auf einen kleinen Temperaturbereich verteilt. Natürlich muss man sich zuvor im Klaren darüber sein, welchen Messbereich man für eine Bewertung benötigt.

- den „Ort“ des vorgenannten Messbereichs (*Level*)

  Angenommen, es wird ein Span von 40 K eingestellt. Damit wäre aber noch nicht festgelegt, welche Temperaturen den Thermografen interessieren. Beispielsweise könnte er mit dem eingestellten Span den Temperaturbereich von 20 °C bis 60 °C oder von 40 °C bis 80 °C oder von 100 °C bis 140 °C betrachten wollen. Dieser „Ort“ des Messbereichs wird „*Level*“ (oder Temperaturniveau) genannt. Je höher der Level gewählt wird, umso dunkler ist das Thermogramm und damit die in ihm dargestellten Objekte. Bei einem ungünstig eingestellten Level besteht (wie beim falsch eingestellten Span) die Gefahr, dass wichtige Einzelheiten verloren gehen.

Typische IR-Kameras besitzen die Möglichkeit, Level und Span automatisch einzustellen. Dabei wählt die Automatik in Bezug auf die vom Objektiv registrierten Temperaturen die optimale Einstellung. Das klingt zunächst verlockend, ist aber unter Umständen kontraproduktiv. Es gibt Bereiche in der elektrischen Anlage, in denen der Thermograf auf jeden Fall eine manuelle Einstellung vornehmen muss. Wenn z. B. im Thermogramm sehr heiße Widerstände auftauchen, wird die Automatik der Kamera immer versuchen, einen geeigneten Span zu finden, um auch diese Temperaturen noch einigermaßen korrekt abbilden zu können. Auch der Level wird durch die hohe Temperatur der Widerstände angehoben. Möglicherweise befinden sind jedoch in der Nähe der Widerstände einige Klemmstellen mit deutlich geringeren Temperaturen, die dringend überprüft werden müssten, während die Temperatur der Widerstände für die Bewertung von geringer Bedeutung ist. Bei der automatischen Level-Span-Einstellung der IR-Kamera gehen aber die wichtigen Informationen zum thermischen Zustand der Klemmen verloren, weil der zu geringe Kontrast (Span) und die zu geringe Helligkeit (Level) im Bereich der Klemmstellen eine korrekte Bewertung unmöglich machen.

3.2.4 Bewertung der gemessenen Temperaturen

3.2.4.1 Grenzübertemperatur, Temperaturverlauf und Temperaturvergleiche

Ein erfahrener Prüfer weiß, dass eine heiße Stelle nicht pauschal als Gefahrenquelle bewertet werden muss, da hohe Oberflächentemperaturen bei bestimmten Betriebsmitteln durch eine normale betriebliche Belastung entstehen können. Die bloße Suche nach heißen Stellen (Hotspots) ist deshalb irreführend und unfachmännisch. Vielfach wird in diesem Zusammenhang die Frage gestellt, ob nicht für konkrete Betriebsmittel Grenzübertemperaturen festgelegt werden können. Werden diese überschritten, kann der Prüfer bei der Bewertung des Thermogramms sofort entscheiden, ob ein Mangel vorliegt oder nicht. Allerdings ist die Frage nach vorgegebenen Grenztemperaturen bzw. Grenzübertemperaturen nicht so wichtig, wie es zunächst den Anschein hat.

Zunächst muss festgestellt werden, ob die Temperatur eines elektrischen Betriebsmittels von der Belastung abhängt. Die vom Hersteller bzw. von der Norm vorgegebene

Grenztemperatur eines Betriebsmittels ist jedoch ein rein theoretischer Wert, der sich bei einer klar definierten Belastungssituation ergibt. Diese Belastungssituation wird in der entsprechenden Hersteller- oder Prüfnorm vorgegeben. Dabei geht es z. B. um einen elektrischen Strom in einer bestimmten Höhe (in der Regel der maximale Belastungsstrom), der eine festgelegte Zeit konstant fließt, sowie um vorgegebene Werte für z. B. die Umgebungstemperatur und möglicherweise auch für Luftfeuchtigkeit, Störfeldbelastungen usw. Auch die Belastungsart (z. B. bei Belastungszyklen die Zeit der Belastung mit nachfolgender Zeit ohne Belastung) kann in der Norm für die Produktprüfung festgelegt sein.

Die reale thermische Belastung eines Betriebsmittels in einer konkreten Umgebung (reale Umgebungstemperatur, reale Belastungsart usw.), das mit einem möglicherweise ständig wechselnden Betriebsstrom belastet wird, kann mit der Angabe der maximalen Grenzübertemperatur kaum bewertet werden.

Beispiel:

Eine gemessene Temperatur, die zwar geringfügig unter der maximal erlaubten Grenztemperatur liegt, aber bereits bei 40 % der Nennbelastung entsteht, würde kaum auffallen, wenn man nur diese Grenztemperatur betrachtet. Tatsächlich ist aber eine solche Messung unbedingt ein Grund zur Sorge, denn wenn die Belastung zukünftig bis zur Nennbelastung gesteigert würde, ist eine gefahrdrohende thermische Überlastung sehr wahrscheinlich.

Im Grunde trifft dies auf jede gemessene Temperatur zu: Erst unter Berücksichtigung der realen Belastung kann man eine Temperatur als zu hoch oder als unkritisch bewerten. Wird lediglich die gemessene Temperatur betrachtet, wird die Bewertung des Thermogramms unter Umständen zum Zufallstreffer. Nicht einmal eine vorgefundene Temperaturdifferenz zwischen den Außenleitern eines Drehstromkreises kann pauschal als thermisch auffällig bezeichnet werden; denn dies kann auch durch unsymmetrische, d. h. durch unterschiedliche Belastungen der Außenleiter hervorgerufen werden. Erst eine Strommessung bei den Außenleitern kann Auskunft darüber geben, ob die Temperaturdifferenz durch einen Mangel (z. B. einen Kontaktfehler) oder durch eine unterschiedliche Belastung hervorgerufen wird.

Gemessene Temperaturen und auch Temperaturdifferenzen müssen also immer mit Berücksichtigung der Belastung bewertet werden.

Viel wichtiger als die bloße Feststellung der Temperatur ist also die Betrachtung des Temperaturverlaufs sowie des Temperaturvergleichs.

- Temperaturverlauf

  Da bei einem Thermogramm Temperaturen flächenhaft in unterschiedlichen Farben oder in unterschiedlichen Grautönen dargestellt werden, sind vorhandene Temperaturverläufe (sogenannte Gradienten) erkennbar. Im **Bild 3.16** dieses

Buchs wird eine Klemmstelle oberhalb eines Transformators gezeigt. Es wird dabei ein Temperaturverlauf von der Klemmstelle zur Stromschiene sichtbar, wobei deutlich die Klemmstelle eine höhere Temperatur anzeigt als die angeschlossene Stromschiene. Natürlich wird eine hoch belastete Klemmstelle in der Regel etwas wärmer sein als der angeschlossene Leiter. Deshalb muss bei der Bewertung des Temperaturverlaufs die bei der Messung vorhandene Strombelastung berücksichtigt werden sowie die Temperaturdifferenz zwischen der wärmsten Stelle (also die Klemmstelle) zu einem Punkt auf dem angeschlossenen Leiter, der wenige Zentimeter (in der Regel zwischen 5 cm und 10 cm) entfernt liegt.

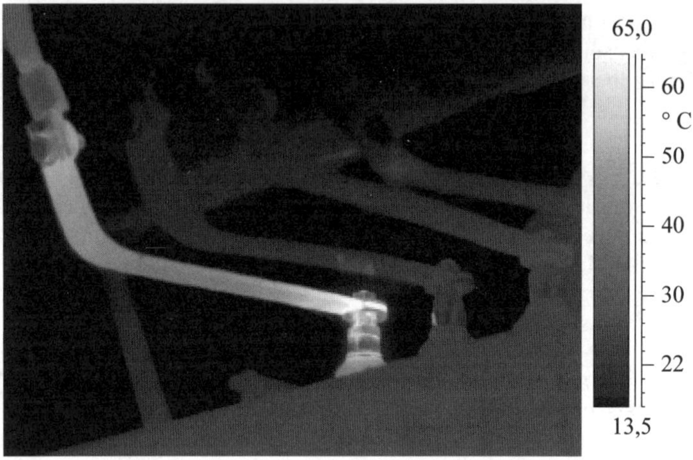

Bild 3.16 Thermogramm eines Transformatoranschlusses, bei dem die Klemmstelle eines Außenleiters deutlich wärmer ist und auch einen Temperaturverlauf anzeigt (Quelle: VdS 2858)

Wenn bei einer geringen Belastung (< 40 % der Maximalbelastung) auf 5 cm bereits eine Temperaturdifferenz von 10 K sichtbar wird, so kann dies bereits eine gefährliche thermische Belastung andeuten, wenn klar ist, dass über länger Zeit auch Maximalbelastungen möglich sind.

Bei einer Belastung von 80 % bis 100 % der Maximalbelastung sind dagegen 10 K auf 5 cm lediglich einen Hinweis wert, die entsprechende Stelle beim nächsten Prüftermin noch einmal anzuschauen.

Mit anderen Worten: Zu einer korrekten Bewertung gehören zum einen die Betrachtung der Belastung (während der Messung), die festgestellten Temperaturdifferenzen sowie der Temperaturverlauf und nicht zuletzt eine ausreichende Erfahrung des Prüfers.

Hinweis: Um eine möglichst sichere Bewertung abgeben zu können, sollte man, wenn während der Messung eine zu geringe Belastung festgestellt wird, wo immer möglich die festgestellte thermische Belastung auf die sonst übliche Belastung hochrechnen. Dazu wird im Folgenden unter der Überschrift „Bewertung der Belastung“ noch einiges gesagt.

- Temperaturvergleich

  Temperaturvergleiche sind immer dort angebracht, wo man sich nicht sicher ist, ob eine festgestellte Temperatur oder Temperaturdifferenz auf einen Mangel hinweist oder nicht. Wenn beispielsweise am Gehäuse eines Betriebsmittels eine auffällige Temperatur festgestellt wird, kann dies auf einen Fehler im Inneren des Betriebsmittels hindeuten. Hier hilft es sehr, wenn anderenorts gleiche Betriebsmittel mit ähnlichen Belastungen vorgefunden werden, die zum Vergleich herangezogen werden können. Ist das thermische Verhalten aller gleichartigen und ähnlich belasteten Betriebsmittel vergleichbar, so kann dies als Hinweis gewertet werden, dass die vorgefundene Temperatur nicht auf einen Mangel hindeutet. Natürlich darf man den (eher seltenen) Fall nicht ganz aus den Augen verlieren, dass die auffällige Temperatur bei allen gleichartigen Betriebsmitten auf einen Serienfehler hinweisen könnte.

- Bewertung der Belastung

  Es wurde bereits mehrfach darauf hingewiesen, dass eine festgestellte auffällige Temperaturerhöhung an einem Betriebsmittel nicht in jedem Fall einen gefahrdrohenden Mangel anzeigt. Wichtiger ist meist (wie zuvor schon betont) der Vergleich von festgestellten Temperaturdifferenzen mit solchen an gleichen Anlagenteilen, die eine ähnliche Belastung führen müssen. Auch die Betrachtung von Temperaturverläufen (Gradienten), die auf eine Wärmequelle hinweisen, ist bei der Bewertung enorm wichtig.

  Außerdem muss darauf geachtet werden, dass die Betriebstemperatur von Anschlüssen und Leitern nicht die vorhandenen Isolationen gefährdet. Dabei sollte stets ermittelt werden, ob die während der Messung festgestellte Belastung zu anderen Zeiten (wenn der Prüfer nicht vor Ort ist) höher liegen kann. In diesem Fall kann schon eine Temperatur bedeutsam sein, die noch unter der Maximaltemperatur für die Isolation liegt. Wichtig ist hierbei also die Betrachtung der Differenztemperatur $\Delta\vartheta$ zwischen dem erwärmten Objekt und

  – der Temperatur der Umgebung oder
  – der Temperatur eines gleichen und ebenso belasteten thermisch unauffälligen Objekts.

Bei Anlagenteilen, deren Erwärmung im Wesentlichen von den ohmschen Anteilen der vorhandenen Impedanz verursacht wird (z. B. bei Klemmverbindungen und Anschlüssen), verhalten sich die entstandenen Differenztemperaturen zu den verursachenden Belastungsströmen in etwa wie folgt:

$$\frac{\Delta\vartheta_2}{\Delta\vartheta_1} = \frac{I_2^2}{I_1^2}$$

bzw.

$$\Delta\vartheta_2 = \frac{I_2^2 \cdot \Delta\vartheta_1}{I_1^2} \tag{17}$$

Dabei ist:

$\Delta\vartheta_1$	Differenztemperatur zwischen dem betrachteten Objekt, das sich durch den Betriebsstrom I_1 erwärmt hat, zur Umgebungstemperatur oder zur Temperatur eines gleichen und ebenso belasteten thermisch unauffälligen Objekts.
$\Delta\vartheta_2$	Differenztemperatur wie $\Delta\vartheta_1$, allerdings bei einer möglichen zukünftigen Belastung I_2.
I_1	Belastungsstrom des betrachteten Teils während der Messung
I_2	zukünftiger (höherer) Belastungsstrom des betrachteten Teils

Um die mögliche Temperatur des betrachteten Objekts bei der höheren Belastung abschätzen zu können, muss die errechnete Differenztemperatur $\Delta\vartheta_2$ zur Umgebungstemperatur (oder der Temperatur des thermisch unauffälligen Objekts) addiert werden:

$$\vartheta_2 = \Delta\vartheta_2 + \vartheta_U \left(\vartheta_{uO}\right)$$

Dabei ist:

ϑ_2	Temperatur des betrachteten Objekts bei einem angenommenen, höheren Belastungsstrom I_2
$\Delta\vartheta_2$	Differenztemperatur des Objekts zur Umgebungstemperatur bei einem angenommenen, höheren Belastungsstrom I_2
ϑ_U	Temperatur der Umgebung
ϑ_{uO}	Temperatur eines thermisch unauffälligen, gleichen und ebenso belasteten Objekts

Wenn man die errechnete Differenztemperatur $\Delta\vartheta_2$ auf ein thermisch unauffälliges Objekt bezieht, betrachtet man mit diesem Wert direkt die zugrundeliegende Ursache der Temperaturerhöhung. Deshalb kann man in diesem Fall den Wert für $\Delta\vartheta_2$ in Fehlergruppen (oder Fehlerklassen) einteilen, die Aussagen ermöglichen, die Relevanz für die festgestellte thermische Auffälligkeit hat:

Fehlergruppe 1	**0 K**	$< \Delta\vartheta_2 \leq$	**10 K**
Fehlergruppe 2	**10 K**	$< \Delta\vartheta_2 \leq$	**35 K**
Fehlergruppe 3	**35 K**	$< \Delta\vartheta_2 \leq$	**70 K**
Fehlergruppe 4	**70 K**	$< \Delta\vartheta_2$	

Bei **Fehlergruppe 1** sind keine direkten Maßnahmen erforderlich. Es wird lediglich empfohlen, die entsprechende Stelle weiter zu beobachten.

Bei **Fehlergruppe 2** sollte bei nächster Gelegenheit (z. B. bei turnusmäßigen Revisionen oder bei der nächsten Abschaltung) das verursachende Problem genauer untersucht und die Ursache beseitigt werden.

Bei **Fehlergruppe 3** sollte eine Beseitigung der Ursache innerhalb der nächsten sechs Monate stattfinden. Wenn in nächster Zeit eine markante Belastungserhöhung zu erwarten ist, sollte die Beseitigung natürlich entsprechend früher stattfinden.

Bei **Fehlergruppe 4** sind möglichst umgehend entsprechende Maßnahmen erforderlich. Je nach Höhe der festgestellten Temperatur und der zu erwartenden zukünftigen Belastung ist unter Umständen eine sofortige Abschaltung erforderlich.

Die Fehlergruppeneinordnung wird in der entsprechenden Fachliteratur häufig unterschiedlich dargestellt. Die zuvor vorgeschlagene Einteilung entspricht der Einordnung nach VdS-Richtlinien. Die verbleibende Unsicherheit ist der Tatsache geschuldet, dass bei der Bewertung keine exakten mathematischen Parameter oder physikalisch eindeutigen Vorgänge zugrunde gelegt werden können. Bei einer Fehlergruppeneinordnung, die lediglich von gemessenen Temperaturdifferenzen ausgeht, muss Zweifel angemeldet werden. Ob bei einer gemessenen Übertemperatur eine thermische Gefährdung vorausgesetzt werden kann, muss durch eine nähere Betrachtung unter Berücksichtigung der tatsächlichen Belastung während der Messung bzw. bei zukünftigen Belastungsfällen ermittelt werden.

Betont werden muss, dass es bei der Zuordnung zu Fehlergruppen nicht um die Temperaturdifferenz zur Umgebung geht, sondern um die Differenz zwischen dem thermisch auffälligen Teil und einem gleichermaßen belasteten und unauffälligem Teil. Natürlich kann man sowohl die Temperaturdifferenz zur Umgebung zum Hochrechnen nach der zuvor genannten Formel verwenden als auch die Temperaturdifferenz zu einem gleich belasteten und thermisch unauffälligen Teil. Allerdings kann man die Temperaturdifferenz zum Umgebung nur sehr begrenzt für eine geeignete Fehlergruppeneinteilung heranziehen.

Beispiel 1:

Am Anschlusspunkt zu einer Sammelschiene wird eine Temperaturdifferenz zur Umgebung von 20 K gemessen. Die Belastung beträgt dabei mit 80 A (I_1) nur 50 % der sonst üblichen Belastung (I_2 = 160 A), und die Umgebungstemperatur beträgt 30 °C. Wenn man mit Formel (17) hochrechnet, kommt man auf folgendes Ergebnis:

$$\Delta\vartheta_2 = \Delta\vartheta_1 \cdot \frac{I_2^2}{I_1^2} = 20\ \text{K} \cdot \frac{160^2}{80^2} = 80\ \text{K}$$

Die Temperatur am Anschluss der Sammelschiene würde also bei Nennbelastung folgende Temperatur annehmen:

80 K + 30 °C = 110 °C

Mit einer Übertemperatur von 80 K liegt die Sammelschiene allerdings im von der Norm vorgegebenen Rahmen, da bei Sammelschienen für Nennströme über 63 A nach Norm durchaus Grenzübertemperaturen von 100 K möglich sind. Eine Einteilung der betrachteten Anschlussstelle in die Fehlergruppe 4 nach der zuvor erwähnten Fehlergruppeneinteilung wäre in diesem Fall nicht korrekt. Allerdings kann man mit der errechneten Temperatur feststellen, ob die Temperatur bei Nennstrom die Umgebung oder beteiligte Isolierstoffe gefährden kann (z. B. die Aderisolation der angeschlossenen Leiter).

Wichtig ist dagegen die Temperaturdifferenz, die durch einen Mangel (z. B. schlechte Kontaktstelle) hervorgerufen wird. Diese Temperaturdifferenz muss hochgerechnet werden und führt zu einer Einstufung in die entsprechende Fehlergruppe.

Beispiel 2:

Bei den Anschlüssen an einen Schütz werden folgende Temperaturen bei den Außenleitern L1, L2, L3 gemessen: 35 °C, 37 °C, 43 °C.

Die Außenleiter sind symmetrisch mit 15 A belastet. Die Verteiler-Innentemperatur beträgt 30 °C. Der Nennstrom des Schützes beträgt 63 A. Der Schütz kann (z. B. nach Aussage des Betreibers) eine längere Zeitspanne mit einem Betriebsstrom von 50 A beaufschlagt werden.

Frage: In welche Fehlergruppe kann die thermische Auffälligkeit eingeteilt werden?

Mit den zuvor angegebenen Formeln ergibt sich:

Außenleiter L1

$\Delta\vartheta_1 = 5\ \mathrm{K}$

Auf 50 A (I_2) hochgerechnet ergibt das eine Temperaturdifferenz $\Delta\vartheta_2$ von 55 K. Damit beträgt die Temperatur an L1: 85 °C.

Außenleiter L2

$\Delta\vartheta_1 = 7\ \mathrm{K}$

Auf 50 A (I_2) hochgerechnet ergibt das eine Temperaturdifferenz $\Delta\vartheta_2$ von 77 K. Damit beträgt die Temperatur an L2: 107 °C.

Außenleiter L3

$\Delta\vartheta_1 = 13$ K

Auf 50 A (I_2) hochgerechnet ergibt das eine Temperaturdifferenz $\Delta\vartheta_2$ von 143 K. Damit beträgt die Temperatur an L3: 173 °C.

Die Temperaturdifferenz $\Delta\vartheta_2$ an den Anschlüssen sagt zunächst noch nicht viel aus. Man kann jedoch bei der höheren Belastung die für eine Bewertung wichtigen Differenztemperaturen (Übertemperaturen) errechnen, die offensichtlich durch die unterschiedlichen Übergangswiderstände an den Anschlussstellen entstehen. Geht man davon aus, dass der Anschluss an L1 offenbar besonders gut ist, weil dort die geringsten Übertemperaturen entstehen, so lässt sich Folgendes sagen:

Die größte Temperaturdifferenz ist die zwischen L1 und L3; sie beträgt 173 K – 85 K = **88 K**. Damit muss der Anschluss an L3 mit der **Fehlergruppe 4** bewertet werden.

Natürlich kann man auch die Temperaturdifferenz zur Umgebung sinnvoll nutzen. In diesem Fall käme man zwar nicht auf eine sinnvolle Fehlergruppe, weil dann auch der scheinbar „gesunde" Leiter L1 derer Fehlergruppe 3 zugeordnet werden müsste, obwohl sich eine Übertemperatur von 55 K am Anschluss eines Schützes durchaus noch im von der Norm vorgegebenen Rahmen bewegt. Allerdings kann man mit dieser Überlegung feststellen, dass sich die Anschlüsse sowohl von L2 als auch von L3 bei Nennbelastung unzulässig erwärmen. Die Norm gibt bei Schützen für einen Anschluss aus Kupfer eine Grenzübertemperatur von 60 K an. Der Anschluss an L1 läge damit noch im zulässigen Bereich. L2 und L3 liegen jedoch eindeutig zu hoch. Ganz unabhängig von der Fehlergruppe muss deshalb ein Mangel an beiden Anschlüssen (L2 und L3) angegeben werden. Entsprechend dieser Überlegung sind also auch die Temperaturdifferenzen zur Umgebung nutzbar.

Darüber hinaus muss im Zweifelsfall sowie bei auffälligen Temperaturen bzw. Temperaturverläufen, die nicht ohne Weiteres erklärt werden können, die Empfehlung gegeben werden, eine separate, professionelle thermografische Untersuchung durchführen zu lassen.

3.2.4.2 Die Messfleckgröße

Natürlich spielt auch die Qualität der Kamera eine Rolle, wenn es um die Qualität einer thermografischen Untersuchung geht. Die meisten auf dem Markt angebotenen Wärmebildkameras halten die notwendigen Grenzen (z. B. bezüglich der Temperaturgenauigkeit) weitgehend ein. Allerdings muss die geometrische Auflösungsfähigkeit der gewählten Kamera näher betrachtet werden. Preiswerte Geräte versprechen zwar häufig hohe Genauigkeiten und eine gute Temperaturstabilität usw., aber spätestens bei der geometrischen Auflösung stellt man sehr schnell fest, dass eine professionelle Nutzung mit Billiggeräten kaum möglich ist.

Die geometrische Auflösung einer Wärmebildkamera beschreibt ihre Fähigkeit, entfernte Objekte optisch aufzulösen, sodass eine korrekte Messung der Oberflächentemperatur möglich ist. Je besser die geometrische Auflösung ist, umso kleiner dürfen die betrachteten Objekte für eine exakte Messung sein.

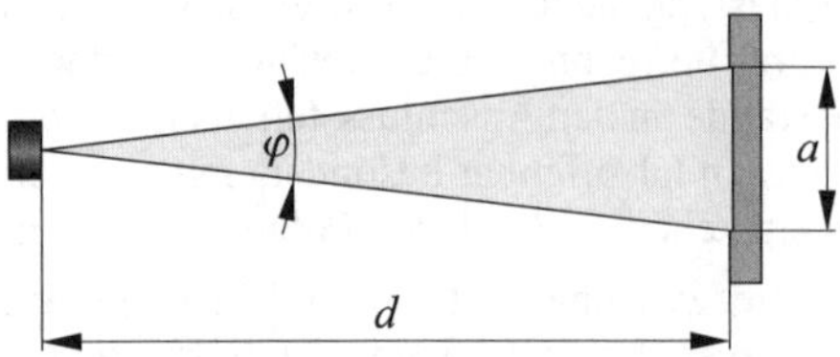

Bild 3.17 Verhältnisse bei der geometrischen Auflösung

φ Winkel der Projektion eines einzelnen Detektors (von der Kamera vorgegeben)
d Distanz zwischen dem Objektiv der Kamera zum betrachteten Objekt
a Messfleckgröße, die sich aufgrund des Winkels „φ“ und der Distanz „d“ ergibt

Der Grund dafür liegt am zwangsläufig auftretenden Projektionswinkel der Kamera. Die meisten Wärmebildkameras, wie sie aktuell auf dem Markt angeboten werden, besitzen eine Detektormatrix. Das ist eine Fläche, die aus zahlreichen einzelnen Detektoren besteht, die jeder für sich die eingehende Strahlung erfassen und in Summe das auf dem Monitor erscheinende Thermogramm ergeben. Durch den Projektionswinkel wird die erfasste Fläche (der Messfleck) mit zunehmender Distanz zwischen der Kamera und dem betrachteten Objekt größer (siehe **Bild 3.17** dieses Buchs). Da jedoch der Messfleck eines einzelnen Detektors immer nur eine Gesamttemperatur des Messflecks darstellen kann, darf das betrachtete Objekt maximal so groß sein wie dieser Messfleck. Anderenfalls wird die Temperaturangabe der Kamera verfälscht, weil der gemessene Wert einer Mischtemperatur aus Objekttemperatur und der ebenfalls erfassten Hintergrundtemperatur entspricht (siehe **Bild 3.18** dieses Buchs).

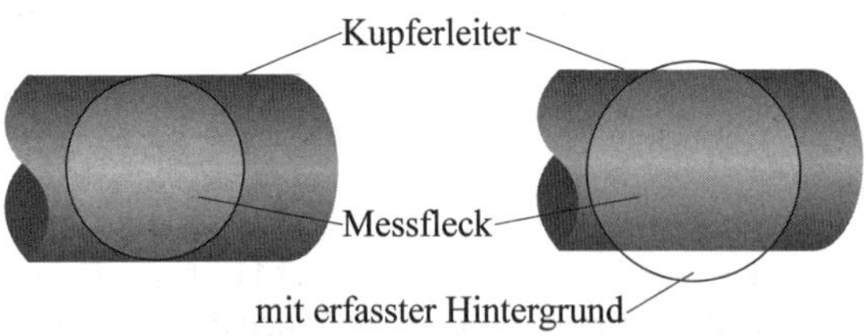

Bild 3.18 Beispiel für einen Messfleck, der gerade noch einen Kupferleiter sicher erfasst (links) bzw. der für den Kupferleiter zu groß ist und deshalb ein verfälschtes Mess-Ergebnis liefert (rechts), weil die Hintergrundtemperatur mit gemessen wird

Man gibt die geometrische Auflösung der Wärmebildkamera in mrad an und nennt diesen Wert „*IFOV*“ (en = Instantaneous Field of View). Den maximalen Messfleck für eine bestimmte Entfernung kann man aus dem *IFOV* der Kamera ermitteln:

$$a_{max} = d \cdot \varphi \text{ bzw. } a_{max} = d \cdot IFOV \tag{18}$$

Dabei gilt:

φ Winkel der Projektion eines einzelnen Detektors (von der Kamera vorgegeben)
d Distanz zwischen dem Objektiv der Kamera zum betrachteten Objekt
a_{max} Messfleckgröße, die sich aufgrund des Winkels „φ“ und der Distanz „d“ ergibt

Es handelt sich bei der Formel (18) um eine zugeschnittene Gleichung, bei der sich „a“ in Millimeter ergibt, wenn „d“ in Meter und „φ“ (bzw. *IFOV*) in Millirad (mrad) angegeben wird. Die Hersteller von Wärmebildkameras geben für ihr Gerät den „*IFOV*-Wert“ zwar im mrad an, jedoch meist als reinen Zahlenwert, also ohne die Erwähnung der zugehörigen Einheit.

Auch die Qualität der Optik einer Wärmebildkamera hat einen Einfluss auf den Messfleck. Eine besonders hochwertige Optik hat an den Rändern eines jeden Messflecks scharfe Konturen und kann den Messfleck deshalb annähernd in der Größe nutzen, der mit Formel (18) errechnet werden kann. Eine Optik, die weniger hochwertig ist, wird hiervon mehr oder weniger abweichen. Weil Hersteller von Wärmebildkameras eher selten eine Information zur Güte der Optik veröffentlichen, muss man diese Unschärfe der Optik durch einen Faktor in die Formel (18) einfließen lassen. Ohne nähere Herstellerangaben sollte der Faktor mit „3“ angegeben werden. Daraus ergibt sich eine modifizierte Formel (18):

$$a_{max} = d \cdot Q_{Güte} \cdot \varphi \text{ bzw. } a_{max} = d \cdot Q_{Güte} \cdot IFOV \tag{19}$$

Dabei gilt:

$Q_{Güte}$ Gütefaktor der Optik (ohne Herstellerangaben mit „3“ anzugeben)

Beispiel 1:

Die Klemmverbindung eines Kupferdrahts mit einem Querschnitt von 2,5 mm^2 (Durchmesser etwa 1,8 mm) soll mit einer Wärmebildkamera untersucht werden. Welches *IFOV* muss die Kamera besitzen, um die Temperatur des Leiters an der Klemmstelle bei einer Objektentfernung von d = 0,5 m korrekt messen zu können?

Umstellen der Formel (19):

$$IFOV = \frac{a_{max}}{d \cdot Q_{Güte}} = \frac{1{,}8}{0{,}5 \cdot 3} \approx 1{,}2$$

Beispiel 2:

Die Klemmverbindung eines Kupferdrahts mit einem Querschnitt von 2,5 mm^2 (Durchmesser etwa 1,8 mm) soll mit einer Wärmebildkamera, für die der Hersteller einen *IFOV* von 1,8 angibt, untersucht werden. Wie groß darf die Distanz zwischen Kamera und Klemmverbindung maximal sein, damit die Temperatur des Leiters an der Klemmstelle noch sicher erfasst werden kann?

Umstellen der Gleichung (19):

$$d = \frac{a_{\text{max}}}{IFOV \cdot Q_{\text{Güte}}} = \frac{1{,}8}{1{,}8 \cdot 3} \approx 0{,}33 \text{ m}$$

Beispiel 3:

Angenommen, es wird eine Wärmebildkamera verwendet, für die der Hersteller einen *IFOV* von 2,8 angibt, und die Distanz zwischen Kamera und den zu untersuchenden Objekten beträgt etwa 0,5 m. Welche Objektgrößen werden unter dieser Voraussetzung noch sicher erfasst und korrekt gemessen?

$$a_{\text{max}} = d \cdot Q_{\text{Güte}} \cdot IFOV = 0{,}5 \cdot 3 \cdot 2{,}8 = 4{,}2 \text{ mm}$$

(Das würde z. B. für betrachtete Kupferadern bedeuten, dass mit dieser Kamera bereits unterhalb von 10 mm^2 Querschnittsgröße bei der vorgegebenen Distanz nicht mehr korrekt gemessen werden kann.)

3.3 Auswahl der Schutzeinrichtungen

3.3.1 Überstrom-Schutzeinrichtungen

Die Auswahl von üblichen Überstrom-Schutzeinrichtungen wird im Wesentlichen durch ihre Schutzfunktion bestimmt und wurde bereits im Kapitel 3.1 dieses Buchs besprochen.

Übliche Auswahlkriterien für Schutzeinrichtungen können sein:

- notwendige Abschaltzeiten zum Schutz vor elektrischem Schlag (DIN VDE 0100-410),
- Schutz gegen Überlastung nach DIN VDE 0100-430,
- notwendige Abschaltzeiten wegen Selektivität,
- Höhe des Schutzpegels (beispielsweise beim Überspannungsschutz),
- Gefährdungsgrad (beispielsweise in feuergefährdeten Betriebsstätten, siehe Kapitel 5 dieses Buchs),

- Besonderheit der Räumlichkeit, in der die Anlage errichtet wird (beispielsweise in Rettungswegen oder in Räumen mit unwiederbringlichen Sachwerten, siehe Kapitel 6 dieses Buchs),
- Umgebungsbedingungen (beispielsweise in feuchten Räumen oder bei erhöhter Temperatur),
- Belastungsart (beispielsweise Schwingungen des Betriebsmittels) usw.

Im Folgenden sollen die häufigsten Schutzeinrichtungen kurz beschrieben und deren Anwendungsbereich erläutert werden.

3.3.2 Fehlerstrom-Schutzeinrichtung (RCD)

3.3.2.1 Allgemeines

Zunächst muss die Frage erörtert werden, wann eine RCD vorgesehen werden muss. Grundsätzlich kann man bezüglich der Notwendigkeit, Fehlerstrom-Schutzeinrichtungen (RCDs) vorzusehen, folgende Möglichkeiten unterscheiden:

a) RCDs können pauschal in Normen oder in anderen technischen Vorschriften gefordert werden oder
b) sie werden als eine alternative Maßnahme vorgesehen, wenn z. B. andere Maßnahmen nicht hinreichend sicher wirken (z. B. wenn mit den vorgesehenen LS-Schaltern die maximalen Abschaltzeiten nicht eingehalten werden können) oder
c) sie werden aufgrund eines erhöhten Sicherheitsbedürfnisses des Betreibers vorgesehen, ohne dass eine Forderung in Normen oder anderen technischen Vorschriften dies zwingend notwendig machen.

Beispiele zu a)

- Für Steckdosenstromkreise mit einem Bemessungsstrom bis 32 A im Gebäude und im Außenbereich sowie für Beleuchtungsstromkreise im privaten Wohnungsbau wird pauschal eine RCD mit einem Bemessungsdifferenzstrom (frühere Bezeichnung: Bemessungsfehlerstrom) mit $I_{\Delta n} \leq 30$ mA in DIN VDE 0100-410, Abschnitt 411.3.3 und Abschnitt 411.3.4 gefordert.
- Wenn in einer Norm für einen bestimmten Betriebsbereich ausdrücklich ein „zusätzlicher Schutz“ nach DIN VDE 0100-410, Abschnitt 415.1 gefordert wird, muss eine RCD mit einem Bemessungsdifferenzstrom von $I_{\Delta n} \leq 30$ mA vorgesehen werden. Dies könnte z. B. in Normen der Gruppe 7 aus DIN VDE 0100 vorkommen (z. B. in Räumen mit Badewanne oder Dusche nach DIN VDE 0100-701).

- Endstromkreise in feuergefährdeten Betriebsstätten müssen nach DIN VDE 0100-420, Abschnitt 422.3.9 durch eine RCD mit einem Bemessungsdifferenzstrom von $I_{\Delta n} \leq 300$ mA geschützt werden.
- Stromkreise für Betriebsmittel sowie Steckdosenstromkreise in Gebäuden, die sich in hochwassergefährdeten Gebieten unterhalb der erwarteten hundertjährigen Überschwemmungshöhe bzw. unterhalb der örtlich festgelegten Überschwemmungshöhe befinden, müssen nach DIN 18015-1, Abschnitt 5.1 mit einer RCD von $I_{\Delta n} \leq 30$ mA geschützt werden. Wobei sich DIN 18015-1 allerdings nur auf den privaten Wohnungsbau und ähnlichen Nutzungseinheiten (z. B. Bürogebäude) bezieht.

Beispiele zu b)

- Wenn die Abschaltzeiten für die automatische Abschaltung nach DIN VDE 0100-410, Abschnitt 411.3.2.2 nicht eingehalten werden können, besteht die Möglichkeit, eine RCD vorzusehen, mit der dieser Mangel mit Sicherheit behoben werden kann, weil eine RCD schon bei sehr geringen Fehlerströmen schnell genug abschaltet und in üblichen Netzsystemen (TT- oder TN-Systemen) die Fehlerströme wesentlich größer ausfallen. Einen Grenzwert für den Bemessungsdifferenzstrom gibt es in diesem Fall natürlich nicht, weil lediglich die Zeit eingehalten werden muss und die Fehlerströme auch bei ungünstigen Bedingungen mindestens einige Ampere betragen, also deutlich über dem Bemessungsdifferenzstrom von üblichen RCDs liegen.

Beispiele zu c)

- Der Betreiber eines Industriebetriebs möchte Unfälle vermeiden, die durch Fehler in einer umfangreichen Beleuchtungsanlage hervorgerufen werden könnten, deren Leuchten berührbar sind. Um die Unfallgefahr zu senken, kann er in den Beleuchtungsstromkreisen zusätzliche RCDs vorsehen lassen.
- Der Betreiber möchte die Brandgefahr in seinem Betrieb oder in bestimmten Betriebsbereichen reduzieren. Aus diesem Grund schützt er die dort errichteten Stromkreise durch Fehlerstrom-Schutzeinrichtungen (RCDs) mit einem Bemessungs-Differenzstrom $I_{\Delta n} = 300$ mA.

Genau genommen sind bei der Auswahl von Fehlerstrom-Schutzeinrichtungen (RCDs) immer mehrere Faktoren zu berücksichtigen. In **Tabelle 3.22** dieses Buchs werden in einer vereinfachten Darstellung die zu berücksichtigenden Faktoren zusammengefasst.

Daneben gibt es noch weitere Anforderungen bzw. Bedingungen, die die Auswahl von RCDs beeinflussen können. Sie werden in den folgenden Kapiteln besprochen.

Anmerkung zur Höhe des Bemessungsdifferenzstroms beim Brandschutz

Verschiedentlich wird die Frage nach der Höhe des Bemessungsdifferenzstroms einer RCD beim Brandschutz gestellt. Wieso wird die Grenze stets mit maximal 300 mA angegeben? Die Antwort liegt in der Vergangenheit: 1957 hat Prof. Hans Fritz Schwenkhagen und Oberbaurat Dipl.-Ing. Paul Schnell ein Buch mit dem Titel „*Gefahrenschutz in elektrischen Anlagen*" über den Verlag „W. Girardet" in Essen veröffentlicht. Darin wird eine Leistung, die durch einen Isolationsfehler an der Fehlerstelle entsteht, zwischen 25 W und 100 W als ausreichend angesehen, um einen Brand zu verursachen. Diesbezüglich heißt es auf Seite 104 dieses Buchs wörtlich: „*Wenn wir also die Grenze der Brandgefahr in der Mitte zwischen 25 W und 100 W auf etwa 60 W festlegen, so werden wir damit die wirklichen Verhältnisse recht gut treffen.*" Prof. Schwenkhagen hat diese Werte natürlich durch entsprechende Versuche im Laboratorium ermittelt. In der Folgezeit wurde diese Festlegung durch Versuche verifiziert, z. B. in Laboratorien des VdS Schadenverhütung (damals noch Verband der Sachversicherer e.V.). Damit lagen die 60 W für den vorbeugenden Brandschutz fest. Da diese elektrische Leistung bei einer Spannung von 230 V etwa einem Fehlerstrom von 261 mA (aus $P = U_0 \cdot I$) entspricht, hat man den Bemessungs-Differenzstrom einer Fehlerstrom-Schutzeinrichtung (RCD), die dem vorbeugenden Brandschutz dient, auf maximal 300 mA festgelegt.

3.3.2.2 Auswahl unter Berücksichtigung von Stromimpulsen (Stoßströmen)

Bei der Berücksichtigung von Stoßströmen geht es nicht um einen Kurzschluss oder ähnliche Ereignisse, sondern um Stromimpulse (Stoßströme), die durch Ereignisse wie Schalthandlungen oder Blitze hervorgerufen werden. Diese Stromimpulse zeichnen sich durch eine enorm hohe Stromänderungsgeschwindigkeit $\mathrm{d}i/\mathrm{d}t$ aus. Da in der gesamten elektrischen Anlage stets parasitäre Kapazitäten vorkommen (z. B. stromführende Leiter gegen Schutzleiter oder gegen den Gebäude-Potentialausgleich), würden diese Stromimpulse an den beteiligten Impedanzen (z. B. Leitungsimpedanzen) entsprechende Spannungsimpulse hervorrufen, die wiederum entsprechend hohe Spannungsänderungsgeschwindigkeiten $\mathrm{d}U/\mathrm{d}t$ aufweisen. Dadurch entstehen Ströme über diese parasitären Kapazitäten, die von den aktiven Leitern zum Erdpotential fließen, entsprechend folgender Formel:

$$I_\mathrm{C} \leq C \cdot \frac{\mathrm{d}U}{\mathrm{d}t}$$

Diese kapazitiven Ströme I_C können von RCDs als Fehlerströme identifiziert werden, weil sie von den aktiven Leitern abfließen. Ab einer bestimmten Höhe dieser Ströme ist eine ungewollte Auslösung der RCD nicht zu vermeiden.

Die Stoßstromfestigkeit einer RCD sagt also etwas darüber aus, ab welchem Maximalwert des Stoßstroms eine ungewollte Auslösung der RCD und damit eine ungewollte Abschaltung des Stromkreises erwartet werden muss.

In **Tabelle 3.22** dieses Buchs werden Werte für die Stoßstromfestigkeit von RCDs angegeben. Übliche RCDs sind demnach bis 250 A stoßstromfest, während kurzzeitverzögerte RCDs in der Regel bis 3 kA und selektive RCDs (sogenannte S-Typen) sogar bis 5 kA stoßstromfest sind.

Wichtig ist die Entscheidung für eine RCD mit einer höheren Stoßstromfestigkeit, wenn gewährleistet werden muss, dass ein starkes Gewitter oder zahlreiche und hohe Schaltimpulse in der elektrischen Anlage keine ungewollte Abschaltung verursachen. Beispielsweise wählt man solche RCDs bewusst bei Stromkreisen für gewerbliche Tiefkühlgeräte oder bei Belüftungsstromkreisen in Intensivtierhaltungen.

<table>
<tr><th>Was soll durch den Einsatz einer RCD erreicht werden?</th><th>RCD-Typ</th><th>$I_{\Delta N}$</th><th>Stoßstromfestigkeit</th></tr>
<tr><td>Abschaltzeit im TN-System muss eingehalten werden.
Dabei ist zu berücksichtigen:</td><td></td><td></td><td rowspan="5">Bei Bedarf mit erhöhter Stoßstromfestigkeit
• bis 3 kA (kurzzeitverzögert)
• bis 5 kA (S-Typ)
(sofern die erhöhte Stoßstromfestigkeit bei den verschiedenen RCD-Typen angeboten wird)</td></tr>
<tr><td>• Frequenzen im Fehlerstrom überwiegend 50 Hz</td><td>A</td><td rowspan="4">$I_{\Delta N} \leq \frac{U_0}{Z_S}$</td></tr>
<tr><td>• Frequenzanteile im Fehlerstrom bis zu 1 000 Hz</td><td>F</td></tr>
<tr><td>• Fehlerströme mit Gleichstromanteilen</td><td>B</td></tr>
<tr><td>Fehlerströmen mit Gleichstromanteilen und Frequenzanteilen bis zu 20 kHz</td><td>B+</td></tr>
<tr><td>Abschaltzeit im TT-System muss eingehalten werden.
Dabei ist zu berücksichtigen:</td><td></td><td></td><td rowspan="5">Bei Bedarf mit erhöhter Stoßstromfestigkeit
• bis 3 kA (kurzzeitverzögert)
• bis 5 kA (S-Typ)
(sofern die erhöhte Stoßstromfestigkeit bei den verschiedenen RCD-Typen angeboten wird)</td></tr>
<tr><td>• Frequenzen im Fehlerstrom überwiegend 50 Hz</td><td>A</td><td rowspan="4">$I_{\Delta N} \leq \frac{50\,V}{R_A}$</td></tr>
<tr><td>• Frequenzanteile im Fehlerstrom bis zu 1 000 Hz</td><td>F</td></tr>
<tr><td>• Fehlerströme mit Gleichstromanteilen</td><td>B</td></tr>
<tr><td>• Fehlerströme mit Gleichstromanteilen und Frequenzanteilen bis zu 20 kHz</td><td>B+</td></tr>
<tr><td>Zusätzlicher Schutz</td><td>wie zuvor</td><td>≤ 30 mA</td><td>wie zuvor</td></tr>
<tr><td>Brandschutz</td><td>wie zuvor</td><td>≤ 300 mA</td><td>wie zuvor</td></tr>
</table>

Tabelle 3.22 Auswahlmöglichkeiten bei Fehlerstrom-Schutzeinrichtungen (RCDs) nach Vorgaben der Schutzmaßnahmen sowie nach technischer Notwendigkeit

3.3.2.3 *Auswahl bei Berücksichtigung der Selektivität*

Sollte eine Reihenschaltung mehrerer RCDs notwendig werden, muss natürlich über Selektivität nachgedacht werden. Es darf nicht sein, dass durch einen Fehler in irgendeinem Stromkreis die komplette elektrische Anlage ausfällt.

Häufig wird eine Reihenschaltung von RCDs in TT-Systemen notwendig. Eine übergeordnete RCD übernimmt den Schutz vor elektrischen Schlag nach DIN VDE 0100-410 für die Gesamtanlage oder Teilbereiche davon. Selbstverständlich sollte dafür eine RCD mit einem möglichst hohen Bemessungsfehlerstrom ausgesucht werden, damit betriebliche Ableitströme keine Abschaltung hervorrufen. Außerdem setzt man in der Regel als übergeordnete RCD solche mit einer möglichst hohen Stoßstromfestigkeit ein, damit z. B. bei Gewitter oder Schalthandlungen in der Anlage keine ungewollte Abschaltung stattfindet (siehe vorheriges Kapitel 3.3.2.2).

Für Bereiche in der elektrischen Anlage, in denen ein zusätzlicher Schutz durch eine RCD gefordert wird (z. B. bei Steckdosenstromkreisen), müssen allerdings RCDs mit geringerem Bemessungsfehlerstrom vorgesehen werden.

Häufig wird übergeordnet eine selektive RCD (S-Typ) mit einem Bemessungsdifferenzstrom von mindestens 300 mA gewählt. Für Endstromkreise, in denen ein zusätzlicher Schutz nach DIN VDE 0100-410, Abschnitt 415.1 vorgesehen werden muss, käme eine nachgeschaltete RCD mit 30 mA infrage.

Beim Thema Selektivität von in Reihe geschalteten Fehlerstrom-Schutzeinrichtungen (RCDs) wird in DIN VDE 0100-530, Abschnitt 535.2.2 erwähnt, dass Selektivität dann vorliegt, wenn für die übergeordnete RCD gesagt werden kann:

- sie ist selektiv (Typ S)
- ihr Bemessungsfehlerstrom beträgt mindestens das Dreifache des Wertes der nachgeschalteten RCD

3.3.2.4 *Auswahl unter Berücksichtigung der Fehlerstromarten*

Ebenso wichtig ist bei der Auswahl von RCDs die Unterscheidung der möglichen Arten von Fehlerströmen. Sind z. B. Fehlerströme mit mehr oder weniger hohen Gleichstromanteilen möglich (z. B. bei Isolationsfehlern nach einer Gleichrichtung in Netzteilen von Betriebsmitteln)? Haben die Fehlerströme eventuell besonders hohe Anteile von Strömen mit höheren Frequenzen, z. B. bei Stromkreisen mit Frequenzumrichtern? Hier müssen der korrekte Typ der RCD ausgewählt (z. B. RCD Typ B bei möglichen Gleichfehlerströmen) und die Herstellerangaben beachtet werden (siehe auch Tabelle 3.22 dieses Buchs).

<table>
<tr><th colspan="2">Technische Daten</th><th>unverzögert</th><th>kurzzeitverzögert</th><th>verzögert [S]</th></tr>
<tr><td colspan="2">Bestimmungen</td><td colspan="3">IEC/EN 61008-1, 61008-2-1,
61543 (VDE 0664-10, -11, -30)</td></tr>
<tr><td colspan="2">Polzahl</td><td colspan="3">zweipolig (F 202)
vierpolig (F 204)</td></tr>
<tr><td colspan="2">Bemessungsströme I_n</td><td>16, 25, 40, 63, 80, 100 A</td><td>25, 40, 63, 80, 100 A</td><td>40, 63, 100 A</td></tr>
<tr><td colspan="2">Bemessungsfehlerströme $I_{\Delta n}$</td><td>10, 30, 100, 300, 500 mA</td><td>30 mA</td><td>100, 300, 500 mA</td></tr>
<tr><td>Auslösebereich</td><td>bei [~]
bei [≈]</td><td colspan="3">(0,50 … 1,0) $I_{\Delta n}$
(0,11 … 1,4) $I_{\Delta n}$</td></tr>
<tr><td>Abschaltzeit
[≈]</td><td>bei 1 × $I_{\Delta n}$
bei 2 × $I_{\Delta n}$
bei 5 × $I_{\Delta n}$
bei 500 A:</td><td colspan="2">≤ 300 ms
≤ 150 ms
≤ 40 ms
≤ 40 ms</td><td>(130 … 500) ms
(60 … 200) ms
(50 … 150) ms
(40 … 150) ms</td></tr>
<tr><td>Abschaltzeit
[≈]</td><td>bei 1 × 1,4 $I_{\Delta n}$
bei 5 × 1,4 $I_{\Delta n}$</td><td>≤ 300 ms
≤ 40 ms</td><td>≤ 300 ms
≤ 40 ms</td><td>≤ 300 ms
≤ 40 ms</td></tr>
<tr><td colspan="2">Bemessungsschaltvermögen I_m</td><td colspan="3">1 000 A</td></tr>
<tr><td colspan="2">Bemessungsfehlerschaltvermögen $I_{\Delta m}$</td><td colspan="3">1 000 A</td></tr>
<tr><td colspan="2">Stoßstromfestigkeit
(Stoßstromform 8/20 µs):</td><td>250 A</td><td>3 000 A</td><td>5 000 A</td></tr>
<tr><td colspan="2">Bemessungskurzschlussstrom I_{nc} und Bemessungsfehlerkurzschlussstrom $I_{\Delta c}$ ($I_{nc}=I_{\Delta c}$)</td><td>100 A – 10 000</td><td>100 A – 10 000</td><td>100 A – 10 000</td></tr>
</table>

Tabelle 3.23 Typische Werte bei Herstellerangaben für Fehlerstrom-Schutzeinrichtungen (RCDs), Typ A, unverzögert, kurzzeitverzögert und verzögert (sogenannte S-Typen)

3.3.3 Differenzstrom-Überwachungsgerät (RCM)

3.3.3.1 Allgemeines

Ein Differenzstrom-Überwachungsgerät (RCM; en: Residual Current Monitor) ist ein Gerät, das durch eine Meldung anzeigt, wenn ein Differenzstrom in einer Anlage oder in einem Stromkreis einen bestimmten Grenzwert überschreitet. Dieser Differenzstrom wird in Normen häufig Ableitstrom genannt; es handelt sich dabei um einen Strom, der über einen Außenleiter zum Verbraucher fließt, jedoch nicht über einen aktiven Leiter (Außenleiter oder Neutralleiter) zurück, sondern über Schutzleiter (bzw. Potentialausgleichsleiter) oder über leitfähige Teile der Anlage. Der Unterschied zur Fehlerstrom-Schutzeinrichtung (RCD) ist, dass ein solcher Strom bei einer RCD ab einer bestimmten Höhe eine Abschaltung bewirkt, während das Differenzstrom-Überwachungsgerät lediglich eine Meldung abgibt.

Differenzstrom-Überwachungsgeräte sind genormt nach DIN EN 62020 (**VDE 0663**) *„Elektrisches Installationsmaterial – Differenzstrom-Überwachungsgeräte für Haushalt und ähnliche Verwendungen (RCMs)"*.

Diese Norm gilt für Bemessungsspannungen bis 440 V AC, für Bemessungsströme bis 125 A und bei Bemessungsfrequenzen von 50 Hz und/oder 60 Hz. Die Anwendung ist im Temperaturbereich von –5 °C und +40 °C vorgesehen; die Höhenlage von 2 000 m NN darf nicht überschritten werden. Allerdings werden auch RCMs für höhere Bemessungsströme auf dem Markt angeboten, vor allem mit einem externen Summenstromwandler.

Weil RCMs keine Abschaltung verursachen, gelten sie im eigentlichen Sinn nicht als Schutzgeräte (z. B. für den Schutz gegen elektrischen Schlag). Sie dienen stets der Überwachung. Ist ein Schutz gefordert (z. B. nach Normen der Reihe DIN VDE 0100), müssen andere Schutzeinrichtungen zusätzlich bzw. ergänzend zur RCM vorgesehen werden. Eine allgemeine Forderung, RCMs vorzusehen, gibt es nicht. Trotzdem ist ihre Überwachungsfunktion in vielen Fällen durchaus sinnvoll. Nachfolgend sollen einige Anwendungsfälle beschrieben werden.

3.3.3.2 Anwendung

3.3.3.2.1 Überwachung des Isolationszustands

Die ursprünglichste Aufgabe einer RCM war die Überwachung von Stromkreisen. Wenn befürchtet wird, dass sich ein Isolationszustand verschlechtert (sprunghaft oder kontinuierlich) und eine Abschaltung Probleme verursachen würde (z. B. weil ein laufender Produktionsprozess nicht unterbrochen werden darf), kann eine RCM vorgesehen werden. Sie wird in diesem Fall so eingestellt, dass sie zu einem sehr frühen Zeitpunkt meldet, wenn der Isolationswiderstand im überwachten Stromkreis einen bestimmten Wert unterschreitet. Mit diesem frühen Signal hat der Betreiber die Möglichkeit, die Ursache zu finden und den Mangel zu beseitigen, bevor der sich verschlechternde Isolationsfehler eine Abschaltung notwendig machen würde (siehe **Bild 3.19** dieses Buchs).

3.3.3.2.2 Brandschutz

In DIN VDE 0100-530, Abschnitt 532.3 heißt es, dass eine RCM anstelle einer RCD eingesetzt werden kann, wenn der Betriebsstrom des zu schützenden Stromkreises größer ist als der größte Bemessungsstrom der Fehlerstrom-Schutzeinrichtung (RCD). Natürlich ist die RCM dann mit einem entsprechenden Schaltgerät (z. B. Leistungsschalter) zu koppeln. Der Ansprechwert der RCM ist auf 300 mA einzustellen. In DIN VDE 0100-420, Abschnitt 422.3.9 a) heißt es in Bezug auf die Anwendung von RCMs in feuergefährdeten Betriebsstätten, dass eine Abschaltung spätestens in 5 s erfolgen muss.

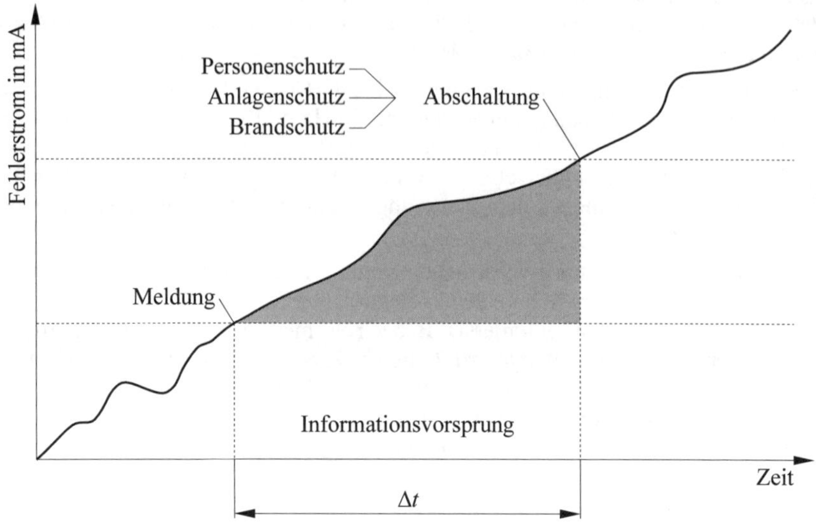

Bild 3.19 Darstellung der Überwachung des Isolationszustands durch eine RCM. Der Vorteil liegt in der Zeitspanne Δt, die für die Beseitigung des Mangels in Anspruch genommen werden kann, bevor eine Abschaltung erfolgen muss.
(Quelle: Dipl.-Ing. W. Bender GmbH & Co KG)

3.3.3.2.3 Elektromagnetische Verträglichkeit (EMV)

DIN VDE 0100-444, Abschnitt 444.4.3.2 weist darauf hin, dass durch eine RCM die Wirksamkeit eines TN-S-Systems überwacht werden kann, da die RCM jede unzulässige Verbindung zwischen dem Neutralleiter und dem Schutzleiter anzeigen würde.

Wird eine RCM mit externen Stromwandlern betrieben, können alle aktiven Leiter und zusätzlich der Schutzleiter gemeinsam überwacht werden. Der Schutzleiter wird in diesem Fall auch durch den Wandler geführt. Die RCM überwacht dann den Stromkreis nach Ableitströmen, die als sogenannte Streuströme in der Anlage über leitfähige Teile (leitfähige Rohre, Schirme vom informationstechnischen Kabeln oder Konstruktionselemente des Gebäudes usw.) fließen würden. Dies kann wichtig sein,

- weil in diesem Fall die Ströme im überwachten Stromkreis nicht mehr magnetisch ausgeglichen sind und der gesamte Stromkreis daher ein Störfeld bildet und/oder
- weil die Streuströme selbst im Gebäude oder auf den Schirmen der Datenleitungen Störungen verursachen können.

3.3.4 Lichtbogen-Schutzsysteme

3.3.4.1 Störlichtbogen-Schutzeinrichtungen

In DIN VDE 0100-420, Abschnitt 421.3 werden Schutzeinrichtungen beschrieben, die die Auswirkungen von Lichtbögen in Schaltanlagen (vor allem im Bereich der Strom- und Sammelschienen) vermindern sollen. Derartige Lichtbögen werden in der Norm „Störlichtbögen“ genannt und die entsprechende Schutzeinrichtung „Störlichtbogenschutzeinrichtung“. Wenn eine hohe Verfügbarkeit der elektrischen Anlage erwartet wird, sollten in den elektrischen Verteilern Störlichtbogenschutzeinrichtungen vorgesehen werden. Sie müssen folgende Anforderungen erfüllen:

- sie erkennen das Licht eines entstandenen Lichtbogens sowie
- den damit verbundenen erhöhten Strom und
- verursachen daraufhin die Löschung des Lichtbogens innerhalb von maximal 5 ms.

Diese kurze Zeit ist notwendig, weil der Störlichtbogen in kürzester Zeit eine extrem zerstörerische Wirkung entfaltet (siehe **Bild 3.20** dieses Buchs).

Die Löschung erfolgt durch eine Kurzschließeinrichtung, die bei Auslösung des Störlichtbogen-Schutzsystems einen satten Kurzschluss verursacht, die dem Lichtbogen die Energie entzieht und ihn so verlöschen lässt. Dieser satte Kurzschluss selbst wird dann durch einen vorgeschalteten Leistungsschalter abgeschaltet (siehe **Bild 3.21** dieses Buchs).

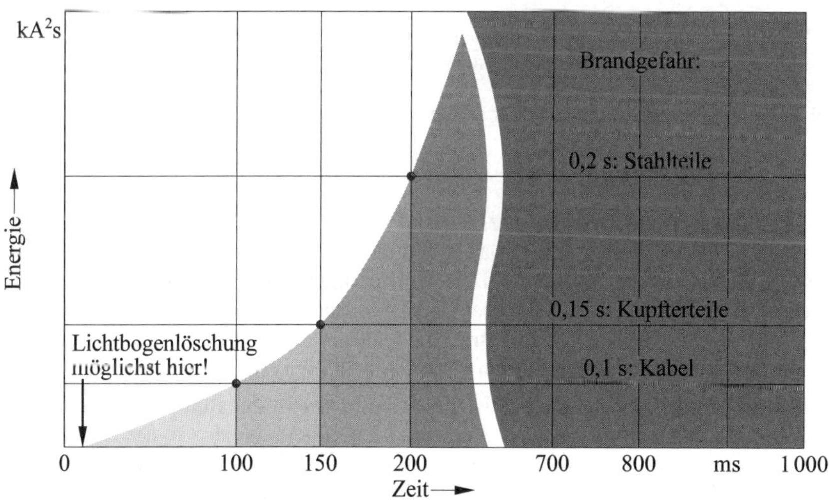

Bild 3.20 Darstellung der thermischen Auswirkungen eines Störlichtbogens in einer Schaltanlage

Schaltanlagen können auch nachträglich mit diesem Schutzsystem ausgerüstet werden. Allerdings muss ein geeigneter Leistungsschalter zur Verfügung stehen, und es muss geprüft werden, ob die vorhandene Schaltanlage noch einen satten Kurzschluss verkraften kann.

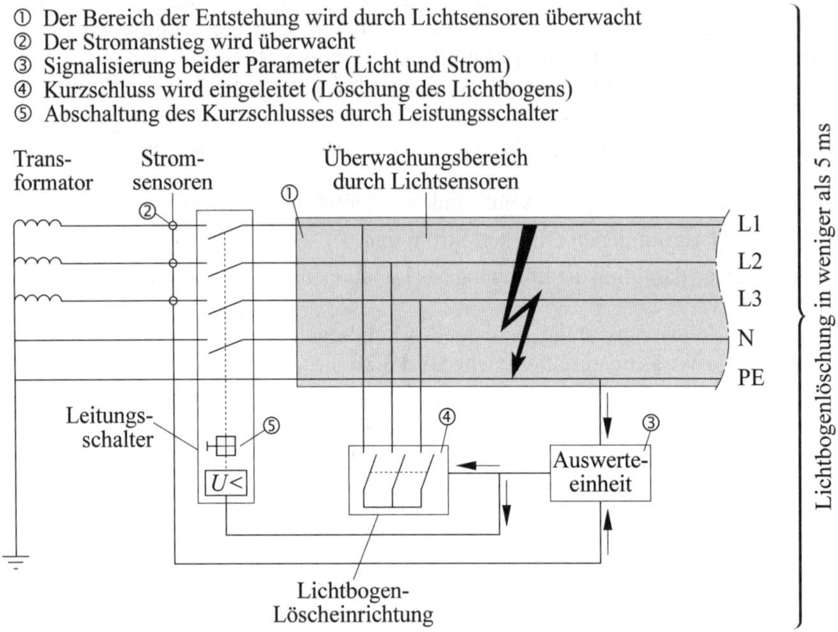

Bild 3.21 Prinzipdarstellung einer Störlichtbogenschutzeinrichtung

3.3.4.2 Fehlerlichtbogen-Schutzeinrichtung (AFDD)

Kurzschlüsse, wie sie in Normen (z. B. in DIN VDE 0100-430) beschrieben werden, sind in der Regel widerstandslos. Das bedeutet, dass am Ort des Kurzschlusses keine brandgefährliche Verlustwärme anfällt, weil es keinen Übergangswiderstand gibt. Solche Kurzschlüsse sind aus der Sicht des Brandschutzes jedoch eher als idealisiert zu betrachten, da in diesem Fall keine Zündenergie entsteht und die vorgeschaltete Überstrom-Schutzeinrichtung in kürzester Zeit für eine Abschaltung sorgt.

Tatsächlich entspricht dies jedoch in vielen Fällen nicht der Realität. Kurzschlüsse sind häufig „widerstandsbehaftet". Auch ein Lichtbogen, der am Ort des Kurzschlusses entstehen kann, bringt stets einen zusätzlichen Widerstand in den Kurzschlussstromkreis ein. Dies ist auch der Grund, warum aus Sicht des Brandschutzes gerne Fehlerstrom-Schutzeinrichtungen (RCDs) vorgesehen werden, weil hier bereits geringe Fehlerströme, die über den Schutzleiter oder andere leitfähige Teile fließen, für eine rechtzeitige Abschaltung registriert werden können.

In Endstromkreisen (also nicht in der Schaltanlage) kommen widerstandsbehaftete Lichtbögen relativ häufig vor. Dazu kommt das Problem, dass solche „kleineren" Lichtbögen durch Leiterbrüche, schlechte Klemmverbindungen oder Quetschungen von Kabeln und Leitungen entstehen. Sie liegen meist in Reihe mit dem angeschlossenen Verbraucher und verringern dadurch den fließenden Strom, statt ihn zu vergrößern, wie bei üblichen Isolationsfehlern.

Hinzu kommen Leiterschlüsse und andere Isolationsschäden, bei denen ein Fehlerlichtbogen zwischen einem Außenleiter und dem Neutralleiter entsteht, die keine Ableitströme bzw. Schutzleiterströme verursachen, die eine RCD erfassen würde. Auch übliche Überstrom-Schutzeinrichtungen sind in der Regel mit diesem Problem überfordert, weil die beim Fehlerlichtbogen fließenden „widerstandsbehafteten" Kurzschlussströme für eine schnelle Abschaltung nicht hoch genug sind.

Solche Lichtbögen unterscheiden sich natürlich von den energiereichen Störlichtbögen, die in Schaltanlagen enorme Zerstörungen verursachen können (siehe Kapitel 3.3.4.1 dieses Buchs). Vielmehr geht es um kleine Lichtbögen in Endstromkreisen, z. B. in der Zuleitung zu einem handgeführten Werkzeug oder im Anschlussbereich eines Geräts. Sie werden in DIN VDE 0100-420 Fehlerlichtbögen genannt. Die dabei freiwerdende Energie ist zwar nicht so groß wie bei den Störlichtbögen, aber da sie häufig vorkommen und durch übliche Schutzeinrichtungen nur schwer oder gar nicht erfasst werden können (siehe **Tabelle 3.24**), ist die durch sie entstehende Gefahr nicht zu unterschätzen.

Lichtbogenart	Entstehung	Kann erfasst werden durch	
		RCD	AFDD
Reihenfehlerlichtbogen 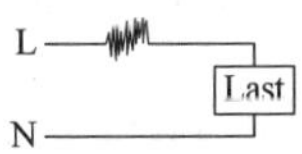	Leiterbruch oder Kontaktprobleme	NEIN	JA
Parallelfehlerlichtbogen 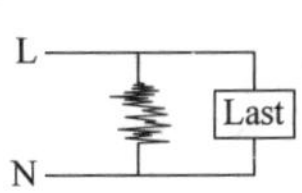 Außenleiter gegen Neutralleiter	Isolationsschaden	NEIN	JA
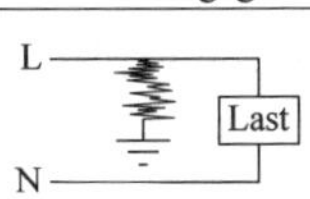 Außenleiter gegen Schutzleiter oder Körper von Betriebsmittel	Isolationsschaden	JA	JA

Tabelle 3.24 Vergleich von Schutzeinrichtungen (RCD und AFDD) bei verschiedenen Lichtbogenarten

Aus diesem Grund wurde ein Schalter entwickelt, der diese Lücke schließen soll. Dabei handelt es sich um eine sogenannte **Fehlerlichtbogen-Schutzeinrichtung AFDD** (en: „Arc Fault Detection Device“). Die zugehörige Herstellernorm ist DIN EN 62606 **(VDE 0665-10)**:2014-08 „*Allgemeine Anforderungen an Fehlerlichtbogen-Schutzeinrichtungen (AFDD)*“.

Häufig wird dieser Schalter auch kurz „ *Brandschutzschalter*“ genannt. Eine AFDD ist vom Prinzip her eine Einrichtung zur Begrenzung der Auswirkung von Fehlerlichtbogen durch Abschaltung des Stromkreises. Die Erfassungseinrichtung der AFDD wird „ AFD-Einheit“ genannt. Vom Hersteller wird die AFDD wie folgt ausgelegt:

- eine AFD-Einheit mit zugehöriger Ausschaltvorrichtung (AFDD),
- eine AFD-Einheit mit integriertem Leitungsschutzschalter und optional zusätzlich mit integrierter Fehlerstrom-Schutzeinrichtung (RCD),
- eine besondere AFD-Einheit, die vor Ort mit einem Leitungsschutzschalter und optional zusätzlich mit einer Fehlerstrom-Schutzeinrichtung (RCD) kombiniert wird.

Das Datenblatt sowie der Katalog des Herstellers müssen Angaben enthalten, mit welchen Schutzeinrichtungen die AFDD verbunden werden darf.

Nach der aktuellen DIN VDE 0100-420 sind AFDDs in vielen Bereichen zukünftig vorgeschrieben. Diese neue Anforderung hat zahlreiche Diskussionen ausgelöst. AFDDs sind nach DIN VDE 0100-420, Abschnitt 421.7a vorzusehen in **einphasigen Endstromkreisen**, die für einen Betriebsstrom **bis 16 A (AC)** bemessen sind und die sich befinden:

- in Schlaf- oder Aufenthaltsräumen von Heimen oder Tageseinrichtungen für Kinder sowie von behinderten oder alten Menschen,
- in Schlaf- oder Aufenthaltsräumen von barrierefreien Wohnungen nach DIN 18040-2,
- in feuergefährdeten Betriebsstätten, in Gebäuden aus überwiegend brennbaren Baustoffen sowie in Räumen oder an Orten, wo sich unersetzbare Güter befinden.

In folgenden Räumen oder Orten ist es nach DIN VDE 0100-420, Abschnitt 421.7b empfehlenswert, in einphasigen Endstromkreisen bis 16 A (AC) AFDDs vorzusehen:

- in typischen Schlafräumen, z. B. von privaten Wohngebäuden,
- in Räumen oder an Orten mit einer Zwangsbelüftung oder wo bei einem Brand durch die Form der Räumlichkeit ein Kamineffekt entstehen kann (z. B. bei Hochhäusern).

Nach Einführung des AFDDs und dem Erscheinen der aktuell gültigen DIN VDE 0100-420 ergaben sich in Fachkreisen zahlreiche Fragen darüber, in welchen

Stromkreisen der AFDD tatsächlich vorgesehen werden muss. In Hinblick auf die zuvor erwähnten Anforderungen aus DIN VDE 0100-420, Abschnitt 421.7a kann man den Anforderungsbereich wie folgt umschreiben:

1) Es gibt keine pauschale Anpassungsforderung für bestehende Anlagen, vorausgesetzt, dass eine Anpassung nicht durch Änderungen oder Erweiterungen notwendig wird.
2) Es geht ausschließlich um einphasige Wechselstromkreise bis 16 A.
3) Die ersten beiden Spiegelstriche aus DIN VDE 0100-420, Abschnitt 421.7a (Schlaf- und Aufenthaltsräume von besonderen Einrichtungen) sind relativ eindeutig und deshalb unstrittig. Der Grund für die Anforderung in diesen Bereichen sind die möglicherweise schlecht gewarteten und zum Teil maroden Geräte, die in diesen Bereichen immer wieder vorkommen.
4) Es muss betont werden, dass der dritte Spiegelstrich aus DIN VDE 0100-420, Abschnitt 421.7a nicht als Pauschalaussage zu bestimmten Gebäudearten missverstanden werden darf. Hilfreich ist z. B. die Frage, ob für die konkreten Bereiche nach DIN VDE 0100-100, Abschnitt 131.1 besondere brandschutztechnische Maßnahmen erforderlich sind. Muss diese Frage mit „Ja“ beantwortet werden, ist ein Brandschutzschalter in den einphasigen Wechselstromkreisen erforderlich.
5) Elektrische Anlagen in Krankenhäusern fallen nicht in den Geltungsbereich von DIN VDE 0100-420, Abschnitt 421.7a.
6) Für Holzhäuser gilt diese Forderung nach einer AFDD nicht, wenn z. B. Wände mit Gipsbauplatten und nicht brennbaren Dämmstoffen errichtet wurden oder wenn die umgebenden Materialien feuerhemmende Eigenschaften besitzen. Letzteres ist möglich, weil bereits die Norm (DIN VDE 0100-420, Abschnitt 421-7) in einer Anmerkung diese Gleichstellung von feuerhemmend und nicht brennbar erwähnt. Natürlich muss der Holzhaushersteller angeben, welche brandschutztechnische Qualität sein Gebäude besitzt.
7) Bei den Räumen und Orten mit Gefährdung von unersetzlichen Gütern geht es selbstverständlich ausschließlich um Räume oder Gebäude wie Museen, Galerien, Archive, Baudenkmäler sowie um ähnliche Räume oder Gebäude, bei deren Erhaltung und Nutzung es um besondere geschichtliche, künstlerische, wissenschaftliche, technische, volkstümliche oder städtebauliche Gründe geht. Selbstverständlich legt nicht der Planer, Prüfer oder Errichter, sondern der Betreiber der Anlage oder eventuell dessen Versicherer fest, was „unersetzliche“ Güter sind.
8) Von Fall zu Fall muss bewertet werden, ob bei bestimmten Räumen oder Gebäuden eine erhöhte Sachwertgefährdung vorliegt. Dies kann allerdings nur der Betreiber der Anlage oder dessen Versicherer festlegen. In diesem Fall zählen diese Räume oder Gebäude auch zu denen „mit Gefährdung von unersetzlichen Gütern“. Unter Umständen kann man dies auch von Räumen oder Gebäuden sagen, bei denen ein erhöhtes Betriebsunterbrechungsrisiko vorliegt, das erhebliche Kosten verursa-

chen kann. Auch in diesem Fall sollte man den Betreiber oder dessen Versicherer befragen.

Probleme bereiten in der Regel die seriellen Lichtbögen (Reihenfehlerlichtbögen), da die Lichtbogenströme hier nicht sehr hoch ausfallen. Trotzdem fordert die Norm auch bei geringen Lichtbogenströmen eine möglichst schnelle Abschaltung. Beispielsweise muss ein Lichtbogenstrom von 2,5 A in spätestens 1 s abgeschaltet werden. Bei einem Strom von 32 A wird eine Abschaltung in maximal 120 ms gefordert.

Höhere Lichtbogenströme, wie sie z. B. bei Parallelfehlerlichtbögen auftreten können, müssen noch schneller abgeschaltet werden. Ab einem Lichtbogenstrom von 150 A beträgt die maximale Abschaltzeit nur noch 80 ms.

3.4 Auswahl und Montage von Klemmvorrichtungen

Elektrische Verbindungen sind aus brandschutztechnischer Sicht immer problematisch, weil es eine ideale Verbindungsstelle, deren Anschluss- bzw. Klemmstelle keinen Übergangswiderstand aufweist, nur theoretisch gibt. Das bedeutet, dass immer eine Verlustwärme auftreten wird, sobald ein Strom über die Verbindungsstelle fließen wird. Ist dieser Übergangswiderstand zu groß, wird durch die Wärmeentwicklung die Alterung der Klemme beschleunigt und ein vorzeitiger Ausfall verursacht. Nicht selten trägt ein solcher Ausfall zu einer Brandentstehung bei. Beispielsweise wird angenommen, dass ein solches Problem zum Brand der Weimarer Anna-Amalia-Bibliothek am 02.09.2004 geführt hat.

Grob gesehen kann man folgende Klemmtypen unterscheiden:

- Einzelklemmen für Installations- oder Abzweigdosen; dabei kann unterschieden werden in:
  - Schraubklemmen nach DIN EN 60998-2-1 (**VDE 0613-2-1**),
  - schraublose Klemmen nach DIN EN 60998-2-2 (**VDE 0613-2-2**),
- Brückenklemmen (meist für Verteilereinbauten, z. B. bei Schutzleiteranschlüssen) sind mehrere, miteinander verbundene Klemmen,
- Reihenklemmen (meist für Verteilereinbauten, wobei mehrere solcher Klemmen auf sogenannten Hutschienen montiert werden).

Bei schraublosen Klemmen ist davon auszugehen, dass nur ein Leiter an einer Klemmstelle angeschlossen werden darf. Bei Schraubklemmen gibt die Norm keine Anzahl vor. Es heißt aber, dass der Hersteller der Schraubklemme in seinen Datenblättern oder im Katalog oder auf der Verpackung angeben muss, wie die Klemme beansprucht werden darf. Vor allem sind folgende drei Hinweise wichtig:

- Leiterarten (z. B. flexibel oder starr),
- kleinster Leiterquerschnitt,
- wie viele Leiter pro Klemmstelle möglich sind.

Fehlen Angaben zu den Leiterarten, dürfen ohne Probleme sämtliche Leiterarten angeschlossen werden. Einschränkungen werden durch Buchstaben bezeichnet:

r steht für „rigid“ und bezeichnet ganz allgemein starre Leiter mit runden oder sektorförmigem Querschnitt; hier kann unterschieden werden in:

- **sol** (solig) für starre, eindrähtige Leiter
- **s** (strandet) für starre, mehrdrähtige Leiter

f steht ganz allgemein für flexible Leiter

Im Kapitel 2.2.2.2 dieses Buchs sind weitere Hinweise für Auswahl- und Montagemängel zu finden.

Es folgen noch einige Hinweise für die Auswahl, Montage oder Prüfung von Klemmen:

- Schraubklemmen

  Bei Schraubklemmen können Zungen oder Druckplatten, die zwischen Schraube und Leiter liegen, dafür sorgen, dass der Leiter beim Eindrehen der Schraube nicht eingeschnürt oder sogar durchtrennt wird. Fein- und feinstdrähtige Leiter dürfen an Klemmstellen ohne eine Zunge bzw. ohne eine Druckplatte unter der Schraube nur angeschlossen werden, wenn die zu verklemmenden Leiterenden mit einer Aderendhülse versehen werden.

  Die zuvor erwähnte Druckplatte ist in der Regel eine dünne Metallplatte. Sie wird häufig auch Fahrstuhl genannt, und die Klemme wird dann als Fahrstuhlklemme bezeichnet. Meist kann unter einer Fahrstuhlklemme auch eine größere Anzahl von Einzeladern gemeinsam geklemmt werden.

- Schneideklemmen

  Früher gab es diese Schneideklemmen überwiegend im Bereich der Telekommunikation (sogenannte LSA-Anschlussklemmen). Seit einigen Jahren werden sie allerdings auch für den Starkstrombereich angeboten. Ein Vorbereiten (vor allem Isolieren der Leiterenden) des anzuschließenden Leiters ist nicht erforderlich. Die Schneideklemme dringt durch die Isolation und klemmt den Kupferleiter beidseitig ein. Die Kontaktstellen (die Schneiden) sorgen dabei für eine ausreichend große Verbindung sowie für den notwendigen Kontaktdruck.

  Die beiden Schneiden stehen sich gegenüber und bilden einen V-förmigen Schlitz, der sich nach oben hin weitet bis auf den Durchmesser des verwendeten Leiters. Bei der Montage muss darauf geachtet werden, dass die Schneideklemme für den

Leiterquerschnitt vorgesehen wurde. Auch das Isoliermaterial kann eine Rolle spielen. Es gibt Gummiisolierungen, die von den Schneiden nicht durchdrungen werden können.

- Federkraftklemme

  Federkraftklemmen haben den Vorteil, dass stets ein definierter, vom Hersteller vorgegebener Druck auf den angeschlossenen Leiter wirkt. Wenn die Leiter allerdings häufig an- und wieder abgeklemmt werden, könnte es zu einer Ermüdung der Federkraft kommen, die den Übergangswiderstand an der Klemmstelle unzulässig erhöht.

  Häufig werden Federkraftklemmen durch die Hersteller auch für Aluminiumleiter freigegeben. Allerdings soll der Aluminiumleiter zuvor blank geschliffen und die Klemme vor dem Einführen des Leiters mit Fett gefüllt werden, um eine erneute Oxidation des Aluminiums zu verhindern.

- Anschluss von Aluminiumleitern

  Aluminiumleiter dürfen nur angeschlossen werden, wenn die zu verklemmenden Leiterenden entweder mit einer Aderendhülse versehen werden oder wenn die Klemme über eine Zunge oder einen Bügel verfügt und der Hersteller der Klemme den Anschluss von Aluminiumleitern erlaubt hat; denn nach Norm ist ein Anschluss von Aluminiumleitern nicht vorgesehen.

  Der Grund dafür ist in der Tatsache begründet, dass der Kontaktdruck ein Fließen des Aluminiums bewirkt. Dabei verringert sich der Kontaktdruck und der Übergangswiderstand wird unzulässig erhöht. Um das zu verhindern, müsste die Schraubklemme regelmäßig nachgezogen werden. Auch die immer entstehende Oxidschicht des Aluminiumleiters kann den Übergangswiderstand erhöhen; deshalb wird der Leiter vor dem Anschluss blank geschliffen und durch Einfetten vor erneuter Oxidation geschützt. Auch die Klemme sollte zur Sicherheit mit Fett gefüllt werden

3.5 Auswahl von Kabeln und Leitungen

3.5.1 Auswahl von Kabeln und Leitungen nach Gefährdungen

Nicht nur der Schutz vor Überstrom ist bei der Auswahl von Kabeln und Leitungen zu beachten. Vielmehr müssen sämtlichen Belastungen, die im Betrieb vorkommen können, in die Überlegung einbezogen werden. Hier nur einige Stichworte:

3.5.1.1 Bewegungen

Können Bewegungen im Verlauf des Kabels (Leitung) oder beim angeschlossenen Betriebsmittel vorkommen, sind Kabel und Leitungen auch dagegen zu schützen. Gelingt dies nicht, muss eine flexible Zuleitung gewählt werden.

Typische Anwendungsfälle sind hier:

- Pendelleuchten, die sich im Handbereich befinden,
- Zuleitungen von schweren Betriebsmitteln, die unter Umständen bewegt werden können (beispielsweise ein Elektroherd),
- Zuleitung zu Betriebsmitteln, die während des Betriebs schwingen und wo die Gefahr besteht, dass sich diese Schwingungen auf die Zuleitung übertragen kann (rotierende Maschinen, Stanzen u. Ä.),
- Zuleitungen von Maschinen, die sich während des Betriebs bewegen wie Hebezeuge, Aufzüge, Krane.

Bei sehr langsamen Bewegungen reicht es eventuell, diese Bewegung durch eine entsprechende Schlaufe aufzufangen (beispielsweise bei der Überbrückung von Dehnfugen am Gebäude).

Die **Tabelle 3.25** zeigt einige mechanische Belastungsarten auf und macht Vorschläge für eine korrekte Auswahl.

Art der mechanischen Belastung	Kabel- und Leitungstyp	Anwendungsbeispiele
Zugkräfte	YSLTK-JZ / LYSLTK-JZ / NYFGY / NTMTWÖU / NTSWÖU / NSHTÖU	Kräne, Hebeanlagen, Aufzüge
Druckkräfte	NSSHCGEÖU	Schrämleitungen im Bergbau
Biegung	H07RN-F / H01N2-E / H05VVH6-F / NGFLGÖU	Schweißmaschinen, Handwerkzeuge, Roboter
Vibration	H07RN-F / NSSHÖU / NSHTÖU / NTSWÖU / NTSCGEWÖU	Bahnen, Rüttler in der Bauindustrie, auf Fahrzeugen
Torsionskräfte	H07RN-F / NTSWÖU / NTSCGEWÖU	Handwerkzeuge, Windenergie-Anlagen, Bagger

Tabelle 3.25 Beispiele von Kabel- und Leitungstypen für verschiedene Belastungsarten. Die Liste ist nicht vollständig. Bei der Wahl der angegebenen Kabel- und Leitungstypen muss man nach Funktion (Starkstromleitung, Steuerleitung, informationstechnische Datenleitung) und danach unterscheiden, wie hoch die entsprechende Belastung veranschlagt werden muss.

3.5.1.2 Erhöhte Umgebungstemperatur

Die Lebensdauer der Isolation von Kabeln und Leitungen wird in DIN EN 60898-1 Bbl 1 (**VDE 0641-11 Bbl 1**) beschrieben. Danach wird deutlich, dass diese Lebensdauer sehr stark von der Betriebstemperatur der Kabel und Leitungen abhängt. Diese wiederum ist nicht nur vom Betriebsstrom abhängig, sondern auch von der Umgebungstemperatur. Selbst wenn alles (z. B. Leiterquerschnitt und Nennstrom der Überstrom-Schutzeinrichtung) richtig bemessen, aber das Kabel oder die Leitung in einer Umgebung errichtet wird, die deutlich wärmer ist als dies bei der Planung veranschlagt wurde, ist der vorzeitige Ausfall der Isolation vorprogrammiert. Die Abhängigkeit der Lebensdauer von der Betriebstemperatur wird in einer Grafik in DIN EN 60898-1 Bbl 1 (**VDE 0641-11 Bbl 1**), Abschnitt 7.1 dargestellt (siehe Bild 3.1 dieses Buchs).

Soll eine hohe Leistung bei hoher Umgebungstemperatur übertragen werden, ist es oft von Vorteil, wenn man eine Leitung wählt, die eine höhere Betriebstemperatur als übliche Kabel und Leitungen (in der Regel 70 °C) zulässt. Der Vorteil liegt hier auf der Hand: Für jedes Kabel (jede Leitung) hat der Hersteller je nach Isolierung eine maximale Betriebstemperatur angegeben. Die Temperaturdifferenz zwischen dieser Betriebstemperatur und der Umgebungsluft sorgt dabei für einen Wärmestrom vom (wärmeren) Leiter über die Isolierung zur (kälteren) Umgebungsluft. Die Strombelastbarkeitstabellen, beispielsweise für eine übliche NYM-Leitung, gehen von einer Temperaturdifferenz von 45 K aus (Betriebstemperatur: 70 °C; Umgebungstemperatur: 25 °C). Der Betriebsstrom, der das Kabel oder die Leitung erwärmt, darf bei dieser Temperaturdifferenz und bei Berücksichtigung der übrigen Verlege- und Betriebsbedingungen (siehe Kapitel 3.1.1 dieses Buchs) eine ganz bestimmte Höhe nicht überschreiten.

Erhöht sich die Umgebungstemperatur jedoch dauerhaft auf beispielsweise 50 °C, beträgt die Temperaturdifferenz nur noch 20 K, und folglich darf nur noch ein deutlich niedriger Betriebsstrom fließen, da durch die geringere Temperaturdifferenz die Wärmeabfuhr nicht ausreichend gewährleistet ist. Setzt man jedoch ein Kabel (eine Leitung) mit einer höheren maximal möglichen Betriebstemperatur ein, wird dieses Problem verringert oder sogar beseitigt. Das bedeutet: Das Kabel (die Leitung) mit der höheren maximalen Betriebstemperatur kann höher belastet werden.

Bei höheren Umgebungstemperaturen als 25 °C kann es also sinnvoll sein, ein Kabel (eine Leitung) mit einer zulässigen Betriebstemperatur von 90 °C (oder höher) zu wählen. **Tabelle 3.26** dieses Buchs enthält Leitungen mit höheren zulässigen Betriebstemperaturen.

Typ	Betriebstemperatur
H05V2-U / H07V2-U / H07Z-U / NYFYZW / NI2XY / N2XH / N2XCH / NHXHX /NHXCHX	**→ bis 90 °C**
H05G-U / H07G-U	**→ bis 110 °C**
N7YA / N7YAF	**→ bis 135 °C**
N2GFA / N2GFAF / H05SJ-K / A05SJ-U	**→ bis 180 °C**

Tabelle 3.26 Leitungen mit Betriebstemperaturen > 70 °C

Die entsprechenden Werte für die Strombelastbarkeit von Kabeln und Leitungen mit zulässigen Betriebstemperaturen > 70 °C findet man in DIN VDE 0298-4 (dort in den Tabellen 8, 9, 16).

Allerdings muss bedacht werden, dass häufig die Betriebstemperatur von 70 °C bei Kabeln und Leitungen nicht überschritten werden darf, weil Installations-Einbaugeräte, Steckdosen, Schalter und viele Klemmen in der Regel für diese Anschlusstemperatur ausgelegt sind.

Das bedeutet: Betriebstemperaturen > 70 °C sollten nur für Verteilerzuleitungen, Zuleitungen fest angeschlossener Verbraucher oder für die Beleuchtung (wenn für deren Anschlussklemmen höhere Temperaturen als 70 °C möglich sind) ausgewählt werden. Im Zweifelsfall muss der Hersteller der angeschlossenen Geräte bezüglich der maximalen Temperatur der Anschlussklemmen befragt werden.

3.5.1.3 Besonderheiten bei niedrigen Temperaturen

Auch zu niedrige Temperaturen können der Isolierung eines Kabels (einer Leitung) gefährlich werden. Aus diesem Grund gibt es Kabel für besonders niedrige Temperaturen (wie in Kühlhäusern), z. B. **H07V3-U.**

3.5.1.4 Aggressive Atmosphäre

Kommt in der Umgebung der Kabel und Leitungen aggressive Atmosphäre vor (beispielsweise öl- oder säurehaltige Luft), muss für diesen speziellen Anwendungsfall ein entsprechendes Kabel (Leitung) ausgesucht werden. Oft muss dazu der Hersteller befragt werden, der darüber Auskunft geben kann, ob das Kabel oder die Leitung diesen Belastungen standhält oder nicht. Übliche Kabel- und Leitungstypen für diesen Anwendungsfall sind:

NYKY / YKYFY / NSHTÖU / NTSWÖU / NSSHÖU / H07RN-F

3.5.1.5 Besondere Reißfestigkeit

Muss ein Kabel bzw. eine Leitung in einem sehr hohen Schacht verlegt werden, bei dem es keine Möglichkeit gibt, entsprechende Befestigungen entlang der senkrechten Verlegung vorzusehen, sind ab einer bestimmten Höhe keine üblichen Kabel- und Leitungstypen mehr verwendbar Im Zweifelsfall sollte der Hersteller befragt werden, ob eine bestimmte Höhe noch vertretbar ist.

In DIN VDE 0100-520, Abschnitt 521.10.2 wird beispielsweise gefordert, dass bei senkrechter Verlegung von Kabeln ein Befestigungsabstand von 1,5 m nicht überschritten werden darf. Darüber hinaus wird in Abschnitt 522.8.1.1 derselben Norm für senkrechte Verlegung noch folgende Besonderheit angegeben:

„Kabel/Leitungen, die ohne Zwischenbefestigung senkrecht verlegt und unzugänglich sind und bei denen es unwahrscheinlich ist, dass sie bewegt oder zerstört werden, sollten am Anfang der Verlegestrecke derart befestigt werden, dass der innere Radius der resultierenden Biegung nicht kleiner ist als der entsprechende Biegeradius für

den bestimmungsgemäßen Gebrauch. ... Die Länge ohne Befestigung bei senkrechter Verlegung sollte 5 m nicht überschreiten.“

Im Zweifelsfall muss ein Kabel mit einer besonderen Reißfestigkeit eingesetzt werden, das über eine speziell zu diesem Anwendungsfall passende Bewehrung verfügt. Als Beispiel hier einige übliche Typen:

NYMT / YSLTK-JZ / NYFGY / NYRGY / NTSWÖU / NSHTÖU / NYCYRGY / NYCYFGY

3.5.1.6 Zu erwartende mechanische Beschädigungen

Sind mechanische Beschädigungen durch Stöße, Schläge, Quetschungen, durch Nagetierfraß oder durch ähnliche äußere Einwirkungen zu befürchten, müssen Maßnahmen ergriffen werden. Beispielsweise kann durch Abschirmungen, Verlegung in mechanisch geschützten Bereichen usw. ein Schutz vor Beschädigungen erreicht werden. Offen verlegte Kabel und Leitungen müssen (vor allem in gewerblich bzw. in industriell genutzten Gebäuden) bis zu einer Höhe von 2,5 m mindestens in Rohren verlegt werden.

Wenn typische Maßnahmen nicht umsetzbar sind oder trotz der Maßnahmen ein zu hohes Restrisiko bleibt, müssen zusätzlich andere Kabel- und Leitungstypen mit einer höheren mechanischen Festigkeit vorgesehen werden. Kabelhersteller bieten verschiedene Kabel- und Leitungstypen an, die für höhere mechanische Belastungen geeignet sind. Die folgende Liste ist beispielhaft und deshalb unvollständig:

- **Starkstromleitungen**
  - nach DIN EN 50525-2-21 (**VDE 0285-525-2-21**), z. B. H07RN-F, H07BB-F oder H07BQ-F
- **Gummischlauchleitungen**
  - nach DIN VDE 0250-812, z. B. NSSHÖU, NSSHKCGEÖU oder NSSHCÖU
  - nach DIN VDE 0250-814, z. B NSHTÖU
  - nach DIN VDE 0250-602, z. B NSGAÖU oder NSGAFÖU
- **Leitungstrossen**
  - nach DIN VDE 0250-813, deren Bezeichnung mit „NTM“ oder „NTS“ beginnt, gefolgt von der Buchstabenfolge: „WÖU“ (z. B. NTSWÖU)

Häufig ist es sinnvoll, wenn die aktiven Leiter im Inneren des Kabels (der Leitung) einen zusätzlichen Schirm besitzen. Ist die elektrische Leitfähigkeit dieses Schirms zudem genügend gering, kann er als Schutzleiter benutzt werden. Man spricht von Kabeln und Leitungen mit konzentrischem Leiter (beispielsweise NYCWY). Der Vorteil liegt u. a. darin, dass bei einer Verletzung der Isolation stets der Schutzleiter mit betroffen ist und somit eine Signalisierung (z. B. über eine RCM) oder Freischaltung des defekten Kabels durch automatische Abschaltung möglich ist.

3.5.1.7 Beschränkung der Auswahl durch den Kabeltyp oder den Leitungstyp

Möchte man ein bestimmtes Kabel bzw. eine bestimmte Leitung einsetzen (vielleicht weil die Leitung gerade auf Lager liegt oder weil sie preiswert ist), so muss Folgendes überlegt werden:

Häufig gibt ein Kabel oder eine Leitung selbst einen eingeschränkten Anwendungsbereich vor. Das bedeutet, dass man zunächst das Kabel (die Leitung), das man einsetzen möchte, kennen muss, um zu wissen, wo ein Einsatz möglich ist und wo nicht. Als Beispiel sollen zwei häufig in Deutschland verwendete Leitungstypen erwähnt werden:

- Stegleitung

  Eine Stegleitung hat nach DIN VDE 0100-520, Abschnitt 521.7.2.3 nur einen eingegrenzten Anwendungsbereich und sollte aus Sicht der Brandschadenverhütung möglichst nicht eingesetzt werden. Wird sie eingesetzt, gelten u. a. folgende Einschränkungen:

  (1) Stegleitung darf nur in trockenen Räumen verlegt werden.

  (2) Sie darf nur einzeln verlegt werden. Häufungen sind nur im Einführungsbereich des Verteilers erlaubt.

  (3) Stegleitungen dürfen nicht auf brennbaren Baustoffen verlegt werden – auch nicht unterhalb einer Putzschicht.

  (4) Eine Auf-Putz-Installation mit Stegleitungen ist verboten.

  Allerdings ist es erlaubt, Stegleitungen in Hohlräumen von Decken oder Wänden, die aus nicht brennbaren Baustoffen bestehen, zu verlegen, ohne dass sie mit Putz abgedeckt werden müssen. Die Hohlräume selbst sind natürlich nach erfolgter Verlegung zu verschließen.

  (5) Stegleitungen dürfen nicht unter Gipskartonplatten verlegt werden, es sei denn, diese Platten werden ausschließlich mit Gipspflastern befestigt.

  (6) Stegleitungen dürfen auf keinen Fall mit Nägeln befestigt werden. Am besten zur Befestigung geeignet sind Gipspflaster. Es gibt zwar für diesen Anwendungsfall speziell geformte Schellen und Nägel mit Isolierumhüllung am Kopf, aber auch sie bieten keine ausreichende Sicherheit davor, dass die Isolierung der Leitung nicht beschädigt wird.

  (7) Man muss beim Verlegen und beim Fixieren von Stegleitungen besondere Sorgfalt walten lassen – sie dürfen nicht geknickt werden.

- NYM und Leitungen mit weißer Mantelisolation

  Eine NYM-Leitung darf fast überall verlegt werden, sowohl in feuchten und nassen Bereichen, im, auf und unter Putz als auch in feuergefährdeten sowie explosionsgefährdeten Bereichen. Allerdings darf diese Leitung nicht direkt in Beton verlegt werden, der gerüttelt bzw. mechanisch verdichtet wird. Das bedeutet umgekehrt, dass eine direkte Verlegung in (nicht verdichtetem) Beton grundsätzlich möglich ist. Allerdings ist dies eine eher unfachmännische Verlegeart; denn jede Änderung und jeder Leitungsdefekt hat unweigerlich zur Folge, dass die Leitung sowie der Verlegeweg nicht mehr verwendet werden kann. Nachinstallationen sind dann meist mit hohem Aufwand verbunden. Ein Leerrohr im Beton würde dafür sorgen, dass bei Bedarf eine neue Leitung nachgezogen werden kann.

Auch eine Verlegung direkt in Erde ist nicht erlaubt. DIN VDE 0100-520, Abschnitt 5.21.10.4 erlaubt jedoch eine kurze Verlegung (möglichst nicht über 5 m) in Erde, wenn die Leitung in einem Rohr geführt wird, das ausreichende mechanische Festigkeit aufweist und kein Wasser eindringen lässt. Die Leitung muss dabei stets auswechselbar bleiben.

Ebenso ist die ungeschützte Verlegung einer NYM-Leitung (sowie von sämtlichen Kabeln und Leitungen mit einer weißen Mantelisolation) in der Sonne nicht zulässig. Grund ist die UV-Strahlung, die den Weichmacher aus dem PVC herausoxidieren und so den Mantelwerkstoff hart und spröde werden lässt.

3.5.2 Auswahl von Kabeln und Leitungen mit besonderen Eigenschaften

3.5.2.1 Kabel und Leitungen mit verbessertem Verhalten im Brandfall

Wenn von Brandschutz, von feuergefährdeten Betriebsstätten und von der Vermeidung von Brandlasten die Rede ist, taucht immer wieder die Frage auf, ob die Isolierung einer üblichen Leitung, beispielsweise NYM, in jedem Fall ausreicht. Üblicherweise besitzen die gängigen Kabel- und Leitungstypen eine PVC-Isolierung, in denen Halogene enthalten sind.

Die Frage nach dem Brandverhalten der Isolation ist im Grunde berechtigt, wenn man bedenkt, dass gerade die Isolierung der zahlreichen Leitungen in einem Gebäude in der Vergangenheit nicht selten bei einem Brand für erhebliche Gefahren gesorgt hat. Durch die beim Brand entstehenden Rauchgase entstehen stets erhebliche Gefahren für die flüchtenden Menschen sowie für die an der Brandbekämpfung beteiligten Personen. Häufig sind diese Rauchgase derart aggressiv, dass große Teile des Gebäudes, die vom Brand gar nicht betroffen waren, unwiederbringlich zerstört werden. Gibt es also Forderungen, die hierauf eingehen? Gibt es Anwendungsfälle, wo übliche Kabel und Leitungen nicht mehr verlegt werden dürfen, weil deren Isolierung einfach nicht in das Brandschutzkonzept passt? Oder anders gefragt: Gibt es Fälle, wo es sinnvoller oder eventuell auch geboten ist, statt eines „normalen" Kabels mit PVC-Isolierung ein Kabel mit einer Isolierung aus halogenfreiem Material einzusetzen? Auf diese Fragen wird noch einmal im Kapitel 3.5.2.2 dieses Buchs eingegangen.

Halogene sind Elemente der siebten Hauptgruppe in unserem Periodensystem der chemischen Elemente. Sie werden auch „Salzbildner“ oder „Säurebildner“ genannt. Es handelt sich dabei um eine Gruppe von Elementen, denen auf der äußersten Schale (entsprechend dem „Bohrschen Atommodell“) lediglich ein Elektron zu einem stabilen Zustand des Atoms fehlt. Der stabile Zustand ist dann erreicht, wenn sich nach dem Bohrschen Atommodell auf der äußeren Schale des Atoms zwei oder acht Elektronen befinden. Aus diesem Grund sind Halogene äußerst reaktionsfreudig. Die Stoffe (Elemente) Fluor und Chlor gehören zu dieser Gruppe; sie sind gasförmig und gehören zu den reaktionsfreudigsten Halogenen. Auch Brom gehört dazu, ist selbst flüssig und reagiert (chemisch) ebenfalls schnell. Die Besonderheit, die hier beachtet werden muss, ist der Umstand, dass diese Stoffe mit Wasser reagieren und dadurch Säuren bilden (daher gibt man ihnen häufig den Beinamen „Säurebildner“). PVC-Leitungen und PVC-Kabel enthalten vor allem Chlor.

Immer wieder taucht in Bezug auf den Brandschutz das Thema „Halogenfreiheit“ auf. Dazu muss zunächst gesagt werden, dass nach den Bestimmungstexten der Normen – auch wenn es bei der Auswahl von Kabeln und Leitungen um eine Begrenzung von Bränden geht (so beispielsweise in DIN VDE 0100-520, Abschnitt 527.1.3) – lediglich Kabel und Leitungen verlangt werden, deren Brennverhalten den Anforderungen nach DIN EN 60332-1-2 (**VDE 0482-332-1-2**) entsprechen. Das wären z. B. auch Leitungen vom Typ NYM. Halogenfreiheit und ein besonderes Verhalten im Brandfall wird also bislang nicht gefordert.

Man kann also davon ausgehen, dass eine normale PVC-Mantelleitung (NYM) oder ein Kabel vom Typ NYY ohne Einschränkung beinahe überall verlegt werden darf. Selbst in feuergefährdeten Betriebsstätten darf nach DIN VDE 0100-420, Abschnitt 422.3.4 ein NYM verwendet werden. Auch für Leitungen der Sicherheitsstromversorgungsanlagen nach DIN VDE 0100-718 gibt es keine höheren Anforderungen.

In der vorgenannten Norm DIN VDE 0100-420, Abschnitt 422.3.4 heißt es in einer Anmerkung:

*„Wo ein hohes Risiko der Flammenausbreitung besteht, z. B. bei langen senkrechten Kanälen mit Kabelbündeln, sollten die Kabel/Leitungen die im zutreffenden Teil der Reihe DIN EN 60332-3 (**VDE 0482-332-3**) beschriebenen Eigenschaften in Hinblick auf Flammenausbreitung erfüllen.“*

In Normen der Reihe DIN EN 60332-3 wird eine Prüfung (Prüfart C) beschrieben, bei der das Kabel/die Leitung bei der Produktprüfung mit einer bedeutend höheren thermische Beanspruchung beaufschlagt wird. Es dürfte klar sein, dass hier Kabel und Leitungen gemeint sind, die sich von den in der Installationstechnik üblicherweise verwendeten Kabel- und Leitungstypen (wie NYM, NYY oder NYCWY) unterscheiden. Wegen ihres deutlich besseren Brandverhaltens werden sie nach Norm **„Kabel und Leitungen mit verbessertem Verhalten im Brandfall“** genannt. Die Prüfung dieser Kabel und Leitungen wird in DIN EN 60332-3-24 (**VDE 0482-332-**

3-24) beschrieben. Sie wird mit einem Brenner vorgenommen, der im Vergleich zur Prüfung nach DIN EN 60332-1-2 (**VDE 0482-332-1-2**) mehr als die zwanzigfache Heizleistung freigibt.

In der „**Muster-Richtlinie über brandschutztechnische Anforderungen an Leitungsanlagen (Muster-Leitungsanlagen-Richtlinie MLAR)**" in der Fassung aus 2015 heißt es im Abschnitt 2.2:

„Elektrische Leitungen mit verbessertem Brandverhalten sind Leitungen, die die Prüfanforderungen nach DIN 4102-1:1998-05 in Verbindung mit DIN 4102-16:1998-05 Baustoffklasse B 1 (schwer entflammbare Baustoffe), auch in Verbindung mit einer Beschichtung, erfüllen und eine nur geringe Rauch-Entwicklung aufweisen oder hierzu europäisch gleichwertig klassifiziert sind."

Die MLAR 2015 erwähnt nicht mehr wie frühere Ausgaben DIN VDE 0472-804 (entspricht der o. g. VDE 0482-332-3-24). Nachdem es einem Hersteller gelungen war, ein Kabel bzw. eine Leitung mit einer Isolation herzustellen, die nach der Baustoffklassifizierung B 1 (schwer entflammbar) geprüft werden konnte, sollte nur noch diese wesentlich erschwerte Anforderung gelten. Hier geht die MLAR also deutlich über die Anforderungen der VDE-Normen hinaus. Gleichgültig, ob man die höheren Anforderungen der MLAR betrachtet oder die etwas geringeren Anforderungen aus den erwähnten VDE-Normen, kann – vereinfacht gesagt – Folgendes festgehalten werden: Ohne auf alle Details einzugehen, müssen Kabel und Leitungen mit verbessertem Verhalten im Brandfall im Wesentlichen zwei Kriterien erfüllen, durch die sie sich von den sonst üblichen Kabeln und Leitungen unterscheiden:

Anforderung 1:

Sie müssen eine möglichst geringe Brandfortleitung längs der Leitungstrasse aufweisen.

Anforderung 2:

Sie müssen im Brandfall – also beim Verbrennen der Isolierung – in der Umgebung eine möglichst geringe Rauchdichte verursachen.

Bezüglich der Brandlast, also der beim Abbrand freiwerdenden Energie, gibt es dagegen keine über die üblichen Kabel- und Leitungsisolationen hinausgehenden Erwartungen. Die Brandlast pro laufendem Meter entspricht in etwa den Werten von NYM, NYY oder NYCWY.

Unter Brandfortleitung – häufig spricht man auch von der Brandfortleitungsgeschwindigkeit – versteht man die Eigenschaft der Isolierung, den einmal entstandenen Brand zu verbreiten, also von einer Stelle zur nächsten zu transportieren. Diese Bewegung des Brandes wird durch das Isoliermaterial selbst, durch die Höhe der Brandtemperatur und durch die Luftbewegung begünstigt. Verhindert wird dies, wenn die Isolation nicht nur schwer entflammbar ist, sondern auch möglichst selbst verlöschend wirkt.

Planer und Errichter sehen sich häufig einer Vielzahl von Klassifizierungen gegenüber, die es abzuschätzen und einzusetzen gilt. Welcher Kabel- bzw. Leitungstyp ist gefordert, welcher ist sinnvoll, und welcher Typ darf auf keinen Fall eingesetzt werden? Diese und ähnliche Fragen tauchen immer wieder auf.

Im **Bild 3.22** dieses Buchs werden die brandschutztechnischen Qualitäten der verschiedenen Kabel- und Leitungstypen im Vergleich dargestellt. Wichtig für dieses Thema sind auch die Ausführungen zu den Euroklassen in Kapitel 3.5.2.2 dieses Buchs. Sollten die Anforderungen an die Isolation nach den dort beschriebenen Euroklassen komplett von der Normung übernommen werden, wird die Auswahl von Kabel- und Leitungstypen zukünftig zum Teil völlig anders vorgenommen werden müssen.

In Bezug auf „Kabel und Leitungen mit verbessertem Verhalten im Brandfall" kann auf alle Fälle gesagt werden, dass nach den aktuell gültigen Errichtungsnormen sowie nach der MLAR die beiden zuvor erwähnten Kriterien „geringe Rauchgasdichte" und „geringe Brandfortleitung" ausreichen. Auch wenn in der MLAR deutlich strengere Anforderungen vorgegeben werden (schwer entflammbare Isolation).

Häufig kommt jedoch noch ein zusätzliches Kriterium hinzu, wenn es darum geht, dass bei einem Brand der Schaden möglichst gering bleiben und die Gefahr für Leib und Leben sowohl der sich rettenden als auch der brandbekämpfenden Menschen möglichst gering gehalten werden soll. Allerdings sind solche Kriterien nicht zwingend Bestandteil behördlicher und in der MLAR festgeschriebener Forderungen. Das folgende Kriterium wird allerdings häufig von Versicherungen gefordert:

Anforderung 3:

Sie sollen beim Abbrand möglichst keine korrosiven Brandgase entsprechend der Prüfung nach DIN EN 60754-2 (**VDE 0482-754-2**) freisetzen.

Bei keinem der drei Kriterien ist zunächst von Halogenfreiheit die Rede. Wir wollen die einzelnen vorgenannten Kriterien näher betrachten.

- Zur Anforderung 1: Brandfortleitung

  Besonders dieses Kriterium ist von entscheidender Bedeutung, wenn man beispielsweise an Kabelhäufungen (Leitungshäufungen) in senkrechten Installationsschächten denkt. Welche Kabel und Leitungen können nun eine möglichst geringe Brandfortleitung gewährleisten?

  Halogene werden der Isolierung beigemischt, um die Entzündungstemperatur zu erhöhen. Dadurch wird die Brandfortleitung vermindert. Um die Brandfortleitung noch stärker zu vermindern, wäre es möglich, den Halogenanteil des PVC weiter zu erhöhen. Bei solchen Kabeln und Leitungen wird die Brandfortleitung deutlich reduziert, und die Kriterien nach DIN EN 60332-3-24 (**VDE 0482-332-3-24**) können dann erfüllt werden. Man spricht in diesem Fall von „FR-PVC", wobei FR für *„flame retardant"* steht, was so viel wie „flammwidrig" oder „flammhemmend" bedeutet. Der Nachteil ist jedoch, dass es vermehrt zur Rauchgasentwicklung kommen kann. Dies versucht man durch spezielle Kunststoffmischungen zu verhindern – siehe Anforderung (2). Diese erste Anforderung kann also theoretisch auch mit halogenhaltigen Isolierstoffen erfüllt werden.

Lässt man die Halogene weg, so wird die Isolierung extrem brennbar. Es kann also nicht allein um „Halogenfreiheit" gehen. Beispielsweise besitzen übliche PE-Kabel eine halogenfreie Isolierung und sind deutlich schneller entflammbar als übliche PVC-isolierte Kabel und Leitungen. Damit die Isolierung nicht bloß „halogenfrei" ist, sondern auch ein verbessertes Verhalten im Brandfall aufweist, müssen dem Isoliermaterial bestimmte Zusatzstoffe beigemengt werden. Die Hersteller von halogenfreien Kabeln und Leitungen verwenden hierfür in der Regel Aluminiumoxithydrat [$Al(OH)_3$]. Im Brandfall wird dieses Hydrat aufgespalten in Aluminiumoxid und Wasser. Diese Aufspaltung und die Verdampfung des entstehenden Wassers verringert die Brandfortleitung extrem. Halogenfreie Kabel und Leitungen mit verbessertem Verhalten im Brandfall bestehen die Prüfung nach DIN EN 60332-3-24 (**VDE 0482-332-3-24**) und können zusätzlich noch die nächsten beiden Anforderungen erfüllen.

mineralisolierte Leitungen nach DIN EN 60702-1 (VDE 0284-1)
z. B. **NU** oder **NUM**

halogenfreie elektrische Leitungen mit verbessertem Brandverhalten nach DIN 4102 Teil 1 in Verbindung mit DIN 4102 Teil 16 Baustoffklasse B 1
z. B. **NHXMH+** (B1 gemäß DIN)

halogenfreie Installationsleitung mit verbessertem Verhalten im Brandfall nach DIN VDE 0250-214 (VDE 0250-214)
z. B. **NHXMH-J**

halogenfreie Installationsleitung mit speziellen Eigenschaften im Brandfall nach DIN VDE 0250-215 (VDE 0250-215) z. B. **NHMH-J**	Mehraderleitung (PVC-Installationsleitung) nach DIN VDE 0250-204 (VDE 0250-204) z. B. **NYM**	Starkstromkabel nach DIN VDE 0276-603 (VDE 0276-603) z. B. NYY

halogenfreies, VPE-isoliertes Energieverteilungskabel nach DIN VDE 0276-603 (VDE 0276-603)
z. B. **N2X2Y**

Bild 3.22 Schematische Darstellung der Brandschutzqualitäten von Kabeln und Leitungen.
Die Brandschutzqualität wird in Pfeilrichtung besser.
Die Bezeichnung **NHXMH+ (DIN B1)** ist eine Herstellerbezeichnung der Firma Nexans, da eine Prüfung der höherwertigen Brandschutzqualität dieser Leitung nach VDE nicht vorgesehen ist. Durch das „+" sollen die wesentlich höheren Brandschutzanforderungen nach DIN 4102 (schwer entflammbarer Baustoff B 1) hervorgehoben werden.
(Quelle: VdS 2025)

- Zur Anforderung 2: Rauchgasdichte

  Die Rauchgasdichte wird im Prüfverfahren nach DIN EN 61034-1/-2 (**VDE 0482-1034-1/-2**) festgestellt. In einem Brandraum wird das Kabel (die Leitung) verbrannt, und durch ein optisches Verfahren wird die Lichtdurchlässigkeit überprüft. Die Anforderungswerte für Kabel und Leitungen mit verbessertem Verhalten im Brandfall liegen in der Regel bei einer Lichtdurchlässigkeit von 50 % bis 70 %.

  Übliche PVC Kabel und Leitungen erreichen nur eine Lichtdurchlässigkeit von 5 % bis 10 %.

  FR-PVC-Kabel und Leitungen mit erhöhter Halogenbeimischung und besonderer Mischungsabstimmung im PVC-Mantel erreichen eine Lichtdurchlässigkeit von 40 % bis 60 % – das entspricht knapp dem geforderten Wert.

  Halogenfreie Kabel und Leitungen mit verbessertem Verhalten im Brandfall erreichen eine Lichtdurchlässigkeit von etwa 90 % – das ist enorm gut!

  Also auch die zweite Anforderung könnte mit einer PVC-Isolierung unter bestimmten Voraussetzungen erfüllt werden, wenn auch nur knapp. Halogenfreie Kabel und Leitungen mit verbessertem Verhalten im Brandfall heben sich bereits hier deutlich positiv hervor.

- Zur Anforderung 3: Korrosivität

  Diese Eigenschaft wird geprüft nach DIN EN 60754-1 / -2 (**VDE 0482-7541- / -2**). Hierbei werden in speziellen Prüfvorrichtungen im Brandfall die entstehende Halogenwasserstoffsäure sowie der pH-Wert ermittelt. Günstige Werte werden hier nur durch halogenfreie Kabel und Leitungen erreicht. Auch wenn in den Bestimmungstexten der Normen oder Richtlinien nicht immer ausdrücklich nach Isolierungen mit geringer korrosiver Rauchgasentwicklung gefragt wird, sollte man dieses Kriterium möglichst mit berücksichtigen, denn häufig liegen die Folgeschäden durch korrosiven Rauch an Bauteilen und Einrichtungen, die gar nicht vom Brand betroffen waren, nach einem Brand höher als die eigentlichen Brandschadenkosten. Besonders dann, wenn Einrichtungen teuer sind (in Museen, Bibliotheken, EDV-Räume, Maschinenparks usw.) oder wenn viele Bauteile des Bauwerks korrosiv gefährdet sind (viele Aluminium-, Stahl-, Hochglanzoberflächen usw.), sollte man auf weniger korrosive Isolierungen zurückgreifen. Oft wird bei einem Brand durch korrosive Gase auch die Stahlarmierung des Gebäudes derart angegriffen, dass im Extremfall ein kompletter Abbruch notwendig wird.

  PVC-Isolierungen, wie die oben erwähnten FR-PVC-Isolierungen, bilden stets korrosive Gase, auch wenn man durch eine besondere Aufbereitung der Kunststoffmischung eine Reduzierung der Rauch-Entwicklung erreichen kann. **Dieses dritte Kriterium wird also nur durch halogenfreie Kabel und Leitungen mit besseren Verhalten im Brandfall erfüllt**.

Abschließend kann man Folgendes festhalten:

Kabel und Leitungen mit einer *halogenfreien* Isolierung und mit verbessertem Verhalten im Brandfall müssen folgenden Anforderungen entsprechen:

(1) Sie sind schwer entflammbar und wirken deshalb einer weiteren Brandausbreitung entgegen.

(2) Sie verlöschen nach Entzug der Zündquelle recht schnell – auch dies verhindert die Brandausbreitung.

(3) Sie verbreiten beim Abbrand eine geringere Rauchgasdichte.

(4) Die entstehenden Gase sind weniger korrosiv.

Bezüglich der brandschutztechnischen Qualität von Kabeln und Leitungen siehe auch die Ausführungen im nachfolgenden Kapitel 3.5.2.2 zu den Euroklassen in diesem Buch.

Halogenfreie Leitungen mit verbessertem Verhalten im Brandfall haben ohne Zweifel Vorteile, die besonders in Gebäuden mit Menschenansammlungen und dort, wo hohe bzw. unwiederbringliche Sachwerte zu schützen sind, zum Tragen kommen. Die für solche Bauwerke zuständige Behörde oder eventuell der Versicherer fordert daher häufig, dass in solchen Bereichen Kabel und Leitungen mit halogenfreier Isolierung einzusetzen sind.

Aber auch überall dort, wo vorausgesetzt werden kann, dass die Kosten für Brandfolgeschäden höher ausfallen als die für den eigentlichen Brand, ist die Verlegung dieser Kabel und Leitungen mehr als sinnvoll. Hierunter fallen vor allem viele Betriebe der Druck-, Auto-, Elektronik- oder Textilindustrie (Pelze u. Ä.) sowie überall dort, wo glatte Oberflächen von Bedeutung sind.

Typische halogenfreie Kabel und Leitungen mit verbessertem Verhalten im Brandfall sind z. B.:

Leitungen:

NHXMH / NHMH / NSHXA / H05Z-U/K / H07Z-U/R/K / H07ZZ-F

Kabel:

NHXHX / NHXCHX / N2XH / N2XCH / N2XSH / N2XSEH / NHXHX / NHXCHX

3.5.2.2 Auswahl nach den neuen Euroklassen für Kabel und Leitungen

Am 01. Juli 2013 löste eine neue Bauprodukteverordnung (BauPVO) die seit 1989 geltende Bauprodukte-Richtlinie ab. Nach einer Überarbeitung fallen seit dem 10.06.2016 so gut wie alle Kabel und Leitungen, die dauerhaft im Bauwerk installiert werden, unter diese BauPVO. Danach sind Hersteller von Kabeln und Leitungen verpflichtet, Aussagen zum Brandverhalten ihrer Kabel- und Leitungsisolationen zu machen. Nach einer Übergangsfrist ist diese Kennzeichnung seit dem 01.07.2017 für alle Hersteller verpflichtend. Die Kennzeichnungspflicht schließt die Einordnung des Produkts in sogenannte Euroklassen ein sowie die detaillierte Beschreibung des Brandverhaltens in einer sogenannten Leistungserklärung, die der Hersteller vorlegen bzw. unter seiner Internetadresse veröffentlichen muss.

So gut wie sämtliche Kabel und Leitungen, die in Deutschland üblicherweise verwendet werden, fallen unter diese neue BauPVO. Dazu gehören auch rein nationale Typen, z. B. Mantelleitungen NYM, Stegleitungen NYIF (NYIFY) und Kabel wie NYY bzw. NYCWY. Auch typische informationstechnische Kabel und Leitungen sind nicht ausgeschlossen. Es gibt nur wenige Ausnahmen, beispielsweise Kabel und Leitungen mit integriertem Funktionserhalt.

In Deutschland wurde zu diesem Thema bereits eine Vornorm herausgegeben:

DIN VDE V 0250-1(**VDE V 0250-10**) „*Isolierte Starkstromleitungen – Teil 10: Leitfaden für die Zuordnung der Klassen des Brandverhaltens*“.

In diesem Leitfaden wird darauf hingewiesen, dass die Kabel- und Leitungshersteller angeben müssen, welcher Euroklasse (es gibt insgesamt sieben Klassen) ihr Produkt entspricht, und sie müssen diese Angabe durch eine notifizierte Stelle bestätigen lassen. Die Anforderungen an die Leistungsfähigkeit der Kabel und Leitungen in Bezug auf das Brandverhalten sowie die hierfür notwendigen Prüf- und Bewertungsverfahren sind in DIN EN 50575 (**VDE 0482-575**) festgelegt.

Im besagten Leitfaden werden sieben Euroklassen beschrieben:

F_{ca}, E_{ca}, D_{ca}, C_{ca}, $B2_{ca}$, $B1_{ca}$, A_{ca}

Daneben gibt es noch zusätzliche Angaben, z. B. bezüglich der Rauch-Entwicklung oder der Säurebildung beim Abbrand oder der Möglichkeit, dass die brennende Isolation „brennend abtropft“:

- s1 bedeutet, dass die Rauch-Entwicklung gering ist,
- a1 fordert eine geringe Säurebildung bzw. Korrosivität der entstehenden Gase beim Abbrand,
- d1 gibt an, dass die Isolation nicht oder nur begrenzt brennend abtropfen kann.

Die Zuordnung der Euroklassen zu den Gebäuden wird nach deren Sicherheitsbedarf vorgenommen, also für Gebäude:

- ohne Sicherheitsbedarf reicht die Euroklasse F_{ca}
- mit geringem Sicherheitsbedarf reicht die Euroklasse E_{ca}
- mit mittlerem Sicherheitsbedarf reicht die Euroklasse D_{ca}

- mit hohem Sicherheitsbedarf reicht die Euroklasse C_{ca}
- mit sehr hohem Sicherheitsbedarf muss je nach Gefährdung $B2_{ca}$, $B1_{ca}$ oder A_{ca} gewählt werden

Weiterhin wird im Anhang A des Leitfadens in Tabelle A.1 empfohlen, die Brandschutzklassen von Kabeln und Leitungen den Gebäudeklassen nach MBO (Musterbauordnung) zuzuordnen. Damit könnte man für jeden Gebäudetyp festlegen, welche brandschutztechnische Qualität (also welche Euroklasse) die dort verlegten Kabeln und Leitungen vorweisen müssen. Wenn Fluchtwege vorhanden sind, werden diese gesondert erfasst (siehe **Tabelle 3.27** dieses Buchs). Gegebenenfalls können Behörden oder der Versicherer zusätzlich die Halogenfreiheit der Isolierstoffe fordern.

Als Letztes bleibt aber noch die Frage, welche Kabel- und Leitungstypen welchen Euroklassen zugeordnet werden können. Hier hat DIN VDE 0100-420 in einem nationalen Anhang einen ersten Versuch vorgelegt, um eine grobe Zuordnung der vorhandenen Kabel- und Leitungstypen zu den Euroklassen zu ermöglichen:

- Zur **Euroklasse $\mathbf{E_{ca}}$** werden mit hoher Wahrscheinlichkeit folgende Kabel- und Leitungstypen gehören:

  NYM, NYY, NI2XY, H03VV-F, H05VV-F

  sowie die Fernmeldekabel J-Y(ST)Y und JE-Y(ST)Y
- Zur **Euroklasse $\mathbf{C_{ca}}$** oder **$\mathbf{B2_{ca}}$** (je nach Herstellerangabe) werden mit hoher Wahrscheinlichkeit folgende Kabel- und Leitungstypen gehören:

  NHXMH, N2XH, NHXHX, NHXH, H05Z1Z1-F, H07ZZ-F

  sowie die Fernmeldekabel J-H(ST)H, JE-H(ST)H

Ein CE-Zeichen, aus dem die Euroklasse hervorgeht, zeigt **Bild 3.23** dieses Buchs.

Die Kennzeichnung der Kabel und Leitungen nach BauPVO ist für die Hersteller verpflichtend, und die Zuordnung dieser Euroklassen zum Sicherheitsbedarf des jeweiligen Gebäudes ist durch die Norm ebenso geregelt. Eine direkt daraus entstehende Verpflichtung, für bestimmte Gebäude eine konkrete Euroklasse auszuwählen (siehe Tabelle 3.27 dieses Buchs) ist allerdings aus den aktuellen VDE-Normen noch nicht ableitbar. Dies müsste früher oder später in Normen festgelegt werden, z. B. in der DIN VDE 0100-520. Allerdings gibt es schon jetzt Ausschreibungstexte oder behördliche Anforderungen, die die Berücksichtigung der Euroklassen und die entsprechende Zuordnung zu den Gebäudeklassen nach Bauordnung fordern. Das sind zurzeit noch Einzelfälle, die unter Umständen aber zunehmend Schule machen und dann zum Standard werden können. In vielen Gebäudearten bzw. Gebäudebereichen dürften möglicherweise zukünftig keine bislang typische Kabel und Leitungen (wie NYM oder NYY) mehr verlegt werden.

Bild 3.23 Beispiel für die CE-Kennzeichnung eines Kabels nach BauPVO (NYY-J 3×4); in diesem Fall hat der Hersteller das Kabel in E_{ca} eingeordnet

3.5.2.3 Mineralisolierte Leitungen

Mineralisolierte Leitungstypen tragen die Bezeichnung **NU** bzw. **NUM** und sind für Betriebsspannungen von 300/500 V oder 450/750 V geeignet. Sie erfüllen die Kriterien, die in DIN VDE 0100-420, Abschnitt 422.3.4 in der Anmerkung empfohlen werden, wo es um möglichst geringe Brandfortleitung bei vorliegender Kabelhäufung besonders bei senkrechter Verlegung (in Installationsschächten) geht. Auch in Gebäuden mit unwiederbringlichen Sachwerten (beispielsweise in Museen, siehe z. B. VdS 2025, Abschnitt 5.6) sind mineralisolierte Leitungen sehr zu empfehlen.

Überall dort, wo von Kabeln und Leitungen mit verbessertem Verhalten im Brandfall die Rede ist, können auch mineralisolierte Leitungen eingesetzt werden. Aus Sicht der Brandschadenverhütung haben sie sogar gegenüber diesen Kabeln und Leitungen einige Vorteile:

- sie sind nicht brennbar, tragen also nicht zur Brandlast bei,
- sie kommen als Ursache für die Entstehung eines Brandes so gut wie nie in Frage,
- sie haben durch ihre „Nichtbrennbarkeit" sozusagen einen natürlichen Funktionserhalt und sind deshalb häufig noch nach einem Brand wieder einsetzbar.

Das Isoliermaterial dieser Leitungen besteht aus einem hochverdichteten Magnesiumoxid-Pulver mit einem Kupfermantel. Für besonders korrosionsgefährdete Bereiche

Gebäudeklassen nach MBO				Klassen des Brandverhaltens (Euroklassen)	
Klasse	Gebäudebeschreibung			Mindestanforderung	
				Gebäude (außer Fluchtweg)	Fluchtweg
1	Gebäude, freistehend, und freistehende land- oder forstwirtschaftlich genutzte Gebäude	bis 7 m hoch	mit nicht mehr als insgesamt 400 m²	E_{ca}	–
2	Gebäude	bis 7 m hoch	mit nicht mehr als insgesamt 400 m²	E_{ca}	–
3	Sonstige Gebäude	bis 7 m hoch	mehr als 400 m²	E_{ca}	$B2_{ca}$ s1 d1 a1
4	Sonstige Gebäude	bis 13 m hoch	bis max. 400 m²	E_{ca}	$B2_{ca}$ s1 d1 a1
5	Sonstige Gebäude einschließlich unterirdischer Gebäude			C_{ca} s1 d2 a1	$B2_{ca}$ s1 d1 a1
Sonderbauten					
S1	Hochhäuser	höher als 22 m		C_{ca} s1 d2 a1	$B2_{ca}$ s1 d1 a1
S2	Bauliche Anlagen	höher 30 m		C_{ca} s1 d2 a1	$B2_{ca}$ s1 d1 a1
S3	Gebäude	mehr als 1 600 m² größtes Geschoss, ausgenommen Wohngebäude und Garagen		C_{ca} s1 d2 a1	$B2_{ca}$ s1 d1 a1
S4	Verkaufsstätten	größer 800 m²		C_{ca} s1 d2 a1	$B2_{ca}$ s1 d1 a1
S5	Büro/Verwaltung	Räume größer 400 m²		C_{ca} s1 d2 a1	$B2_{ca}$ s1 d1 a1
S6	Gebäude mit Räumen	einzelne Räume Nutzung mit mehr als 100 Personen		C_{ca} s1 d2 a1	$B2_{ca}$ s1 d1 a1
S7	Versammlungsstätten	mehr als 200 Personen		C_{ca} s1 d2 a1	$B2_{ca}$ s1 d1 a1
S8	Gaststätten/Hotels	mehr als 40 Gastplätze in Gebäuden, mehr als 12 Betten, Spielhallen mehr als 150 m²		C_{ca} s1 d2 a1	$B2_{ca}$ s1 d1 a1
S9	Gebäude mit Nutzungseinheiten für Pflege- oder Betreuungsbedürftige	mehr als 6 Personen, Intensivpflegebedarf		$B2_{ca}$ s1 d1 a1	$B2_{ca}$ s1 d1 a1

Tabelle 3.27 Auswahl von Brandschutzklassen (Euroklassen) von Kabeln und Leitungen nach Gebäudetypen entsprechend der BauPVO (Quelle: DIN VDE V 0250-10 (**VDE V 0250-10**))

Gebäudeklassen nach MBO			Klassen des Brandverhaltens (Euroklassen)	
Klasse	Gebäudebeschreibung		Mindestanforderung	
			Gebäude (außer Fluchtweg)	Fluchtweg
S10	Krankenhäuser		$B2_{ca}$ s1 d1 a1	$B2_{ca}$ s1 d1 a1
S11	Sonstige Einrichtungen zur Unterbringung von Personen sowie Wohnheime		C_{ca} s1 d2 a1	$B2_{ca}$ s1 d1 a1
S12	Tageseinrichtungen für Kinder, behinderte und alte Menschen		$B2_{ca}$ s1 d1 a1	$B2_{ca}$ s1 d1 a1
S13	Schulen, Hochschulen und ähnliche Einrichtungen		C_{ca} s1 d2 a1	$B2_{ca}$ s1 d1 a1
S14	Justizvollzugsanstalten und bauliche Anlagen für den Maßregelvollzug		C_{ca} s1 d2 a1	$B2_{ca}$ s1 d1 a1
S16	Freizeit-/Vergnügungsparks		C_{ca} s1 d2 a1	$B2_{ca}$ s1 d1 a1
S18	Regallager mit Oberkante Ladegut höher 7,5 m		E_{ca}	$B2_{ca}$ s1 d1 a1
S19	Bauliche Anlagen für Lagerung von Stoffen mit erhöhter Brandgefahr		$B2_{ca}$ s1 d1 a1	$B2_{ca}$ s1 d1 a1
Weitere Zuordnung durch die Kabelindustrie				
	Industrie		C_{ca} s1 d2 a1	$B2_{ca}$ s1 d1 a1
	Serverräume		$B2_{ca}$ s1 d1 a1	$B2_{ca}$ s1 d1 a1
	Straßentunnel		$B2_{ca}$ s1 d1 a1	$B2_{ca}$ s1 d1 a1
	Bahntunnel		$B2_{ca}$ s1 d1 a1	$B2_{ca}$ s1 d1 a1
	Tiefgaragen		C_{ca} s1 d2 a1	$B2_{ca}$ s1 d1 a1

Tabelle 3.27 Auswahl von Brandschutzklassen (Euroklassen) von Kabeln und Leitungen nach Gebäudetypen entsprechend der BauPVO (Quelle: DIN VDE V 0250-10 (**VDE V 0250-10**))

ist die Leitung auch mit einem Kunststoffmantel aus LSF (en: low smoke and fume, bedeutet so viel wie „geringe Rauchgasdichte") über dem Kupfermantel erhältlich.

Das Magnesiumoxid hat einen Schmelzpunkt, der bei 2 800 °C liegt. Hier ist also nicht die Isolierung die Schwachstelle bei einem Brand, sondern der innere Kupferleiter selbst, dessen Schmelzpunkt lediglich bei 1 083 °C liegt. Das bedeutet: diese Leitung ist praktisch brandlastfrei. Genau genommen gilt dies natürlich nicht zu 100 % für mineralisolierte Leitungen, die einen Kunststoffmantel aus LSF besitzen. Allerdings ist die Brandlast dieses LSF-Mantels um mindestens viermal geringer als bei üblichen Isolationen.

Leider sind mineralisolierte Leitungen teurer als normale PVC-Leitungen. Geht es jedoch zusätzlich um Funktionserhalt, ist der Preisunterschied weniger gravierend. Ein weiterer Nachteil gegenüber kunststoffisolierten Kabeln und Leitungen ist die schwere Verarbeitung bzw. Montage. Beispielsweise sind Richtungsänderungen meist nur möglich, indem hierfür eine Abzweigdose gesetzt wird.

Mineralisolierte Leitungen haben aus Sicht der Brandschadenverhütung zu den zuvor erwähnten noch andere Vorteile. Bei der Prüfung von Kabeln und Leitungen mit Funktionserhalt gemäß DIN 4102 Teil 12 wird beispielsweise nicht das Verhalten dieser Kabel und Leitungen überprüft, wenn diese nach einer Zeit der Flammeneinwirkung plötzlich mit Löschwasser (eventuell aus der Sprinkleranlage) beaufschlagt werden. Aber gerade dies kann in der Praxis durchaus eintreten. Die Folge kann sein, dass beispielsweise ein kunststoffisoliertes Kabel mit einem nachgewiesenen Funktionserhalt im konkreten Fall doch ausfällt. Aus diesem Grund fordern die Richtlinien von VdS Schadenverhütung (z. B. VdS 3423) für die Zuleitung von Sprinklerpumpen eine Zusatzprüfung (zusätzlich zu DIN 4102 Teil 12), bei der diese Löschwassereinwirkung bei gleichzeitiger Flammenbeaufschlagung abgeprüft wird.

Bei mineralisolierten Leitungen gibt es hingegen auch bei der Zusatzprüfung mit Wasserbeaufschlagung keine Probleme.

In folgenden Fällen kann sich die Auswahl von mineralisolierten Leitungen als vorteilhaft erweisen:

- wenn es um Funktionserhalt geht,
- wenn es um eine möglichst kleine Brandlast geht (beispielsweise in Rettungswegen oder in Steigeschächten),
- wenn es darum geht, dass bei einem Brand und bei den nachfolgenden Löscharbeiten keine toxischen und korrosiven Rauchgase entstehen dürfen, die auch die Teile der Anlage beschädigen, die nicht vom Brand befallen wurden,
- wenn es darum geht, dass durch die Leitungen der Brand nicht fortgeleitet werden darf,
- wenn es darum geht, dass durch die Leitung bzw. durch Fehler in der Isolierung der Leitung möglichst kein Brand entstehen darf.

3.5.2.4 *Kabel und Leitungen mit integriertem Funktionserhalt*

Um Funktionserhalt bei der Kabel- und Leitungsverlegung zu gewährleisten, gibt es drei Möglichkeiten:

(1) Man wählt kunststoffisolierte Kabel und Leitungen mit integriertem Funktionserhalt, die nach DIN 4102 Teil 12 (Funktionserhalt) geprüft wurden.

(2) Man wählt eine mineralisolierte Leitung nach DIN VDE 0284-1 (siehe vorhergehendes Kapitel 3.5.2.3)

(3) Man verlegt „normale" kunststoffisolierte Kabel und Leitungen in einem funktionsgeschützten Raum – entweder in einem besonders geeigneten Doppelboden, im Estrich, in besonders geeigneten Kabelkanälen oder Kabelschächten etc.

Um die Kabel und Leitungen, die in der Möglichkeit (1) genannt werden, soll es in diesem Kapitel gehen. Der Funktionserhalt (bzw. die Prüfung dieser Eigenschaft) wird in DIN 4102 Teil 12 festgelegt.

Hinweis: Was schließt die Prüfung des Funktionserhalts bei Kabel und Leitungen ein?

Bei der Prüfung nach DIN 4102 Teil 12 werden die zu prüfenden Kabel und Leitungen komplett praxisgerecht montiert einem Brand ausgesetzt. Dabei darf es über eine bestimmte Zeit **keinen Kurzschluss und keine Leiterunterbrechung** geben. Diese Zeit nennt man auch die Feuerwiderstandsdauer des Kabels oder der Leitung einschließlich des Befestigungssystems.

Mit gebräuchlichen Kabel- und Leitungsisolierungen einen Funktionserhalt zu erzielen, ist nicht einfach. Man bedenke, dass die Isolierung von kunststoffisolierten Kabeln und Leitungen, auch von solchen mit verbessertem Verhalten im Brandfall, ab einer bestimmten Temperatur immer zu brennen beginnt. Selbst wenn die Isolation dem Feuer einige Zeit Widerstand leisten kann, wird sie doch schlussendlich ein Opfer der Flammen. Man benötigt also in jedem Fall besondere Maßnahmen in Form von speziellen Aderumhüllungen (siehe **Bild 3.24** dieses Buchs), die auch nach dem Abbrand der Isolierung dafür sorgen, dass es zu keiner Berührung der Adern und damit zu einem Kurzschluss kommt.

Dabei ist es wichtig, dass, wie oben angedeutet, nicht das Kabel oder die Leitung für sich einen Funktionserhalt besitzen kann, denn dies kann nur die gesamte Installation – also das Kabel (die Leitung) zusammen mit dem dazugehörigen Verlege- bzw. Befestigungssystem.

Das Feuer, mit dem im Brandversuch das Kabel (die Leitung) beaufschlagt wird, erzeugt nach 90 min eine Temperatur von etwa 1 000 °C. Das Kupfer der Leiter schmilzt bei etwa 1 083 °C. Das bedeutet, wenn die Isolation zwischen den aktiven Leitern über diese Zeit standhalten würde, kann die Funktion über 90 min gewährleistet werden.

Der Hersteller gibt auf der Außenhülle des Kabels (der Leitung) an, dass sein Produkt diesen Funktionserhalt gewährleistet. Dabei unterscheidet man in Funktionserhaltsklassen.

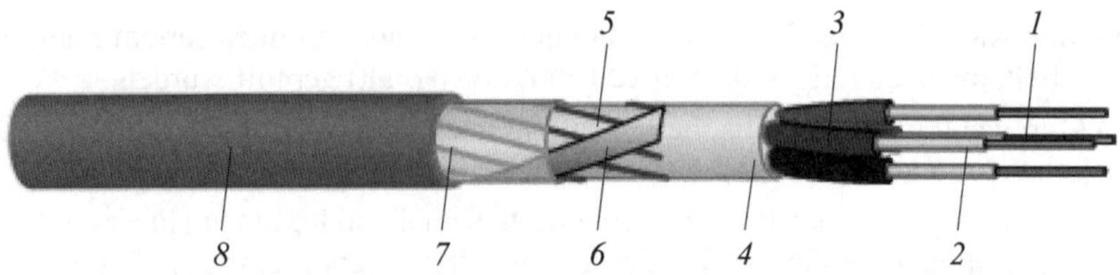

Bild 3.24 Beispiel eines Kabels mit integriertem Funktionserhalt (NHXCH FE180 E90). Die Flammbarriere (im Bild die Nr. 2) sorgt dafür, dass beim Abbrand der Isolation kein Kurzschluss entsteht.

1 **Adern:** ein-/mehrdrähtig
2 **Flammbarriere:** Keram-Hochleistungscompound, flammwidrig, halogenfrei
3 **Aderisolation:** vernetztes Polymer, halogenfrei
4 **Aderumhüllung:** Polyolefin, halogenfrei
5 **Konzentrischer Leiter:** Cu-Drähte blank
6 **Haltewendel:** Cu-blank
7 **Bandierung:** Polysterband, halogenfrei
8 **Mantel:** FRNC/LS0H

Das Zeichen für die Funktionserhaltsklasse beginnt mit dem Buchstaben „**E**“, gefolgt von der Angabe der Funktionserhaltsdauer in Minuten, die angibt, wie lange der Funktionserhalt garantiert wird. Üblich sind folgende Zeiten: **30 min / 60 min / 90 min / 120 min / 180 min**. Dieses Zeichen muss auf der Leitung (dem Kabel) aufgedruckt sein.

Bei verschiedenen Kabeltypen kommt eine Bezeichnung vor, die mit „FE“ beginnt. Hierbei handelt es sich jedoch um den sogenannten „Isolationserhalt“. Dabei wird lediglich ein Stück der Leitung (des Kabels) eingespannt und einer Prüfflamme ausgesetzt. Das Verlegesystem spielt hierbei keine Rolle. **Wichtig ist nur, dass es bei der Bezeichnung „FE“ keinesfalls um die Angabe des Funktionserhalts geht!**

> **Beispiel**
>
> Ein Kabel kann folgende Angaben tragen:
>
> **NHXCHX FE180**
>
> Diese Bezeichnung gibt noch keinen Aufschluss darüber, ob es sich um ein Kabel mit Funktionserhalt handelt.
>
> Auf dem Außenmantel kann der Funktionserhalt beispielsweise durch eine Herstellerangabe angezeigt werden:
>
> **SIENOPYR E90**

oder durch einen Zusatz zur Normbezeichnung:
E 90 NHXCHX FE 180

Das Prüfzeugnis bezüglich des Funktionserhalts schließt stets das Kabel (die Leitung) und das zugehörige Verlegesystem ein (das bei der Prüfung des Funktionserhalts mit verwendet wurde). Von daher ist es selbstverständlich, dass man nicht einfach nur ein Kabel oder eine Leitung mit integriertem Funktionserhalt auswählen kann, um es anschließend auf irgendeine Weise zu verlegen. Im Prüfzeugnis sind vielmehr die hierfür geeigneten Möglichkeiten genau aufgeführt.

Wird eine Verlegung auf Trassen bevorzugt, müssen hierfür geprüfte Kabelträgersysteme vorgesehen werden, die meist eine zweite Befestigung an ihrem freien Ende haben (siehe **Bild 3.25** dieses Buchs). Allerdings sind seit einigen Jahren auch Kabelträgersysteme ohne diese zweite Befestigung auf dem Markt. Wichtig ist aber in jedem Fall, dass die Eignung des Systems für den Funktionserhalt durch eine Prüfung nachgewiesen wurde.

Es gibt auch die Möglichkeit, Schellen zu verwenden und das Kabel (die Leitung) einzeln zu verlegen. Solche Befestigungsschellen haben eine möglichst große Berührungsfläche (**Bild 3.26** dieses Buchs); auch ihre Eignung muss durch eine Prüfung bestätigt werden. Der Hersteller weist die jeweilige Eignung durch ein entsprechendes Prüfzeugnis aus.

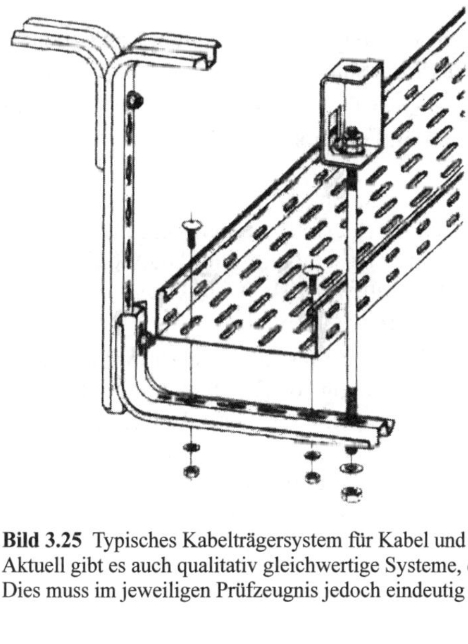

Bild 3.25 Typisches Kabelträgersystem für Kabel und Leitungen mit integriertem Funktionserhalt. Aktuell gibt es auch qualitativ gleichwertige Systeme, die ohne eine zweite Aufhängung auskommen. Dies muss im jeweiligen Prüfzeugnis jedoch eindeutig bestätigt sein.

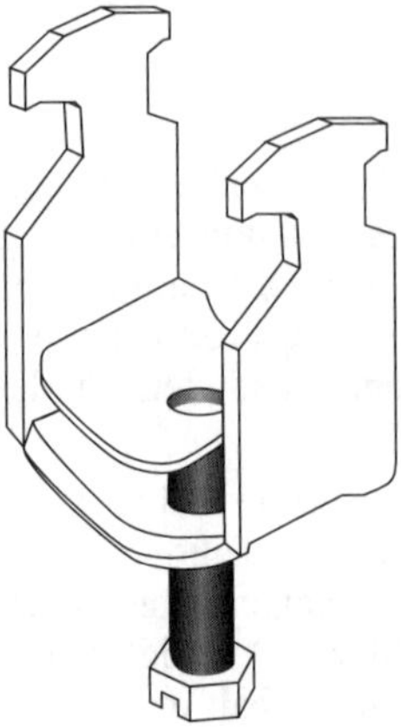

Bild 3.26 Beispiel einer Schelle für die Verlegung von Kabeln und Leitungen mit integriertem Funktionserhalt

3.5.2.5 Kabel und Leitungen mit Brandschutzbeschichtungen

Beim Thema Funktionserhalt tauchen immer wieder Fragen nach den sogenannten Brandschutzbeschichtungen von Kabeln und Leitungen auf:

- Gelten sie als gleichwertige Lösung zur Installation in Schächten, Kanälen oder Unterdecken mit nachgewiesener Feuerwiderstandsdauer?
- Kann man mit diesen Beschichtungen ebenso einen Funktionserhalt erzielen wie mit Kabeln und Leitungen mit integriertem Funktionserhalt?

Es hat in der Vergangenheit zahlreiche Untersuchungen und Tests mit den unterschiedlichsten Beschichtungstypen gegeben. Festgestellt werden konnte, dass eine übliche Leitung ohne Funktionserhalt mit einer Beschichtung im Brandfall je nach Leitungstyp maximal 10 min Funktionserhalt aufweist. Von Funktionserhalt kann man also bei beschichteten Leitungen nicht sprechen.

Allerdings wirkt sich die Beschichtung in jedem Fall günstig auf die Brandfortleitung aus. Ebenso ist die hohe thermisch isolierende Wirkung von Beschichtungsmaterialien hervorzuheben. Hier erweist sich die Beschichtung als große brandschutztechnische Hilfe im Sinne der Brandschadenverhütung. Ein Mineralfaserschott (Weichschott) beispielsweise erreicht die Schottungswirkung – vor allem die von der Norm geforderte maximale Temperatur auf der brandabgekehrten Seite – nur mithilfe derartiger Beschichtungen.

Man unterscheidet in der Regel:

- dämmschichtbildende Brandschutzbeschichtungen (DSB),
- Ablationsbeschichtungen.
- DSB

  Die DSB werden sehr dünn aufgetragen. Unter der Einwirkung des Feuers entwickelt sich ein feinporiger, homogener Kohlenstoffschaum, der nur sehr schwer und langsam verbrennt. Außerdem hat dieser Schaum eine hohe thermische Isolationswirkung.

  Der Vorteil dieser Beschichtung sind der niedrige Verbrauch und die sehr guten (zuvor beschriebenen) brandschützenden Eigenschaften.

  Der Nachteil besteht in der Wasserlöslichkeit dieser Beschichtung. Überall dort, wo mit Feuchtigkeit zu rechnen ist, muss entweder die Beschichtung besonders geschützt oder es muss eine andere Beschichtung gewählt werden. Es gibt zwar zusätzlich bestimmte Schutzlacke, die die Wasserbeständigkeit der DBS erhöhen sollen, allerdings sind diese Lösungen erfahrungsgemäß unbefriedigend, da der Lack mit der Zeit Risse und Abplatzungen bildet.
- Ablationsbeschichtungen

  Diese Beschichtung bildet bei Feuereinwirkung keinen Schaum und quillt auch nicht auf (wie die DSB). Ihre Wirkung beruht vielmehr auf der Abtragung (Ablation) der einwirkenden Wärmeenergie. Dies geschieht dadurch, dass in der Beschichtung Substanzen enthalten sind, die sich bei Wärmeeinwirkung verändern und dazu große Mengen an Energie aus der Umgebung aufnehmen. Diese Energie entziehen sie deshalb dem einwirkenden Feuer. Dadurch kommt eine stark kühlende Wirkung zustande. Verdampfen die Substanzen, die bei der Abtragung entstehen, so wirken diese zusätzlich stark flammenhemmend. Auf der Kabelanlage (Leitungsanlage) bleibt eine poröse, nicht brennbare Masse zurück, die zusätzlich thermisch isolierend wirkt.

  Der Vorteil dieser Beschichtung liegt in der Beständigkeit gegen viele Chemikalien und gegen Feuchtigkeit. Untersuchungen haben gezeigt, dass die Ablationsbeschichtung häufig noch nach weit über zehn Jahren genügend gute brandschutztechnische Eigenschaften aufweisen kann.

  Der Nachteil liegt allerdings im relativ hohen Verbrauch. Er liegt in der Regel mindestens doppelt so hoch wie bei der DSB.

Bei der Auswahl von Beschichtungen ist der Errichter stets auf die Herstellerangaben angewiesen. Mit Beschichtungen kann zwar kein Funktionserhalt erbracht werden, trotzdem kann man allgemein sagen, dass folgende Vorteile für eine Beschichtung von Kabeln und Leitungen sprechen:

(1) Brände, die von Kabeln und Leitungen ausgehen, können weitgehend verhindert werden.
(2) Die Brandfortleitung bei einem entstandenen Brand kann durch eine Beschichtung sehr günstig beeinflusst werden.
(3) Die Gefahr der Verrauchung von Räumen (beispielsweise von Fluchtwegen) wird sehr stark herabgesetzt.

Es gibt Fälle, wo eine solche Maßnahme durch eine Baubehörde statt eines nachgewiesenen Funktionserhalts von E 30 zugelassen wurde, weil sich sonst keine andere Lösung anbot. Allerdings sind dies Einzelentscheidungen, die nie pauschaliert werden dürfen. Zudem muss man betonen, dass diese Lösung stets mit relativ hohen Kosten verbunden ist, weil die „Lieferung und Montage" einer Beschichtung immer noch relativ teuer ist.

Wenn man sich für eine Beschichtung entscheidet, gleichgültig ob nachträglich oder schon bei der Planung, muss über die Verlegeart (siehe Kapitel 3.1.2.2.1 dieses Buchs) nachgedacht werden, denn die Beschichtung verändert die Möglichkeit des belasteten Kabels (Leitung), die Wärme abzuführen. Möglicherweise muss mit der Beschichtung eine Verlegeart mit einer geringeren Strombelastbarkeit berücksichtigt werden (z. B. B2 statt C oder A2 statt B2). Bei einer nachträglichen Beschichtung muss überprüft werden, ob die vorhandenen Leiterquerschnitte unter diesem Gesichtspunkt überhaupt noch geeignet sind.

Der Errichter sollte sich in jedem Fall vom Hersteller möglichst nachvollziehbare Bestätigungen einholen, dass die entsprechende Beschichtung für den konkreten Anwendungsfall die erhoffte Wirkung aufweist. Auch über die Alterungsbeständigkeit der Beschichtung sowie die Widerstandsfähigkeit gegen Feuchtigkeit sollte der Hersteller befragt werden.

3.6 Auswahl und Errichtung von Beleuchtungsanlagen

3.6.1 Allgemeines

Beim Thema Beleuchtung hat sich durch die Änderung der Kennzeichnungspflicht in den letzten Jahren einiges verändert und für einige Verwirrungen gesorgt. Zunächst sollen jedoch an dieser Stelle die Anforderungen der Norm zu Sprache kommen. Für die Auswahl und Errichtung von Leuchten und Beleuchtungsanlagen gilt DIN VDE 0100-559 (**VDE 0100-559**) „*Leuchten und Beleuchtungsanlagen*". Zusätzliche Anforderungen für besondere Beleuchtungsanlagen sind darüber hinaus in folgenden Normen zu finden:

- DIN VDE 0100-714 (**VDE 0100-714**) „*Beleuchtungsanlagen im Freien*"
- DIN VDE 0100-715 (**VDE 0100-715**) „*Kleinspannungsbeleuchtungsanlagen*"

Planer, Errichter und Prüfer müssen darauf achten, dass bei der Auswahl von Leuchten und deren Zubehör sowie bei der Errichtung von Beleuchtungsanlagen folgende Schutzziele ausreichend beachtet wurden:

- Schutz vor elektrischem Schlag für Personen und Nutztiere (Personenschutz)
- Schutz vor einer gefährlichen thermischen Beaufschlagung (Sachschutz)

Für das Thema dieses Buchs ist neben den Schutzmaßnahmen nach DIN VDE 0100-410 von besonderem Interesse, dass die im Normalbetrieb von Lampen und Vorschaltgeräten (Drosselspulen, Kondensatoren, Transformatoren, Zündgeräte, Konverter usw.) abgegebene Wärmeleistung keine zu hohen Temperaturen an Befestigungsflächen und in der unmittelbaren Umgebung hervorrufen. Vorschaltgeräte dürfen auch im Fehlerfall (z. B. Körper- oder Windungsschluss) für die Umgebung und die Befestigungsfläche keine Brandgefahr darstellen. Beide Forderungen gelten sinngemäß auch für extern angebrachte Vorschaltgeräte.

Weil es an dieser Stelle oft Verwechslungen in der Begrifflichkeit gibt, sollen diese vorab kurz erläutert werden:

- **Leuchten** sind Betriebsmittel, durch die das von einer oder mehreren Lampen erzeugte Licht verteilt, gefiltert oder umgewandelt wird. Sie umfassen alle Teile, die zur Befestigung und zum Schutz der Leuchten erforderlich sind, einschließlich des erforderlichen Zubehörs (Vorschaltgeräte) und der Vorrichtungen zum Anschluss an das Netz, nicht aber die Lampen selbst.
- **Lampen** sind hingegen die Leuchtmittel, die in eine Leuchte eingesetzt das gewünschte Licht verursachen.

Wichtig ist noch die Tatsache, dass in Leuchten zwischen 65 % bis zu 95 % der zugeführten elektrischen Energie in Wärme umgesetzt wird. In ihrer thermischen Wirkung können Leuchten deshalb mit elektrischen Wärmegeräten verglichen werden und bei unsachgemäßer Montage bzw. Verwendung zur Brandgefahr werden. Dies allein ist Grund genug, besonderes Augenmerk auf die Planung, Errichtung und Prüfung von Beleuchtungsanlagen zu richten.

3.6.2 Errichtungsanforderungen

Im Kapitel 4.1 dieses Buchs wird das Brandverhalten von Baustoffen beschrieben. An dieser Stelle soll lediglich erwähnt werden, dass es grob gesehen drei mögliche Umgebungen oder Montageflächen für die Beleuchtungsanlage gibt:

- nicht brennbare Baustoffe,
- schwer entflammbare Baustoffe,
- normal entflammbare Baustoffe.

Anmerkung: Leicht entflammbare Baustoffe dürfen nach den Bauverordnungen der Länder in Gebäuden nicht verwendet werden.

Bis 2009 wurde durch Kennzeichnung (sogenannte „F-Kennzeichnung") auf der Leuchte festgelegt, ob die Leuchte auf entflammbaren Baustoffen montiert werden darf. Mit Herausgabe der DIN EN 60598-1 (**VDE 0711-1**):2009-09 (die aktuelle Version trägt das Ausgabedatum 2015-10) wurde diese Kennzeichnungsart fallen gelassen. Zukünftig wird nur noch durch ein Warnsymbol angegeben, wenn eine Leuchte nicht auf entflammbares Material montiert werden darf. Fehlt ein solches Zeichen, gibt es keinerlei Einschränkungen, und die Montage ist möglich. Aus der ursprünglichen „Hinweispflicht" des Herstellers (z. B. Montage ist erlaubt) wurde somit eine „Warnhinweispflicht" des Herstellers (z. B. Montage nicht erlaubt).

Tabelle 3.28 dieses Buchs veranschaulicht dies.

<table>
<tr><th>Gebäudeteil</th><th></th><th colspan="4">Brandschutzkennzeichnung für Leuchten</th></tr>
<tr><th></th><th></th><th colspan="2">bis 01.08.2009*
(alte Regelung)</th><th colspan="2">ab 01.08.2009*
(neue Regelung)</th></tr>
<tr><th></th><th></th><th>positiv
(zulässig)</th><th>(unzulässig)</th><th>(zulässig)</th><th>negativ
(zulässig)</th></tr>
<tr><td colspan="2">Nicht brennbare Baustoffe, z. B. Metall, Beton</td><td>Kennzeichnung nicht erforderlich</td><td>–</td><td rowspan="3">Kennzeichnung nicht erforderlich (Positiv-Kennzeichnung ist nicht vorgesehen)</td><td>–</td></tr>
<tr><td rowspan="2">Schwer- oder normalentflammbare Baustoffe, z. B. Holzwerkstoffe, auch wenn diese furniert oder lackiert sind</td><td>bei Anbau- oder Einbaumontage</td><td>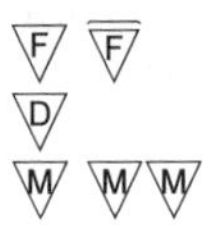</td><td></td><td>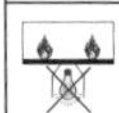 oder </td></tr>
<tr><td>bei Einbaumontage mit wärmeisolierender Abdeckung</td><td></td><td>
** 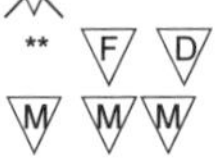</td><td> oder </td></tr>
<tr><td colspan="6">* Übergangsfrist bis 12.04.2012, Leuchten konnten noch mit den alten Brandschutzkennzeichen ausgewiesen werden.
** In der Praxis konnten nach Rücksprache mit dem Hersteller einige Leuchten mit den folgenden Kennzeichnungen ebenfalls für solche Anwendungen verwendet werden</td></tr>
</table>

Tabelle 3.28 Alte und aktuell gültige Kennzeichnung für die Montage von Leuchten auf Gebäudeteilen (Quelle: TRILUX)

Darüber hinaus muss auch noch durch eine Kennzeichnung festgelegt werden, ob die gewählte Leuchte in besonderen Betriebsstätten montiert werden darf. In Bezug auf diese Kennzeichnungspflicht hat sich weniger geändert. **Tabelle 3.29** dieses Buchs gibt einen Überblick über die verschiedenen Kennzeichnungspflichten des

Herstellers nach Raumart und Montagefläche und stellt zudem neben der aktuell gültigen Kennzeichnungspflicht die bis 2009 gültige dar.

An dieser Stelle könnte die Frage entstehen, warum eine Leuchte ohne Kennzeichnung vor 2009 nicht auf entflammbaren Materialien oder in Wärmedämmungen montiert werden durfte, während dies nach aktueller Normung möglich ist.

Die neuen Anforderungen an Leuchten sehen vor, dass für sie grundsätzlich eine Montage auf allen zur allgemeinen Verwendung üblichen Baustoffen möglich sein muss. Nur wenn die Leuchte diese Anforderungen nicht oder nur teilweise erfüllt, muss durch eine Kennzeichnung (Warnhinweis) eine entsprechende Einschränkung für die Montage angegeben werden.

Für Leuchten ohne Kennzeichnung ist dagegen sichergestellt, dass selbst im Fehlerfall (z. B. bei Windungsschluss des Vorschaltgeräts von Leuchtstofflampen) die Temperatur von 180 °C an der Befestigungsfläche nicht überschritten wird. In **Tabelle 3.30** dieses Buchs werden die Temperaturen der verschiedenen Leuchten angegeben.

3.6.3 Auswirkungen der Kennzeichnung für den Prüfer elektrischer Anlagen

Der Prüfer muss durch die Kennzeichnung an der Leuchte (oder in den technischen Unterlagen zur Leuchte) in der Lage sein, eine Bewertung vornehmen zu können, ob die Leuchte korrekt für die vorgesehene Umgebung geeignet ist. Allerdings wird bei Wiederholungsprüfungen ein Problem deutlich:

Durch die mögliche Übergangsfrist der Norm (DIN EN 60598-1 (**VDE 0711-1**)) bis 2012 ist nicht mehr klar, ob eine Leuchte, die z. B. auf eine brennbare Unterlage montiert wurde, eine Kennzeichnung benötigt (nach alter Regelung, die bis 2012 galt) oder ob die fehlende Kennzeichnung bereits klarstellt, dass diese Montage möglich ist (nach aktueller Regelung seit 2009).

Folgende Vorgehensweise wäre z. B. möglich:

Bei einer Leuchte auf brennbaren Baustoffen oder bei einer Überdeckung der Leuchte mit Wärmedämmung müsste der Prüfer zunächst das Herstelldatum der Leuchte feststellen, um zu ermitteln, ob die Leuchte älter ist als 2009.

Wenn diese Information nicht direkt aus der Leuchtenaufschrift hervorgeht, muss sie in der Dokumentation (falls vorhanden) gesucht werden. Gegebenenfalls muss der Hersteller hierzu angesprochen werden. Ist dieser nicht mehr am Markt tätig, muss vom Kaufdatum (das der Betreiber der Anlage kennen sollte) das Herstelldatum abgeschätzt werden. Im Zweifelsfall ist vom Prüfer die Montage als mangelhaft zu bewerten.

<table>
<tr><th rowspan="2" colspan="3">Installationsorte/-flächen</th><th colspan="2">Leuchten, DIN EN 60598 (DIN VDE 0711) bzw. DIN VDE 0710</th><th rowspan="2">Lampen Betriebsgeräte als unabhängiges Zubehör, DIN EN 61347 (DIN VDE 0712)</th></tr>
<tr><th>Aktuell</th><th>veraltet</th></tr>
<tr><td rowspan="4" colspan="3">nichtbrennbar[1]</td><td>▽D</td><td>▽F ▽F</td><td rowspan="4"></td></tr>
<tr><td>▽M, ▽M ▽M</td><td></td></tr>
<tr><td>keine Kennzeichnung</td><td>▽F, ▽F</td></tr>
<tr><td>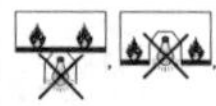
oder Warnhinweis</td><td> oder Warnhinweis</td></tr>
<tr><td colspan="3">schwer oder normal entflammbar[2]</td><td>▽D, ▽M, ▽M ▽M
keine Kennzeichnung</td><td>▽F, ▽F, ▽F ▽F</td><td>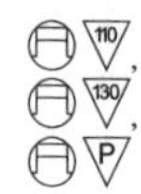</td></tr>
<tr><td rowspan="5">Besondere Bereiche</td><td colspan="2">Überdeckung mit Wärmedämmung</td><td>keine Kennzeichnung</td><td>▽F</td><td></td></tr>
<tr><td colspan="2">Überdeckung mit Wärmedämmung nicht gestattet</td><td></td><td></td><td></td></tr>
<tr><td colspan="2">Einrichtungsgegenstände (Möbel), DIN VDE 0100-724</td><td>▽M [4), ▽M ▽M</td><td></td><td>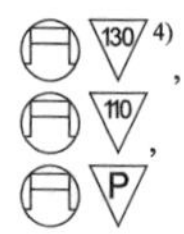</td></tr>
<tr><td rowspan="2">Feuergefährdete Betriebsstätten, DIN VDE 0100-420</td><td></td><td>▽M ▽M, ▽D</td><td>▽F ▽F</td><td>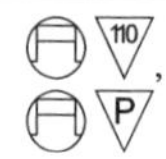</td></tr>
<tr><td>Staub- und/ oder Faseranfall</td><td>▽D [5)</td><td>▽F ▽F</td><td>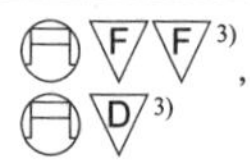</td></tr>
</table>

[1)] Baustoff nach DIN EN 13501 bzw. DIN 4102. Nach DIN EN 60598 (DIN VDE 0711) Werkstoff, der eine Verbrennung nicht unterstützt.
[2)] Baustoff nach DIN EN 13501 bzw. DIN 4102. Nach DIN EN 60598 (DIN VDE 0711) sind Werkstoffe mit Entzündungstemperatur ≥ 200 °C, die sich bei dieser Temperatur weder verformen noch erweichen, z. B. Holz mit einer Materialdicke > 2 mm.
[3)] Diese Kennzeichenkombinationen sind nicht geformt; die Sicherheitskriterien des Betriebsgerätes müssen denen der Leuchte entsprechen; Bestätigung vom Hersteller einholen.
[4)] Nur zulässig, wenn der Werkstoff mindestens normal entflammbar ist.
[5)] Nur zulässig, wenn Leuchten einschließlich der Lampen dem Schutzgrad IP 5X genügen.

Tabelle 3.29 Auswahl von Leuchten und Lampenbetriebsgeräten in Abhängigkeit der Umgebung und der Montagefläche nach alter und aktueller Regelung
(Quelle: VdS 2005)

Kennzeichen	Bewertungsfläche	Betriebszustand des Vorschaltgerätes	Temperatur der Bewertungsfläche
ohne Kennzeichen (früher ▽F)	Befestigungsfläche	normaler Betrieb anormaler Betrieb Fehler im Vorschaltgerät	< 90 °C < 130 °C < 180 °C
▽D	Alle waagrechten Flächen, auf denen sich Staub ablagern kann.	normaler Betrieb Fehler im Vorschaltgerät	< 90 °C < 115 °C
	alle senkrechten Flächen		150 °C
	Oberflächen von Leuchtstofflampen		150 °C
▽M Zusätzliche Kennzeichnung der Ein- bzw. Anbaumöglichkeit	Befestigungsfläche und benachbarte Flächen	normaler Betrieb Fehler im Vorschaltgerät	< 130 °C < 180 °C
▽M▽M Zusätzliche Kennzeichnung der Ein- bzw. Anbaumöglichkeit	Befestigungsfläche und benachbarte Flächen	normaler Betrieb anormaler Betrieb Fehler im Vorschaltgerät	< 95 °C < 130 °C < 130 °C

Tabelle 3.30 Temperaturen an Leuchten
(Quelle: TRILUX)

Ist das Herstelldatum ermittelt, gilt Folgendes:

a) Bei älteren Leuchten (vor September 2009) müsste der Prüfer die F-Kennzeichnung feststellen (▽M oder ▽F). Ist diese nicht vorhanden, handelt es sich bei der Montage um einen Mangel.
b) Bei Leuchten, die zwischen September 2009 und April 2012 hergestellt wurden, muss überprüft werden, welche Norm zum Zeitpunkt der Herstellung galt. Eventuell wird dies im Datenblatt des Herstellers angegeben.
c) Bei Leuchten, die nach April 2012 hergestellt wurden, muss lediglich auf einen **Warnhinweis** geachtet werden. Dieser kann sich auf der Leuchte oder in der Montageanleitung befinden.

Im Prinzip kann pauschal gesagt werden: Ohne Kennzeichnung, ohne feststellbares Herstelldatum und ohne vorhandene Montageanleitung ist eine Montage von älteren Leuchten auf brennbaren Baustoffen kritisch zu bewerten.

3.6.4 Lampenbetriebsgeräte

Werden Vorschaltgeräte außerhalb von Leuchten montiert, dürfen diese auf nicht entflammbaren Bauteilen ohne Einschränkung angebracht werden. Auf entflammbaren Baustoffen dürfen dagegen nur Vorschaltgeräte und Transformatoren mit dem folgenden Zeichen direkt montiert werden:

Bei allen anderen Vorschaltgeräten und Transformatoren ist ein Abstand zur brennbaren Montageoberfläche von mindestens 35 mm einzuhalten. Auch zu anderen brennbaren Baustoffen in der Umgebung ist ein ausreichender Abstand einzuhalten. Werden diese Vorschaltgeräte oder Transformatoren in Gehäuse eingebaut, ist eine ausreichende Belüftung sicherzustellen.

Tabelle 3.31 dieses Buchs enthält die möglichen Kennzeichen für Lampenbetriebsgeräte und erläutert deren Bedeutung.

Bildzeichen	Bedeutung
	Kennzeichen für unabhängiges Lampenbetriebsgerät (z. B. elektronisches Vorschaltgerät (EVG) nach DIN EN 60046 (VDE 0712-24)), das den Anforderungen für unabhängiges Zubehör gerecht wird und auch ohne mechanischen Schutz montiert werden darf.
 und 130	Kennzeichen für unabhängige Lampenbetriebsgeräte (z. B. Vorschaltgeräte), die unmittelbar auf nicht brennbaren, schwer oder normal entflammbaren Baustoffen angebracht werden dürfen. Die Lampenbetriebsgeräte können an ihrer Oberfläche keine höhere Temperatur als 130 °C annehmen.
 und 110	Kennzeichen für unabhängige Lampenbetriebsgeräte, die auch in und an Einrichtungsgegenständen (Möbeln) angebracht werden dürfen. Die Werkstoffe der Einrichtungsgegenstände können beschichtet, lackiert oder furniert sein, und ihr Brandverhalten muss nicht bekannt sein. Die Lampenbetriebsgeräte können an ihrer Oberfläche keine höhere Temperatur als 110 °C annehmen.
P	Kennzeichen für thermisch geschützte Vorschaltgeräte bzw. Transformatoren, die auch auf brennbaren Materialien montiert werden dürfen.
F	Kennzeichen für Kondensatoren, die bei Ausfall weder sich selbst noch die Umgebung entzünden. *Anmerkung:* Das Kennzeichen wird seit 01.12.1998 nicht mehr verwendet.
FP	Kennzeichen für Kondensatoren, die bei Ausfall weder sich selbst noch die Umgebung entzünden und auch nicht aufplatzen und benachbarte Teile beschädigen. *Anmerkung:* Das Kennzeichen wird seit 01.12.1998 nicht mehr verwendet.
Typ B	Kennzeichen für Kondensatoren des Typ B, die sicherheitstechnisch dem FP-Kondensator gleichzusetzen sind, wenn sie in einen Metallbecher integriert sind, oder Kondensatoren im Kunststoffbecher, wenn diese sich in einer metallenen Umhüllung befinden.

Tabelle 3.31 Kennzeichen von Lampenbetriebsgeräten und deren Bedeutung

3.6.5 Befestigung von Leuchten

Befestigungsvorrichtungen für Leuchten müssen eine Masse von mindestens 5 kg tragen können. Für schwerere Leuchten muss der Errichter sicherstellen, dass die Befestigungsmittel die entsprechende Masse sicher und dauerhaft tragen können. Dabei ist er in der Regel auf Herstellerangaben angewiesen. Herstellerangaben sind stets zu beachten.

Natürlich muss dabei auch die Tragfähigkeit der Befestigungsfläche berücksichtigt werden. Bei Decken und abgehängten Zwischendecken kann dies in der Regel vorausgesetzt werden. Bestehen bei Zwischendeckenkonstruktionen allerdings Zweifel über deren Stabilität, muss eine Rücksprache mit dem Errichter der Zwischendecke für Klärung sorgen.

3.6.6 Durchgangsverdrahtung

Eine Durchgangsverdrahtung darf nur in dafür vorgesehenen Leuchten eingebracht werden. Der Hersteller macht in der Regel hierzu genauere Angaben. Die sicherste Lösung für eine geeignete Durchgangsverdrahtung wäre, das vom Hersteller hierfür bereitgestellte Verbindungsmaterial (z. B. Verbindungs- und Anschlussklemmen sowie geeignete Leitungen) zu benutzen. Ist dies nicht vorhanden, muss der Errichter für ein geeignetes Verbindungsmaterial Sorge tragen. Dabei müssen folgende Normen beachtet werden:

- Anschlussklemmen DIN EN 60998 (**VDE 0613**),
- Installationssteckverbinder DIN EN 61535 (**VDE 0606-200**).

Die Durchgangsverdrahtung selbst muss in Übereinstimmung mit der Temperaturangabe auf der Leuchte oder in der Montageanweisung des Herstellers ausgewählt werden.

Sofern keine Informationen zur Temperaturkennzeichnung vorliegen, ist Folgendes zu beachten:

- Für Leuchten, die den aktuell gültigen Normen der Reihe DIN EN 60598 (**VDE 0711**) entsprechen, müssen keine wärmebeständigen Leitungen verwendet werden, da die betrieblich bedingten Temperaturen bei diesen Leuchten, sofern sie keine Temperaturangabe aufweisen, übliche Isolationsstoffe nicht gefährden dürfen.
- Für alle anderen Leuchten sind wärmebeständige Leitungen nach IEC DIN VDE 0298-3 (**VDE 0298-3**) zu verwenden.

3.6.7 Schutzart für Leuchten

Grundsätzlich gilt DIN EN 60529 (**VDE 0470-1**) „*Schutzarten durch Gehäuse*". Für Leuchten gelten zusätzlich die Festlegungen nach DIN EN 60598-1 (**VDE 0711-1**). Eine Zusammenstellung enthält **Tabelle 3.32** dieses Buchs.

Wenn bei der Auswahl bzw. Festlegung hinsichtlich der Einordnung Zweifel bestehen, ist sicherheitshalber die nächsthöhere Schutzart anzuwenden. Das Symbol für die Schutzart muss nach DIN EN 60589-1 (**VDE 0711-1**) auf dem Leuchtengehäuse angegeben sein.

3.6.8 Leuchten für Vorführstände

Bei der Vorführung von Leuchten, z. B. in einem Kaufhaus, muss davon ausgegangen werden, dass Leuchten von Laien angeschlossen und in Betrieb genommen werden. Es gilt, das Personal und die Kunden zu schützen, weshalb gefordert wird:

- Betrieb mit Kleinspannung oder
- Stromkreise für die Vorführstände mit RCD mit $I_{\Delta n} \leq 30$ mA betreiben.

Weiter sind zu verwenden:

- zweipolige Steckdosen mit Schutzkontakt (10 A bzw. 16 A für 250 V AC/DC) oder
- Stromschienensysteme für Leuchten nach DIN EN 60570 (**VDE 0711-300**).

3.6.9 Kleinspannungsbeleuchtungsanlagen

Für Beleuchtungsanlagen mit kleiner Spannung gilt DIN VDE 0100-715 „*Kleinspannungsbeleuchtungsanlagen*". Die Norm gilt für Beleuchtungsanlagen, die von einer Stromquelle mit einer Bemessungsspannung bis maximal AC 50 V oder DC 120 V gespeist werden. In DIN EN 60598-2-23 (**VDE 0711-2-23**) wird von einer besonderen Form dieser Beleuchtungsanlage gesprochen, die dort Kleinspannungsbeleuchtungssystem genannt wird. Damit ist eine komplette Einheit gemeint, bestehend aus Glühlampen (sehr häufig Niedervolt-Halogenlampen), Transformator oder Konverter, Trägerleiter und Leuchten sowie allen erforderlichen Befestigungselementen und den elektrischen/mechanischen Verbindern. Diese Einheit wird von Hersteller nach VDE 0711-2-23 gefertigt und komplett zur Montage geliefert.

Für die Errichtung von Kleinspannungsbeleuchtungsanlagen sind folgende Bedingungen einzuhalten:

- es ist nur die Schutzmaßnahme SELV zulässig,
- bei blanken Leitern darf die Spannung maximal AC 25 V oder DC 60 V betragen

- Sicherheitstransformatoren müssen DIN EN 61558-2-6 (**VDE 0711-206**) entsprechen; die Parallelschaltung von Transformatoren auf der Sekundärseite ist nur zulässig, wenn sie auch auf der Primärseite parallel geschaltet sind und die Transformatoren gleiche elektrische Eigenschaften haben,
- werden Transformatoren parallel geschaltet, muss der Primärstromkreis mit einer gemeinsamen Trenneinrichtung verbunden sein,
- Konverter, besonders solche mit sicherer Trennung, müssen DIN EN 61347-2-2 (**VDE 0712-32**) entsprechen; die Parallelschaltung von Konvertern ist unzulässig,
- der SELV-Stromkreis muss gegen Überstrom geschützt sein, entweder durch eine gemeinsame Schutzeinrichtung für alle Stromkreise oder durch eine Schutzeinrichtung für jeden Stromkreis,
- bei der Errichtung einer Kleinspannungsbeleuchtungsanlage müssen die Vorgaben des Herstellers eingehalten werden, und die Angaben zu der Montage auf entflammbaren und nicht entflammbaren Stoffen sind zu beachten,
- Transformatoren müssen:
  - entweder auf der Primärseite durch Schutzeinrichtungen geschützt sein,
  - oder es müssen kurzschlussfeste Transformatoren verwendet werden,
- wenn beide Leiter blank sind, muss:
  - entweder eine besondere Schutzeinrichtung gegen Brandgefahr verwendet werden, die eine dauernde Überwachung des Leistungsbedarfs der Leuchten übernimmt und ggf. eine automatische Abschaltung in die Wege leitet,

    oder ein Kleinspannungsbeleuchtungssystem nach DIN EN 60598-2-23 (**VDE 0711-23**) zur Anwendung gelangen,
- als Kabel- und Leitungsanlagen sind zu verwenden:
  - isolierte Leiter im Elektroinstallationsrohr,
  - Kabel oder Mantelleitungen,
  - flexible Leitungen,
  - Kabel und Leitungen eines Kleinspannungsbeleuchtungssystems nach DIN EN 60598-2-23 (**VDE 0711-2-23**),
  - Stromschienensysteme nach DIN EN 60570 (**VDE 0711-300**) dürfen nicht für fremde Zwecke verwendet werden, z. B. zur Aufhängung von Schildern aller Art, Kleiderbügel usw.,
- metallene Konstruktionsteile von Gebäuden oder Teile von Möbeln dürfen nicht als aktive Leiter verwendet werden,
- blanke Leiter dürfen verwendet werden, wenn die nachfolgenden Bedingungen erfüllt sind:
  - die Nennspannung ist nicht größer als AC 25 V oder DC 60 V,

Schutzart nach DIN VDE 0710	Schutzumfang über Schutz gegen Berührung hinaus	Kurzzeichen nach DIN VDE 0710		Schutzart nach DIN EN 60529 etwa	Zuordnung zu den Raumarten nach DIN VDE 0100
abgedeckt	kein Schutz	–	–	IPX0	trockene Räume ohne besondere Staubentwicklung
tropfwassergeschützt	Schutz gegen hohe Luftfeuchte und senkrecht fallende Wassertropfen	1 Tropfen		IPX1	feuchte und feuchtwarme Räume; Orte im Freien unter Dach
regengeschützt	Schutz gegen von oben bis zu 30° über der Waagrechten auftreffende Wassertropfen	1 Tropfen in 1 Quadrat		IPX3	Orte im Freien
spritzwassergeschützt	Schutz gegen aus allen Richtungen auftreffende Wassertropfen	1 Tropfen in 1 Dreieck		IPX4	feuchte und feuchtwarme Orte im Freien
strahlwassergeschützt	Schutz gegen aus allen Richtungen auftreffenden Wasserstrahl	2 Tropfen in 2 Dreiecken		IPX5	nasse und durchtränkte Räume, in denen abgespritzt wird
wasserdicht	Schutz gegen Eindringen von Wasser ohne Druck	2 Tropfen		IPX6 (IPX7)	nasse und durchtränkte Räume; unter Wasser ohne Druck
druckwasserdicht	Schutz gegen Eindringen von Wasser unter Druck	2 Tropfen mit Angabe der zulässigen Eintauchtiefe	… m	IPX6 (IPX7) (IPX8)	Abspritzen bei hohem Druck; unter Wasser mit Druck
staubgeschützt	Schutz gegen Eindringen von Staub ohne Druck	Gitter		IP5X	Räume mit nicht brennbaren Stäuben
staubdicht	Schutz gegen Eindringen von Staub unter Druck	Gitter mit Umrandung		IP6X	Räume mit brennbaren Stäuben

Tabelle 3.32 Schutzarten für Leuchten

- die Beleuchtungsanlage ist so ausgeführt, dass die Gefahr eines Kurzschlusses auf ein Minimum begrenzt ist,
- der Querschnitt der Leiter ist mindestens 4 mm^2 Cu,
- die Leiter oder Adern sind nicht auf brennbaren Materialien angeordnet,

- bei hängenden Systemen müssen die Hängemittel einschließlich der tragenden Leiter mindestens die fünffache Masse der angeschlossenen Leuchten tragen können, einschließlich ihrer Lampen, jedoch nicht weniger als 5 kg,
- Anschlüsse und Verbindungen der Leiter müssen als Schraubklemmen oder schraubenlose Verbindungen nach DIN EN 60998-2-1 (**VDE 0613-2-1**) oder DIN EN 60998-2-2 (**VDE 0613-2-2**) ausgeführt sein,
- die Mindestquerschnitte von Leitern für Kleinspannungsstromkreise müssen betragen:
  - 1,5 mm^2 Cu für die genannten Kabel- und Leitungsanlagen,
  - 1 mm^2 Cu für flexible Leitungen bis zu 3 m Länge,
  - 4 mm^2 Cu für frei hängende flexible oder isolierte Leiter,
  - 4 mm^2 Cu bei Leitungen in Gemischtbauweise, bestehend aus einem Außengeflecht aus verzinntem Kupfer mit einem inneren Kern aus einem Werkstoff hoher Zugbelastbarkeit,
- der Spannungsfall zwischen Transformator und der in der größten Entfernung installierten Leuchte sollte 5 % der Nennspannung der Anlage nicht überschreiten.

3.6.10 Beleuchtungsanlagen im Freien

Für die Errichtung von Beleuchtungsanlagen im Freien gilt die Norm DIN VDE 0100-714, die in gleicher Fassung auch als europäisches Harmonisierungsdokument vorliegt. Die Norm ist für fest installierte Beleuchtungsanlagen im Freien zusätzlich zu den allgemeinen Anforderungen der DIN VDE 0100 anzuwenden. Die Norm gilt für:

- Beleuchtungsanlagen, z. B. für Straßen, Parks, Gärten, Plätze mit öffentlichem Zugang, Sportplätze, Beleuchtung von Denkmälern und Flutlichtanlagen,
- andere Einrichtungen mit integrierter Beleuchtung, z. B. Telefonzellen, Autobuswartehäuschen, Hinweistafeln, Stadtpläne und Verkehrszeichen.

Die Anforderungen gelten nicht für:

- öffentliche Beleuchtungsanlagen, die Teil des öffentlichen Versorgungsnetzes sind

  Anmerkung: Wenn zwischen Verteilungsnetz und Leuchte Überstrom-Schutzeinrichtungen angeordnet sind, beginnt in Energierichtung gesehen die Verbraucheranlage ab dieser Schutzeinrichtung. Die Anforderungen dieser Norm gelten für den Endstromkreis ab der Überstrom-Schutzeinrichtung.

- vorübergehende Girlandenbeleuchtung,
- Straßenverkehr-Signalanlagen,
- außen an einem Gebäude angebrachte Leuchten, die direkt vom inneren Leitungssystem dieses Gebäudes versorgt werden,
- Beleuchtungsanlagen von Schwimmbädern und Springbrunnen; hier gilt die Norm DIN VDE 0100-702.

Beim Schutz gegen direktes Berühren (Basisschutz) ist zu beachten, dass alle aktiven Teile elektrischer Betriebsmittel durch Isolierung von aktiven Teilen oder den Schutz durch Abdeckungen oder Umhüllungen erfüllen, um ein direktes Berühren zu verhindern. Gehäuse, in denen sich zugängliche aktive Teile befinden, müssen mit Schlüssel oder Werkzeug verschlossen sein. Türen für den Zugang zu elektrischen Betriebsmitteln, die weniger als 2,5 m über der Standfläche angebracht sind, müssen mit einem Schlüssel oder Werkzeug verschlossen sein. Wenn die Tür geöffnet ist, muss ein Schutz gegen direktes Berühren vorhanden sein.

Der Schutz bei indirektem Berühren (Fehlerschutz) kann durch automatische Abschaltung oder Verwendung von Betriebsmitteln der Schutzklasse II oder durch gleichwertige Isolierung realisiert werden. Hierzu ist zu bemerken:

- Schutz durch automatische Abschaltung

  Betriebsmittel mit integrierter Beleuchtung (Telefonzellen, Wartehäuschen, Hinweistafeln, Stadtpläne, Verkehrszeichen usw.) sollten durch eine RCD mit einem Bemessungsdifferenzstrom von $I_{\Delta n} \leq 30$ mA geschützt sein. Die Sicherheit von Personen wird hier höher eingestuft als die der Beleuchtung dieser Einrichtungen. Eine unterschiedliche Schutzmaßnahme darf für jede Leuchte angewandt werden.
- Schutz durch Betriebsmittel der Schutzklasse II oder durch gleichwertige Isolierung

  An Betriebsmittel der Schutzklasse II darf kein Schutzleiter angeschlossen werden, und die leitfähigen Teile des Lichtmastes dürfen nicht absichtlich mit der Erdungsanlage verbunden werden. Eine zufällige Verbindung über das Erdreich ist nicht zu umgehen.

  Anmerkung: Lichtmaste, die Bestandteil des Betriebsmittels „Außenleuchte der Schutzklasse II“ sind, dürfen somit nicht an den Schutzleiter angeschlossen werden. Lichtmaste, die nicht Bestandteil eines Betriebsmittels der Schutzklasse II sind, dürfen mit dem Schutzleiter verbunden werden.

3.6.11 Umrüstsysteme für Leuchten

Bei älteren Beleuchtungsanlagen werden häufig zur Energieeffizienz entweder die Leuchten mit sogenannten T5-Adaptern nachgerüstet oder die alten Lampen werden durch LED-Lampen ersetzt. Dabei sind zwei Möglichkeiten zu unterscheiden: Entweder wird lediglich das Leuchtmittel (eventuell mit notwendigem Zubehör, wie Starter) getauscht oder die Leuchte muss mehr oder weniger modifiziert werden, also umgebaut. Begrifflich ist dies wie folgt zu unterscheiden:

- Die Leuchte bleibt unverändert; nur das Leuchtmittel mit eventuell notwendigem Zubehör wird (meist vom elektrotechnischen Laien) ausgetauscht. In diesem Fall redet man von der sogenannten „**Retrofitlampe**“.
- Die Leuchte wird ganz oder teilweise umgebaut (Kondensatoren werden ausgebaut oder überbrückt; Vorschaltgeräte werden ausgetauscht bzw. entfernt usw.). In diesem Fall redet man vom sogenannten „**Umbausatz**“ oder von einer „**Konversions-Lampe**“. Natürlich dürfen diese Arbeiten ausschließlich von einer Elektrofachkraft ausgeführt werden.

Da diese Umrüstung in der Regel nachträglich vorgenommen wird, ist es der Prüfer, der dies bewerten muss. Er muss dann auf Folgendes achten:

a) Vor dem Umbau (sofern möglich) sollte darauf hingewiesen werden, dass durch eine nachvollziehbare Wirtschaftlichkeitsbetrachtung die Vor- und Nachteile einer solchen Umrüstung dargestellt werden.

b) Bei Retrofitlampen muss gefragt werden:
   - Sind Herstellerangaben beachtet worden (bezüglich Lampe und Leuchte)?
   - Wurden Produkte des Leuchtenherstellers verwendet?

     Ist dies nicht der Fall, erfolgt der Austausch auf eigene Gefahr. Hier kann der Prüfer auf die Gefährdungsbetrachtung nach ArbSchG § 5 hinweisen.
   - Sind Retrofitlampen mit Prüfzeichen verwendet worden?

   Anmerkung: Für zweiseitig gesockelte LED-Lampen wurde mittlerweile eine Norm herausgegeben:

   DIN EN 62776 (**VDE 0715-16**):2015-12 *„Zweiseitig gesockelte LED-Lampen als Ersatz (Retrofit) für zweiseitig gesockelte Leuchtstofflampen – Sicherheitsanforderungen“*

c) Bei Umrüstsätzen muss gefragt werden:
   - Wurden Umrüstsätze des Leuchtenherstellers verwendet?
   - Wurden die entsprechenden Herstellerangaben beachtet?
   - Wurde bei herstellerfremden Umrüstsätzen die Zustimmung des Leuchtenherstellers angefordert?

Anmerkung: Ohne Zustimmung des Leuchtenherstellers wird derjenige, der den Umbau vornimmt, zum neuen Hersteller der Leuchte. Es sei denn der Hersteller des Umrüstsatzes übernimmt die Verantwortung (Produkthaftung). In diesem Fall sollte sich der Prüfer die Haftungszusage vom Hersteller des Umrüstsatzes für den Betrieb der Leuchte einschließlich des neuen Leuchtmittels vorlegen lassen

Auf alle Fälle muss pauschal darauf hingewiesen werden, dass die lichttechnischen Eigenschaften der alten Leuchte bzw. der Leuchte mit den bisherigen Leuchtmitteln nach der Umrüstung (gleichgültig ob als Retrofit- oder Konversionslampe) nicht mehr unbedingt gewährleistet sind.

3.7 Batterieladeanlagen für Flurförderfahrzeuge

3.7.1 Allgemeines

In diesem Kapitel geht es um Ladestationen für Batterien von:

- Flurförderzeugen (z. B. Schlepper, Gabelstapler, Hubwagen, Regalbediengeräte),
- Reinigungsgeräten (z. B. Kehrmaschinen).

Bei diesen Fahrzeugen kann das Ladegerät separat am vorgesehenen Ladeplatz stehen oder im Fahrzeug integriert sein. Folgende Begrifflichkeiten sind in diesem Zusammenhang zu unterscheiden:

- Batterieladeanlage

  Mit diesem Allgemeinbegriff können Batterieladeräume, Batterieladestationen, Einzelladeplätze sowie die für die Ladung erforderlichen elektrischen Betriebsmittel bezeichnet werden.
- Batterieladeraum

  Dieser Begriff bezeichnet einen Raum, in dem Batterien vorübergehend zum Laden aufgestellt werden. Die für die Ladung erforderlichen Ladegeräte sind in der Regel hiervon räumlich getrennt.
- Batterieladestation

  Mit diesem Begriff wird ein Raum bezeichnet, in dem die Batterien vorübergehend zum Laden aufgestellt werden. Allerdings ist das zum Laden erforderliche Ladegerät im Gegensatz zum Batterieladeraum von den Batterien nicht räumlich getrennt.

- Einzelladeplatz oder Ladestelle

  Hierbei geht es um eine Stelle in einem Raum, der für die Batterieladung geeignet ist und durch eine entsprechende Kennzeichnung vom Betreiber hierzu eingerichtet wurde.
- Flurförderzeuge

  Nach einer Definition aus VdS-Richtlinie 2259 (*Batterieladeanlagen für Elektrofahrzeuge*) bezeichnet dieser Begriff (meist gewerblich bzw. industriell genutzte) Fahrzeuge mit batterieelektrischen Antrieben, die entsprechend ihrer Bauart zum Befördern von Personen sowie zum Transportieren, Ziehen, Schieben, Heben und Stapeln von Lasten aller Art verwendet werden.
- Ladegerät

  Gemeint ist das Gerät zum Laden der Batterie, bestehend aus:
  - Netzanschluss,
  - Netzteil (meist Transformator),
  - Ladeteil (meist Gleichrichter),
  - Verbindungsleitungen zwischen Batterie und Ladeteil.

3.7.2 Anforderungen an Batterieladeanlagen

Nach Richtlinien der Sachversicherer (VdS 2259) gelten Batterieladeräume und Batteriestationen als „abgeschlossene elektrische Betriebsstätten" im Sinne von DIN VDE 0100-731. Dies ist auch durchaus sinnvoll, da die brandschutztechnische Gefährdung mindestens ebenso groß ist wie in sonst üblichen abgeschlossenen elektrischen Betriebsstätten (z. B. abgeschlossene Verteilerräume, Transformatorzellen, Schaltzellen). Über eine mögliche Explosionsgefährdung und daraus entstehenden Anforderungen muss von Fall zu Fall entschieden werden.

Häufig kommen in industriellen Anlagen Einzelladeplätze vor. Für sie muss dann bei der Planung, Errichtung und Prüfung die entsprechende Umgebung berücksichtigt werden. Sowohl Berufsgenossenschaftliche Informationen als auch VdS-Richtlinien nennen z. B. Orte, an denen solche Einzelladeplätze nicht errichtet werden dürfen:

- feuergefährdete Betriebsstätten (nach DIN VDE 0100-420)
- explosionsgefährdete Bereiche nach Normen der Reihe DIN VDE 0165
- explosivstoffgefährdete Bereich nach DIN VDE 0166
- feuchte und nasse Bereiche nach DIN VDE 0100-737
- geschlossene Großgaragen

Ebenso einig sind VdS-Richtlinien und berufsgenossenschaftliche Informationen bezüglich der Abstände von Einzelladeplätzen zu brennbaren Materialien oder Explosionszonen (siehe **Bild 3.27** dieses Buchs).

Wenn es mit diesen Abständen Probleme gibt, weist allerdings lediglich VdS 2259 im Abschnitt 4.2.6 auf alternative Maßnahmen hin. Wörtlich heißt es dort:

„Der Abstand von Einzelladeplätzen zu brennbaren Bauteilen und anderen brennbaren Materialien wie Lagergut muss horizontal mindestens 2.50 m betragen. In Ausnahmefällen kann im Rahmen des Brandschutzkonzepts bei der Anwendung gleichwertiger Ersatzmaßnahmen, z. B. eine feuerwiderstandsfähige Abtrennung zwischen Ladegerät und brennbaren Materialien, der Abstand reduziert werden.“

Wichtig ist noch, dass über dem Ladegerät keine brennbaren Materialien vorhanden sein dürfen.

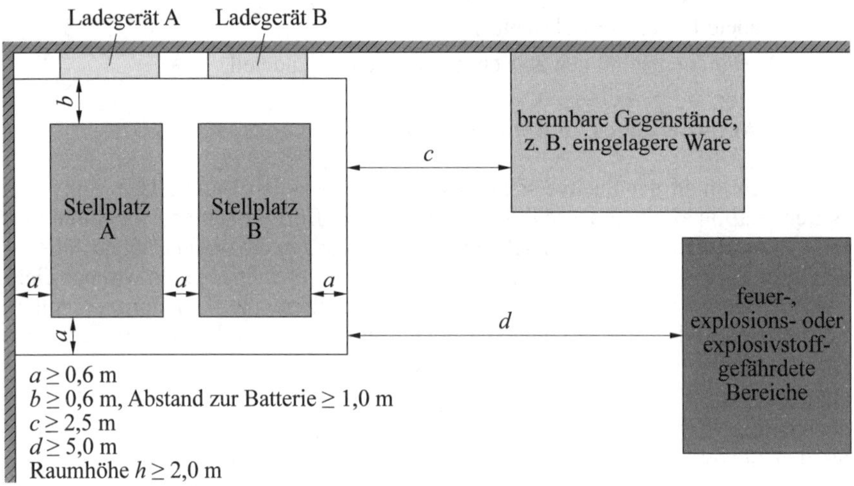

Bild 3.27 Mindestmaße bzw. Mindestabstände im Zusammenhang mit Einzelladeplätzen (Quelle: BGHW-Informationsschrift *„Einsatz von Flurförderzeugen – Batterieladeanlagen für Flurförderzeuge“*

Weiterhin müssen in der Nähe solcher Ladeplätze Feuerlöscher aufgestellt werden. VdS-Richtlinien (VdS 2259) empfehlen zudem, bei einer vorhandenen Brandmeldeanlage in der Nähe der Ladeplätze Brandmelder an geeigneten Stellen vorzusehen.

- Schutzeinrichtungen für einen vorbeugenden Brandschutz

  Für den Schutz der Ladegeräte sind netzseitig Fehlerstrom-Schutzeinrichtungen (RCDs) mit einem Bemessungsdifferenzstrom von maximal 300 mA vorzusehen.
- Aufstellung der Ladegeräte (sofern nicht im Fahrzeug verbaut)

  Ladegeräte sind sicher aufzustellen. Die Unterlage muss einen sicheren Stand gewährleisten und muss aus einem nicht brennbaren Material bestehen.
- Lüftung

  In berufsgenossenschaftlichen Informationsvorschriften wird eine Berechnung der Lüftung bzw. der Mindestabstände für eine geeignete Belüftung vorgegeben. Pauschal kann jedoch davon ausgegangen werden, dass ein Mindestabstand zwischen Ladegerät und Batterie von 1,00 m in der Regel ausreicht.
- Ladeleitungen

  Für Ladeleitungen müssen flexible Leitungstypen, die eine besondere mechanische Festigkeit aufweisen, mit einem Querschnitt von mindestens 10 mm^2 (Cu) gewählt werden. Geeignet sind z. B. Gummischlauchleitungen der Bauart H07RN-F nach DIN EN 50525-2-21 (**VDE 0285-525-2-21**) oder eine gleichwertige Ausführung sowie Schweißleitungen nach DIN EN 50525-2-81 (**VDE 0285-525-2-81**).

4 Bauliche Brandschutzmaßnahmen

Die baulichen Brandschutzmaßnahmen werden hier behandelt, insofern sie für die Errichtung und den Betrieb der elektrischen Anlage von Bedeutung sind. Dazu gehören vor allem:

- die Durchführung von Kabeln und Leitungen durch Brandwände,
- der Schutz von z. B. Flucht- und Rettungswegen vor Bränden, die durch die elektrische Anlage verursacht werden könnten,
- der Funktionserhalt von z. B. sicherheitstechnischen Einrichtungen.

4.1 Beurteilung des Brandverhaltens von Baustoffen

Vom Grundsatz her kann man zunächst in brennbare und nicht brennbare Baustoffe unterscheiden. Doch diese Einteilung ist natürlich zu grob. Beispielsweise machte die Entwicklung von Verbundbaustoffen aus überwiegend anorganischen Substanzen, z. B. Gipskartonplatten, eine weitere Unterteilung der nicht brennbaren Baustoffe erforderlich. Aus diesem Grund gibt es zwei verschiedene Klassen von „nicht brennbaren Baustoffen" (A1 und A2): Zunächst gibt es Materialien, die komplett und ausschließlich aus einem nicht brennbaren Material bestehen (A1). Davon zu unterscheiden sind die Materialien, die geringe Anteile von brennbaren Substanzen enthalten (A2).

Baustoffklasse	Bedeutung
A1	nicht brennbarer Baustoff (z. B. Stahlbeton)
A2	nicht brennbarer Baustoff mit geringen Anteilen brennbarer Baustoffe (z. B. Gipskartonplatten)
B1	schwer entflammbare Baustoffe (z. B. Kunstharzputz)
B2	normal entflammbare Baustoffe (genormte Holzwerkstoffe mit einer Dicke > 2 mm)
B3	leicht entflammbare Baustoffe (z. B. viele Textilstoffe)

Tabelle 4.1 Baustoffklassen nach DIN 4102-1

Bei den brennbaren Baustoffen gibt es seit vielen Jahrzehnten eine Dreiteilung, auch wenn sich die Begriffsbestimmungen im Laufe der Zeit zum Teil geändert oder exakter formuliert wurden. Im vorigen Jahrhundert wurden Anforderungen zum Brandschutz noch in sogenannten „Polizeiverordnungen" niedergelegt. In der *„Verordnung (Polizeiverordnung) zur Verhütung von Bränden (Brandverhütungs-Verordnung)"* aus dem Jahr1967 wurde beispielsweise folgende Begriffsbestimmung beschrieben:

„Im Sinne dieser Verordnung gelten Stoffe

1. *als „leicht brennbar", wenn sie nach kurzer Berührung mit einer Flamme oder mit Glut oder unter dem Einfluss strahlender Wärme zu brennen beginnen,*
2. *als „brennbar", wenn sie nach der Entflammung ohne zusätzliche Wärmezufuhr weiterbrennen,*
3. *als „schwer entflammbar", wenn sie*
   a) *bei längerer Wärmezufuhr langsam abbrennen und bei Fortnahme der Wärmequelle in kurzer Zeit erlöschen,*
   b) *bei Einwirkung von Feuer und Wärme verkohlen, ohne dass dabei Flammen auftreten."*

Aktuell werden derartige Bestimmungen klar in Normen geregelt (in Deutschland vor allem in Normen der Reihe DIN 4102) und in der Bauordnung sowie in zugehörigen behördlichen Richtlinien. Nach DIN 4102-1 geht man von einer Einteilung der Baustoffe nach ihrem Brandverhalten aus und erhält somit fünf Klassen von Baustoffen (siehe **Tabelle 4.1** dieses Buchs).

Besonders die brennbaren Baustoffe können aus der Sicht des Brandschutzes Probleme bereiten. Um den Umgang mit diesen Stoffen innerhalb von Bauwerken zu regeln, werden in den aktuellen baubehördlichen Regelungen folgende Begriffsbestimmungen verwendet. Die Unterscheidungskriterien sind vor allem deren Entflammbarkeit sowie die mit diesen Stoffen verbundene Flammausbreitungsgeschwindigkeit:

- **Klasse B1**

  Baustoffe der Klasse B1 – schwer entflammbar – lassen sich nur durch größere Zündquellen zum Entflammen oder zu einer thermischen Reaktion bringen. Trotz einer thermischen Vorbelastung ist die Flammenausbreitung stark begrenzt. Der Baustoff verlöscht nach Wegnehmen der Zündquelle nach kurzer Zeit. Schwer entflammbare Baustoffe brennen selbst nur in unmittelbarer Nähe eines Primärbrands.
- **Klasse B2**

  Baustoffe der Klasse B2 – normal entflammbar – lassen sich durch kleine Zündquellen, z. B. Streichholz, zwar entflammen, aber die Flammenausbreitung ist ohne weitere Wärmezufuhr derart gering, dass diese Baustoffe als selbstverlöschend gelten.

- **Klasse B3**

  Baustoffe der Klasse B3 – leicht entflammbar – lassen sich mit kleinen Zündquellen entflammen und brennen ohne weitere Wärmezufuhr, d. h. nach Wegnahme der Zündquelle, mit gleich bleibender oder sogar steigender Geschwindigkeit ab.

Nach der Musterbauordnung dürfen leicht entflammbare Baustoffe bei der Errichtung und Änderung baulicher Anlagen nicht verwendet werden; es sei denn, dass sie derart mit anderen Baustoffen in Verbindung gebracht werden, dass diese Verbindung insgesamt als mindestens normal entflammbar gelten kann.

4.2 Feuerwiderstandsklassen

Die Feuerwiderstandsklasse gibt an, wie lange ein Bauteil einem Feuer Widerstand leisten kann. Dabei geht es in den meisten Fällen darum, den Brand für eine bestimmte Zeit (der Feuerwiderstandsdauer) auf einen zuvor festgelegten Brandabschnitt zu begrenzen. Man spricht in diesem Zusammenhang auch von raumabschließenden Bauteilen.

Die Feuerwiderstandsdauer wird durch eine Brandschutzprüfung nach DIN 4102 festgestellt. Sie wird nach der Feuerwiderstandsdauer in Minuten angegeben (**Tabelle 4.2** dieses Buchs):

F 30, F 60, F 90, F 120 und F 180,

wobei „F“ für Feuerwiderstandsklasse steht. Ein raumabschließendes Bauteil der Feuerwiderstandsklasse F 30 kann z. B. während einer Dauer von mindestens 30 min den Übertritt eines Feuers auf benachbarte Raumabschnitte verhindern.

Geprüft wird in der Regel unter den Verhältnissen eines Vollbrands. Zur Nachbildung des Brandverlaufs wird die international genormte Einheitstemperaturzeitkurve (ETK) zugrunde gelegt. **Bild 4.1** dieses Buchs zeigt die ETK.

Neben der Feuerwiderstandsklasse wird häufig zusätzlich nach DIN 4102-2 eine Kennzeichnung vorgenommen, die auf das Brandverhalten der Baustoffe schließen lässt, aus denen das jeweilige Bauteil besteht:

- **A** das Bauteil besteht ausschließlich aus nicht brennbaren Baustoffen,
- **AB** das Bauteil besteht in den wesentlichen Teilen aus nicht brennbaren Baustoffen mit Anteilen von brennbaren Baustoffen,
- **B** das Bauteil enthält wesentliche Teile aus brennbaren Stoffen.

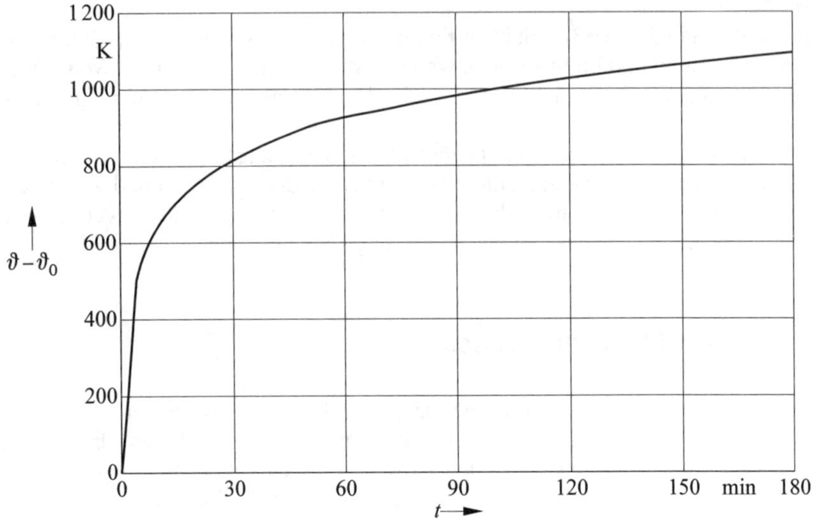

Bild 4.1 Verlauf der Temperaturdifferenz ($\vartheta - \vartheta_0$), bezogen auf die Ausgangstemperatur in Kelvin (K)
ϑ gemessene Temperatur im Brandraum in °C
ϑ_0 Ausgangstemperatur vor der Zündung des Brands in °C

Der Kennbuchstabe vor der Angabe der Feuerwiderstandsdauer gibt darüber Auskunft, um was für ein raumabschließendes Bauteil und um welche brandschutztechnische Qualität es geht. Neben dem zuvor erwähnten „F" gibt es deshalb noch weitere Kennbuchstaben, denen dann jeweils die Feuerwiderstandsdauer folgt:

F Steht allgemein für Feuerwiderstandsklasse (oft benutzt bei Wänden, Decken, Stützen und bei Brandschutzverglasungen); hier geht es darum, dass das bezeichnete Bauteil bei einer Beaufschlagung durch Feuer seine ursprüngliche Funktion für die angegebene Feuerwiderstandsdauer beibehält (z. B. darf eine Wand während dieser Zeit nicht einstürzen, das Feuer nicht auf die andere Seite kommen lassen und keine Rauchgase hindurchlassen)

W steht für Wand, wird aber in der Regel nur bei Außenwänden benutzt

T steht für Tür

S steht für Schott – beispielsweise Kabelschott (eine Beschreibung folgt im Kapitel 4.3.4.3 dieses Buchs)

I steht für Installationsschacht und Kanal (eine Beschreibung folgt im Kapitel 4.3.2.4 dieses Buchs)

R steht für Rohrdurchführung

L steht für Lüftungskanäle

K steht für Klappe – beispielsweise Brandschutzklappe im Lüftungskanal

E steht für den Funktionserhalt von elektrischen Betriebsmitteln (eine Beschreibung folgt im Kapitel 4.3.2.4 dieses Buchs)

Baurechtliche Vorschriften, wie Bauordnung, Leitungsrichtlinien, Verkaufsstättenverordnung, enthalten natürlich Forderungen hinsichtlich des Brandverhaltens von Baustoffen und Bauteilen. Sie verwenden dabei nicht die zuvor beschriebene Kennzeichnung aus DIN 4102, sondern Begriffe wie „feuerhemmend" und „feuerbeständig".

Die Zuordnung der Begriffe aus den Verordnungen der Bauordnung zu denen aus DIN 4102 ist nicht in jedem Fall völlig eindeutig möglich, aber abgesehen von Details lässt sich die in **Tabelle 4.2** dieses Buchs angegebene Zuordnung feststellen. In Tabelle 4.2 wird die allgemeine Angabe der Feuerwiderstandsklasse „F" verwendet. Allerdings kann mit der behördlichen Bezeichnung z. B. auch ein „T" (für Türen) gemeint sein. Denn es geht bei der baurechtlichen Bezeichnung lediglich um die Dauer der Feuerbeständigkeit. Werden keine weiteren Angaben in der baurechtlichen Bezeichnung festgelegt, kann z. B. mit der Bezeichnung „feuerhemmend" F 30, F 30–A oder F 30–B sowie T 30–AB gemeint sein.

Feuerwiderstandsklasse	Feuerwiderstandsdauer in min	Brandschutztechnische Bezeichnung[1)]
F 30	30	feuerhemmend
F 60	60	hochfeuerhemmend
F 90	90	feuerbeständig
F 120	120	hochfeuerbeständig[2)]
F 180	180	höchstfeuerbeständig[2)]

1) Dies sind Bezeichnungen, z. B. nach Landesbauordnung oder VdS-Richtlinien.
2) Die Bezeichnung „hochfeuerbeständig" wird häufig sowohl auf F 120-Bauteile als auch auf F 180-Bauteile bezogen; sie ist, wie die Bezeichnung „höchstfeuerbeständig", nicht offiziell festgelegt worden.

Tabelle 4.2 Zuordnung der bauaufsichtlichen Begriffe zu den Feuerwiderstandsklassen

4.3 Behördliche Anforderungen zum Brandschutz

4.3.1 Allgemeines

Im Wesentlichen sind behördliche Anforderungen zur Verlegung von Kabeln und Leitungen in den Leitungsanlagen-Richtlinien (LAR) der Baubehörden zu finden. Um unnötige Unterschiede beim Baurecht der Bundesländer zu vermeiden, werden von der ARGEBAU (Arbeitsgemeinschaft der für das Bau-, Wohnungs- und Siedlungswesen zuständigen Minister der Länder) entsprechende Mustervorschriften erarbeitet und von der Fachkommission Bauaufsicht der Bauministerkonferenz herausgegeben. Diese Muster werden dann von den Baubehörden der Bundesländer (eventuell leicht modifiziert) übernommen.

Das Muster der LAR heißt MLAR (*Muster-Richtlinie über brandschutztechnische Anforderungen an Leitungsanlagen*).

Der Geltungsbereich der MLAR geht bereits aus ihrem Titel sowie aus ihrem Inhalt selbst hervor. Der Inhalt umfasst die drei folgenden Themen:

1) **Errichten von Kabel- und Leitungsanlagen in Flucht- und Rettungswegen**

   In Abschnitt 3 der MLAR geht es darum, Anforderungen an Installationen im Bereich von Flucht- und Rettungswegen zu beschreiben.

2) **Führung von Kabeln und Leitungen durch bestimmte Wände und Decken**

   Im Abschnitt 4 der MLAR geht es um Anforderungen an den Verschluss von notwendigen Öffnungen in Wänden und Decken, die wegen der Durchführung von Leitungen vorgesehen werden müssen.

3) **Funktionserhalt von notwendigen sicherheitstechnischen Einrichtungen**

   Müssen in einem Gebäude baurechtlich vorgeschriebene Sicherheitseinrichtungen (z. B. Sprinkleranlage, Sicherheitsbeleuchtung oder Brandmeldeanlage) errichtet werden, müssen diese auch in einem Brandfall über eine gewisse Zeit funktionstüchtig bleiben. Die MLAR beschreibt in Abschnitt 4 Anforderungen für die zugehörigen Kabel und Leitungen sowie die Verteiler, um den Funktionserhalt in einem Brandfall zu gewährleisten.

Im Folgenden wird hin und wieder auch von den Gebäudeklassen nach Bauordnung gesprochen. Nach der Musterbauordnung (MBO) werden Gebäude in Klassen eingeteilt. Die Kenntnis dieser Klassen ist wichtig, weil die MLAR sich zum Teil auf diese Klassen bezieht und entsprechende Anforderungen formuliert:

Gebäudeklasse 1

- sind freistehende Gebäude mit einer Höhe von bis zu 7 m und nicht mehr als zwei Nutzungseinheiten mit jeweils maximal 400 m^2 Fläche
- freistehende land- oder forstwirtschaftlich genutzte Gebäude

Gebäudeklasse 2

sind übrige Gebäude mit einer Höhe bis zu 7 m und nicht mehr als zwei Nutzungseinheiten mit jeweils maximal 400 m^2 Fläche.

Gebäudeklasse 3

sind alle übrigen Gebäude mit einer Höhe bis zu 7 m. Die Fläche und Anzahl der Nutzungseinheiten spielt dabei keine Rolle.

Gebäudeklasse 4
sind Gebäude mit einer Höhe bis zu 13 m und Nutzungseinheiten mit jeweils maximal 400 m^2 Fläche.
Gebäudeklasse 5
sind alle übrigen Gebäude einschließlich unterirdischer Gebäude. Die angegebenen Höhen beziehen sich dabei jeweils auf die Höhe der Oberkante des Fußbodens, auf denen sich Menschen aufhalten können, über der umliegenden Geländeoberfläche. Ist die Geländeoberfläche uneben, wird sie gemittelt.

4.3.2 Verlegung von Kabeln und Leitungen in Flucht- und Rettungswegen

Flucht- und Rettungswege sind:

- notwendige Flure,
- notwendige Treppenräume und Räume zwischen Fluren und Treppenräumen,
- Ausgänge ins Freie bzw. Räume zwischen Treppenräumen und Ausgängen ins Freie.

Sie sind dadurch gekennzeichnet, dass über sie Personen im Brandfall das Gebäude gefahrlos verlassen können. Flucht- und Rettungswege werden vor Baubeginn in der Regel in Absprache zwischen Architekt und Baubehörde festgelegt.

4.3.2.1 Verlegung einzelner Leitungen unter Putz

Einzelne Kabel oder Leitungen werden in Flucht- und Rettungswegen eingeputzt. Über die Dicke der Putzschicht macht die MLAR keine Aussagen, aber in der Fachliteratur gibt es hierzu unterschiedliche Angaben. Man kann allerdings davon ausgehen, dass eine überdeckende Putzschicht von mindestens 4 mm ausreicht. Natürlich muss sich auch zwischen mehreren, einzeln verlegten Leitungen eine Putzschicht von mehreren Millimetern befinden, sonst können diese Leitungen nicht mehr als „einzeln verlegt“ gewertet werden.

4.3.2.2 Verlegung von Leitungsbündeln

Leitungsbündel müssen in Schlitzen von massiven Bauteilen untergebracht und mit einer Putzschicht oder mit mineralischen (also nicht brennbaren) Baustoffen von mindestens 15 mm Dicke überdeckt werden. Hier ist die Beschichtungsdicke also behördlich vorgegeben.

4.3.2.3 Verlegung in Leichtbauwänden

Im Bereich von Flucht- und Rettungswegen können Kabel und Leitungen auch innerhalb von feuerhemmenden (F 30) Leichtbauwänden verlegt werden; allerdings nur, wenn sie der Versorgung von Betriebsmitteln dienen, die in oder an der Wand angeordnet sind.

4.3.2.4 Verlegung in Installationsschächten oder Installationskanälen

4.3.2.4.1 Unterscheidung von I- Kanälen/Schächten und E-Kanälen/Schächten

Die Leitungen können in Schächten oder Kanälen verlegt werden, die eine brandschutztechnische Qualität aufweisen. Für Schächte und Kanäle, die keinen Brandabschnitt überschreiten, reicht eine feuerhemmende Qualität: I 30 oder E 30. Wenn sie durch eine Wand oder Decke mit einer bestimmten brandschutztechnischen Qualität geführt werden müssen, muss der Schacht oder Kanal dieselbe Feuerwiderstandsdauer aufweisen wie das durchbrochene Bauteil.

Die erwähnten „I-Kanäle/Schächte" und „E-Kanäle/Schächte" unterscheiden sich grundlegen. Dies soll im Folgenden näher erläutert werden:

Ein erstes und wichtiges Kriterium bei der Unterscheidung zwischen der Bezeichnung „I" und „E" bei Schächten und Kanälen ist die Tatsache, dass I-Kanäle/Schächte dem Feuer einen Feuerwiderstand **von innen nach außen** entgegensetzen und E-Kanäle/Schächte **von außen nach innen**.

4.3.2.4.2 I-Kanäle und I-Schächte nach DIN 4102 Teil 11

Bei Kanälen und Schächten mit einer I-Klassifizierung wird der umgebende Raum gegen Brände geschützt, die von den Leitungen ausgehen können, die sich im Inneren des Kanals oder des Schachts befinden. Es geht also um ein Feuer, das sich vom Inneren des Kanals oder Schachts nach außen bewegen könnte. Mit anderen Worten: Mit diesem Kanal- oder Schachttyp wird die Umgebung geschützt, nicht die Kabel und Leitungen im Kanal bzw. Schacht. Deshalb findet man diesen Typ auch häufig in Flucht- und Rettungswegen.

Die Prüfung auf I-Klassifizierung beantragt in der Regel der Hersteller bei einer zugelassenen Stelle (Beispiel: DIBt „Deutsches Institut für Bautechnik", Anstalt des öffentlichen Rechts, 10785 Berlin).

Die Bezeichnung „I 90" bedeutet beispielsweise, dass diese Schächte (Kanäle) eine Feuerwiderstandsdauer von 90 min haben. Die Prüfung nach „I" besagt, dass der Schacht (oder Kanal) innenbeflammt wird und dabei an seiner Außenseite:

- im Mittel keine Temperaturerhöhung über 140 K auftritt,
- an keiner Stelle die Temperatur über 180 °C überschritten wird.

Außerdem dürfen innerhalb der angegeben Zeit kein Rauch und keine Flammen austreten.

Aus dieser Beschreibung geht hervor, dass I-Kanäle/Schächte bei einem äußeren Brand (also bei Flammenbeaufschlagung von außen) unter Umständen lange vor Ablauf der Zeit zerstört oder zumindest deformiert werden können. Darum ist es wichtig, dass Kanalabschnitte, die durch das Feuer zerstört wurden und vielleicht sogar zu Boden fallen, nicht die Funktionalität des Kanalabschnitts hinter der Brandwand in Gefahr bringt, also im angrenzenden Brandabschnitt. Aus diesem Grund ist es notwendig, dass im Bereich der Mauer eine Sollbruchstelle im Kanal eingebracht wird, damit der Kanalabschnitt im angrenzenden Brandabschnitt ganz unabhängig weiter betrieben werden kann, auch wenn der Kanalabschnitt im Brandbereich bereits zerstört wurde.

4.3.2.4.3 E-Kanäle und E-Schächte nach DIN 4102 Teil 12

Muss ein Kanal oder Schacht für einen Funktionserhalt der Kabel und Leitungen in seinem Inneren sorgen, ist ein Brand, der von außen auf ihn wirkt, zu berücksichtigen. Das bedeutet, der Kanal oder Schacht muss den Flammen von außen über eine festgelegte Zeit standhalten. Diese Feuerwiderstandsdauer wird mit „**E**" angegeben.

Die Prüfung auf E-Klassifizierung beantragt in der Regel der Hersteller bei einer zugelassenen Stelle (siehe zuvor bei den I-Kanälen).

Beispielsweise bedeutet **E 90**, dass Kabel und Leitungen, die im Inneren des Kanals oder Schachts verlegt wurden, ihre Funktion für eine festgelegte Zeit beibehalten, dass also während des Brands keine Leiterunterbrechung und kein Kurzschluss auftreten. Allerdings wird nicht mitgeprüft, ob durch die thermisch bedingte Widerstandserhöhung der Kabel und Leitungen im Kanal oder Schacht Funktionsstörungen entstehen können. Immerhin können im Inneren von E-Kanälen während der Brandbeaufschlagung über die Zeit des Funktionserhalts Temperaturen von etwa 150 °C auftreten.

4.3.2.4.4 Kanäle, Schächte und Verkleidungen nach DIN 4102 Teil 4

Ebenso ist es möglich, Schächte und Kanäle aus Bauteilen, die nach DIN 4102-4 geprüft und zugelassen sind, vor Ort herzustellen. Bei den „vor Ort" errichteten Kanälen gibt es keine zusätzliche Prüfung nach Fertigstellung. Vielmehr geht es darum, dass Produkte eingesetzt werden, die den Anforderungen aus DIN 4102 entsprechen – dies gewährleistet der Hersteller der Produkte. Allerdings muss der Errichter sich genau an die vom Hersteller angegebenen Montageanweisungen halten. Dies versichert der Errichter in der Übereinstimmungserklärung, die er dem Bauherrn, seinem Architekten oder direkt der Baubehörde übergibt.

Die Errichtung einer solchen brandschutztechnischen Verkleidung erfordert großes handwerkliches Geschick und Erfahrung. Oft kann das Gewerk Trockenbau für eine entsprechende Verkleidung mit Feuerwiderstandsklasse (F 30 oder F 90) sorgen. Derartige Verkleidungen lassen im Inneren unter Umständen einen Temperaturstau entstehen, dann muss für eine Belüftung gesorgt werden. Dies kann durch Einbringen von speziellen Belüftungsbausteinen gewährleistet werden.

4.3.2.4.5 Kennzeichnungspflicht bei Kanälen und Schächten

Überhaupt muss hier betont werden, dass Kanäle und Schächte nur dann eine brandschutztechnische Qualität mit einer festgelegten Feuerwiderstandsdauer besitzen, wenn sie entsprechend den entsprechenden Normen der Reihe DIN 4102 geprüft sind und eine allgemeine bauaufsichtliche Zulassung besitzen. An jedem Kanal bzw. Schacht muss ein Hinweisschild diese Zulassung angeben. Auf diesem Schild wird der Hersteller des Kanals (Schachts) angegeben, der Errichter, der dies vor Ort montiert hat, das Errichtungsdatum sowie die Prüfzeugnisnummer der Prüfstelle (z. B. der DiBT – siehe vorheriges Kapitel 4.3.2.4.2).

Für Kanäle und Schächte mit brandschutztechnischer Qualität muss ein Prüfzeugnis zur Verfügung stehen. Dieses Prüfzeugnis ist Teil der Dokumentation der Anlage. Darin enthalten ist der Hinweis, dass bei diesen Kanälen bzw. Schächten die geforderten Eigenschaften geprüft wurden, einschließlich der notwendigen Befestigungselemente und eventuell vorhandenen Abschlüsse (z. B. Revisionsöffnungen oder Herausführungen von Kabeln und Leitungen aus dem Schacht). Alles muss im Prüfzeugnis erwähnt werden, damit dies mit der konkreten Errichtung verglichen werden kann. Nur dieses Prüfzeugnis gibt an, ob und unter welchen Bedingungen der Kanal (Schacht) wirklich E 90 oder E 30 hat. Besonders die Anforderungen an die Befestigung des Kanals bzw. Schachts wird hin und wieder missachtet. Es dürfte aber selbstverständlich sein, dass z. B. ein brandschutztechnisch qualifizierter Kanal nur dann im Brandfall seine Eigenschaften erhalten kann, wenn er beim Brand nicht von der Wand fällt, weil seine Befestigung keine ausreichenden Schutz bietet.

4.3.2.5 Verlegung in Unterflurkanälen

In der MLAR 2005 findet man erstmalig auch Aussagen zu Unterflurkanälen. Sie können estrichbündig oder estrichüberdeckt ausgeführt sein. In beiden Fällen müssen ihre Abdeckungen aus nicht brennbaren Baustoffen bestehen, wenn sie in Flucht- und Rettungswegen errichtet werden. Dabei ist es gleichgültig, ob es sich z. B. um einen Treppenraum oder um einen Flur handelt.

Im Bereich von notwendigen Treppenräumen und Räumen zwischen notwendigen Treppenräumen und Ausgängen ins Freie dürfen sie keine Öffnungen haben.

Bei Fluren, die als Rettungswege gelten, ist dagegen auch dies möglich. In diesem Fall müssen aber eventuell notwendige Revisions- oder Nachbelegungsöffnungen dicht schließend ausgeführt sein und aus nicht brennbaren Baustoffen bestehen.

4.3.2.6 Verlegung oberhalb der Zwischendecke bzw. Unterdecke

Bei der Verlegung oberhalb einer Zwischendecke bzw. Unterdecke ergibt sich eine ähnliche Situation wie die bei den Installationsschächten und Installationskanälen. Allerdings durchdringt eine Zwischendecke- bzw. Unterdecke in der Regel keinen

Brandabschnitt. Sind für den Hohlraum zwischen der Zwischendecke oder Unterdecke und der Gebäude-Rohdecke elektrische Installationen geplant, müssen Zwischendecken bzw. Unterdecken einschließlich ihrer Abschlüsse von Öffnungen (z. B. Revisionsöffnungen) folgende Eigenschaften aufweisen:

- In notwendigen Fluren müssen sie feuerhemmende Eigenschaften haben und aus nicht brennbarem Material (F 30-A) bestehen.
- In notwendigen Treppenräumen und in Räumen zwischen notwendigen Treppenräumen und Ausgängen ins Freie müssen sie dieselbe Feuerwiderstandsfähigkeit aufweisen wie die Geschossdecke und zudem aus nicht brennbarem Material bestehen.

Es gibt aber auch Ausnahmen für Gebäude, bei denen die folgenden Kriterien gleichzeitig zutreffen:

- Es handelt sich nicht um Sonderbauten.
- Der höchstgelegene Fußboden liegt nicht mehr als 7 m über dem umliegenden Gelände.
- Keine Nutzungseinheit weist eine größere Fläche als 200 m^2 auf.

Treffen gleichzeitig alle drei Kriterien zu, muss die Zwischen- oder Unterdecke einschließlich ihrer Abschlüsse von Öffnungen lediglich aus einem nicht brennbaren Material bestehen und eine geschlossene Oberfläche aufweisen. Dies wird für die meisten Mehrfamilienwohnhäuser und typische Bürogebäude zutreffen.

Wichtig ist noch, dass die MLAR auch Anforderungen an die Befestigung von Kabeln und Leitungen stellt, die oberhalb einer Zwischendecke oder Unterdecke, die eine bestimmte brandschutztechnische Qualität besitzt, verlegt werden. Diese Anforderung ist leicht verständlich, denn wenn während eines Brands die Kabel und Leitungen auf die Unterdecke stürzen würden, wäre das eine mechanische Beaufschlagung, die nicht vorgesehen ist. Die Zwischendecke bzw. Unterdecke könnte deshalb vorzeitig zerstört werden; ihre brandschutztechnische Qualifikation wäre sinnlos.

Eine entsprechende Maßnahme hierzu wäre, die Kabel und Leitungen oberhalb der Zwischen- oder Unterdecke auf Tragevorrichtungen (Kabelrinne, Kabelpritsche usw.) zu verlegen, die an den massiven Umfassungsbauteilen des Deckenhohlraums bzw. an der Gebäude-Rohdecke befestigt werden, wobei:

- die zur Befestigung verwendeten Dübel aus Stahl sein müssen und so zu dimensionieren sind, dass die rechnerische Zugspannung den Wert 9 N/mm^2 nicht übersteigt,
- die Tragsysteme für eine Verlegung mit Funktionserhalt geeignet sein müssen,
- die verwendeten Metalldübel für Verankerungen im gerissenen Beton oder für Verankerungen leichter Deckenverkleidungen und Unterdecken geeignet sind

und einen bauaufsichtlichen Verwendbarkeitsnachweis in Form einer allgemeinen bauaufsichtlichen Zulassung oder eine Zustimmung der Oberen Bauaufsichtsbehörde im Einzelfall haben.

Fehlt in dem allgemeinen bauaufsichtlichen Zulassungsbescheid die brandschutztechnische Bewertung der Dübel, müssen diese mindestens die Größe M 8 aufweisen und mindestens doppelt so tief wie in dem Zulassungsbescheid gefordert (mindestens aber 60 mm) eingebracht werden. Außerdem dürfen die Dübel rechnerisch höchstens mit 500 N auf Zug belastet werden.

Weitere Anforderungen sind:

a) Werden die Kabel und Leitungen oberhalb der Zwischendecke oder Unterdecke in Rohren oder Kanälen verlegt, müssen diese aus nicht brennbarem Material bestehen.

b) Die Feuerbeständigkeit der Zwischendecke oder Unterdecke wird vom Hersteller durch ein Prüfzeugnis nachgewiesen. Ein Schild mit der Zulassungsnummer und den üblichen Angaben (Errichter, Datum der Errichtung, Hersteller, Zulassungsnummer usw.) muss gut sichtbar in der Nähe der Decke oder an ihr angebracht werden (siehe hierzu auch vorheriges Kapitel 4.3.2.4.5).

d) Bei Einbauten von Betriebsmitteln, wie Leuchten, ist Folgendes zu beachten:

   Im konkreten Fall muss der Hersteller der Unterdecke befragt werden. Hat der Hersteller den Einbau von bestimmten Betriebsmitteln (z. B. Leuchte) mitprüfen lassen, ist dieser Einbau natürlich möglich. In der Regel wird die Unterdecke jedoch ausschließlich ohne Einbauten geprüft. In diesem Fall muss die Öffnung, die für den Einbau einer Leuchte in der Decke benötigt wird, oberhalb der Zwischendecke oder Unterdecke wieder verschlossen werden. Hierfür eignen sich z. B. Hauben, die von oben auf die Öffnung gelegt werden und eine nachgewiesene Feuerwiderstandsdauer besitzen.

Hinweis: Werden die Kabel und Leitungen oberhalb der Zwischendecke in Kanälen mit einer Feuerwiderstandsklasse (Kanäle mit einer E- Klassifikation oder I-Klassifikation, z. B. E 30 oder I 30) verlegt, kann die brandschutztechnische Klassifizierung der Zwischendecke oder Unterdecke möglicherweise entfallen. Dies sollte mit der Baubehörde oder dem abnehmenden, baurechtlich anerkannten Sachverständigen besprochen werden.

Auch wenn der Bereich über der Zwischendecke bzw. Unterdecke gesprinklert wird, kann nach Absprache mit der Baubehörde auf eine Klassifizierung der Unterdecke verzichtet werden.

4.3.2.7 Verlegung im Doppelboden (Systemboden)

Die Verlegung im Hohlraumestrich oder im Doppelboden ist immer möglich. Die Anforderungen an den Hohlraumestrich bzw. Doppelboden werden in der behördlichen „*Richtlinie über brandschutztechnische Anforderungen an Hohlraumestriche und Doppelböden*" beschrieben. Die Frage, ob die Böden dieser Richtlinie entsprechen, muss der Architekt beantworten.

4.3.2.8 Offene Verlegung in Flucht- und Rettungswegen

Eine offene Verlegung der Kabel und Leitungen ist in folgenden vier Fällen möglich:

- Die Kabel und Leitungen haben eine nicht brennbare Isolierung (mineralisolierte Leitungen). Mineralisolierte Leitungen sind geradezu ideal für eine offene Verlegung. Leider sind sie teuer und etwas schwerer zu verarbeiten. Mit ihnen kann allerdings zugleich ein Funktionserhalt erzielt werden, weil sie selbst nach einem Brand in der Regel noch funktionstüchtig sind. Mineralisolierte Leitungstypen sind: **NU** und **NUM** für Betriebsspannungen von 300/500 V oder 450/750 V. Nähere Informationen zu diesen Leitungen sind im Kapitel 3.5.2.3 dieses Buchs zu finden.
- Sämtliche Kabel und Leitungen dienen ausschließlich der Versorgung des Rettungswegs. Hierzu zählt auch beispielsweise die komplette Installation für Brandmeldeanlagen sowie Rauch-Wärme-Abzugseinrichtungen (RWA).
- Der Rettungsweg ist ein notwendiger Flur in einem Gebäude, dessen höchstgelegener Fußboden nicht höher als 7 m über dem umliegenden Gelände liegt, dessen Nutzungseinheiten eine Fläche von jeweils 200 m^2 nicht überschreiten und es sich bei den zu verlegenden Kabeln und Leitungen um solche mit verbessertem Verhalten im Brandfall handelt (schwer entflammbare Isolation und geringe Rauchgasdichte – siehe Kapitel 3.5.2.1 dieses Buchs).
- Kabel und Leitungen in notwendigen Fluren, die lediglich einzeln als kurze Stichleitungen verlegt werden.

Auch bei diesen Erleichterungen muss betont werden, dass dann, wenn die Kabel und Leitungen in Kanälen oder Rohren z. B. nach DIN EN 50085-1 (**VDE 0604-1**):2014-05 bzw. DIN EN 50086 (**VDE 0605-1**):2009-03 verlegt werden, diese aus nicht brennbaren Baustoffen bestehen müssen.

4.3.3 Verteiler in Flucht- und Rettungswegen

4.3.3.1 Fragen zur Restwanddicke bei Brandwänden

Durch die Montage von Verteilern (Kabelverteiler, Messeinrichtungen u. Ä.) in brandschutztechnisch qualifizierten Wänden darf deren Feuerwiderstandsklasse nicht beeinträchtigt werden. Besonders wenn Wandnischen für den Verteilereinbau vorgesehen werden müssen, sind Restwanddicken zu beachten. In diesem Zusammenhang sind Absprachen mit dem planenden Architekten unerlässlich.

Folgende Fragen werden zu diesem Thema häufig gestellt:

Frage 1:

Flucht- und Rettungswege sind sicher gegen den Rest des Gebäudes brandschutztechnisch abzuschotten. Ist es dann zulässig, dass in Brandwänden (und anderen brandschutztechnisch relevanten Wänden) Gerätedosen bzw. Abzweigdosen eingebracht werden (z. B. durch Fräsen)?

Antwort 1:

Diese Frage ist in der Regel mit Ja zu beantworten. Einschränkungen gibt es lediglich bei Wänden aus Beton, Mauerwerk oder ähnlichen Baustoffen, bei denen die Wanddicke **weniger als 60 mm** beträgt. In diesen Fällen sollte eine „Auf-Putz-Installation“ gewählt werden. Bei Wänden mit einer Dicke von **über 60 mm bis maximal 140 mm** dürfen derartige Dosen zwar beidseitig, jedoch nicht gegenüberliegend (von beiden Seiten derselben Wand) eingebracht werden. Bei Wänden mit einer Dicke **über 140 mm** ist auch Letzteres möglich.

Bei Trockenbauwänden (bzw. Hohlwänden) sind hierzu Absprachen mit dem Errichter der Trockenbauwände sowie mit dem Architekten erforderlich. Weisen Hohlwände eine hochfeuerhemmende Qualität (F 60) auf, dürfen nach DIN VDE 0100-420, Abschnitt 422.4 Hohlwanddosen für Steckdosen, Schalter und Verteiler nur eingebaut werden, wenn der Abstand zum nächsten Holzständer oder zur nächsten Holzrippe mindestens 150 mm beträgt. Gegenüberliegende Hohlwanddosen müssen gefachversetzt eingebaut werden. Sie müssen innerhalb des Wandhohlraums vollständig von Dämmstoffen aus nicht brennbaren Baustoffen umhüllt werden. Eine Stauchung der Dämmstoffe bis 30 mm (Mindestrestdicke) im Bereich der Hohlwanddose ist erlaubt.

Weitere brandschutztechnisch relevante Anforderungen an Installationen in Holwänden sind im Kapitel 6.5 dieses Buchs nachzulesen.

Frage 2:

Welche Restwanddicke ist bei Eingriffen (beispielsweise Verteilernischen) zu beachten?

Antwort 2:

Die Restwanddicke muss der Art der Wand entsprechen. Man kann diese Maße aus DIN 4102 Teil 4 entnehmen. Auf alle Fälle sollte man dieses Thema mit dem Architekten besprechen, besonders dann, wenn es sich um tragende Wände handelt. Können Mindestmaße von Restwanddicken nicht eingehalten werden, muss die Verteilernische aus speziell nach DIN 4102 Teil 4 klassifizierten Elementen (Wänden) bestehen.

4.3.3.2 Abtrennung des Verteilers gegenüber dem Flucht- und Rettungsweg

In Bezug auf dieses Thema muss zunächst geklärt werden, um welchen Flucht- und Rettungsweg es geht. Unterschieden wird bekanntlich in:

- notwendige Treppenräume bzw. Räume zwischen notwendigen Treppenräumen und dem Ausgang ins Freie,
- notwendige Flure.

In notwendigen Treppenräumen ist der Verteiler komplett mit nicht brennbaren, feuerhemmenden (F 30) Baustoffen gegenüber dem Treppenraum abzutrennen. Alle Öffnungen sind mindestens feuerhemmend auszuführen und mit umlaufenden Dichtungen zu verschießen.

In notwendigen Fluren dagegen müssen diese abtrennenden Baustoffe lediglich nicht brennbar sein und eine geschlossene Oberfläche besitzen. Öffnungen sind mit nicht brennbaren Baustoffen und mit einer umlaufenden Dichtung zu verschießen.

Häufig wird vergessen, dass diese Aussagen auch für die Öffnungen der elektrischen Verteiler gelten, durch die die Kabel und Leitungen in den Verteiler eingeführt werden. Auch hier muss für einen brandschutztechnisch sicheren Verschluss gesorgt werden.

Hinweis: Anders verhält es sich bei Sicherheitstreppenräumen (z. B. in Hochhäusern). Sie müssen so beschaffen sein, dass Feuer und Rauch nicht in sie eindringen können, und die dort enthaltenen Einrichtungen dürfen möglichst keine Brandlast einbringen. Aus diesem Grund dürfen lediglich Verteiler installiert werden, die zum sicheren Betrieb des Treppenhauses dringend erforderlich sind.

4.3.4 Führung von Kabeln und Leitungen durch Wände und Decken

4.3.4.1 Allgemeine Anforderungen

Die Leitungen der elektrischen Anlage durchziehen naturgemäß wie kaum ein anderes System sämtliche Teile und Räume eines Gebäudes. Oft sind es auch Brandwände – die an sich verhindern sollen, dass sich ein Brand auf noch nicht betroffene Gebäudeteile ausbreitet und die deshalb dem Feuer eine bestimmte Zeit standhalten sollen – durch die elektrische Leitungen geführt werden müssen.

Die Musterbauordnung (MBO) § 40 Absatz 1 (gleichlautend mit MLAR, Abschnitt 4.1.1) beschreibt aus diesem Grund folgende Anforderung:

„Leitungen dürfen durch raumabschließende Bauteile, für die eine Feuerwiderstandsfähigkeit vorgeschrieben ist, nur hindurchgeführt werden, wenn eine Brandausbreitung ausreichend lang nicht zu befürchten ist oder Vorkehrungen hiergegen getroffen sind; dies gilt nicht für Decken:

- *in Gebäuden der Gebäudeklassen 1 und 2 (siehe Kapitel 4.3.1 dieses Buchs),*
- *innerhalb von Wohnungen,*
- *innerhalb derselben Nutzungseinheit mit nicht mehr als insgesamt 400 m^2 in nicht mehr als zwei Geschossen."*

Auch in VDE-Normen wird dieses Thema aufgegriffen. So heißt es in der DIN VDE 0100-520, Abschnitt 527.2.1:

„Durchführungen von Kabeln und Leitungen in Teilen der Gebäudekonstruktion wie Wände, Dächer, Decken/Fußböden, Zwischenwände und Hohlwände müssen entsprechend der Feuerwiderstandsdauer (falls vorhanden) des Gebäudeelements (siehe Normenreihe ISO 834) verschlossen werden."

Um das zu gewährleisten, müssen Kabel und Leitungen, die durch brandschutztechnisch relevante Wände verlegt werden, nach der MLAR Abschnitt 4.1.2:

- entweder durch Abschottungen (Brandschottungen) geführt werden, die dieselbe Feuerwiderstandsqualität aufweisen wie das raumabschließende Bauteil, das durchdrungen wird (siehe nachfolgendes Kapitel 4.3.4.3)
- oder innerhalb von Installationsschächten oder Installationskanälen verlegt wurden, die einschließlich der vorhandenen Verschlüsse von Öffnungen aus nicht brennbaren Baustoffen bestehen und mindestens dieselbe Feuerwiderstandsqualität aufweisen wie das durchdrungene raumabschließende Bauteil (siehe nachfolgendes Kapitel 4.3.4.2 dieses Buchs).

Die MLAR fordert pauschal, dass alle Durchbrüche durch Wände berücksichtigt werden müssen, an die brandschutztechnische Anforderungen gestellt werden. Dabei sollte man bedenken, dass auch eine Wand, die keiner Feuerwiderstandsklasse entspricht, einen gewissen Schutz bieten kann – so vor allem gegen Rauch und Brandgase. Aus diesem Grund ist ein Verschließen von sämtlichen Durchbrüchen, auch in Wänden, die keine nachgewiesene brandschutztechnische Qualität aufweist, in jedem Fall sinnvoll und dringend anzuraten.

Des Weiteren macht die MLAR Aussagen über die Abstände zwischen Durchführungen. Diese müssen beachtet werden, ganz gleich, ob es sich um Abstände zwischen Installationsschächten oder Installationskanälen (siehe Kapitel 3.7.2 dieses Buchs) handelt, um Abstände zwischen Schottungen (siehe Kapitel 4.3.4.2 dieses Buchs) oder um Abstände zwischen z. B. Schottungen und Durchführungen von Lüftungsschächten. In Abschnitt 4.1.3 der MLAR wird ausdrücklich gefordert, dass solche Abstände dem jeweiligen Verwendbarkeits- oder Anwendbarkeitsnachweis des Schottherstellers entnommen werden müssen. Sind solche Angaben nicht vorhanden, ist ein Mindestabstand von 50 mm einzuhalten. Ein solcher Steg muss also zwischen den verschiedenen Durchführungen eingehalten werden.

4.3.4.2 Durchführungen mit Schächten bzw. Kanälen

Eine der Möglichkeiten nach MLAR, Abschnitt 4.1.2, bei einer Durchführung von Kabeln und Leitungen durch brandschutztechnisch relevante Wände (bzw. Decken) eine Brandübertragung zu verhindern, besteht darin, diese in Schächten und Kanälen zu verlegen, die dieselbe Feuerwiderstandsklasse aufweisen wie das durchdrungene Bauteil. Auf diese Weise können bei einem Brand Feuer und Rauch nicht über die Durchführung in andere Räume übertragen werden. Dabei können hierfür sogenannte I-Kanäle/Schächte oder auch E-Kanäle/Schächte vorgesehen werden.

Beim E-Kanal/Schacht leuchtet es sofort ein, dass der Brand daran gehindert wird, auf die andere Seite der Wand (oder der Decke) zu gelangen; denn der E-Kanal/Schacht hindert den Brand für eine festgelegt Zeit daran, in den Kanal/Schacht einzudringen. Deshalb wird er natürlich auch nicht auf die andere Seite der Wand/Decke gelangen.

Allerdings kann auch ein Kanal/Schacht mit einer I -Klassifizierung einen Brand für die festgelegte Zeit daran hindern, über den Kanal/Schacht auf die andere Seite der Wand/Decke zu gelangen. Denn auch, wenn das Feuer den Kanal/Schacht zerstört (für ein Feuer von außen nach innen ist der I-Kanal/Schacht nicht ausgelegt), können die Flammen doch nicht auf der anderen Seite der Wand/Decke aus dem Kanal/Schacht heraustreten, da dieser nachweislich für die angegebene Zeit dem Feuer von innen nach außen widerstehen kann.

Weitere Anforderungen und Angaben zu den Ausführungen sowie zur Kennzeichnung von entsprechenden Kanälen oder Schächten siehe Kapitel 4.3.2.4 dieses Buchs.

4.3.4.3 Brandschottungen

4.3.4.3.1 Allgemeines

Schottungsmaßnahmen bilden eine weitere Möglichkeit, um eine Brandübertragung zu verhindern, wenn Kabel und Leitungen durch brandschutztechnisch klassifizierte Bauteile geführt werden müssen. Zunächst muss unterschieden werden, ob einzelne oder mehrere Leitungen hindurchzuführen sind. Des Weiteren muss das Bauteil, das durchdrungen wird, genauer betrachtet werden.

4.3.4.3.2 Ausnahmen bei Durchführungen durch feuerhemmende Wände

Die MLAR unterscheidet klar, ob es um feuerfeste (F 90) oder um feuerhemmende Bauteile (F 30) geht. Außerdem ist es wichtig zu unterscheiden, ob eine durchdrungene Wand zu einem Flucht- und Rettungsweg gehört, also zu einem notwendigen Flur oder zu einem notwendigen Treppenraum bzw. einem Raum zwischen einem notwendigen Treppenraum und dem Ausgang ins Freie.

In Abschnitt 4.2 beschreibt die MLAR Erleichterungen für feuerhemmende Wände (F 30), wenn diese nicht Wände von notwendigen Treppenräumen oder von Räumen zwischen notwendigen Treppenräumen und Ausgängen ins Freie sind. F 30-Wände in notwendigen Fluren benötigen somit keine besonderen Schottungsmaßnahmen bei der Durchführung elektrischer Leitungen. Das bedeutet, die bei der Durchführung von elektrischen Leitungen entstehende Öffnung muss lediglich mit nicht brennbaren, formbeständigen Baustoffen (z. B. mit Zementmörtel, Beton oder Mineralfasern mit einer Schmelztemperatur von mindestens 1 000 °C) oder mit beim Brand aufschäumenden Baustoffen verschlossen werden.

Allerdings gelten darüber hinaus immer noch die allgemein anerkannten Regeln der Technik, wie sie vor allem in VDE-Normen zu finden sind. So wird z. B. in DIN VDE 0100-520, Abschnitt 527.2.1 gefordert, jeden Durchbruch in einer Wand oder Decke so zu verschließen, dass deren brandschutztechnische Qualität erhalten bleibt.

4.3.4.3.3 Einzeldurchführungen

Bei der Durchführung einzelner Kabel oder Leitungen durch Wände und Decken, an die brandschutztechnische Anforderungen gestellt werden (sowohl F 30 als auch F 90), müssen die entstehenden Öffnungen lediglich mit nicht brennbaren, formbeständigen Baustoffen (z. B. mit Zementmörtel, Beton oder Mineralfasern mit einer Schmelztemperatur von mindestens 1 000 °C) oder mit beim Brand aufschäumenden Baustoffen verschlossen werden. Nach der MLAR kann sogar ein Elektroinstallationsrohr aus brennbarem Material mit einem Außendurchmesser von maximal 32 mm ohne Weiteres durch eine Wand oder Decke geführt werden.

Anmerkung: Aus brandschutztechnischer Sicht ist es jedoch sinnvoll, auch ein brennbares Installationsrohr mit einem Außendurchmesser bis 32 mm stets nur dann durch eine Brandwand zu führen, wenn es von einer im Brandfall aufquellenden Masse umgeben wird. Hierzu werden auf dem Markt spezielle Materialien angeboten (siehe Bild 4.6 dieses Buchs).

Wird die Öffnung mit Mineralfasern verschlossen, ist darauf zu achten, dass der Abstand zwischen der Leitung und dem umgebenden Bauteil nicht größer ist als 50 mm. Wird ein im Brandfall aufschäumender Baustoff verwendet, darf dieser Abstand nur maximal 15 mm betragen.

Für größere Rohrdurchmesser stehen fabrikfertige Rohrdurchführungen zur Verfügung, die eine Zulassung bis zu 200 mm Rohr-Außendurchmesser haben (**Bild 4.2** dieses Buchs). Es handelt sich dabei häufig um spezielle Brandschutzmanschetten, die um das Rohr gelegt werden (bei Wanddurchführungen beidseitig). Sie bestehen aus einer beim Brand aufschäumenden Masse, die das Loch, das beim Abbrand des

Rohrs entsteht, schnell verschließt. Solche Manschetten haben eine Feuerwiderstandsdauer, die mit „**R**" angegeben wird (z. B. R 90).

Bild 4.2 Rohrdurchführung mit Brandschutzmanschette (sogenannte R-Schottung)

Müssen mehrere Einzelleitungen oder mehrere einzelne Elektroinstallationsrohre durch einen gemeinsamen Durchbruch geführt werden, ist dies nur möglich, wenn die Dicke der Wand oder der Decke folgende Mindestmaße einhält:

- bei feuerhemmenden Wänden/Decken (F 30) mindestens 60 mm
- bei hochfeuerhemmenden Wänden/Decken (F 60) mindestens 70 mm
- bei feuerbeständigen Wänden/Decken (F 90) mindestens 80 mm

Außerdem muss zwischen den Einzeldurchführungen ein genügender Abstand eingehalten werden, sonst kann nicht von einer Einzeldurchführung gesprochen werden. Dabei gelten folgende Mindestabstände:

- Bei mehreren elektrischen Leitungen muss zwischen ihnen ein Abstand von mindestens dem größten Außendurchmesser vorgesehen werden. Dies gilt übertragen auch für den Abstand zwischen einer Einzelleitung und einem Rohr (Elektroinstallationsrohr oder sonstige Rohre).
- Bei mehreren brennbaren Elektroinstallationsrohren muss zwischen ihnen mindestens der fünffache Außendurchmesser des dicksten Rohrs vorgesehen werden.

Selbstverständlich muss innerhalb des gemeinsamen Durchbruchs der Raum zwischen den Einzeldurchführungen mit nicht brennbaren Baustoffen, mit Mineralfaserstoffen oder mit im Brandfall aufschäumenden Baustoffen über die komplette Dicke der Wand oder der Decke ausgefüllt werden.

4.3.4.3.4 Durchführung mehrerer Kabel oder Leitungen

Treten mehrere Kabel oder Leitungen gebündelt durch eine Öffnung, sind spezielle Brandschottungen notwendig, die nach DIN 4102 Teil 9 geprüft wurden. Sie sorgen bei einem Brand über eine festgelegte Zeit dafür, dass Feuer und Rauch nicht in andere Gebäudebereiche gelangen können. Auch diese Brandschotts werden durch Feuerwiderstandsklassen gekennzeichnet. Der Kennbuchstabe ist hierfür **„S"**. Nach diesem Buchstaben folgt wie üblich die Angabe der Feuerwiderstandsdauer in Minuten. Die Kennzeichnung **S 90** besagt somit, dass dieses Schott eine Feuerwiderstandsdauer von 90 min aufweist. Innerhalb dieser Zeit darf nach DIN 4102 kein Rauch oder Feuer von der Brandseite auf die andere Seite der Wand gelangen. Die Temperatur des Schotts an der brandabgekehrten Seite darf maximal um 180 K ansteigen, und ein Wattebausch, der an die brandabgekehrte Seite des Schotts gehalten wird, darf sich nicht entzünden.

Häufig steht der Errichter eines Brandschotts vor dem Problem, ein Schott gemischt (eventuell für verschiedene Gewerke) belegen zu müssen. Dabei muss er prüfen, ob der Hersteller des Schotts eine entsprechende Zulassung für diese gemischte Belegung hat. Hierzu gibt es seit einigen Jahren speziell geprüfte Kombischotts.

Auf alle Fälle muss sich der Errichter des Schotts vorab darüber informieren, für welche Wände und Decken sowie für welche Feuerwiderstandszeiten das ausgewählte Kabelschott geeignet ist. Der Schotthersteller muss darüber genaue Auskunft geben, und in der Regel stellt er auch Montagehilfen zur Verfügung.

Wichtig ist auch die Belegungsdichte: **Der Querschnitt des Schotts darf nur bis zu maximal 60 % belegt werden.** Hier ist eine genaue Planung unter Einbeziehung eventuell notwendiger Nachbelegungen von großer Bedeutung. Werden durch Löcher in Wänden und Decken ohne Überlegung Kabel und Leitungen hindurchgezogen, sodass die Durchführung voll belegt wird, kann im Nachhinein keine Brandschottung mehr eingebracht werden.

Ebenfalls ist es wichtig, dass die durchzuführenden Kabel und Leitungen allseits von der Schottmasse umschlossen werden. Es geht also beispielsweise nicht, dass sie bei einem Wanddurchbruch auf die untere Kante des Durchbruchs gelegt werden und dann um sie herum die Schottmasse eingebracht wird, sodass die Unterseite der Kabel/Leitungen nicht von der Schottmasse umschlossen würde.

Im Folgenden sollen typische Brandschottungen kurz beschrieben werden:

- Mörtelschott (Hartschott)

  Häufig angewandte Art der Schottung, die gegenüber mechanischen Belastungen besonders beständig ist (siehe **Bild 4.3** dieses Buchs). So ist der Schutz gegen das Herabfallen der durchgeführten Leitungen und Rohre bei einem Brand nicht so problematisch wie beispielsweise bei einem Weichschott. Allerdings ist eine Nachbelegung etwas schwieriger zu handhaben. Hier müssen Löcher gebohrt werden, die nachher wieder fachgerecht zu verschließen sind.

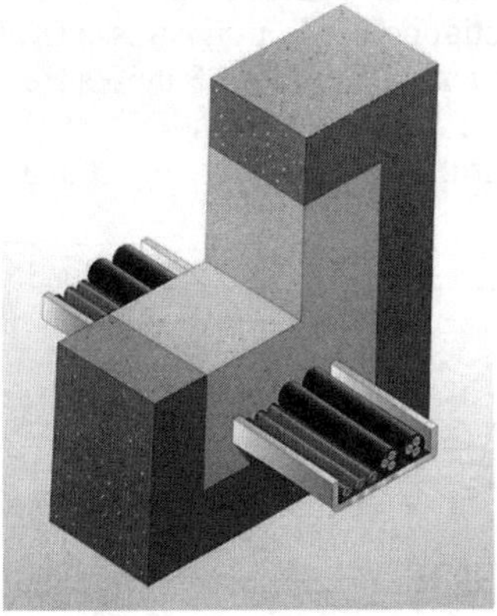

Bild 4.3 Mörtel- oder Hartschott

- Mineralfaserplattenschott (Weichschott)

  Dieses Brandschott wird gerne in Hohlwänden eingebaut. Es besteht in der Regel aus mehreren Faserplatten, die nach der Belegung mit einer Brandschutzbeschichtung bestrichen werden (siehe **Bild 4.4** dieses Buchs).

Bild 4.4 Mineralfaserplattenschott oder Weichschott

Da die mechanische Festigkeit beim Weichschott nicht so gegeben ist wie beim Hartschott, muss auf eine ausreichende Befestigung der Leitungstrasse (Kabelrinne, Kabelwanne, Kanal usw.) geachtet werden (siehe **Bild 4.5** dieses Buchs). Denn es besteht die Gefahr, dass die gesamte Trasse im Brandfall zu Boden gerissen und deshalb das Schott beschädigt wird. Die Nachbelegung ist dagegen weniger problematisch.

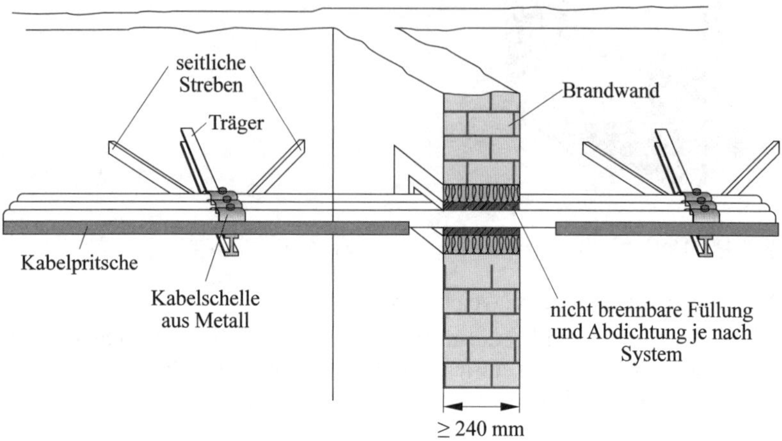

Bild 4.5 Beispiel für eine besondere Befestigung der Kabeltrasse bei einem Weichschott

- Kabelschott mit speziellen Schottmassen

  Bei diesem Schott dehnt sich die Schottmasse (siehe **Bild 4.6** dieses Buchs) bei Wärme extrem aus und wird dabei sehr hart. Dadurch wird das durch den Abbrand der Leitungsisolation oder des Rohrs entstandene Loch zugedrückt. Diese Schottungen werden häufig bei kleinen Durchbrüchen angewendet.

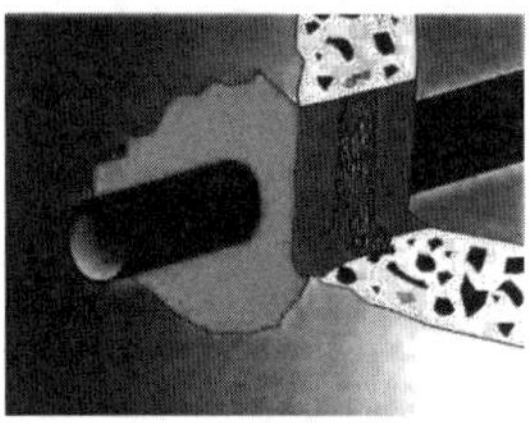

Bild 4.6 Brandschottung mit spezieller (bei Wärme aufquellender) Schottmasse

- Kabelschott mit kissenförmigen Elementen

  Dieses Brandschott wird häufig bei Erweiterungs- oder Umbaumaßnahmen eingesetzt, um auch während der Bauphase eine gewisse Sicherheit zu gewährleisten (siehe **Bild 4.7** dieses Buchs). Allerdings ist dieses Schott nicht dicht gegenüber kaltem Rauch, denn die eigentliche Schottqualität wird erst durch die Wärme wirksam, die ein Brand hervorruft, da dann die in den Kissen enthaltenen Stoffe aufquellen und den Durchbruch verschließen. Auch bei nachträglichen Maßnahmen ist dieses Schott anwendbar.

Bild 4.7 Brandschott mit speziellen Brandschutzkissen

- Modulschott

  Dieses Brandschott ist auch sicher gegen drückendes Wasser und bis zu einem gewissen Grad auch gegen Gase (siehe **Bild 4.8** dieses Buchs). In explosionsgefährdeten Bereichen wird dieses Schott gerne eingesetzt. Es erfordert jedoch eine exakte Planung der durchzuführenden Kabel und Leitungen (einschließlich der Kenntnis ihrer Außendurchmesser). Nachbelegungen sind durch vorzusehende „Blindstopfen" möglich.

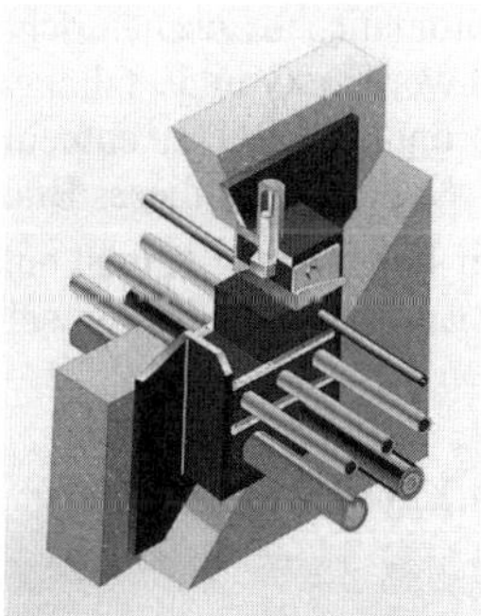

Bild 4.8 Modulschott

- Kabelschott mit speziellem Systemrahmen (Bild 4.9)

  Bei diesem Brandschott kann der Errichter kaum etwas falsch machen, da die Öffnung des Schotts problemlos belegt und komplett mit Kabeln und Leitungen ausgefüllt werden kann. Die notwendigen 40 % Schottmasse sind in dem Systemrahmen dieses Schotts bereits enthalten (siehe **Bild 4.9** dieses Buchs). Deshalb kann die Öffnung komplett mit Kabeln und Leitungen ausgefüllt werden.

  Dicht gegen kalten Rauch wird dieses Schott mittels einer Scheibe, die als Klappe vor die Öffnung gesetzt wird. Diese Klappe wird zugeschnitten, sodass die Kabel und Leitungen ungehindert hindurchgeführt werden können. Restöffnungen werden dann z. B. mit Silikon verschlossen. Für eventuell notwendige Nachbelegungen sowie für den nachträglichen Einbau ist dieses Schott außerordentlich gut geeignet.

Bild 4.9 Brandschott mit speziellen Systemrahmen

4.3.4.3.5 Brandschottungen in Kabelgeschossen, Kabelböden und begehbaren Kabelkanälen

Kabelgeschosse, Kabelböden, begehbare Kabelkanäle sind in der Regel linienförmige Räume oder Bereiche. Dabei müssen nach Bauordnung Brandabschnitte mit einer Länge von maximal 40 m gebildet werden. Wenn in ihnen eine automatische Löscheinrichtung vorgesehen wird, kann diese Länge auf 100 m vergrößert werden. Grundsätzliche Anforderungen hierzu sind in der Regel aus der Landesbauordnung (LBO) zu entnehmen (siehe Muster-Bauverordnung (MBO) der ARGEBAU – Kapitel 4.3.1 dieses Buchs).

Im Bereich von Kreuzungen und Abzweigen sind bei begehbaren Kabelkanälen mindestens F 30-Schottungen vorzusehen und an den Ein- und Ausgängen selbstschließende Türen mit einer Feuerwiderstandsklasse von mindestens T 90.

4.3.5 Funktionserhalt von sicherheitstechnischen Einrichtungen nach MLAR

4.3.5.1 Sicherheitstechnische Einrichtungen

In vielen Gebäuden fordert die Baubehörde bestimmte Sicherheitseinrichtungen. Solche Einrichtungen können sein:

- Wasserdruckerhöhungsanlagen zur Löschwasserversorgung (Sprinkleranlagen),
- Rauchabzugsanlagen und Rauchschutz-Druckanlagen,
- Brandmeldeanlagen,
- Personenaufzüge mit Brandfallsteuerung,
- Feuerwehraufzüge (Bettenaufzüge),
- Sicherheitsbeleuchtungsanlagen,
- Anlagen zur Alarmierung und Erteilung von Anweisungen an Besucher und Beschäftigte (ELA).

Die Anforderung nach MLAR im Abschnitt 5 ist eindeutig:

„Die elektrischen Leitungsanlagen für bauordnungsrechtlich vorgeschriebene sicherheitstechnische Anlagen und Einrichtungen müssen so beschaffen oder durch Bauteile abgetrennt sein, dass die sicherheitstechnischen Anlagen und Einrichtungen im Brandfall ausreichend lang funktionsfähig bleiben (Funktionserhalt)."

4.3.5.2 Bedeutung und Ausführung des Funktionserhalts

Funktionserhalt bedeutet, dass in der Kabel- und Leitungsanlage über eine festgelegte Zeit im Brandfall kein Kurzschluss und keine Leiterunterbrechung auftreten darf, sodass die angeschlossenen Verbraucher während eines Brands über diese festgelegte Zeit weiterbetrieben werden können.

Erreicht wird dieser Funktionserhalt in der Regel durch:

1) besondere Verlegung (z. B. unterhalb des Estrichs mit mindestens 30 mm Überdeckung),
2) Verwendung von Leitungen mit integriertem Funktionserhalt (siehe Kapitel 3.5.2.4 dieses Buchs),
3) Verlegung in Kanälen und Schächten, die die in ihnen verlegten Kabel und Leitungen entsprechend schützen (siehe hierzu auch Kapitel 4.3.2.4 dieses Buchs),
4) Verwendung von mineralisolierten Leitungen (siehe Kapitel 3.5.2.3 dieses Buchs),
5) Verwendung von Schienenverteilern mit integriertem Funktionserhalt,
6) Verlegung im Erdreich.

Die MLAR erwähnt im Abschnitt 5 hiervon lediglich die Möglichkeiten 1, 2 und 6. Natürlich sind jedoch auch die restlichen Alternativen möglich, da die MLAR im Grunde nur einige Beispiele für folgende Alternative beschreibt:

- Entweder werden die Kabel und Leitungen durch Bauteile bzw. durch die Art der Verlegung so abgeschottet, dass sie über die festgelegte Zeit sicher betrieben werden können,
- oder die Kabel und Leitungen haben selbst eine Beschaffenheit, mit der ein Weiterbetrieb während eines Brands über die festgelegte Zeit möglich ist.

Der erste Punkt entspricht von den oben aufgeführten Möglichkeiten 1, 3 und 6 und der zweite von den Möglichkeiten 2, 4 und 5.

Anmerkung zur oben aufgeführten Möglichkeit 2:

Ein Kabel (eine Leitung) kann nur dann Funktionserhalt garantieren, wenn es (sie) entsprechend DIN 4102 Teil 12 geprüft und das positive Prüf-Ergebnis durch ein Prüfzeugnis bestätigt wurde. Dabei ist von besonderer Bedeutung, dass diese Prüfung und somit auch die Zulassung dieses Betriebsmittels für den funktionserhaltenden Betrieb gebunden ist an den bei der Prüfung vorgegebenen Anlagenaufbau. Das bedeutet: **Der Funktionserhalt eines Kabels oder einer Leitung hat nur Gültigkeit in Zusammenhang mit dem bei der Prüfung verwendeten Verlegesystem (z. B. montiert auf einer speziellen Kabelwanne oder mit speziellen Schellen direkt auf der Wand) und sonstigen Randbedingungen (wie z. B. beteiligte parallele Leitungen).** Hier muss der Errichter im jeweiligen Prüfzeugnis nachlesen, ob die von ihm gewählte Leitung mit integriertem Funktionserhalt für die von ihm vorgesehene Verlegeart überhaupt infrage kommt. Weitere Angaben und Anforderungen zu Kabeln und Leitungen mit integriertem Funktionserhalt sind im Kapitel 3.5.2.4 dieses Buchs nachzulesen.

Anmerkung zur oben aufgeführten Möglichkeit 3:

Leitungen für notwendige Sicherheitseinrichtungen müssen auch gegenüber benachbarten anderen elektrischen Leitungen brandschutztechnisch geschützt sein. Dies bedeutet, dass der Funktionserhalt auch dann **nicht** gewährleistet ist, wenn die Leitungen der notwendigen Sicherheitseinrichtungen zusammen mit anderen Leitungen in einem E-Kanal oder E-Schacht verlegt werden. Die MLAR 2015 macht dies durch einen Satz im Abschnitt 5.1.1 deutlich. Dort heißt es: *„Dieser Funktionserhalt muss bei möglicher Wechselwirkung mit anderen Anlagen, Einrichtungen oder deren Teilen gewährleistet bleiben.“*

4.3.5.3 Dauer des Funktionserhalt

Die Zeit, über die eine Leitungsanlage den Funktionserhalt gewährleisten muss, hängt von der jeweiligen Sicherheitseinrichtung ab. Hier unterscheidet die MLAR zwei Zeiten:

a) Einrichtungen mit **30 min** Funktionserhalt sind:
- Sicherheitsbeleuchtungsanlagen,

- Personenaufzüge mit Evakuierungsschaltung (Brandfallsteuerung) (dies sind Aufzüge, die im Brandfall automatisch in ein Geschoss fahren, aus dem ein gefahrloses Verlassen des Gebäudes möglich ist, und dann dort stehen bleiben),
- Brandmeldeanlagen,
- Anlagen zur Alarmierung und Erteilung von Anweisungen an Besucher und Beschäftigte elektroakustischer Anlagen (ELA),
- natürlichen Rauchabzugsanlagen (Rauchableitung durch thermischen Auftrieb),
- maschinellen Rauchabzugsanlagen und Rauchschutz-Druckanlagen für besondere Gebäude (siehe nachfolgend unter 90 min).

b) Einrichtungen mit **90 min** Funktionserhalt sind:

- Wasserdruckerhöhungsanlagen zur Löschwasserversorgung (Sprinkleranlagen),
- maschinellen Rauchabzugsanlagen und Rauchschutz-Druckanlagen für notwendige Treppenräume in Hochhäusern sowie für Sonderbauten, für die eine solche Anforderung im Einzelfall (z. B. im Baugenehmigungsbescheid) verlangt wird,
- Feuerwehraufzüge und Bettenaufzüge in Krankenhäusern und anderen baulichen Anlagen mit entsprechender Zweckbestimmung.

4.3.5.4 Funktionserhalt von Verteilern nach MLAR

Der Funktionserhalt darf natürlich den Verteiler nicht ausschließen. Man könnte sogar sagen, dass innerhalb der Maßnahmenkette für den Funktionserhalt vom Einspeisepunkt bis zum Verbraucher der Verteiler das schwächste und zugleich das entscheidende Glied darstellt, und gerade darum besonders beachtet werden muss.

Probleme gibt es häufig mit der Aufstellung, denn im Grunde müssten sämtliche Verteiler der Sicherheitseinrichtungen in gesonderten Räumen untergebracht werden. Hier sei an den schon zuvor zitierten Satz aus der MLAR erinnert:

„Dieser Funktionserhalt muss bei möglicher Wechselwirkung mit anderen Anlagen, Einrichtungen oder deren Teilen gewährleistet bleiben.“

Nach MLAR, Abschnitt 5.2.2 müssen Verteiler für Sicherheitseinrichtungen eine der folgenden Bedingungen erfüllen:

- Die wohl beste Maßnahme wäre, die Verteiler in eigenen Räumen unterzubringen, die für andere Zwecke nicht genutzt werden. Diese Räume müssen gegenüber anderen Räumen durch Wände, Decken und Türen mit einer Feuerwiderstandsfähigkeit entsprechend der notwendigen Dauer des Funktionserhalts mit nicht brennbaren Baustoffen abgetrennt sein. Lediglich die Tür darf aus brennbaren Baustoffen bestehen.

- Oder der Verteiler besitzt ein Gehäuse, für das durch einen bauaufsichtlichen Verwendbarkeitsnachweis die Funktion der elektrotechnischen Einbauten im Verteiler bei einem Brand für die notwendige Dauer des Funktionserhalts nachgewiesen ist.
- Oder der Verteiler wird mit nicht brennbaren Bauteilen (einschließlich ihrer Abschlüsse) umgeben. Diese Bauteile müssen eine Feuerwiderstandsfähigkeit entsprechend der notwendigen Dauer des Funktionserhalts aufweisen. Lediglich die Abschlüsse dürfen aus brennbaren Baustoffen bestehen. Allerdings muss auch bei dieser Möglichkeit gewährleistet sein, dass die Funktion der elektrotechnischen Einbauten im Verteiler bei einem Brand für die Dauer des Funktionserhalts erhalten bleibt.

Der Funktionserhalt von Verteilern hat schon immer Probleme bereitet, weil es keine wirkliche Prüfung dieses Funktionserhalts gab. Betrachtet man den Verteiler lediglich als eine Ansammlung von Klemmstellen, so wäre eine entsprechende Prüfung des Funktionserhalts immer möglich. Sollen jedoch auch die im Verteiler eingebrachten Einrichtungen (z. B. elektronische Regel- und Steuerungssysteme für Sicherheitseinrichtungen) im Brandfall für eine festgelegte Zeit sicher funktionieren, so spielt natürlich auch die Temperatur und Luftfeuchtigkeit, die während eines Brands im Verteiler auftreten, eine Rolle. Und genau das war stets der Unsicherheitsfaktor. In der aktuellen Ausgabe der MLAR wird darauf eingegangen. Dabei wird deutlich hervorgehoben, dass diese Einrichtungen (z. B. elektronische Geräte) mit betrachtet werden müssen.

Um eine entsprechende Prüfung möglich zu machen, ist folgende Vorgehensweise denkbar:

Wenn der Hersteller des Verteilers für die Dauer des Funktionserhalts gewährleisten kann, dass die Temperaturerhöhung im Verteiler maximal 40 K beträgt und die relative Luftfeuchte unter 95 % r. F. bleibt, darf insgesamt von einem potentiellen (möglichen) Funktionserhalt des Verteilers gesprochen werden.

Voraussetzung ist dann allerdings, dass die Hersteller von sicherheitstechnischen Einrichtungen, die in solche Verteiler installiert werden sollen, bestätigen, dass ihre Produkte mit dieser Temperaturerhöhung bzw. erhöhten Luftfeuchte über die Dauer des Funktionserhalts betrieben werden können. Damit wäre ein tatsächlicher Funktionserhalt des gesamten Verteilers einschließlich der Einbauten gegeben.

Klemmenkästen innerhalb der Stromkreise für die Sicherheitseinrichtungen müssen den gleichen Funktionserhalt gewährleisten wie die Kabel und Leitungen selbst. Hierfür werden auf dem Markt entsprechende Produkte mit einer E-Klassifizierung angeboten.

5 Elektrische Anlagen in feuergefährdeten Betriebsstätten

5.1 Einführung

Anforderungen für feuergefährdete Betriebsstätten sind in DIN VDE 0100-420 zu finden. Eine weitere wichtige Informationsquelle sind jedoch seit vielen Jahren VdS-Richtlinien, vor allem VdS 2033 (*Elektrische Anlage in feuergefährdeten Betriebstätten*). In VdS 2033 findet man z. B. eine umfangreiche tabellarische Beispielsammlung, in der Betriebsbereiche bzw. Betriebe aufgelistet werden, die potentiell als „feuergefährdet“ anzusehen sind oder für die ein „gleichzustellendes Risiko“ angenommen werden kann. Diese Beispieltabellen beruhen auf einer jahrzehntelangen Erfahrung der Feuerversicherungen und werden häufig auch von Planungsbüros, Behörden oder anderen Instituten für die Einstufung von feuergefährdeten Bereichen benutzt.

Die Verantwortung für die Einstufung eines Gebäudes, eines Raums oder eines Betriebsbereichs liegt nach DIN VDE 0100-420, Abschnitt 422.3 beim Betreiber bzw. Nutzer der elektrischen Anlage. Bei Arbeitsstätten entspricht dies auch den Vorgaben des Arbeitsschutzgesetzes (§ 5 ArbSchutzG). Ist der Betreiber (Nutzer) fachlich nicht dazu in der Lage, eine Einstufung vorzunehmen, muss er sachkundige Unterstützung anfordern. VdS 2033 bietet darüber hinaus auch Entscheidungshilfen an, mit denen eine getroffene Einstufung verifiziert werden kann.

5.2 Abgrenzung und Begriffsbestimmung

5.2.1 Definitionen „feuergefährdeter Betriebsstätten“

In DIN VDE 0100-420, Abschnitt 422.3 wird eine Definition der feuergefährdeten Betriebsstätten angegeben:

„Feuergefährdete Betriebsstätten nach DIN VDE 0100-510, Tabelle ZA.1 sind gekennzeichnet durch Feuergefahren, die sich ergeben durch Herstellung, Bearbeitung oder Lagerung von brennbarem Material, einschließlich Vorhandensein von Staub, z. B. in Scheunen, Werkstätten für Holzverarbeitung, Papierfabriken.“

Im Abschnitt darunter findet man zudem eine zusätzliche Erläuterung, die beinah wörtlich mit der Begriffsbestimmung aus VdS 2033 übereinstimmt. Aus diesem Grund soll zunächst die komplette Definition aus VdS 2033 erwähnt werden:

„Feuergefährdete Betriebsstätten sind nach den Sicherheitsvorschriften der Feuerversicherer VdS 2046 Räume oder Orte oder Stellen in Räumen oder im Freien, bei denen die Brandgefahr verursacht wird durch die:

- *Art der verarbeiteten oder gelagerten Materialien,*
- *Verarbeitung oder Lagerung brennbarer Materialien,*
- *Ansammlung von Staub oder Ähnlichem.*

***Die vorgenannte Brandgefahr** besteht im Vorhandensein einer gefahrdrohenden Menge von leicht entzündlichen Stoffen, die sich an erhöhten betriebs- oder fehlerbedingten Temperaturen von elektrischen Betriebsmitteln entzünden können.*

***Leicht entzündlich** sind brennbare Stoffe, die der Flamme eines Zündholzes 10 s lang ausgesetzt waren und nach der Entfernung der Zündquelle von selbst weiterbrennen oder weiterglimmen. Hierunter können fallen: Heu, Stroh, Strohstaub, Mehl, Hobelspäne, lose Holzwolle, Magnesiumspäne, Reisig, loses Papier, Baum- und Zellwollfasern, Kunststoffe, Lacke, Lösungsmittel, Öle u. Ä.*

Hinweis: Feuergefährdete Betriebsstätten werden unterschieden nach solchen, in denen eine Brandgefahr durch leicht entzündliche Stoffe vorliegt:

- *ohne Staub und/oder Fasern,*
- *mit Staub und/oder Fasern.*

Hinweis: Brennbare Stoffe ohne Staub und/oder Fasern sind Stoffe, bei denen sich erfahrungsgemäß keine gefahrdrohenden Mengen an Staub und/oder Fasern auf elektrischen Betriebsmitteln niederschlagen. Unter diesen Stoffen sind auch brennbare Gase und entzündliche Flüssigkeiten zu sehen, für die unter Umständen weitergehende Anforderungen zu beachten sind."

Wenn es darum geht, besonders wertvolle oder unwiederbringliche Sachwerte zu schützen, findet man sowohl in DIN VDE 0100-420 als auch in VdS 2033 entsprechende Anforderungen. Besonders VdS 2033 legt Wert darauf, dass solche Räume bzw. Bereiche ähnlich wie feuergefährdete Betriebsstätten behandelt werden. In DIN VDE 0100-420 gibt es für diese Räume und Bereiche allerdings lediglich Empfehlungen.

Bezüglich der Begriffsbestimmung solcher Räume und Bereiche nennt DIN VDE 0100-420 (in der Berichtigung 1) beispielhaft folgende Räume/Bereiche:

- Museen,
- Galerien,
- Archive,
- Baudenkmäler, die gesetzlich geschützt und in Denkmalbüchern/Denkmallisten eingetragen sind.

Natürlich fallen die Räume und Bereiche in den erwähnten Gebäuden nur dann unter die Kategorie „*Räume und Orte mit Gefährdung für unersetzbare Güter*“, wenn in ihnen tatsächlich wichtige Kulturgüter durch Zerstörung (z. B. Feuer) unwiederbringlich verlorengehen können.

Da in VdS 2033 solche Räume und Bereiche, wie zuvor gesagt, den feuergefährdeten Betriebsstätten in etwa gleichgestellt werden, findet man in diesen Richtlinien folgende Definition:

„Gleichzustellende Risiken sind Gebäude, Räume, Orte, Stellen in Räumen oder im Freien, in denen unwiederbringliche Kulturgüter vorhanden sind (z. B. Museen, Galerien, Archive und Baudenkmäler) oder eine erhöhte Sachwertgefährdung bzw. ein erhöhtes Betriebsunterbrechungsrisiko besteht (z. B. EDV, Zentralen, Leitwarten, Großbahnhöfe und Großflughäfen). Ob eine erhöhte Sachwertgefährdung und/oder ein erhöhtes Betriebsunterbrechungsrisiko vorliegt, wird in der Regel vom Versicherer im Rahmen der individuellen Risikobetrachtung ermittelt.“

5.2.2 Einstufung von Räumen als feuergefährdete Betriebsstätte

5.2.2.1 Forderung einer Einstufung

In der einschlägigen Fachliteratur wird häufig über die feuergefährdete Betriebsstätte oder ganz allgemein von erhöhter Brandgefahr gesprochen. Meist taucht der Begriff „feuergefährdete Betriebsstätte“ auf, und jeder weiß sofort, dass hier andere oder zumindest veränderte Anforderungen in Bezug auf Planung und Errichtung der elektrischen Anlage gelten.

Die Voraussetzung für die Geltung dieser besonderen Anforderungen ist die Einstufung einer Betriebsstätte (eines Gebäudes, Raums oder Raumbereichs) als „feuergefährdet“. Da sich Betreiber elektrischer Anlagen häufig sträuben, eine solche Einstufung vorzunehmen (in der Regel, weil sie erhöhte Kosten befürchten), ergibt sich immer wieder die Frage, wer eigentlich eine solche Einstufung verlangt bzw. wo sie schriftlich formuliert bzw. gefordert wird. Die Normen (z. B. DIN VDE 0100-420) beschreiben zwar besondere Anforderungen für elektrische Anlagen in feuergefährdeten Betriebsstätten, aber wo steht geschrieben, dass eine Einstufung von Gebäuden oder Gebäudeteilen vorzunehmen ist?

Natürlich macht auch DIN VDE 0100-420 Aussagen zur Verantwortlichkeit bezüglich dieser Einstufung. So heißt es in einer Anmerkung zum Abschnitt 422.3:

„Die Einstufung in feuergefährdete Betriebsstätten ist vom Betreiber/Nutzer der elektrischen Anlage vorzunehmen, falls notwendig unter Beachtung des Baurechts und der Unfallverhütungsvorschrift DGUV Vorschrift 1 der Unfallversicherungsträger/Verordnung über Arbeitsstätten.“

Allerdings fehlt in dieser Aussage die direkte Anforderung, eine Einstufung vorzunehmen. Diese Einstufung ist immerhin etwas, was nicht in erster Linie die elektrische Anlage, sondern den Raum oder das Gebäude an sich betrifft. Wer zum Thema etwas im Baurecht sucht, wird auch nicht direkt fündig; denn wer die baurechtlichen Verordnungen aufmerksam liest, wird feststellen, dass dort an keiner Stelle von einer feuergefährdeten Betriebsstätte die Rede ist. Vielmehr wird an verschiedenen Stellen von einer „erhöhten Brandgefahr" gesprochen. Aber auch die wird lediglich erwähnt. Es wird fast so getan, als ob jeder Leser wüsste, was hiermit gemeint ist. Der verantwortliche Betreiber wird damit allein gelassen.

Aus der Verantwortung wird der Anlagenbetreiber allerdings nicht genommen. Ist der Betreiber der elektrischen Anlage ein Arbeitgeber (Unternehmer mit Beschäftigten), gilt für ihn das Arbeitsschutzgesetz. Dort heißt es im § 5

„Beurteilung der Arbeitsbedingungen

(1) Der Arbeitgeber hat durch eine Beurteilung der für die Beschäftigten mit ihrer Arbeit verbundenen Gefährdung zu ermitteln, welche Maßnahmen des Arbeitsschutzes erforderlich sind.

„ …

(3) Eine Gefährdung kann sich insbesondere ergeben durch

1. *die Gestaltung und die Einrichtung der Arbeitsstätte und des Arbeitsplatzes,*
2. *physikalische, chemische und biologische Einwirkungen,*
3. *die Gestaltung, die Auswahl und den Einsatz von Arbeitsmitteln, insbesondere von Arbeitsstoffen, Maschinen, Geräten und Anlagen sowie den Umgang damit,*
4. *die Gestaltung von Arbeits- und Fertigungsverfahren, Arbeitsabläufen und Arbeitszeit und deren Zusammenwirken,*
5. *unzureichende Qualifikation und Unterweisung der Beschäftigten."*

Konkretisiert wird dies zusätzlich durch die Arbeitsstättenverordnung (ArbStättV) sowie für Bereiche, die einer besonderen Überwachung unterliegen, beispielsweise in explosionsgefährdeten Bereichen, zusätzlich durch die Betriebssicherheitsverordnung (BetrSichV).

Danach ist der Arbeitgeber bzw. Unternehmer in jedem Fall verpflichtet, sich über die Gefahren, die in seinem Betrieb vorhanden sind oder vorhanden sein können, Gedanken zu machen (Stichwort: Gefährdungsbeurteilung). Er kann also nicht so tun, als ginge ihn die Einstufung nichts an. Notfalls muss er sich bei entsprechenden Fachleuten über die Gefährdung in seinem Betrieb informieren.

Aber auch dann, wenn der Betreiber elektrischer Anlagen kein Arbeitgeber ist, trägt er eine konkrete Verantwortung. Tritt er beispielsweise als Vermieter auf, wird er durch das Bürgerliche Gesetzbuch (BGB), z. B. in § 535, dazu aufgefordert, die Mietsache in einem geeigneten Zustand zu übergeben und diesen Zustand auch weiterhin aufrechtzuerhalten. Wenn nach einem Schadenfall festgestellt werden kann, dass eine Gefährdung vorhanden war und keine entsprechenden Maßnahmen entsprechend den anerkannten Regeln der Technik vorgesehen waren, weil niemand eine entsprechende Einstufung vorgenommen hat, kann sich der Vermieter sicher nicht mit seiner Unkenntnis herausreden. Allerdings kommen feuergefährdete Betriebsstätten in privat vermieteten Räumlichkeiten eher selten vor.

Bei Sonderbauten wie Versammlungsstätten, Theater, Kinos, Schulen, Hochhäuser, Geschäftshäuser, Hotels, Großgaragen usw. ist es zudem üblich und auch notwendig, für das entsprechende Gebäude ein Brandschutzkonzept anzufertigen. Im Grunde schließt ein solches Konzept die geforderte Gefährdungsbeurteilung einschließlich der definierten Maßnahmen zur Minimierung dieser Gefährdung ein. Auch hier muss spätestens dann, wenn die Nutzung der verschiedenen Räume innerhalb des Gebäudes festgelegt wird, gegebenenfalls eine Einstufung vorgenommen werden, z. B. vom Architekten in Abstimmung mit einer sachkundigen Fachkraft.

Auch der Fachplaner oder der Errichter der elektrischen Anlage (und im Grunde auch der Prüfer bzw. abnehmende Sachverständige) wird nicht automatisch aus der Verantwortung genommen. Fachplaner, Errichter oder Prüfer, die über ausreichend Fachkenntnisse verfügen, müssen zumindest den planenden Architekten sowie den Bauherrn informieren bzw. beraten. Wer hier leichtfertig handelt, muss sich den Vorwurf gefallen lassen, dass er die Entscheidungsträger falsch informiert und dadurch eine Gefahr mit verursacht hat. Ein Planen oder Errichten ohne eine ausreichende Berücksichtigung der anerkannten technischen Regeln kann leicht zu einer strafbaren Handlung werden:

§ 319 StGB (Baugefährdung):

„(1) Wer bei der Planung, Leitung oder Ausführung eines Baus oder des Abbruchs eines Bauwerks gegen die allgemein anerkannten Regeln der Technik verstößt und dadurch Leib oder Leben eines anderen Menschen gefährdet, wird mit Freiheitsstrafe bis zu fünf Jahren oder mit Geldstrafe bestraft.

(2) Ebenso wird bestraft, wer in Ausübung eines Berufs oder Gewerbes bei der Planung, Leitung oder Ausführung eines Vorhabens, technische Einrichtungen in ein Bauwerk einzubauen oder eingebaute Einrichtungen dieser Art zu ändern, gegen die allgemein anerkannten Regeln der Technik verstößt und dadurch Leib oder Leben eines anderen Menschen gefährdet.

(3) Wer die Gefahr fahrlässig verursacht, wird mit Freiheitsstrafe bis zu drei Jahren oder mit Geldstrafe bestraft.

(4) Wer in den Fällen der Absätze 1 und 2 fahrlässig handelt und die Gefahr fahrlässig verursacht, wird mit Freiheitsstrafe bis zu zwei Jahren oder mit Geldstrafe bestraft."

Natürlich setzt eine Bestrafung des Planers oder Errichters nach dem Strafgesetzbuch (StGB) voraus, dass sich eine Gefährdung eindeutig auf eine falsche Planung oder Errichtung zurückführen lässt. Dies ist im Einzelfall sicher nicht immer einfach. Trotzdem sind Planer, Errichter und Prüfer elektrischer Anlagen gut beraten, wenn sie sich genau über die jeweilige Gefährdung informieren und beim Verdacht, dass eine entsprechende Einstufung seitens des Bauherrn oder seines Architekten nicht korrekt ist oder ganz fehlt, ihre Bedenken schriftlich den Verantwortlichen (z. B. Architekten und Bauherrn) mitteilen.

Mit anderen Worten: Die Sache ist wie so oft nicht ganz so einfach, wie man zunächst vermutet. Fest steht, dass eine Beurteilung der Räumlichkeiten in einem Gebäude ganz sicher vorgenommen werden muss; denn anders kann eine mögliche Gefährdung nicht beurteilt und entsprechende Maßnahmen vorgesehen werden. Ohne eine Einstufung der Räumlichkeiten kann es keine fachtechnisch korrekte Planung bzw. Errichtung der elektrischen Anlage entsprechend den anerkannten Regeln der Technik geben. Auch der Prüfer hat in der bestehenden Anlage anlässlich einer wiederkehrenden Prüfung Probleme, wenn er feststellen muss, dass eine Einstufung nicht oder nicht korrekt vorgenommen worden ist. Dies soll im Folgenden noch weiter erläutert werden.

5.2.2.2 Konsequenzen einer fehlenden oder falschen Einstufung

Probleme entstehen stets dort, wo der Fachmann (z. B. der Prüfer in der elektrischen Anlage) feststellt, dass es sich im konkreten Fall um eine feuergefährdete Betriebsstätte handelt, aber eine Einstufung nicht oder falsch vorgenommen wurde. Die Konsequenz einer solchen falschen oder fehlenden Einstufung wäre nämlich, dass die bestehende Elektroinstallation in weiten Bereichen nicht der Norm entspricht.

Bezüglich der Konsequenzen sind folgende Punkte zu beachten:

a) Zuständig für die Einstufung als feuergefährdete Betriebsstätte ist in jedem Fall der Betreiber der elektrischen Anlage. Dies kann der Bauherr, der Eigentümer des Gebäudes, der Nutzer der Räumlichkeiten (im gewerblichen Bereich) oder der Unternehmer sein (siehe vorheriges Kapitel 5.2.2.1).
b) Liegt eine Einstufung von Räumen oder Bereichen als feuergefährdete Betriebsstätte aufgrund einer Gefährdungsbeurteilung des Betreibers der elektrischen Anlage vor, müssen die Anforderungen der entsprechenden Normen (z. B. DIN VDE 0100-420) bei der Planung, Errichtung und Prüfung berücksichtigt werden.
c) Liegt **keine** derartige Einstufung vor, sind für den Planer, Errichter und Prüfer der elektrischen Anlage vier Fälle zu unterscheiden:
   1) Es hat eine Gefährdungsbeurteilung stattgefunden

      Diese Beurteilung hat ergeben, dass es keine feuergefährdeten Betriebsstätten im Gebäude gibt. Der Planer, Errichter oder Prüfer sieht aufgrund seiner Kenntnisse und Erfahrung keinen Grund, diese Gefährdungsbeurteilung anzuzweifeln.

2) Es hat eine Gefährdungsbeurteilung stattgefunden

   Diese Beurteilung hat ergeben, dass es keine feuergefährdeten Betriebsstätten im Gebäude gibt. Der Planer, Errichter oder Prüfer hat aufgrund seiner Kenntnisse und Erfahrung allerdings Zweifel an dem Ergebnis der Gefährdungsbeurteilung. Seinen Zweifel sollte er (schon aus eigenem Interesse) allen Beteiligten gegenüber schriftlich mit fachlichen Begründungen mitteilen.

3) Es hat **keine** Gefährdungsbeurteilung stattgefunden

   Der Planer, Errichter oder Prüfer sieht aufgrund seiner Kenntnisse und Erfahrung keinen Anlass, bestimmte Räume oder Bereiche im Gebäude als feuergefährdete Betriebsstätten einzustufen. Da er jedoch weder für die Gefährdungsbeurteilung noch für die Einstufung verantwortlich ist, kann ihm in der Regel auch kein Vorwurf gemacht werden. Es sei denn, er hat offensichtliche Hinweise, dass es sich bei bestimmten Räumen oder Bereichen um feuergefährdete Betriebsstätte handeln könnte, fahrlässig außer Acht gelassen.

   Sicherheitshalber bzw. bei Zweifelsfällen kann der Planer (oder Errichter/Prüfer) der elektrischen Anlage schriftlich an geeigneter Stelle vermerken, dass ihm keine Hinweise auf besondere Gefährdungen vorgelegt wurden und er deshalb davon ausgeht, dass keine besonderen Betriebsstätten (z. B. feuergefährdete Betriebsstätten) vorhanden sind.

4) Es hat **keine** Gefährdungsbeurteilung stattgefunden

   Allerdings vermutet der Planer, Errichter oder Prüfer, dass eine Einstufung notwendig gewesen wäre und diese eventuell aus Unkenntnis nicht vorgenommen wurde. Er muss seine Einschätzung (schon aus eigenem Interesse) allen Beteiligten schriftlich mit fachlichen Begründungen mitteilen und eine Einstufung fordern.

   Wird ihm schriftlich mitgeteilt, dass eine nachträgliche Einstufung ergeben hat, dass keine feuergefährdete Betriebsstätte vorhanden ist, liegt die Verantwortung allein beim Betreiber bzw. bei dessem Architekten. Trotzdem sollte dann, wenn Zweifel an der Richtigkeit der nachträglichen Einstufung bestehen, der Planer, Errichter oder Prüfer seine Bedenken allen Beteiligten gegenüber schriftlich mitteilen.

5.2.2.3 Besondere Verantwortung des Prüfers einer elektrischen Anlage

Für den Prüfer in der elektrischen Anlage ergibt sich in der Regel eine besondere Verantwortung. Er wird meist von allen Beteiligten (und eventuell auch in einem Gerichtsverfahren nach einem Schadenfall vom Richter) als eine Fachkraft angesehen, die eine derartige Gefährdungsbeurteilung bzw. Einstufung (zumindest für den Bereich der elektrischen Anlage) vornehmen könnte. Dies gilt besonders für prüfende Elektrosachverständige. Schließlich sollte der Prüfer die besonderen Gefahren in Zusammenhang mit dem Betrieb der elektrischen Anlage einschätzen können.

Anlässlich der Abnahmeprüfung einer elektrischen Anlage gehört der Prüfer zu denen, die die Anlage in (fast) betriebsfertigen Zustand besichtigen. Aus diesem Grund müsste er also auch die besondere Gefährdung einschätzen können. Wenn es um eine wiederkehrende Prüfung geht, sieht der Prüfer erst recht die Gefahr, die während des Betriebs aus Sicht des Sach- und Brandschutzes auftreten kann. Beispielsweise sieht er, ob sich in einem Lager die brennbaren Materialien den elektrischen Betriebsmittel nähern können oder ob in einem Produktionsbetrieb ein besonders hoher Staubanfall auftritt, der sich auf Motoren und anderen elektrischen Betriebsmitteln legt und erfahrungsgemäß zu selten entfernt wird.

Liegt ihm bei der Prüfung allerdings keine Einstufung vor, muss er sich, wenn er Zweifel hat, deutlich und schriftlich dazu äußern. Anderenfalls bestätigt er nachträglich die (eventuell völlig falsche und/oder fahrlässige) Gefährdungsbeurteilung des Betreibers, der aus Unkenntnis und vor allem meist aus Kostengründen eine teurere Elektroinstallation in feuergefährdeten Betriebsstätten vermeiden wollte (siehe vorheriges Kapitel 5.2.2.2).

5.3 Kriterien für eine sachgerechte Einstufung

5.3.1 VdS-Richtlinien als Hilfe zur Einstufung

Bei der Begriffsbestimmung in DIN VDE 0100-420 (siehe voriges Kapitel 5.2.1) wird auch auf entsprechende Aussagen in VdS 2033 hingewiesen. Vor allem sind es die Beispieltabellen in diesen Richtlinien, die als probate Hilfe zur Einstufung betrachtet werden. Allerdings wird in VdS 2033 weder in den Texten noch in den Tabellen zwingend festgelegt, welche Betriebsstätten pauschal (also ohne Kenntnis der konkreten Örtlichkeit) feuergefährdet sind und welche nicht. Vielmehr geben die Tabellen dem Fachmann eine praktikable Hilfestellung an die Hand, mit der er im konkreten Fall eine Einstufung schnell und sicher vornehmen kann.

In VdS 2033, Abschnitt 2 heißt es wörtlich:

„Im konkreten Fall ist bei einer Einstufung zu bewerten, ob und in welchem Ausmaß tatsächlich die in der Beispielsammlung unterstellte Gefährdung vorliegt. Dabei spielen z. B. die Eigenschaften und die Menge sowie die Art der Lagerung oder der Verarbeitung der leicht entzündlichen Stoffe eine ausschlaggebende Rolle. Außerdem ist zu klären, auf welche Weise erhöhte Temperaturen bei den vorhandenen elektrischen Betriebsmitteln entstehen und wie leicht entzündliche Stoffe mit diesen in Berührung kommen können."

Offensichtlich geht es um eine praktikable Handlungsanweisung – nicht um das bloße Ablesen einer Tabelle. Tabellen können Hinweise geben, aber die Einstufung der konkreten Örtlichkeit muss vom sachkundigen Fachmann vor Ort getroffen werden.

5.3.2 Nutzen und Grenzen der Tabellen aus VdS 2033

In DIN VDE 0100-420, Abschnitt 422.3 werden bei der Begriffsbestimmung einige Beispiele für Gebäude oder Betriebe genannt, in denen feuergefährdete Betriebsstätten vorhanden sein können. Auch die Beispieltabellen aus VdS 2033 können in wenigen „Hauptgruppen" von Gebäuden und Betrieben zusammengefasst werden. Dadurch ergibt sich folgende unvollständige Beispielliste:

- Papierverarbeitungsbetriebe,
- Textilverarbeitungsbetriebe,
- Kunststoffverarbeitungsbetriebe,
- Holzverarbeitungsbetriebe,
- Heulager,
- Strohlager,
- Jutelager,
- Flachslager,
- Garagen und deren Nebenräume zur Unterstellung von Kraftfahrzeugen für Vergaserkraftstoffe.

Allerdings ist diese Liste weder vollständig noch aussagekräftig genug, um alle in der Praxis vorkommenden Variationen von Räumen und Gebäuden, in denen feuergefährdete Betriebsstätten vorkommen, abdecken zu können.

Natürlich ist die Liste der Beispiele in den Tabelle aus VdS 2033 bedeutend umfangreicher, sodass die real vorkommenden Gebäude bzw. Betriebe weitgehend abgedeckt werden können (siehe **Tabelle 5.1** dieses Buchs). Dadurch ergibt sich ein größtmöglicher Nutzen für die Einstufung von Räumlichkeiten als feuergefährdete Betriebstätte. Allerdings kann man eine solche Tabelle nicht immer direkt bzw. zu 100 % in die Wirklichkeit übertragen, denn die Wirklichkeit ist zu vielgestaltig, als dass man sie in einer Tabelle unterbringen bzw. in Gänze wiedergeben könnte. Eine Einstufung allein mit der Tabelle wäre also sicher nicht sachgerecht.

Beispielsweise kann es bei feuergefährdeten Betriebsstätten durchaus vorkommen, dass die elektrische Anlage in Teilbereichen solcher Betriebsstätten nicht unbedingt den höheren Anforderungen nach DIN VDE 0100-420 entsprechen.

Umgekehrt kann es Räume geben, die nicht als feuergefährdete Betriebsstätte eingestuft werden, in denen jedoch Teile der elektrischen Anlage so geplant und errichtet werden müssen, als befänden sie sich in einer feuergefährdeten Betriebsstätte.

Oder es kann vorkommen, dass man eine Betriebsstätte an sich als feuergefährdet einstufen müsste, aber wegen bestimmter Maßnahmen oder wegen der Art der vorhandenen Materialien eine derartige Einstufung nicht notwendig ist.

Tabelle 1: Feuergefährdete Betriebsstätten ***Hinweis: Nach Abschnitt 2 ist generell die Explosionsgefährdung zu prüfen***				
mögliche feuergefährdete Betriebsstätte	**Beispiele von Teilbereichen**	**Materialien (brennbar)**	**Brandgefährdung durch leicht entzündliche Stoffe ohne Staub/Fasern**	**Brandgefährdung durch leicht entzündliche Stoffe mit Staub/Fasern**
Aufbereitung (Recycling, Entsorgung, Versorgung)	Abfüllung, Abscheideranlage, Abtropfstrecke, Hydraulikanlage, Förderanlage, Laboratorium	Abfälle	x	–
		Abfälle mit Staubentwicklung	–	x
		Farben	x	–
		Fette	x	–
		Holzfasern, Holzspäne	–	x
		Kohle	–	x
		Kühlöle	x	–
		Kunststoffabfälle	–	x
		Kunststoffe	–	x
		Lacke	x	–
		Metallstäube	–	x
		Lösungsmittel	x	–
		Metallspäne	–	x
		Öle	x	–
		Organische Abfälle	–	x
		Papier, Pappe	–	x
		Pasten	x	–
		Petroleum	x	–
		Schneideöle	x	–
		Stroh und Stroherzeugnisse	–	x
		Textilien	x	–
		Textilien (mit Staubbelastung)	–	x
		Torf, Torfmull, Torfstreu	–	x
		Wachse (kein Kerzenwachs)	x	–

Tabelle 5.1 Auszug aus VdS 2033, Tabelle 1

In jedem Fall dienen die Tabellen aus VdS 2033 zunächst als Richtschnur, mit deren Hilfe man eine Beurteilung vornehmen kann. Findet man eine bestimmte Betriebsstätte in einer der Tabellen, ist zunächst zu vermuten, dass die komplette Betriebsstätte als feuergefährlich einzustufen ist. Mit dieser Vorgabe betrachtet man die Betriebsstätte vor Ort. Erst bei dieser direkten Betrachtung der Örtlichkeit (Art des Betriebs, Umgebungsbedingungen, Betriebsabläufe usw.) kann die Entscheidung getroffen werden, welche Bereiche tatsächlich feuergefährlich sind und wo die Abgrenzung zu den übrigen Bereichen stattfinden muss. Das bloße Nachschlagen in einer Tabelle ersetzt nicht die fachgerechte Überlegung.

Beispiel 1:

Die Beleuchtung in einem eindeutig als feuergefährliche Betriebsstätte eingestuften Raum befindet sich 12 m über dem Fertigfußboden. Im Raum wird Holz verarbeitet. Durch eine moderne Absauganlage und durch die Art der Verarbeitung und Wartung wird gewährleistet, dass sich in Höhe der Beleuchtung kein Staub und keine Fasern ablagern können. Aus diesem Grund werden an die Beleuchtungsanlage nicht die Anforderungen nach DIN VDE 0100-420 gestellt. Es wird lediglich darauf geachtet, dass keine heißen Teile der Beleuchtung auf leicht entzündliche Stoffe herabfallen können (z. B. durch Verwendung von Wannenleuchten) und dass die Verdrahtung innerhalb der Leuchten normgerecht ausgewählt und ausgeführt wurde (siehe hierzu Kapitel 3.6.6 dieses Buchs). Gegebenenfalls kann durch eine Fehlerstrom-Schutzeinrichtung (RCD) in den Beleuchtungsstromkreisen für eine zusätzliche Sicherheit gesorgt werden.

Beispiel 2:

In einem Raum, der nicht als feuergefährdete Betriebsstätte eingestuft wurde, wird ein Teil der Elektroinstallation in normal entflammbaren Baustoffen (B2 nach DIN 4102) ausgeführt (z. B. in einer Holzkonstruktion). Dieser Teil der Elektroinstallation sollte dann den Anforderungen nach DIN VDE 0100-420 genügen.

Beispiel 3:

In einem Lager, das sich nach VdS 2033 als feuergefährliche Betriebsstätte einstufen lässt, werden die brennbaren Stoffe gut verpackt und sauber geordnet in nicht brennbaren Regalen gelagert. Der laufende Betrieb (vor allem der Umgang mit dem Lagergut) ruft offensichtlich keine zusätzlichen Gefahren hervor. Es muss gefragt werden, ob der gesamte Raum oder Teilbereiche des Raums als feuergefährdete Betriebsstätte einzustufen sind. Auf alle Fälle muss bei der Auswahl und Errichtung der Betriebsmittel darauf geachtet werden, dass diese keine gefährlichen Temperaturen in der Nähe des Lagerguts hervorrufen können. Die Beleuchtung muss natürlich auch wie im ersten Beispiel sicher betrieben werden können. Gegebenenfalls kann auch hier in bestimmten Stromkreisen (z. B. bei den Beleuchtungsstromkreisen) durch eine Fehlerstrom-Schutzeinrichtung (RCD) und eventuell durch eine AFDD für eine zusätzliche Sicherheit gesorgt werden.

5.3.3 Bewertung der Örtlichkeit für eine korrekte Einstufung

5.3.3.1 Handlungsanweisung für die korrekte Einstufung

Bereits aus dem vorangegangenen Kapitel 5.3.2 ergibt sich indirekt die Frage nach einer korrekten Einstufung der Betriebsstätte in Verbindung mit Beispieltabellen (z. B. aus VdS 2033) und vorgegebenen Definitionen (z. B. aus DIN VDE 0100-420) sowie dem Sachverstand desjenigen, der die Einstufung vornehmen soll. Dabei ist klar geworden, dass es sicher nicht ausreicht, eine Erwähnung der einzustufenden Betriebsstätte in einer Tabelle (z. B. aus VdS 2033) zu entdecken.

Vom Grundsatz her müsste bei einer Einstufung zunächst die Definition der feuergefährdeten Betriebsstätte beachtet werden; denn wenn der Eintrag in einer Tabelle nicht der Definition entspricht, wäre entweder die Tabelle fehlerhaft oder die Definition. Natürlich kann es sein, dass die Definition einer betrachteten Betriebsstätte nicht exakt zugeordnet werden kann oder die Angaben in der Tabelle einfach zu grob bzw. zu allgemein sind, um eine konkrete Situation genau zu erfassen. Hier spielt der Sachverstand des Betrachters eine große Rolle.

Für eine sachgerechte Beurteilung bzw. Einstufung von Betriebsstätten benötigt man eine klare Beschreibung, die den angegebenen Definitionen (siehe Kapitel 5.2.1 dieses Buchs) entsprechen muss. Im Grunde genommen handelt es sich dabei selbst wieder um eine Definition, die allerdings so formuliert wird, dass daraus konkrete Handlungsanweisungen für die Beurteilung bzw. Einstufung abgeleitet werden können. Eine „erweiterte“ Definition mit zugehörigen Handlungsanweisungen wäre etwa Folgende:

Grundlegende Betrachtung zu einer geeigneten Einstufung:

Die Voraussetzung für die Festlegung, ob Räume oder Orte oder Bereiche von Räumen oder Bereiche im Freien als feuergefährdete Betriebsstätte eingestuft werden müssen, ist gegeben durch:

- die Art der verarbeiteten oder gelagerten brennbaren Materialien,
- die Art der Verarbeitung oder Lagerung der brennbaren Materialien,
- die Ansammlung von Staub oder Ähnlichem.

Die Brandgefahr, die bei solchen Räumen oder Bereichen eine Einstufung als feuergefährdete Betriebsstätte notwendig macht, besteht im Vorhandensein einer gefahrdrohenden Menge von leicht entzündlichen Stoffen, die sich an erhöhten betriebs- oder fehlerbedingten Temperaturen von elektrischen Betriebsmitteln entzünden können.

Gefahrdrohend ist eine Ansammlung von leicht entzündlichen Stoffen dann, wenn durch die Menge und/oder die Art der Stoffe und/oder die Art der Lagerung mit hoher Wahrscheinlichkeit die Ausbreitung eines Feuers gefährliche Zustände (bezüglich Personen- oder Sachschutz) hervorgerufen werden.

Eine Begriffsbestimmung zu den *„leicht entzündlichen Stoffe“* ist im Kapitel 5.2.1 dieses Buchs zu finden. Der erste Teil dieser *„grundlegenden Betrachtung“* kann durch die Benutzung von allgemein gehaltenen Tabellen, wie die aus VdS 2033, berücksichtigt werden. Die übrigen Aussagen der Handlungsanweisung müssen vor

Ort berücksichtigt werden. Auf diese Weise kann, wie im folgenden Kapitel 5.3.3.2 beschrieben, eine Einstufung in der konkreten Anlage und unter realen Bedingungen erfolgen.

5.3.3.2 Umsetzung der Handlungsanweisung

5.3.3.2.1 Vorhandensein von leicht entzündlichen Stoffen

Nachdem anhand der im Kapitel 5.3.2 dieses Buchs erwähnten Tabellen aus VdS 2033 eine erste Einschätzung vorgenommen wurde (erster Teil der *„grundlegenden Betrachtung"* aus Kapitel 5.3.3.1 dieses Buchs), kann in einem weiteren Schritt die Beurteilung der Örtlichkeit selbst anhand des zweiten Teils der *„grundlegenden Betrachtung"* erfolgen.

Das erste Kriterium ist ohne Zweifel das Vorhandensein von „leicht entzündlichen Stoffen". Die Definition zu solchen Stoffen findet man in DIN VDE 0100-420 (siehe auch Kapitel 5.2.1 dieses Buchs).

Es muss also zunächst geklärt werden, ob derartige Stoffe überhaupt vorhanden sind. Dabei geht es um alle vorhandenen Materialien, egal, ob diese gelagert oder verarbeitet werden oder ob sie sozusagen als Nebenprodukt beim Betrieb anfallen (wie z. B. Staub, Späne oder Fasern). Eventuell muss hierzu die eine oder andere Stoffprobe entnommen und eine Flammprobe (entsprechend der Definition in DIN VDE 0100-420, Abschnitt 422.3) durchgeführt werden. Bei Stäuben, Holzspänen und üblichen Textilfasern ist in der Regel davon auszugehen, dass sie leicht entzündlich sind.

Hat diese Flammenprobe ergeben, dass sich im entsprechenden Raum bzw. Betriebsbereich leicht entzündliche Stoffe befinden, muss in einem zweiten Schritt über die üblicherweise anfallende Menge und Verteilung dieser Stoffe nachgedacht werden. Ein Aktenordner in einer Werkstatt kann sicherlich „leicht entzündet" werden, aber er stellt für sich noch lange keine gefahrdrohende Menge dar. Völlig anders sieht die Sache aus, wenn in einer Betriebsstätte zeitweise Unmengen an leicht entzündlichen Stoffen gelagert werden (z. B. Scheune) oder während des Betriebs (z. B. als Staub, Späne oder Fasern) anfallen (z. B. in einem Sägewerk oder in einer Schreinerei).

Auch wenn ein subjektiver Spielraum nicht völlig ausgeschlossen werden kann, schafft eine solche Unterscheidung deutlich mehr Klarheit.

Grundsätzlich kann gesagt werden, dass von einer gefahrdrohenden Menge gesprochen werden kann, wenn diese ausreicht, um, einmal in Brand gesetzt, ein sich schnell ausbreitendes Feuer hervorzurufen, das eine erhebliche Gefährdung für den übrigen Raum bzw. große Teile des Raums (und somit für die anwesenden Menschen und vorhandenen Sachwerte) darstellt. Hierfür müssen Fragen gestellt werden wie:

„Was passiert, wenn an einer Stelle ein Feuer ausbricht? Wie entwickelt sich der dann entstehende Brand?"

Kriterien, die hier eine Rolle spielen, sind vor allem:

- die Verteilung der gefahrdrohenden Menge im Raum,
- die zu erwartende Brandausbreitungsgeschwindigkeit aufgrund der beteiligten Stoffe,
- die Art des Raums (Größe des Raums im Verhältnis zum eigentlich feuergefährdeten Bereich),
- die Raumnutzung – hierzu sind Fragen zu stellen wie:
  „*Sind Personen ständig anwesend?*“
  „*Wie viele Personen könnten betroffen sein?*“
  „*Welche Sachwerte sind im Raum ständig vorhanden?*“
- die Fluchtmöglichkeit bei einen Brandfall,
- die zu erwartende Schadenhöhe.

5.3.3.2.2 Brandgefahr durch elektrische Betriebsmittel

Da hier von der elektrischen Anlage die Rede ist, müssen diese Ausführungen auf elektrische Betriebsmittel beschränkt bleiben. Die Brandgefahr besteht also darin, dass die leicht entzündlichen Stoffe mit erhöhten Temperaturen, die durch elektrische Betriebsmittel hervorgerufen werden, in Berührung kommen können.

Die Frage ist also: „*Wie kommen diese beiden Teile zusammen – leicht entzündliche Stoffe und die elektrischen Betriebsmittel mit eventuell erhöhten Temperaturen?*“

Die Antwort kann nur sein: auf jede nur denkbare Art und Weise; gleichgültig:

- ob die leicht entzündlichen Stoffe sich durch die Art der Lagerung oder aufgrund von bestimmten Betriebsabläufen im jeweiligen Raum den heißen Betriebsmitteln nähern können,
- ob das Betriebsmittel (bzw. Teile davon) sich umgekehrt den leicht entzündlichen Stoffen nähert.

Ersteres gilt auch für den Fall, dass die leicht entzündlichen Stoffe aufgrund ihrer Größe oder Beschaffenheit (z. B. Staub, Späne oder Fasern) in elektrische Betriebsmittel eindringen können.

Letzteres gilt auch für heiße Teile von Betriebsmitteln, die beispielsweise abplatzen können (z. B. heiße Teile von Leuchtmitteln). Ebenso ist es möglich, dass die Betriebsmittel durch Bewegungen während des Betriebs in die Nähe der leicht entzündlichen Stoffe geraten können (z. B. ortsveränderliche Betriebsmittel).

In Bezug auf die elektrischen Betriebsmittel selbst muss betont werden, dass es zum einen solche gibt, die während des Betriebs sehr heiß werden können (wie z. B.

Leuchten und Wärmegeräte) oder sogar betriebsbedingte Lichtbögen und Funken hervorrufen (wie z. B. Motoren, Schweiß- und Schaltgeräte).

Zum anderen können erhöhte Temperaturen an den elektrischen Betriebsmitteln durch Fehler hervorgerufen werden. Folgende unvollständige Beispielliste verdeutlicht dies:

- Die Lüftungsöffnungen von elektrischen Verbrauchsmitteln werden verstopft oder zugestellt (vielleicht sogar durch die leicht entzündlichen Stoffe).
- Die Verdrahtung innerhalb einer Leuchte besitzt keine wärmebeständige Isolation, sodass die im Inneren der Leuchte auftretenden Temperaturen diese verspröden lassen. So können z. B. durch eine Bewegung innerhalb dieser Verdrahtung widerstandsbehaftete Kurz- oder Körperschlüsse auftreten, die längere Zeit anstehen.
- Die Anschlussleitung eines (ortsfesten oder ortsveränderlichen) Betriebsmittels ist defekt, sodass Kurzschlüsse und Lichtbögen auftreten.
- Die Isolation von flexiblen Leitungen (z. B. die Ladeleitungen von Flurförderfahrzeugen) ist defekt.
- Ein elektrisches Verbrauchsmittel wird überlastet.
- Ein Kabel oder eine Leitung der festen Installation wird während des Betriebs beschädigt, sodass auch hier erhöhte Temperaturen, Kurzschlüsse oder Lichtbögen auftreten.

Ein besonderes Problem sind anfallende Stäube oder Fasern, die sich auf Betriebsmittel legen oder in sie eindringen können. Diese Stoffe sind besonders gefährlich, weil sie über einer längeren Zeit Wärmenester bilden können und sich dann irgendwann entzünden. Dabei kann dieser Staubbelag oder Faserbelag örtlich begrenzt sein; es reicht, wenn sich ein durch diese Beläge entstandener Brand auf die im Raum vorhandenen, anderen leicht entzündlichen Stoffe übertragen kann.

All diese Überlegungen müssen Teil der Gefährdungsbeurteilung (siehe hierzu Kapitel 5.2.2.1 dieses Buchs) sein, die der Betreiber der Anlage ohnehin vornehmen muss. Sie entsprechen zugleich dem zweiten Teil der „*grundlegenden Betrachtung*“ aus dem vorherigen Kapitel 5.3.3.1. Nach der Bewertung der realen Situation einschließlich der Umgebungsbedingungen in der konkreten Anlage kann eine Entscheidung getroffen werden, ob die vorläufige Einstufung nach Tabelle (siehe Kapitel 5.3.1 dieses Buchs) angebracht ist oder konkretisiert bzw. angepasst werden muss.

An dieser Stelle muss noch eines deutlich hervorgehoben werden: Bei einigen Betriebsstätten muss nicht nur über eine Feuergefährdung, sondern gegebenenfalls auch bzw. vor allem über eine Explosionsgefährdung nachgedacht werden. Dies wird z. B. in den im Kapitel 5.3.1 dieses Buchs erwähnten Tabellen aus VdS 2033 im Tabellenkopf ausdrücklich hervorgehoben. Zudem heißt es in VdS 2033, Abschnitt 2 wörtlich:

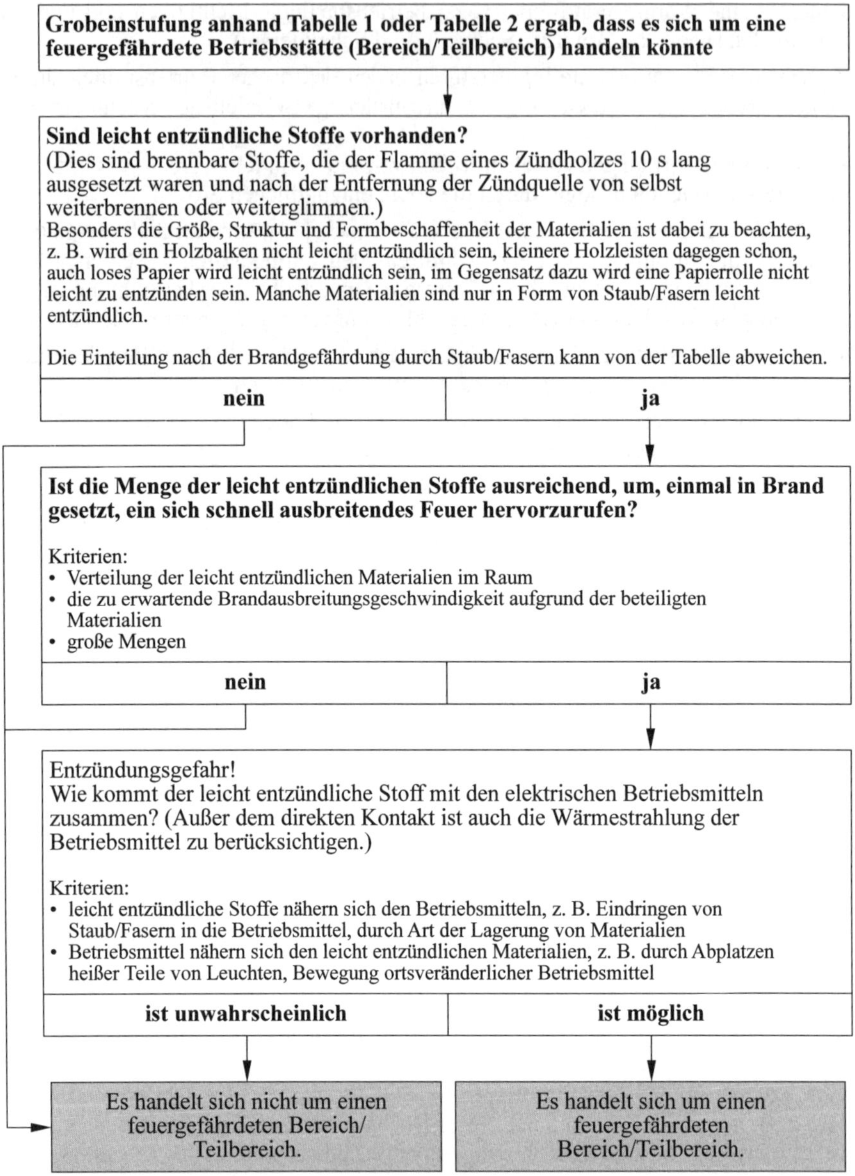

Bild 5.1 Ablaufdiagramm für die Vorgehensweise bei der Einstufung von Räumen und Bereichen als feuergefährdete Betriebsstätte nach VdS 2033

„Hinweis: Wenn eine Gefährdungsbeurteilung nach § 3 BetrSichV ergibt, dass es sich bei der Betriebstätte oder Teilen von dieser um explosiongefährdete Bereiche handelt, so sind die für diese Bereiche besonderen technischen Anforderungen zu erfüllen. In dieser Publikation werden Explosionsrisiken nicht behandelt.“

Um den Umgang mit der zuvor im Kapitel 5.3.3.1 erwähnten „*grundlegenden Betrachtung*“ zu erleichtern, wurde in VdS 2033 die Vorgehensweise in einem Ablaufdiagramm dargestellt (siehe **Bild 5.1** dieses Buchs). Die Anweisungen in diesem Diagramm verstehen sich natürlich als ein Vorschlag für eine mögliche Vorgehensweise, um eine Beurteilung bzw. Einstufung vornehmen zu können.

5.4 Anforderung an die Elektroinstallation in feuergefährdeten Betriebsstätten

5.4.1 Allgemeine Anforderungen

Die beiden wichtigsten Grundsätze für die Errichtung von elektrischen Anlagen in feuergefährdeten Betriebstätten nennt DIN VDE 0100-420:

1) Elektrische Betriebsmittel sind auf solche zu beschränken, die für Anwendungen in diesen Bereichen notwendig sind. Ausnahmen können gemacht werden bei Kabeln und Leitungen, die nur durch die feuergefährdete Betriebsstätte zu anderen Bereichen hindurchgeführt werden. Weitere Anforderungen hierzu folgen in nachfolgender Anforderungsliste.
2) Elektrische Betriebsmittel müssen unter Berücksichtigung äußerer Einflüsse so ausgewählt und errichtet werden, dass ihre Erwärmung bei üblichem Betrieb und der vorhersehbaren Temperaturerhöhung im Fehlerfall kein Feuer verursachen kann.

   Diese Forderung kann durch geeignete Bauart der Betriebsmittel oder durch zusätzliche Schutzmaßnahmen bei der Errichtung der Anlage erreicht werden.

Um diesen Grundsätzen gerecht werden zu können, sind die Maßnahmen der folgenden Anforderungsliste zu beachten:

- Die elektrischen Betriebsmittel sind möglichst auf solche zu beschränken, die im feuergefährdeten Bereich benötigt werden.
- Wenn sich Staub auf Umhüllungen (Gehäusen) von elektrischen Betriebsmitteln ansammeln kann, sind Maßnahmen zu treffen, die verhindern, dass die Umhüllungen zu hohe Temperaturen annehmen.

- Alle Betriebsmittel im feuergefährdeten Bereich, vor allem Leuchten, Schaltgeräte für Schutz, Steuerung und Schalthandlungen sowie Verteilerdosen und Verteilerkästen, müssen eine IP-Schutzart aufweisen, die der Beanspruchung bzw. Gefährdung gerecht wird. Das bedeutet:
  - IP5X, wenn mit Ansammlung von Staub und/oder Fasern zu rechnen ist,
  - IP6X, wenn mit Ansammlung von **leitfähigem** Staub und/oder Fasern zu rechnen ist,
  - IP4X, wenn mit der Ansammlung von Staub und/oder Fasern nicht zu rechnen ist und die Feuergefährdung durch andere leicht entzündliche Stoffe hervorgerufen wird, ausgenommen Elektrowärmegeräte, für die die Schutzart IP2X zugelassen ist; dabei sind die vom Hersteller angegebenen Mindestabstände zu brennbaren Bauteilen einzuhalten.
- Alle Arten von Schaltgeräten, zu denen auch Schutzgeräte gehören, müssen außerhalb der feuergefährdeten Betriebsstätte angeordnet werden, es sei denn, sie befinden sich in einer Umhüllung (z. B. in einem Verteiler), die die Schutzart IP44, bei Staub- und Faseranfall IP54 und bei leitfähigem Staub- und Faseranfall IP65 aufweist.
- Zum Schutz vor der zerstörerischen Energie eines auftretenden Störlichtbogens in Verteilungsanlagen empfiehlt DIN VDE 0100-420 im Abschnitt 421.3, eine Störlichtbogenschutzeinrichtung vorzusehen. Solche Schutzeinrichtungen registrieren die Lichtleistung des Lichtbogens sowie den damit verbundenen Stromanstieg und bringen den Lichtbogen innerhalb von maximal 5 ms zum Verlöschen. Näheres hierzu ist im Kapitel 3.3.4.1 dieses Buchs zu finden.
- Um in einphasigen Endstromkreisen der Gefahr von Lichtbögen zwischen Außenleiter und Neutralleiter sowie von sogenannten Reihenfehlerlichtbögen (serielle Lichtbögen), bei denen der Lichtbogen in Reihe zum Verbraucher liegt, entgegenzuwirken, fordert DIN VDE 0100-420 im Abschnitt 421.7 den Einsatz einer Fehlerlichtbogen-Schutzeinrichtung (AFDD). Diese Schutzeinrichtung wird im Kapitel 3.3.4.2 dieses Buchs beschrieben.
- PEN-Leiter sind nicht zulässig, es sei denn, die Kabel oder Leitungen durchqueren die feuergefährdeten Betriebsstätten nur. Allerdings dürfen sie in diesem Fall keine Verbindung zu leitfähigen Teilen innerhalb der feuergefährdeten Betriebsstätte aufweisen und müssen so verlegt sein, dass die Gefahr einer Verbindung zu leitfähigen Teilen weitgehend ausgeschlossen werden kann.
- Alle Neutralleiter der Endstromkreise in feuergefährdeten Betriebsstätten müssen mit einer Trenneinrichtung versehen sein, z. B. Neutralleiter-Trennklemme.
- Motoren, die automatisch gesteuert oder fernbedient oder nicht ständig beaufsichtigt werden, müssen gegen unzulässig hohe Temperaturen geschützt werden. Hierzu dienen Einrichtungen zum Schutz bei Überlast mit manueller Rückstellung oder eine gleichwertige Einrichtung zum Schutz bei Überlast. Motoren

mit Stern-Dreieck-Anlauf müssen auch in der Sternstufe gegen unzulässig hohe Temperaturen geschützt werden.

5.4.2 Beleuchtung in feuergefährdeten Betriebsstätten

Es dürfen nur Leuchten mit begrenzter Oberflächentemperatur verwendet werden. Die höchsten zulässigen Temperaturen bei solchen Leuchten sind:

- bei normalen Bedingungen 90 °C
- unter Fehlerbedingungen 115 °C

Diese Temperaturen gelten für die Gehäuseoberfläche, also nicht nur für die Montagefläche. Leuchten mit den Symbolen ▽D, ▽F▽F und ▽M▽M erfüllen diese Anforderungen, wenn die vom Hersteller angegebenen Einbauanweisungen und Sicherheitsabstände eingehalten werden. Leuchten mit dem Zeichen ▽F▽F werden nicht mehr hergestellt, können jedoch in bestehenden Anlagen immer noch vorkommen.

Bei Staub- und/oder Faseranfall sind nur Leuchten zulässig, bei denen sichergestellt ist, dass sich Staub und/oder Fasern nicht in gefahrdrohender Menge ansammeln können. Dann sind nur Leuchten mit den veralteten Zeichen ▽F▽F oder mit dem aktuellen Zeichen ▽D zulässig. Die mit ▽D gekennzeichneten Leuchten müssen häufig mit einer zusätzlichen Abdeckung (oder Wanne) versehen werden, die der Schutzart IP5X entspricht.

Außerdem gilt folgende grundsätzliche Anforderung:

Lampen und andere Bauteile von Leuchten müssen gegen die zu erwartenden mechanischen Beanspruchungen geschützt sein. Ferner muss verhindert werden, dass Bauteile von Leuchten, wie Lampen oder andere heiße Teile, aus der Leuchte herausfallen können.

5.4.3 Kabel und Leitungen in feuergefährdeten Betriebsstätten

Kabel und Leitungen müssen in ihrem gesamten Verlauf vollständig in nicht brennbaren Materialien, wie Putz oder Beton, eingebettet oder anderweitig vor Feuer geschützt sein. Kann diese Forderung nicht erfüllt werden, müssen die Kabel und Leitungen „nicht flammausbreitende Eigenschaften" aufweisen. Nach den Aussagen der Norm erfüllen übliche Kabel und Leitungen wie NYY und NYM diese Bedingung. Ob dieses Zugeständnis allerdings nach Einführung der Euroklassen von Kabeln und Leitungen (siehe Kapitel 3.5.2.2 dieses Buchs) zukünftig noch haltbar sein wird, muss sich zeigen. Noch besser werden diese Anforderungen jedoch durch halogenfreie Kabel und Leitungen mit verbessertem Verhalten im Brandfall erfüllt. Zusätzlich bieten die letztgenannten Kabel und Leitungen aufgrund ihrer Halogenfreiheit einen verbesserten Schutz vor Korrosionsschäden.

In DIN VDE 0100-420, Abschnitt 422.3.4 findet man zudem eine wichtige Anmerkung, in der hervorgehoben wird, dass besonders dort, wo Kabel und Leitungen gehäuft vorkommen sowie in senkrechten Führungssystemen (senkrechte Kabel- bzw. Installationskanäle), der Einsatz von Kabeln und Leitungen mit verbessertem Verhalten im Brandfall zu empfehlen ist. Dies sind z. B. Kabel und Leitungen mit folgenden Bauartkennzeichen: NHXMH, NHXHX, N2XH, N2XHX, NSHXA. Weitere Beispiele sind der Tabelle 1 aus DIN VDE 0100-420 zu entnehmen.

Flexible Leitungen sollten ausgeführt sein in schwerer Ausführung, mindestens in der Bauart H07RN-F oder als gleichwertige Bauart.

Kabel und Leitungen, ausgenommen mineralisolierte Leitungen (siehe Kapitel 3.5.2.3 dieses Buchs) und Stromschienensysteme, benötigen einen Schutz gegen langsam auftretende Isolationsfehler. Sie sind zu schützen durch eine der folgenden Maßnahmen:

- Einbau von Fehlerstrom-Schutzeinrichtungen (RCD) Typ A oder Typ B (wenn glatte Fehlergleichströme zu erwarten sind) mit einem Bemessungsdifferenzstrom $I_{\Delta n} \leq 300$ mA in TN- und TT-Systemen, wobei für Flächenheizelemente nur $I_{\Delta n} \leq 30$ mA zugelassen ist.
- Einbau einer Isolationsüberwachungseinrichtung (IMD) mit akustischer oder optischer Meldung und einer Abschaltung innerhalb 5 s im Doppelfehlerfall.

In allen Kabeln und Leitungen ist ein Schutzleiter als Überwachungsleiter mitzuführen, wenn möglich als konzentrischer Leiter.

Kabel und Leitungen, die eine feuergefährdete Betriebsstätte nur durchqueren, müssen folgende Bedingungen erfüllen:

- In ihrem Verlauf durch die feuergefährdete Betriebsstätte haben sie keine Klemm- oder Verbindungsstellen; es sei denn, die Verbindungen und Klemmen befinden sich in einer feuerbeständigen Umhüllung (F30).
- Sie sind bei Kurzschluss und Überlast geschützt.
- Weder die Isolation der Kabel und Leitungen noch die eventuell zugehörigen Installationsrohre oder Installationskanäle besitzen flammausbreitende Eigenschaften; Kabel und Leitungen mit dern Typenbezeichnungen NYY, NYCWY, NYM erfüllen diese Anforderung.
- Es dürfen keine blanken Leiter verlegt werden.

5.4.4 Wärmegeräte in feuergefährdeten Betriebsstätten

- Heizgeräte sind auf nicht brennbaren Unterlagen zu befestigen. Wenn sie in einer brennbaren Umgebung aufgestellt werden müssen, sind sie mit geeigneten

Abdeckungen zu versehen, um eine Entzündung der umliegenden Materialien zu verhindern.

- Wenn elektrische Beheizungs- und Belüftungssysteme verwendet werden, muss sichergestellt sein, dass durch Lufttemperatur und Staubgehalt keine Feuergefahr entsteht. Temperaturbegrenzer dürfen nur manuell rückstellbar sein.
- Umhüllungen (Gehäuse) von Elektrowärmegeräten dürfen keine höheren Temperaturen erreichen als die für Leuchten festgelegten (siehe voriges Kapitel 5.4.2). Außerdem müssen die Geräte so ausgeführt und angebracht sein, dass eine Ansammlung von Stoffen die Wärmeabfuhr nicht behindert.

6 Brandschutz durch geeignete Planung und Errichtung elektrischer Anlagen

6.1 Allgemeines

Nach DIN VDE 0100-100 Abschnitt 131.3 gilt für den Schutz gegen thermische Auswirkungen folgender Grundsatz:

Die elektrische Anlage muss so angeordnet sein, dass von ihr keine Gefahr der Entzündung brennbaren Materials infolge zu hoher Temperatur oder eines Lichtbogens ausgeht. Zusätzlich dürfen während des normalen Betriebs von elektrischen Betriebsmitteln Personen und Nutztiere keiner Gefahr von Verbrennungen ausgesetzt sein.

Aus Sicht der Planung sind sowohl ausreichend viele Stromkreise als auch eine genügende Anzahl von Steckdosen von enormer Bedeutung in Bezug auf die Sach- und Brandschadenverhütung; denn eine zu geringe Anzahl von Stromkreisen verschärft die Gefahr der Überlastung, und zu wenige Steckdosen verursachen die nicht unerhebliche Gefahr, die durch zahlreiche Verlängerungen und Mehrfachsteckdosen entstehen (siehe hierzu auch Kapitel 2.2.2.9), die der Betreiber der Anlage zwangsläufig einsetzen wird. Wer hier knausert, erhöht automatisch das Risiko für eine Brandentstehung. Weitere Einzelheiten hierzu sind im Kapitel 3.1.2.5.1 dieses Buchs zu finden.

Für die Verminderung der Brandgefahr ist die schnelle Abschaltung eines Fehlers in der elektrischen Anlage wichtig. Richtig bemessene und einwandfrei ausgeführte Schutzmaßnahmen gegen elektrischen Schlag (DIN VDE 0100-410) und der Überstromschutz von Kabeln und Leitungen gegen zu hohe Erwärmung (DIN VDE 0100-430) sorgen unter Beachtung aller Verlege- und Betriebsbedingungen für einen ausreichenden Brandschutz. Je empfindlicher eine Schutzeinrichtung arbeitet, d. h. je schneller sie im Fehlerfall anspricht, desto wirksamer übernimmt sie auch den Brandschutz. Andererseits muss klar sein, dass eine Schutzeinrichtung bei mangelhafter Ausführung der Anlage den Schutz nur bedingt oder überhaupt nicht übernehmen kann. Werden Leitungshäufungen oder höhere Umgebungstemperaturen nicht berücksichtigt oder liegen mangelhafte Übergangswiderstände an Kontakten vor, so kommen Ströme zum Fließen, die einen Brand auslösen können, ohne dass die vorgeschaltete Schutzeinrichtung anspricht. RCDs mit Bemessungsfehlerströmen $I_{\Delta n} \leq 300$ mA bieten einen ausgezeichneten Brandschutz, da Fehler gegen Erde oder gegen geerdete Bauteile sehr schnell erkannt und abgeschaltet werden.

Werden zum Brandschutz Fehlerstrom-Schutzeinrichtungen (RDC) verwendet, müssen solche vom Typ A oder Typ B (wenn glatte Gleichfehlerströme zu erwarten sind) mit einem Bemessungsdifferenzstrom $I_{\Delta n} \leq 300$ mA eingesetzt werden. Bei Anwendung von Differenzstrom-Meldeeinrichtungen (RCM) ist am Gerät ein Ansprechstrom $I_{\Delta n} \leq 300$ mA einzustellen. Die RCM muss bei einem Spannungsausfall eine Abschaltung hervorrufen.

Auch der neue Brandschutzschalter (AFDD) trägt zu einem verbesserten Brandschutz bei. Wo solche Schalter einzusetzen sind, wird im Kapitel 3.3.4.2 dieses Buchs näher erläutert.

6.2 Längsschutz von Kabeln und Leitungen bei besonderen Risiken

Elektrische Leitungen bzw. Kabel, die zur Versorgung besonderer Anlagen dienen, sollten auch einen besonderen Schutz über ihre gesamte Länge (Längsschutz) erhalten. Dieser Längsschutz kann erforderlich sein für folgende Anlagen bzw. Betriebsbereiche:

- Rettungswege (Flure, Treppenhäuser)
- Räume für Menschenansammlungen
- Räume mit einer Konzentration hoher Sachwerte
- Netzersatz- und Notstromanlagen
- Feuerwehraufzüge
- Sprinkleranlagen
- Sicherheitsbeleuchtung

Der Längsschutz in diesen Anlagen soll in Zusammenhang mit elektrischen Kabeln und Leitungen eine Brandschutzmaßnahme darstellen, die den Übergriff eines äußeren Brands auf Kabel- bzw. Leitungsanlagen erschwert oder verhindert. Gleichzeitig sollen die von einem Kabel- bzw. Leitungsbrand ausgehenden Folgewirkungen abgeschwächt oder verhindert werden. Dieser Schutz kann durch bauliche Maßnahmen, durch die Auswahl entsprechender Kabel bzw. Leitungen oder durch eine entsprechende Verlegeart erreicht werden. Den Längsschutz könnten alternativ sicherstellen:

- die Verlegung mineralisolierter Leitungen (siehe Kapitel 3.5.2.3 dieses Buchs),
- die Verlegung halogenfreier Leitungen bzw. Kabel mit verbesserten Verhalten im Brandfall,
- das Auftragen von speziellen Kabelbeschichtungen,
- Herstellen von Kanälen und Schächten aus nicht brennbaren Baustoffen,
- besondere Wahl der Kabel- bzw. Leitungstrasse mit räumlich getrennter Verlegung, z. B. in Zwischenböden und anderen Hohlräumen aus nicht brennbaren Baustoffen,

- die Verlegung im Erdreich bzw. ganz allgemein die „erdschluss- und kurzschlusssichere Verlegung“ (wie nachfolgend beschrieben),
- die Verlegung in Beton, im Putz oder unter Putz.

6.3 Erdschluss- und kurzschlusssichere Verlegung

Bei Problemen mit dem Schutz bei Überstrom wird als Alternative häufig die sogenannte „erdschluss- und kurzschlusssichere Verlegung“ erwähnt. Kurzschlusssicher und erdschlusssicher sind Kabel und Leitungen dann, wenn bei bestimmungsgemäßen Betriebsbedingungen weder mit einem Kurzschluss noch mit einem Erdschluss zu rechnen ist.

Darin unterscheidet sich diese Verlegeart auch von einer möglichen „kurzschlussfesten Verlegung“. Bei einer kurzschlussfesten Verlegung wird vorausgesetzt, dass ein Kurzschluss vorkommen kann, aber durch die Art der Betriebsmittel und der Montage sicher beherrscht wird. Von einer kurzschlusssicheren Errichtung kann gesprochen werden, wenn durch die Art der Verlegung bzw. Montage mit einem Kurzschluss gar nicht erst gerechnet werden muss.

Notwendig werden kann eine solche Verlegung z. B. bei der Kabelanlage zwischen einem einspeisenden Transformator und seiner nachgeschalteten Niederspannungs-Hauptverteilung. Auch bei Stromkreisen, in denen z. B. aus Gründen des Brandschutzes Fehlerstrom-Schutzeinrichtungen (RCDs) zwar gefordert sind, aber aus diversen Gründen (z. B. zu hohe Ableitströme oder Betriebsströme) nicht vorgesehen werden können, ist eine erdschluss- und kurschlusssichere Verlegung eine mögliche Alternative.

Als erd- und kurzschlusssichere Verlegung gelten:

a) starre Leiter, die gegenseitiges Berühren und eine Berührung mit Erde ausschließen, zum Beispiel Sammelschienen, Schienenverteiler,

b) Einaderleitungen, die so verlegt sind, dass eine gegenseitige Berührung und eine Berührung mit Erde ausgeschlossen werden kann durch:
   - Abstandhalter (**Bild 6.1** dieses Buchs),
   - Verlegung jedes einzelnen Leiters in jeweils einem Elektro-Installationsrohr (**Bild 6.2** dieses Buchs),
   - Verlegung jedes einzelnen Leiters in jeweils einem Elektro-Installationskanal,

c) einadrige Kabel und Mantelleitungen, z. B. NYY oder NYM, oder einadrige flexible Gummischlauchleitungen, z. B. H07RN-F (**Bild 6.3** dieses Buchs),

d) Einaderleitungen für eine Nennspannung von mindestens 3 kV oder gleichwertige Ausführungen; NSGAFÖU (Sonder-Gummiaderleitung) nach DIN VDE 0250-602 mit einer Nennspannung von U_0/U = 1,8/3 kV gibt es von 1,5 mm² bis 10 mm² als eindrähtige Aderleitung und als mehrdrähtige Aderleitung von 16 mm² bis 300 mm²; die maximale Betriebstemperatur solcher Leitungen beträgt in der Regel 90 °C,

e) Kabel und Mantelleitungen, die nicht in der Nähe brennbarer Stoffe verlegt sind und bei denen die Gefahr einer mechanischen Beschädigung nicht gegeben ist, z. B. in abgeschlossenen elektrischen Betriebsstätten,

f) Kabel und Leitungen, die so verlegt sind, dass sie gefahrlos ausbrennen können (z. B. erdverlegte Kabel).

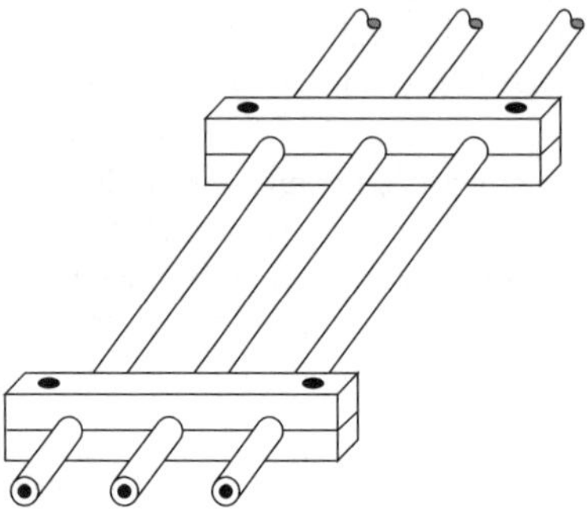

Bild 6.1 Abstandhalter bei einadrigen Leitern für eine erdschluss- und kurzschlusssichere Verlegung

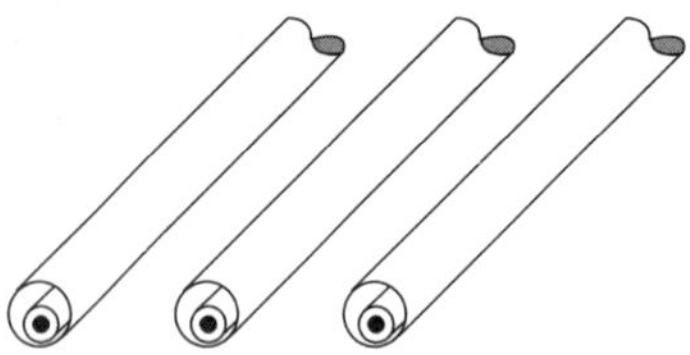

Bild 6.2 Einadrige Leiter in einem nicht leitfähigen Elektro-Installationsrohr für eine erdschluss- und kurzschlusssichere Verlegung

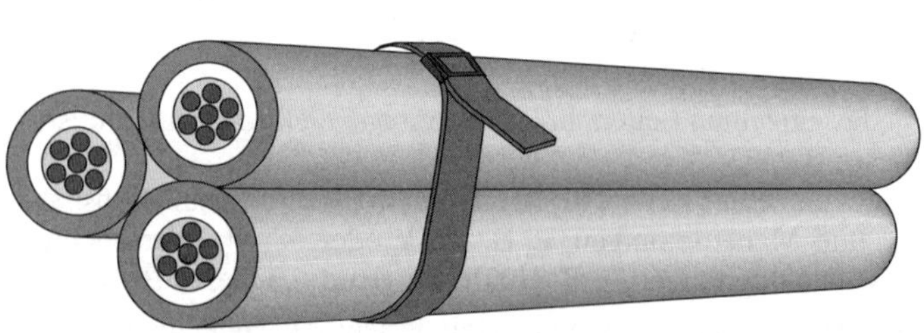

Bild 6.3 Einadriges Kabel bzw. einadrige Leitung (z. B. NYY oder NYM oder H07RN-F) für eine erdschluss- und kurzschlusssichere Verlegung

6.4 Back-up-Schutz und Selektivität

Wenn der Kurzschlussstrom so groß ist, dass eine vorgesehene Schutzeinrichtung (z. B. ein LS-Schalter) diesen Strom nicht mehr schalten kann, entsteht eine nicht zu unterschätzende Brandgefahr. Aus diesem Grund müssen in diesem Fall andere Schutzeinrichtungen, z. B. Schmelzsicherungen, vorgeschaltet werden – natürlich unter Aufgabe der Selektivität – die eine Abschaltung so schnell übernehmen, dass die gefährdete Schutzeinrichtung nicht ansprechen muss oder zumindest nicht überlastet wird. Die vorgeschaltete Schutzeinrichtung übernimmt somit den Kurzschlussschutz für die nachgeschaltete Schutzeinrichtung. Die gefährdete Schutzeinrichtung dient dann nur noch als Überlastschutzeinrichtung und als Kurzschlussschutzeinrichtung für kleinere Kurzschlussströme, und sie verhält sich für diese Fälle auch selektiv zu der vorgeordneten Schutzeinrichtung.

Das Problem und die erforderliche Maßnahme sollen nachfolgend an einem Beispiel erläutert werden:

Beispiel:

In einer Industrieanlage soll ein Gerät durch LS-Schalter, Typ C, Nennstrom 40 A, abgesichert werden. Der maximale Kurzschlussstrom an der Einbaustelle liegt bei 12 kA. Gesucht ist die notwendige Vorsicherung der Betriebsklasse gG, die sich bei kleinen Kurzschlussströmen noch selektiv zum LS-Schalter verhält und bei großen Kurzschlussströmen einen Back-up-Schutz bietet.

Die Lösung erfolgt zweckmäßigerweise durch Übertrag der Strom-Zeit-Kennlinie des verwendeten LS-Schalters in ein Kennlinienfeld von NH-Sicherungen, die zur Verfügung stehen.

Wie **Bild 6.4** dieses Buchs zeigt, reicht eine 125-A-gG-Sicherung gerade noch aus, um selektives Abschalten bis zu einem Kurzschlussstrom von etwa 3,5 kA zu gewährleisten. Eine 100-A-Sicherung würde möglicherweise die Ausschaltkennlinie des LS-Schalters schneiden und wäre somit nicht geeignet.

Wenn der LS-Schalter Ströme bis 6 kA schalten kann, wäre damit auch der Back-up-Schutz gegeben, weil bei Strömen ab 3,5 kA bis zum zuvor angegebenen maximalen Kurzschlussstrom von 12 kA die Schmelzsicherung schneller schaltet und so den LS-Schalter entlastet. Das bedeutet:

Bis 3,5 kA herrscht Selektivität, und bei Kurzschlussströmen über 3,5 kA wird der LS-Schalter durch die Schmelzsicherung geschützt (Back-up-Schutz).

Bei einer 160-A-gG-Sicherung hingegen ist der Back-up-Schutz für einen LS-Schalter mit 6 kA Bemessungsschaltvermögen fraglich, da sich die Kennlinien bei etwa 6 kA schneiden. Es wäre nicht auszuschließen, dass bei einem Strom, der etwas über 6 kA liegt, der LS-Schalter zuerst auslösen und dabei unter Umständen zerstört werden würde. Die Anwendung einer 160-A-gG-Sicherung erfordert einen LS-Schalter mit 10 kA Bemessungsschaltvermögen.

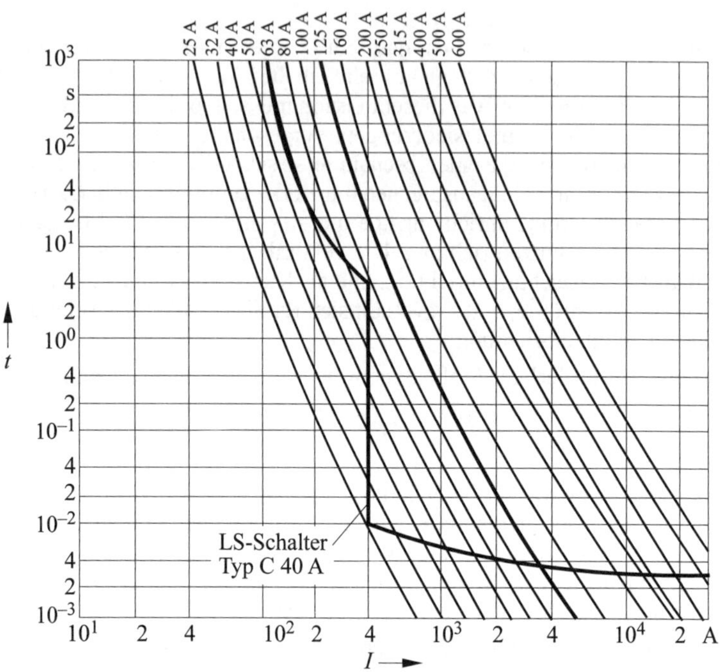

Bild 6.4 Strom-Zeit-Kennlinien von NH-Sicherungen der Betriebsklasse gG und einem LS-Schalter Typ C, 40 A

Hinweis: Bei Selektivitätsbetrachtungen mit sehr kurzen Abschaltzeiten $t_a \leq 0{,}1$ s, also bei sehr großen Kurzschlussströmen, die höher als das 18- bis 20-Fache des Bemessungsstroms der Überstrom-Schutzeinrichtungen ausfallen, genügt es häufig nicht mehr, die Schmelzzeitkennlinien der verschiedenen Überstrom-Schutzorgane nach der Abschaltzeit auszuwerten. Besonders bei der Anwendung von Schmelzsicherungen und nachgeordneten LS-Schaltern bzw. Leistungsschaltern in einer Anlage können Probleme auftreten. Dies gilt auch beim Einsatz von strombegrenzenden Überstrom-Schutzeinrichtungen. Eine Lösungsmöglichkeit wäre der Vergleich der Schmelzzeitintegralwerte (Joule-Integral bzw. I^2t-Werte) der verschiedenen Überstrom-Schutzeinrichtungen (siehe Kapitel 3.1.3.4 dieses Buchs).

6.5 Installation in Hohlwänden nach DIN VDE 0100-520

In DIN VDE 0100-520, Abschnitt 521.15 wird die Installation in Hohlwänden beschrieben. Da diese in der Regel ganz oder zum Teil aus brennbarem Material bestehen, hat auch in diesem Fall das Thema Brandschutz eine hohe Bedeutung.

Dass elektrische Betriebsmittel (Steckdosen, Schalter, Abzweigdosen, Kabel und Leitungen usw.) in Hohlwände eingebracht werden dürfen, ist unbestritten. Es ist nach Norm sogar erlaubt, Kabel und Leitungen sowohl fest als auch beweglich zu verlegen. Natürlich sind beweglich verlegte Kabel und Leitungen an den Anschlussstellen vor Zug- und Schubbelastungen zu schützen.

Natürlich müssen die Betriebsmittel einigen Mindestanforderungen entsprechen:

a) Geräte- und Verbindungsdosen müssen mit dem Symbol Ⓗ nach DIN VDE 0606-1 (**VDE 0606-1**) gekennzeichnet sein. Diese Norm aus dem Jahr 2000 ist immer noch gültig, obwohl bereits die neue Norm DIN EN 60670-1 (**VDE 0606-1**) erhältlich ist und letztmalig 2014 herausgegeben wurde. Allerdings konnte man sich in Europa nicht in allen Punkten einigen – u. a. auch nicht bezüglich der mit H gekennzeichneten Geräte- und Verbindungsdosen, deren Anforderungen für Deutschland immer noch in der älteren Norm vorliegen.

   Weiterhin müssen im Hohlraum eingebaute Dosen und andere Gehäuse einen Schutzgrad von mindestens IP30 besitzen.

b) Verteiler dürfen ebenfalls in Hohlwänden errichtet werden. Sie müssen den Prüfanforderungen für Hohlwand-Installationskleinverteiler nach DIN EN 61439-1 (**VDE 0660-600-1**) genügen und ebenfalls mit dem zuvor erwähnten H gekennzeichnet sein.

Wenn die elektrischen Betriebsmittel diesen Anforderungen nicht oder nur zum Teil entsprechen, müssen sie mit mindestens 12 mm dicken Silikatfasern oder mit nicht entflammbarem Material oder mit mindestens 100 mm Glas- oder Steinwolle umhüllt werden. Natürlich muss hierbei eine mögliche Beeinflussung der Wärmeableitfähigkeit der umhüllten Betriebsmittel berücksichtigt werden.

Dass eine Krallenbefestigung bei Schaltern und Steckdosen verboten ist, dürfte selbstverständlich sein. Sie ist auch unnötig, weil die mit H gekennzeichneten Gerätedosen die Möglichkeit der Schraubbefestigung bieten.

Kabel und Leitungen, die in Verbindungsdosen eingeführt werden, müssen zugentlastet sein, weil in Hohlwänden eine unzulässige Belastung der Anschlüsse durch das Eigengewicht der Kabel und Leitungen möglich ist.

Anforderungen für Installationen in Hohlwänden, die eine hochfeuerhemmende Qualität (F 60) aufweisen, sind im Kapitel 4.3.3.1 dieses Buchs zu finden.

7 Berücksichtigung vorhandener Oberschwingungen

7.1 Einführung

In den letzten Jahren kommen immer häufiger sogenannte nicht lineare Verbrauchsmittel in den elektrischen Anlagen zum Einsatz. Dies sind solche Verbraucher, die bei einer anliegenden sinusförmigen Spannung einen nicht sinusförmigen Strom aufnehmen. Sie können Gefahren verursachen, die in der Vergangenheit bereits Brandschäden verursacht haben.

Jede periodische, nicht sinusförmige Kurvenform (gleichgültig ob trapezförmig, dreieckig, rechteckig usw.) kann nach der sogenannten Fourieranalyse in harmonische, sinusförmige Schwingungen mit unterschiedlichen Frequenzen und Amplituden zerlegt werden (**Bild 7.1** dieses Buchs). Dabei unterscheidet man stets eine sogenannte „Grundschwingung", deren Periodendauer T_1 der Periodendauer der nicht sinusförmigen Ausgangsschwingung entspricht, und den „harmonischen Oberschwingungen", deren Periodendauer T_n um ein Vielfaches kleiner ist als die Grundschwingung. Aus diesem Grund gelten folgende Aussagen:

$$T_1 = T_{\mathrm{AS}}$$

Außerdem kann gesagt werden:

$$T_n = \frac{T_1}{n}$$

Dabei gilt:

T_{AS} Periodendauer der (nicht sinusförmigen) Ausgangsschwingung
T_1 Periodendauer der (sinusförmigen) Grundschwingung
T_n Periodendauer irgendeiner harmonischen Oberschwingung
n Ordnungszahl der betrachteten harmonischen Oberschwingung – z. B. ist $n = 5$ für die fünfte harmonische Oberschwingung und $n = 1$ für die Grundschwingung

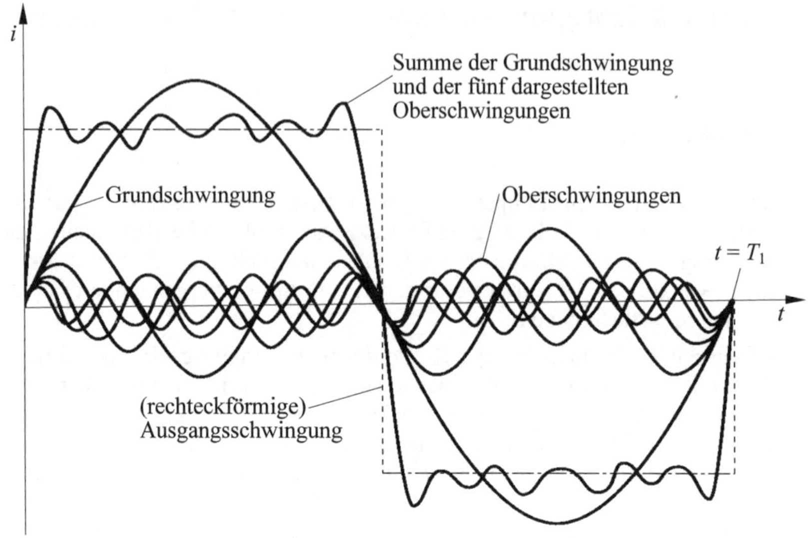

Bild 7.1 Zerlegung einer Rechteckschwingung in eine „Grundschwingung“ und in sinusförmige „harmonische Oberschwingungen“. Die Summe der Grund- und Oberschwingungen ergibt die ursprüngliche Rechteckschwingung. Im Bild dargestellt werden lediglich die Grundschwingung und fünf harmonische Oberschwingungen.

Für die Frequenz f bedeutet das:

$$f_1 = f_{AS}$$

außerdem kann gesagt werden:

$$f_n = f_{AS} \cdot n$$

Dabei gilt:

f_{AS} Frequenz der (nicht sinusförmigen) Ausgangsschwingung
f_1 Frequenz der Grundschwingung
f_n Frequenz irgendeiner harmonischen Oberschwingung
n Ordnungszahl der betrachteten harmonische Oberschwingung – z. B. ist $n = 5$ für die fünfte harmonische Oberschwingung und $n = 1$ für die Grundschwingung

In einem Drehstromnetz kann man bei symmetrischer Belastung davon ausgehen, dass sich die Außenleiterströme im Sternpunkt (Neutralpunkt der Verbraucheranlage) geometrisch „zu null addieren“, sodass im Neutralleiterstrom kein Strom fließen wird.

Dies gilt auch für die meisten „Oberschwingungsströme". Die dritte Oberschwingung mit der Frequenz von 150 Hz ($f_3 = 3 \cdot 50$ Hz) sowie Vielfache davon summieren sich hingegen im Sternpunkt (Neutralpunkt der Verbraucheranlage). Wenn z. B. in allen drei Außenleitern ein gleich großer 150-Hz-Strom (der dritten harmonischen Oberschwingung) auftritt, werden diese Oberschwingungsströme als Neutralleiterstrom in dreifacher Größe im Neutralleiter auftreten. Dies kann selbstverständlich zu einer Neutralleiterüberlastung führen.

Die Ursache dieser 150-Hz-Ströme soll beispielhaft im **Bild 7.2** dieses Buchs veranschaulicht werden.

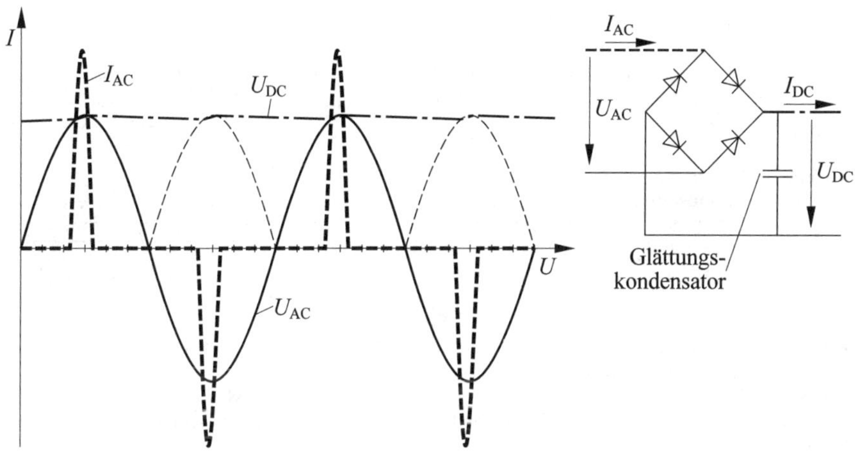

Bild 7.2 Spannungen und Ströme bei einem Netzteil mit kapazitiver Glättung.

Der Glättungskondensator liefert Gleichstrom I_{DC} und Gleichspannung U_{DC} für den angeschlossenen Verbraucher. Dadurch entlädt sich der Kondensator, und seine Spannung U_{DC} sinkt. Über die kurze Zeitspanne, in der die sinusförmige Netzspannung U_{AC} größer ist als die Kondensatorspannung U_{DC}, kann sich der Kondensator wieder aufladen. Über diese kurze Zeitspanne fließt aus dem Netz ein kurzer, impulsförmiger Ladestrom I_{AC}.

Bild 7.3 dieses Buchs zeigt die Verhältnisse der Ströme in den Außenleitern sowie im Neutralleiter. Die dort dargestellten Grundschwingungsströme (I_{L1}; I_{L2}, I_{L3}) heben sich im Neutralpunkt der Verbraucheranlage in jedem Punkt auf der Zeitachse (x-Achse) auf. Der Grundschwingungsstrom im Neutralleiterstrom I_N ist deshalb gleich null. Die Ströme der dritten harmonischen Oberschwingung in den Außenleitern (I_{3L1}; I_{3L2}, I_{3L3}) summieren sich dagegen im Neutralleiter zum Neutralleiterstrom I_{3N}.

Ströme im Außenleiter L1

I_{L1} Grundschwingungsstrom (50 Hz) ≙ 100 %

I_{3L1} Strom der 3. harmonischen Oberschwingung (150 Hz), z. B. 45 %

Ströme im Außenleiter L2

I_{L2} Grundschwingungsstrom (50 Hz) um −120° phasenverschoben ≙ 100 %

$I_{3L2} \triangleq I_{3L1}$ (150 Hz, keine Phasenverschiebung), z. B. 45 %

Ströme im Außenleiter L3

I_{L3} Grundschwingungsstrom (50 Hz) um +120° phasenverschoben ≙ 100 %

$I_{3L3} \triangleq I_{3L2}$ (150 Hz, keine Phasenverschiebung), z. B. 45 %

Ströme im N-Leiter

I_N Grundschwingungsstrom ≙ 0 %

I_{3N} Strom der 3. harmonischen Oberschwingung = $I_{3L1} + I_{3L2} + I_{3L3}$ = 135 %

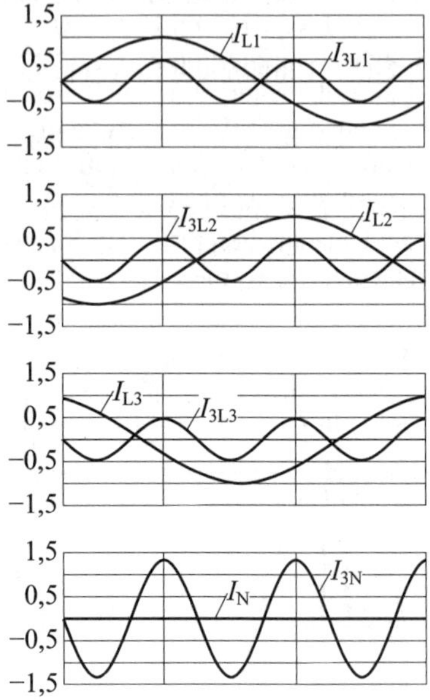

Bild 7.3 Verlauf der Ströme der Grundschwingung und der dritten harmonischen Oberschwingung der drei Außenleiter sowie der Summe dieser Ströme im Neutralleiter.
Die Grundschwingungen der drei Außenleiter addieren sich bei symmetrischer Last im Neutralleiter zu null, während sich die Ströme der dritten harmonischen Oberschwingung im Neutralleiter summieren. (Quelle: VdS 2349-2)

Eine Analyse der entstehenden Oberschwingungen zeigt, dass die dritte harmonische Oberschwingung bei einem sonst symmetrisch aufgeteilten Drehstrom-System derart groß werden kann, dass in Summe im Neutralleiter (oder im PEN-Leiter, falls vorhanden) ein Strom entsteht, der deutlich größer ist als die Außenleiterströme. Da der Neutralleiter (oder der PEN-Leiter) bei größeren Leiterquerschnitten vor allem in Altanlagen häufig einen gegenüber den Außenleitern kleineren Leiterquerschnitt aufweist, ist eine thermische Überlastung und somit eine direkte Brandgefahr vorprogrammiert. Weitere Hinweise zur Neutralleiterbelastung sind in diesem Buch auch im Kapitel 2.2.4.1 unter der Überschrift *„Neutralleiterstrommessung in Verteilerstromkreisen“* sowie im Kapitel 3.1.2.7.4 zu finden.

Verbraucher, die einen hohen Anteil an 150-Hz-Oberschwingungen hervorrufen, sind Geräte, die über einen Gleichrichter oder Wechselrichter betrieben werden. Dabei ist es gleichgültig, ob diese in den Verbraucher integriert wurden oder als externes Gerät vorhanden sind.

7.2 Wie man diesem Problem begegnen kann

7.2.1 Einleitende Betrachtung

Natürlich sollte man das Problem gar nicht erst aufkommen lassen. Das bedeutet, der Planer bzw. Errichter müsste frühzeitig erkennen, dass es solche Probleme geben könnte. Das Mindeste, was getan werden kann, ist, eine Querschnittsreduzierung von Neutralleitern und PEN-Leitern zu vermeiden. Näheres hierzu ist im Kapitel 3.1.2.7.4 nachzulesen. Sind größere Probleme zu erwarten, muss über weitere Maßnahmen nachgedacht werden, die im Folgenden skizziert werden sollen.

Der Prüfer, der in der Regel als externer Betrachter in die bestehende Anlage kommt, muss in der Lage sein, das Problem zu erkennen und ggf. Maßnahmen vorzuschlagen. Bezüglich Messungen gilt grundsätzlich, dass Messgeräte mit Echt-Effektivwertmessung (häufig auf dem Gerät mit TRMS angegeben) einzusetzen sind, wenn mit Oberschwingungen gerechnet werden muss. Messgeräte ohne diese Eigenschaft registrieren häufig nur die Nulldurchgänge und Spitzenwerte und errechnen daraus einen Wert, der einer entsprechenden Sinusschwingung entspricht. Da der Stromverlauf aufgrund der Oberschwingungen jedoch verzerrt ist, kann der von solchen Geräten angezeigte Wert nicht richtig sein. Vergleichsmessungen haben ergeben, dass je nach dem Grad der Verzerrung Fehler bis zu 300 % auftreten können. Messgeräte, die „echt-effektiv“ messen, tasten die verzerrte Kurve dagegen genau ab und geben den tatsächlichen Effektivwert des Stroms an. Manche Analoggeräte, z. B. mit Dreheisenmesswerken, zeigen ebenfalls den Effektivwert des Stroms korrekt an – unabhängig von der jeweiligen Verzerrung.

Wichtig sind Messungen, mit denen eine Neutralleiterbelastung durch Oberschwingungen festgestellt werden soll, selbstverständlich nur dort, wo zahlreiche Neutralleiterströme aus diversen Endstromkreisen zusammenfließen – also in Verteilerstromkreisen. Als erstes müssen die betriebsbedingten Außenleiterströme sowie der Neutralleiterstrom gemessen werden. Diese Messungen bieten eine erste und wichtige Information über den Zustand der Anlage. Da in einem Gebäude mit zahlreichen ein- und mehrphasigen Verbrauchsmitteln kaum eine absolut symmetrische Stromaufteilung möglich ist, kann immer von einem betriebsbedingten Neutralleiterstrom ausgegangen werden. Dazu kommen die Oberschwingungsströme der dritten harmonischen Oberschwingung und Vielfache davon. Solche Messungen werden im Kapitel 2.2.4.1 unter der Überschrift „*Neutralleiterstrommessung in Verteilerstromkreisen*“ dieses Buchs näher erläutert.

Natürlich ist mit einer festgestellten Neutralleiterbelastung durch Oberschwingungsströme nicht automatisch eine Gefahr verbunden. Allerdings muss, wie zuvor schon erwähnt, berücksichtigt werden, dass zusätzlich auch Ströme durch eine unsymmetrische Belastung der Außenleiter im Neutralleiter fließen können. Deshalb darf bei einer festgestellten Oberschwingungsbelastung kein querschnittsreduzierter Neutralleiter vorgesehen werden (siehe Kapitel 3.1.2.7.4 dieses Buchs).

Solche Messungen können an jedem Verteiler, zumindest an den Hauptverteilungen, durchgeführt werden. Für eine nähere Untersuchung kann auch eine Frequenzanalyse des Neutralleiterstroms durchgeführt werden. Soll eine zielgerichtete Maßnahme vorgesehen werden, sollte durch eine Netzanalyse geklärt werden, wo das Problem liegt und wie es behoben werden kann.

7.2.2 Maßnahmen zur Vermeidung von Problemen

Was ist zu tun, wenn ein solches Problem (beispielsweise bei einer Prüfung der elektrischen Anlage) erkannt wird? Hier muss von Fall zu Fall entschieden werden. Ohne Eingriffe in die bestehende elektrische Anlage könnte man versuchen, die Belastung zu reduzieren. Man würde dazu die Leistung so weit reduzieren, bis im Neutralleiter ein für ihn erträglicher Strom fließt. Allerdings wird dies in der Praxis nicht immer möglich sein. Eine praktikable Möglichkeit wäre, den Leiterquerschnitt der entsprechenden Zuleitung zu erhöhen. Allerdings schließt dies eine Überdimensionierung der Leiterquerschnitte in Bezug auf die Außenleiterbelastung ein.

In jedem Fall muss der Neutralleiter vor Überlast geschützt werden. Wie im vorherigen Kapitel 7.2.1 bereits angedeutet, ist die Basis jeder Maßnahme zum Schutz vor einer Neutralleiterüberlastung die Vermeidung einer Querschnittsreduzierung für Neutralleiter und PEN-Leiter (siehe auch Kapitel 3.1.2.7.4 dieses Buchs). Darüber hinaus bieten sich zwei Möglichkeiten an:

A Erste Möglichkeit ohne Entlastungsfilter:

- TN-System

  In jedem Fall muss ein PEN-Leiter in der Anlage vermieden werden (TN-S-System).

- Überstromschutz beim Neutralleiter

  Der Neutralleiter muss entsprechend DIN VDE 0100-430, Abschnitt 431.2.3 gegen Überstrom geschützt werden. Das bedeutet, nicht nur die Außenleiter müssen überwacht werden, sondern auch der Neutralleiter – z. B. durch einen Leistungsschalter (siehe **Bild 7.4** dieses Buchs). Das Freischalten des Neutralleiters könnte entfallen; es reicht also ein dreipoliger Schalter, sofern der Neutralleiterstrom überwacht bleibt und wie die Außenleiterströme auf das Schaltschloss der Außenleiter wirkt.

  Dabei ist es sinnvoll mit einer Meldeeinrichtung anzuzeigen, dass die Anlage wegen Überlastung des Neutralleiters abgeschaltet wurde.

  Hinweis: Obwohl DIN VDE 0100-430 die Neutralleiterüberwachung fordert, muss genau gesagt werden, dass die Aussage, ab wann eine Neutralleiterüberlastung zu einer Abschaltung führen muss, nicht möglich ist, da es keine festgelegte Strombelastbarkeit für Leiter gibt, wenn zusätzlich zu den Strömen in den drei Außenleitern eine separate Neutralleiterbelastung hinzukommt, die nicht entstanden

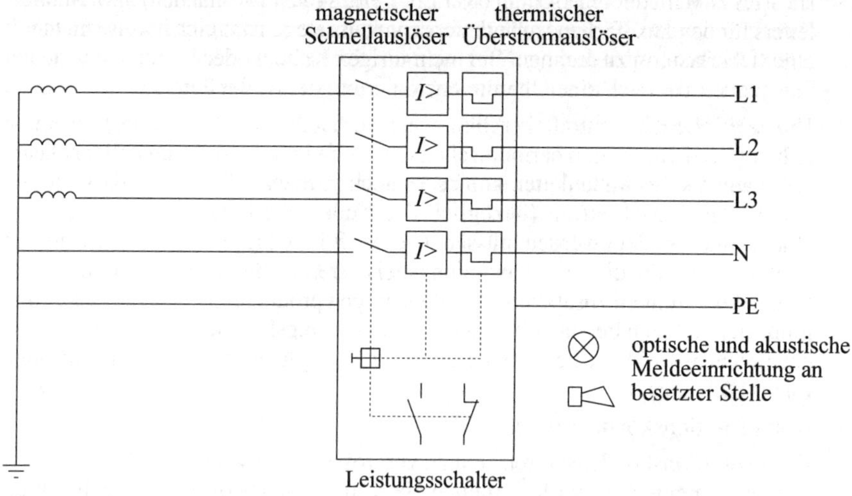

Bild 7.4 Außenleiter- und Neutralleiterschutz durch Leistungsschalter und Signalisierung an besetzter Stelle

ist, weil einer der Außenleiter geringer belastet wird als die anderen Außenleiter. Näheres hierzu ist im Kapitel 3.1.2.7.4 dieses Buchs zu finden.

- Auslegung von Spannungsquellen und Transformatoren

  Bei der Auslegung der Spannungsquellen bzw. einspeisenden Transformatoren ist die zweifache Wirkleistung der nicht linearen elektrischen Verbraucher zu berücksichtigen.

  Darüber hinaus müssen bei der Dimensionierung auch höhere Verluste beachtet werden, die durch andere als der dritten harmonischen Oberschwingungen verursacht werden.

- Leitungsquerschnitte der Verteilerstromkreise

  Bei der Bemessung der Leitungsquerschnitte der Verteilerstromkreise ist die zweifache Wirkleistung der angeschlossenen nicht linearen elektrischen Verbraucher zu berücksichtigen. PEN- bzw. Neutralleiter sind mindestens für die Summe der Ströme der dritten harmonischen Oberschwingung in allen Außenleitern zu dimensionieren. Wenn also zu erwarten ist, dass wegen hoher Oberschwingungsströme die Neutralleiterbelastung höher liegt als die Außenleiterbelastung, muss der Querschnitt des Kabels bzw. der Leitung nach der Belastung des Neutralleiters ausgelegt werden (siehe Kapitel 3.1.2.7.4 dieses Buchs).

Hinweis 1: Wird der Querschnitt des PEN-Leiters (wenn vorhanden) bzw. Neutralleiters für den zweifachen Außenleiterstrom ausgelegt, ist üblicherweise nicht mit einer Überlastung zu rechnen. Bei mehradrigen Kabeln oder Leitungen bedeutet dies jedoch zugleich eine Überdimensionierung der Außenleiter.

Hinweis 2: Da der Neutralleiter (bzw. wenn vorhanden der PEN-Leiter) bei einem hohen Anteil von dritten harmonischen Oberschwingungsströmen höher belastet sein kann als die Außenleiter, kommt es auch in diesem Fall dazu, dass für den benötigten Betriebsstrom (bezüglich der Außenleiterbelastung) viel zu hohe Querschnitte verlegt werden müssen. Dies trifft im Übrigen in einem geringeren Umfang auch für die oberschwingungsbelasteten Außenleiter selbst zu, da die Oberschwingungen zusätzliche Blindleistungen produzieren. Aus diesem Grund lohnt sich letztlich bei einer hohen Oberschwingungsbelastung der Einsatz eines entsprechenden Netzfilters (siehe die zweite Möglichkeit beim nachfolgenden Punkt B).

- Kompensationskondensatoren

  Kompensationskondensatoren sind zu verdrosseln, um schädliche Netzresonanzen zu vermeiden. Außerdem können die Kondensatorstromkreise für die Oberschwingungsströme (je nach Oberschwingungsfrequenz) derart niederimpedant ausfallen, dass über den Kondensator hohe Anteile an Oberschwingungsströmen fließen, die den Kondensator überlasten. Bei der Auslegung der Drosselspulen ist selbstverständlich das Ton-Frequenz-Rundsteuersignal (TF) zu beachten.

- USV-Anlagen

  Die Auslastbarkeit von USV-Anlagen kann ggf. durch einen zu hohen Crestfaktor (Formfaktor, der das Verhältnis vom Effektivwert zum Maximalwert einer periodisch verlaufenden Größe angibt) begrenzt werden. Sofern keine näheren Angaben hierzu vom Hersteller der USV-Anlage bekannt sind, sind bei der Auslegung von USV-Anlagen die nicht linearen Verbraucher mit der dreifachen Wirkleistung zu berücksichtigen. Der Hersteller der USV-Anlage kann jedoch eine bestimmte Crestfaktor-Verträglichkeit zusichern.

B Zweite Möglichkeit mit Entlastungsfilter:

- Serienfilter

  Eine Möglichkeit wäre, vor jedem oberschwingungserzeugenden Gerät oder vor einer Gruppe solcher Geräte ein Reihenresonanzfilter zu installieren, das die 50-Hz-Grundschwingung durchlässt und für alle anderen Frequenzen eine hochohmige Impedanz darstellt. Dies ist bei Einzelgeräten in Absprache mit dem Hersteller des Geräts sicher möglich. Möglicherweise hat der Hersteller bereits solche Filter in sein Gerät integriert, oder er bietet sie dem Kunden mit und ohne solche Filtermaßnahmen an.

  In einer komplexen Gesamtanlage mit zahlreichen oberschwingungserzeugenden Geräten und wo sich möglicherweise zusätzlich die Oberschwingungsanteile der

Geräte mit den verschiedenen Betriebszuständen stark ändern, ist eine solche Lösung kaum denkbar oder zu kostspielig.

- Passive und aktive Filter

  Oberschwingungsfilter sind immer möglich. Werden Filter aus passiven Bauelementen hergestellt, müssen selbstverständlich vorab einige Angaben geklärt werden. **Tabelle 7.1** dieses Buchs zeigt die Abfrage eines Filterherstellers, die er benötigt, um seinem Kunden ein entsprechendes Angebot erstellen zu können. Der Filterhersteller benötigt bei Bestellung z. B. den erwarteten Dämpfungsverlauf bei zunehmender Störfrequenz (z. B. durch die Angabe 20 dB pro Dekade oder durch Angaben für konkrete Frequenzen).

gewünschte Funktion	**☐ EMV-Filter**		**☐ Ausgangsfilter**		**☐ Oberschwingungs-reduzierung**	
Anschluss	☐ L − N	☐ L − L	☐ 3 × L	☐ 3 × L + N	☐ ± (DC)	☐ ______
Nenngrößen	U_{Nenn} = ______		I_{Nenn} = ______		f_{Nenn} = ______	
Umgebung	☐ Industrie		☐ Leichtindustrie		☐ __________	
gewünschte Dämpfung	____ dB bei 150 Hz		____ dB bei 100 kHz		____ dB bei 10 MHz	

Tabelle 7.1 Angaben technischer Daten zur Erstellung eines Angebots für Filtermaßnahmen

Solche Filter werden „passive Filter" genannt, weil die Bauteile dieses Filters lediglich die auf sie einwirkenden physikalischen Größen (Strom und Spannung) aufgrund ihres Aufbaus und der Art der beteiligten elektronischen Bauteile verändern. In komplexen Anlagen und bei sich ständig ändernden Betriebsbedingungen kann es allerdings sinnvoll sein, ein sogenanntes „aktives Filter" vorzusehen. Solche Filter werden bevorzugt zur Reduzierung von Verzerrungen des Stroms durch Oberschwingungen eingesetzt. Dabei überwacht das Filter z. B. den Verlauf des Stroms und verursacht bei Abweichung eine entgegengesetzte Reaktion (**Bild 7.5** dieses Buchs). Dadurch wird der Stromverlauf geglättet bzw. der Sinusform angepasst. Diese Möglichkeit der Filterung ist ganz besonders effektiv, verursacht aber in der Regel auch deutlich höhere Anschaffungskosten.

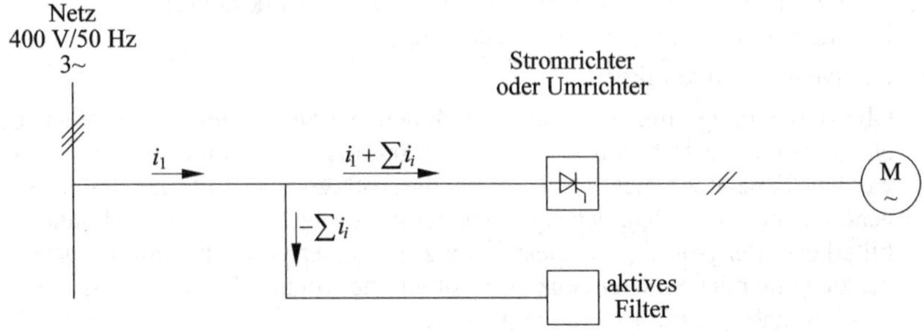

Bild 7.5 Aktives Filter zur Reduzierung von Oberschwingungen
Der Strom i_1 wird durch Oberschwingungsströme (in Summe sind dies Σi_i) überlagert. Das aktive Filter verursacht deshalb einen entgegengesetzten Strom ($-\Sigma i_i$), sodass der Strom i_1 insgesamt sinusförmig bleibt.

- Neutralleiterfilter

  Eine Alternative kann in vielen Fällen eine zentrale Lösung sein, die in **Bild 7.6** dieses Buchs dargestellt wird. Dieses Filter wird entweder in den Neutralleiter eingebracht oder in den Sternpunktleiter direkt vor dem Transformator.

  Im ersten Fall muss dafür gesorgt werden, dass an keiner Stelle in der so überwachten Anlage ein Schluss zwischen dem Neutralleiter und dem Schutzleiter vorkommt, weil dann die Oberschwingungsströme über den Schutzleiter fließen würden. Deshalb sollten für alle zugehörigen Stromkreise z. B. Fehlerstrom-Schutzeinrichtungen (RCDs) vorgesehen werden, die eine solche Verbindung registrieren würden.

  Im zweiten Fall (Filter direkt vor dem Sternpunkt des Transformators) muss berücksichtigt werden, dass hierdurch der Schleifenwiderstand erhöht wird. Es muss gewährleistet sein, dass die sichere Abschaltung nach DIN VDE 0100-410, Abschnitt 411.3.2 in der vorgegebenen Zeit noch möglich ist.

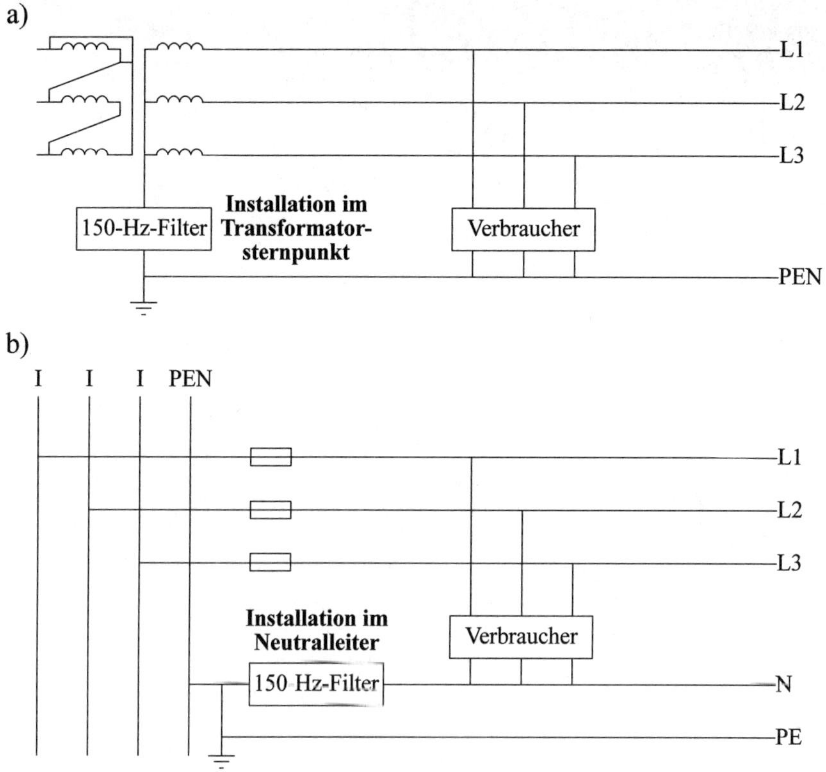

Bild 7.6 Einsatz eines Filters gegen die dritte harmonische Oberschwingung in einem TN-System. Unten im Neutralleiter (möglichst mit RCD in den Endstromkreisen)
Oben direkt vor dem Transformator (bei Berücksichtigung des erhöhten Schleifenwiderstands in Bezug auf die automatische Abschaltung im Fehlerfall nach DIN VDE 0100-410)

Literatur

VDE Normen

DIN VDE 0100 Beiblatt 5 (VDE 0100 Beiblatt 5):2017-10

Errichten von Niederspannungsanlagen – Beiblatt 5: Maximal zulässige Längen von Kabeln und Leitungen unter Berücksichtigung des Fehlerschutzes, des Schutzes bei Kurzschluss und des Spannungsfalls

DIN VDE 0100-100 (VDE 0100-100):2009-06

Errichten von Niederspannungsanlagen – Teil 1: Allgemeine Grundsätze, Bestimmungen allgemeiner Merkmale, Begriffe

DIN VDE 0100-410 (VDE 0100-410):2018-10

Errichten von Niederspannungsanlagen – Teil 4-41: Schutzmaßnahmen – Schutz gegen elektrischen Schlag

DIN VDE 0100-420 (VDE 0100-420):2016-02

Errichten von Niederspannungsanlagen – Teil 4-42: Schutzmaßnahmen – Schutz gegen thermische Auswirkungen

DIN VDE 0100-430 (VDE 0100-430):2010-10

Errichten von Niederspannungsanlagen – Teil 4-43: Schutzmaßnahmen – Schutz bei Überstrom

DIN VDE 0100-444 (VDE 0100-444):2010-10

Errichten von Niederspannungsanlagen – Teil 4-444: Schutzmaßnahmen – Schutz bei Störspannungen und elektromagnetischen Störgrößen

DIN VDE 0100-510 (VDE 0100-510):2014-10

Errichten von Niederspannungsanlagen – Teil 5-51: Auswahl und Errichtung elektrischer Betriebsmittel – Allgemeine Bestimmungen

DIN VDE 0100-520 (VDE 0100-520):2013-06

Errichten von Niederspannungsanlagen – Teil 5-52: Auswahl und Errichtung elektrischer Betriebsmittel – Kabel- und Leitungsanlagen

DIN VDE 0100-520 Beiblatt 1 (VDE 0100-520 Beiblatt 1):2016-10

Errichten von Niederspannungsanlagen – Teil 5-52: Auswahl und Errichtung elektrischer Betriebsmittel – Kabel und Leitungsanlagen; Beiblatt 1: Erläuterungen zur Anwendung der normativen Anforderungen aus DIN VDE 0100-520

DIN VDE 0100-520 Beiblatt 2 (VDE 0100-520 Beiblatt 2):2010-10

Errichten von Niederspannungsanlagen – Auswahl und Errichtung elektrischer Betriebsmittel – Teil 520: Kabel- und Leitungsanlagen – Beiblatt 2: Schutz bei Überlast, Auswahl von Überstrom-Schutzeinrichtungen, maximal zulässige Kabel- und Leitungslängen zur Einhaltung des zulässigen Spannungsfalls und der Abschaltzeiten zum Schutz gegen elektrischen Schlag

DIN VDE 0100-520 Beiblatt 3 (VDE 0100-520 Beiblatt 3):2012-10

Errichten von Niederspannungsanlagen – Auswahl und Errichtung elektrischer Betriebsmittel – Teil 520: Kabel- und Leitungsanlagen – Beiblatt 3: Strombelastbarkeit von Kabeln und Leitungen in dreiphasigen Verteilungsstromkreisen bei Lastströmen mit Oberschwingungsanteilen

DIN VDE 0100-530 (VDE 0100-530):2018-06

Errichten von Niederspannungsanlagen – Teil 530: Auswahl und Errichtung elektrischer Betriebsmittel – Schalt- und Steuergeräte

DIN VDE 0100-559 (VDE 0100-559):2014-02

Errichten von Niederspannungsanlagen – Teil 5-559: Auswahl und Errichtung elektrischer Betriebsmittel – Leuchten und Beleuchtungsanlagen

DIN VDE 0100-600 (VDE 0100-600):2017-06

Errichten von Niederspannungsanlagen – Teil 6: Prüfungen

DIN VDE 0100-714 (VDE 0100-714):2014-02

Errichten von Niederspannungsanlagen – Teil 7-714: Anforderungen für Betriebsstätten, Räume und Anlagen besonderer Art – Beleuchtungsanlagen im Freien

DIN VDE 0100-715 (VDE 0100-715):2014-02

Errichten von Niederspannungsanlagen – Teil 7-715: Anforderungen für Betriebsstätten, Räume und Anlagen besonderer Art – Kleinspannungsbeleuchtungsanlagen

DIN VDE 0100-731 (VDE 0100-731):2014-10

Errichten von Niederspannungsanlagen – Teil 7-731: Anforderungen für Betriebsstätten, Räume und Anlagen besonderer Art – Abgeschlossene elektrische Betriebsstätten

DIN VDE 0105-100 (VDE 0105-100):2015-10

Betrieb von elektrischen Anlagen – Teil 100: Allgemeine Festlegungen

DIN VDE 0105-100/A1 (VDE 0105-100/A1):2017-06

Betrieb von elektrischen Anlagen – Teil 100: Allgemeine Festlegungen; Änderung A1: Wiederkehrende Prüfungen

Normenreihe **DIN EN 62305 (VDE 0185-305)**

Blitzschutz

DIN VDE V 0250-10 (VDE V 0250-10):2017-02

Isolierte Starkstromleitungen – Teil 10: Leitfaden für die Zuordnung der Klassen des Brandverhaltens

DIN VDE 0298-3 (VDE 0298-3):2006-06

Verwendung von Kabeln und isolierten Leitungen für Starkstromanlagen – Teil 3: Leitfaden für die Verwendung nicht harmonisierter Starkstromleitungen

DIN VDE 0298-4 (VDE 0298-4):2013-06

Verwendung von Kabeln und isolierten Leitungen für Starkstromanlagen – Teil 4: Empfohlene Werte für die Strombelastbarkeit von Kabeln und Leitungen für feste Verlegung in und an Gebäuden und von flexiblen Leitungen

Normenreihe **DIN EN 61557 (VDE 0413)**

Elektrische Sicherheit in Niederspannungsnetzen bis AC 1 000 V und DC 1 500 V – Geräte zum Prüfen, Messen oder Überwachen von Schutzmaßnahmen

DIN EN 60332-3-24 (VDE 0482-332-3-24):2010-08

Prüfungen an Kabeln, isolierten Leitungen und Glasfaserkabeln im Brandfall – Teil 3-24: Prüfung der vertikalen Flammenausbreitung von vertikal angeordneten Bündeln von Kabeln und isolierten Leitungen – Prüfart C

DIN VDE 0606-1 (VDE 0606-1):2000-10

Verbindungsmaterial bis 690 V – Teil 1: Installationsdosen zur Aufnahme von Geräten und/oder Verbindungsklemmen

DIN VDE 0620-2-1 (VDE 0620-2-1):2016-01

Stecker und Steckdosen für den Hausgebrauch und ähnliche Anwendungen – Teil 2-1: Allgemeine Anforderungen an Stecker und Kupplungsdosen

DIN EN 60269-1 (VDE 0636-1):2015-05

Niederspannungssicherungen – Teil 1: Allgemeine Anforderungen

DIN VDE 0636-2 (VDE 0636-2):2014-09

Niederspannungssicherungen – Teil 2: Zusätzliche Anforderungen an Sicherungen zum Gebrauch durch Elektrofachkräfte bzw. elektrotechnisch unterwiesene Personen (Sicherungen überwiegend für den industriellen Gebrauch) – Beispiele für genormte Sicherungssysteme A bis K

DIN VDE 0636-3 (VDE 0636-3):2013-12

Niederspannungssicherungen – Teil 3: Zusätzliche Anforderungen an Sicherungen zum Gebrauch durch Laien (Sicherungen überwiegend für Hausinstallationen und ähnliche Anwendungen) – Beispiele für genormte Sicherungssysteme A bis F

DIN VDE 0636-31 (VDE 0636-31):2015-03

Niederspannungssicherungen – Teil 3: Zusätzliche Anforderungen an Sicherungen zum Gebrauch durch Laien (Sicherungen überwiegend für Hausinstallationen oder ähnliche Anwendungen) – Beispiele für genormte Sicherungssysteme A bis F – Nationale Ergänzung 1: Bemessungsspannung = AC 690 V und Bemessungsspannung = DC 600 V

DIN EN 60269-6 (VDE 0636-6):2011-11

Niederspannungssicherungen – Teil 6: Zusätzliche Anforderungen an Sicherungseinsätze für den Schutz von solaren photovoltaischen Energieerzeugungssystemen

DIN EN 60898-1 (VDE 0641-11):2006-03

Elektrisches Installationsmaterial – Leitungsschutzschalter für Hausinstallationen und ähnliche Zwecke – Teil 1: Leitungsschutzschalter für Wechselstrom (AC)

DIN EN 60898-1 Beiblatt 1 (VDE 0641-11 Beiblatt 1):2012-10

Elektrisches Installationsmaterial – Leitungsschutzschalter für Hausinstallationen und ähnliche Zwecke – Teil 1: Leitungsschutzschalter für Wechselstrom (AC) – Beiblatt 1: Anwendungshinweise zum Einsatz von Leitungsschutzschaltern nach DIN EN 60898-1 (VDE 0641-11) und DIN EN 60898-2 (VDE 0641-12)

DIN EN 60898-2 (VDE 0641-12):2007-03

Elektrisches Installationsmaterial – Leitungsschutzschalter für Hausinstallationen und ähnliche Zwecke – Teil 2: Leitungsschutzschalter für Wechsel- und Gleichstrom (AC und DC)

DIN EN 61439-1 (VDE 0660-600-1):2012-06

Niederspannungs-Schaltgerätekombinationen – Teil 1: Allgemeine Festlegungen

DIN EN 62776 (VDE 0715-16):2015-12

Zweiseitig gesockelte LED-Lampen als Ersatz (Retrofit) für zweiseitig gesockelte Leuchtstofflampen – Sicherheitsanforderungen

Behördliche Verordnungen und Richtlinien

Musterbauordnung (MBO). ARGEBAU Arbeitskreis der für das Bauwesen verantwortlichen Landesminister, Berlin: www.bauministerkonferenz.de/Muster 83

Muster-Richtlinie über brandschutztechnische Anforderungen an Leitungsanlagen (Muster-Leitungsanlagen-Richtlinie MLAR). ARGEBAU Arbeitskreis der für das Bauwesen verantwortlichen Landesminister, Berlin: www.bauministerkonferenz.de/Muster

VdS-Richtlinien

VdS-Publikation 2005 „Leuchten“. Gesamtverband der Deutschen Versicherungswirtschaft e. V. (GDV). Köln: Verlag VdS Schadenverhütung, 2014

VdS-Publikation 2007 „Anlagen der Informationstechnologie (IT-Anlagen)“. Gesamtverband der Deutschen Versicherungswirtschaft e. V. (GDV). Köln: Verlag VdS Schadenverhütung, 2006

VdS-Publikation 2010 „Risikoorientierter Blitz- und Überspannungsschutz“. Gesamtverband der Deutschen Versicherungswirtschaft e. V. (GDV). Köln: Verlag VdS Schadenverhütung, 2015

VdS-Publikation 2015 „Elektrische Geräte und Einrichtungen“. Gesamtverband der Deutschen Versicherungswirtschaft e. V. (GDV). Köln: Verlag VdS Schadenverhütung, 2004

VdS-Publikation 2023 „Elektrische Anlagen in baulichen Anlagen mit vorwiegend brennbaren Baustoffen“. Gesamtverband der Deutschen Versicherungswirtschaft e. V. (GDV). Köln: Verlag VdS Schadenverhütung, 2001

VdS-Publikation 2024 „Errichtung elektrischer Anlagen in Möbeln und ähnlichen Einrichtungsgegenständen“. Gesamtverband der Deutschen Versicherungswirtschaft e. V. (GDV). Köln: Verlag VdS Schadenverhütung, 2009

VdS-Publikation 2025 „Elektrische Leitungsanlagen. Richtlinien zur Schadenverhütung“. Gesamtverband der Deutschen Versicherungswirtschaft e. V. (GDV). Köln: Verlag VdS Schadenverhütung, 2016

VdS-Publikation 2031 „Blitz- und Überspannungsschutz in elektrischen Anlagen“. Gesamtverband der Deutschen Versicherungswirtschaft e. V. (GDV). Köln: Verlag VdS Schadenverhütung, 2010

VdS-Publikation 2033 „Elektrische Anlagen in feuergefährdeten Betriebstätten und diesen gleichzustellende Risiken. Richtlinien zur Schadenverhütung“. Gesamtverband der Deutschen Versicherungswirtschaft e. V. (GDV). Köln: Verlag VdS Schadenverhütung, 2007

VdS-Publikation 2046 „Sicherheitsvorschriften für elektrische Anlagen bis 1 000 V“. Gesamtverband der Deutschen Versicherungswirtschaft e. V. (GDV). Köln: Verlag VdS Schadenverhütung, 2010

VdS-Publikation 2057 „Sicherheitsvorschriften gemäß Abschnitt B § 8 AFB 2008 für elektrische Anlagen in landwirtschaftlichen Betrieben und Intensiv-Tierhaltungen“. Gesamtverband der Deutschen Versicherungswirtschaft e. V. (GDV). Köln: Verlag VdS Schadenverhütung, 2008

VdS-Publikation 2067 „Elektrische Anlagen in der Landwirtschaft“. Gesamtverband der Deutschen Versicherungswirtschaft e. V. (GDV). Köln: Verlag VdS Schadenverhütung, 2008

VdS-Publikation 2073 „Elektrowärmegeräte und Elektroheizungen für Tieraufzucht sowie Tierhaltung“. Gesamtverband der Deutschen Versicherungswirtschaft e. V. (GDV). Köln: Verlag VdS Schadenverhütung, 2008

VdS-Publikation 2228 „Richtlinien für die Anerkennung von Sachverständigen zum Prüfen elektrischer Anlagen“. Verlag: VdS Schadenverhütung, 2018

VdS-Publikation 2259 „Batterieladeanlagen für Elektrofahrzeuge“. Gesamtverband der Deutschen Versicherungswirtschaft e. V. (GDV). Köln: Verlag VdS Schadenverhütung, 2010

VdS-Publikation 2279 „Elektroheizungsanlagen und Saunen“. Gesamtverband der Deutschen Versicherungswirtschaft e. V. (GDV). Köln: Verlag VdS Schadenverhütung, 2016

VdS-Publikation 2349-1 „Auswahl von Schutzeinrichtungen für den Brandschutz in elektrischen Anlagen“. Gesamtverband der Deutschen Versicherungswirtschaft e. V. (GDV). Köln: Verlag VdS Schadenverhütung, 2015

VdS-Publikation 2349-2 „EMV-gerechte Einrichtungen von Niederspannungsanlagen“. Gesamtverband der Deutschen Versicherungswirtschaft e. V. (GDV). Köln: Verlag VdS Schadenverhütung, 2015

VdS-Publikation 2851 „Berührungslose Temperaturmessung (Thermografie)“. Gesamtverband der Deutschen Versicherungswirtschaft e. V. (GDV). Köln: Verlag VdS Schadenverhütung, 2011

VdS-Publikation 3145 „Photovoltaikanlagen – Technischer Leitfaden“. Gesamtverband der Deutschen Versicherungswirtschaft e. V. (GDV). Köln: Verlag VdS Schadenverhütung, 2017

VdS-Publikation 3319 „Verbrennungswärme der Isolierstoffe von Kabeln und Leitungen. Merkblatt für die Berechnung von Brandlasten“. Gesamtverband der Deutschen Versicherungswirtschaft e. V. (GDV). Köln: Verlag VdS Schadenverhütung, 1999

VdS-Publikation 3501 „Isolationsfehlerschutz in elektrischen Anlagen mit elektronischen Betriebsmitteln“. Gesamtverband der Deutschen Versicherungswirtschaft e. V. (GDV). Köln: Verlag VdS Schadenverhütung, 2008

Fachliteratur zum Thema Auswahl von Kabeln und Leitungen sowie Überstromschutz

Balzer, G.; Nelles, D.; Tuttas, Ch.: Kurzschlussstromberechnung nach IEC und DIN EN 60909-0 (VDE 0102):2002-07. VDE-Schriftenreihe, Bd. 77. Berlin und Offenbach: VDE VERLAG, 2009

Biegelmeier, G.; Kiefer, G.; Krefter, K.-H.: Schutz in elektrischen Anlagen. Bd. 4: Schutz gegen Überströme und Überspannungen. VDE-Schriftenreihe, Bd. 83. Berlin und Offenbach: VDE VERLAG, 2001

Heinhold, C.; Stubbe, R.: Kabel und Leitungen für Starkstrom. 5. Aufl., Erlangen: Publicis MCD Verlag, 1999

Kny, K.-H.: Schutz bei Kurzschluss in elektrischen Anlagen. 2. Aufl., München: Huss Verlag, 2010

Pistora, G.: Berechnung von Kurzschlussströmen und Spannungsfällen. Überstrom-Schutzeinrichtungen, Selektivität, Schutz bei Kurzschluss, Berechnungen für die Praxis mit CALCKUS. VDE-Schriftenreihe, Bd. 118. 4. Aufl., Berlin und Offenbach: VDE VERLAG, 2016

Schmolke, H.: Auswahl und Bemessung von Kabeln und Leitungen. 6. Aufl., München und Heidelberg: Hüthig & Pflaum Verlag, 2015

Spindler, U.: Schutz bei Überlast und Kurzschluss in elektrischen Anlagen. VDE-Schriftenreihe, Bd. 143. 3. Aufl., Berlin und Offenbach: VDE VERLAG, 2010

Fachliteratur zum Thema Blitz- und Überspannungsschutz

Landers, E. U.; Zahlmann, P.: EMV – Blitzschutz von elektrischen und elektronischen Systemen in baulichen Anlagen. VDE-Schriftenreihe, Bd. 185. Berlin und Offenbach: VDE VERLAG, 2013

Hasse, P.; Wiesinger, J.; Zischank, W.: Handbuch für Blitzschutz und Erdung. 5. Aufl., Berlin und Offenbach: VDE VERLAG, 2005

Kern, A.; Wettingfeld, J.: Blitzschutzsysteme. VDE-Schriftenreihe, Bd. 44. Berlin und Offenbach: VDE VERLAG, 2014

Heidler, F.; Stimper, K.: Blitz und Blitzschutz. VDE-Schriftenreihe, Bd. 128. Berlin und Offenbach: VDE VERLAG, 2009

Fachliteratur zum Thema Prüfungen in elektrischen Anlagen

Bödeker, K.; Feulner, D.; Kammerhoff, U.; Kindermann, R.: Prüfung elektrischer Geräte in der betrieblichen Praxis. VDE-Schriftenreihe, Bd. 62. 7. Aufl., Berlin und Offenbach: VDE VERLAG, 2014

Faber, U.; Grapentin, M.; Wettingfeld, K.: Prüfung elektrischer Anlagen und Betriebsmittel – Grundlagen und Methoden. VDE-Schriftenreihe, Bd. 124. 3. Aufl., Berlin und Offenbach: VDE VERLAG, 2012

Hennig, W.: VDE-Prüfung nach BetrSichV, TRBS und DGUV-Vorschrift 3 (BGV A3). VDE Schriftenreihe, Bd. 43. Berlin und Offenbach: VDE VERLAG, 2015

Rudnik, S.: Erstprüfung von elektrischen Anlagen – Besichtigen, Erproben, Messen nach DIN VDE 0100-600. VDE-Schriftenreihe, Bd. 63. 5. Aufl., Berlin und Offenbach: VDE VERLAG, 2018

Fachliteratur zum Thema Schutzeinrichtungen

Hofheinz, W.: Fehlerstrom-Überwachung in elektrischen Anlagen. VDE-Schriftenreihe, Bd. 113. 3. Aufl., Berlin und Offenbach: VDE VERLAG, 2014

Hofheinz, W.: Schutztechnik mit Isolationsüberwachung. VDE-Schriftenreihe, Bd. 114. 3. Aufl., Berlin und Offenbach: VDE VERLAG, 2011

Schumacher, A.; Schmolke, H.: Störlichtbogen – nicht zu vermeiden, aber beherrschbar. etz Elektrotech. Z+Autom. (2005) H. 7, S. 44–46.

Fachliteratur zum Thema Beleuchtungsanlagen

Langer, R.: Innenbeleuchtung. München [u. a.]: Hüthig & Pflaum, 2016

Nienhaus, H.; Thaele, R.: Halogenbeleuchtungsanlagen mit Kleinspannung. VDE-Schriftenreihe, Bd. 75. 3. Aufl., Berlin und Offenbach: VDE VERLAG, 2007

Ziesenіß, C.-H.; Lindenmuth, F.; Schmits, P.: Beleuchtungstechnik für den Elektrofachmann. München [u. a.]: Hüthig & Pflaum, 2016

Weis, B.; Kaiser, J.-G.; Wittig, N.: Industriebeleuchtung, Bb. 2, München, Heidelberg, Berlin: Hüthig & Pflaum, 2015

Fachliteratur zum Thema Planen und Errichten von elektrischen Anlagen

ABB: Schaltanlagen-Handbuch. 12. Aufl., Berlin: Cornelsen-Verlag, 2012

Cater, R.; Noe, H.; Borchert, R.; Isberg, M.; Drebenstedt, H.: Niederspannungsschaltgerätekombinationen; Erläuterungen zu DIN EN 61439-1 (**VDE 0660-600-1**):2012-06. VDE-Schriftenreihe, Bd. 28. 5. Aufl., Berlin und Offenbach: VDE VERLAG, 2016

Hösl, A.; Ayx, R.; Busch, H. W.: Die vorschriftsmäßige Elektroinstallation. 21. Aufl., Berlin und Offenbach: VDE VERLAG, 2016

Kiefer, G.; Schmolke, H.: VDE 0100 und die Praxis, 16. Auflage. Berlin und Offenbach: VDE VERLAG, 2017

Kreienberg, M.: Wo steht was im VDE-Vorschriftenwerk? VDE-Schriftenreihe Bd. 1. Berlin und Offenbach: VDE VERLAG, 2018

Müller, R.: Elektrotechnik, Lexikon für die Praxis. 2. Aufl., Berlin und Offenbach: VDE VERLAG, 2006

Lippe, M.; Wesche, J.; Rosenwirth, D.; Reintsema, J.: Kommentar mit Anwendungsempfehlungen und Praxisbeispielen zu der Muster-Leitungsanlagen-Richtlinie MLAR, Muster-Systemböden-Richtlinie MSysBöR, Muster einer Verordnung über den Bau von Betriebsräumen für elektrische Anlagen MEltBauVO. 4. Aufl., Köln: FeuerTrutz, 2018

Schmolke, H.: Brandschutz in elektrischen Anlagen. München [u. a.]: Hüthig & Pflaum, 2013

Schmolke, H.: DIN VDE 0100 richtig angewandt. VDE-Schriftenreihe, Bd. 106. 7. Aufl., Berlin und Offenbach: VDE VERLAG, 2016

Schmolke, H.: Elektroinstallation in Wohngebäuden. VDE-Schriftenreihe Bd. 45. 8. Aufl., Berlin und Offenbach: VDE VERLAG, 2018

Seip, G. G. (Hrsg.): Elektrische Installationstechnik. Teil 1: Energieversorgung und Energieverteilung; Teil 2: Installationsanlagen, -geräte und -systeme, Beleuchtungstechnik, Schutzmaßnahmen. 3. Aufl., Berlin und München: Siemens AG, 1993

Stichwortverzeichnis

VDE
VERLAG
Technik. Wissen.
Weiterwissen.
DIN VDE 0100
Normen
Rudnik · Pelta
VDE-Schriftenreihe
Normen verständlich
144
Der Lotse durch die DIN VDE 0100
3., neu bearbeitete Auflage
Mit Technikwissen sichergehen:
Der Wegweiser durch alle 24 Hauptteile der DIN VDE 0100!
Dieses Fachbuch hilft Ihnen die konkrete normative Anforderung in der DIN VDE 0100 zu finden. Weiterhin erfahren Sie schnell, ob die jeweilige Anforderung für Ihren Anwendungsfall gilt.
Preisänderungen und Irrtümer vorbehalten. Sowohl das E-Book als auch das Kombiangebot (Buch + E-Book) sind ausschließlich auf www.vde-verlag.de erhältlich. Dieses Buch können Sie auch in Ihrem Onlineportal für DIN-VDE-Normen, der Normenbibliothek, erwerben.
3., neu bearb. Auflage 2018
426 Seiten
29,– € (Buch/E-Book)
40,60 € (Kombi)
www.
Bestellen Sie jetzt: (030) 34 80 01-222 oder www.vde-verlag.de/180775